中国工程院重点咨询研究项目

我国煤矿安全及废弃矿井资源开发利用战略研究(二期)

我国煤矿安全及废弃矿井资源开发利用战略研究(二期)

袁 亮等 著

科学出版社

北京

内 容 简 介

当前煤炭行业供给侧结构性改革持续推进,同时部分矿山资源枯竭且已到关闭阶段,综合导致我国废弃矿井数量日益增多。为应对全球气候与生态环境变化,服务碳达峰碳中和目标达成,煤炭工业也承担着加强废弃矿井资源综合开发利用、服务经济社会全面绿色转型的重要使命。开发利用好废弃矿井资源是构建清洁低碳、安全高效的能源体系的重要战略部署,同时是践行"双碳"目标的重要举措。本书系统介绍了国内外煤矿安全及废弃矿井资源智能开发、生态文明发展及多能互补利用情况;凝练了煤矿安全及废弃矿井资源开发利用过程中的重大工程科技难题;提出了煤炭安全智能精准开采、气油水光多种能源(非常规天然气、煤炭气化、地下空间储能、抽水蓄能、光伏等)互补立体化开发利用发展战略;归纳了关闭/废弃煤矿生态文明建设主要途径、模式;提出了我国关闭/废弃煤矿生态文明发展战略思路、目标、技术路线及政策建议;基于多能互补能源体系与生态文明建设,提出了我国煤矿安全及废弃矿井资源开发利用战略路径和政策建议。

本书可供高等院校和科研院所的采矿工程、安全工程、石油工程、岩石力学、地质工程等相关专业的本科生、研究生及科研人员使用,也可为从事关闭/废弃矿井相关工作的管理人员及现场工程技术人员提供参考。

图书在版编目(CIP)数据

我国煤矿安全及废弃矿井资源开发利用战略研究. 二期 / 袁亮等著.
—北京:科学出版社,2023.12

ISBN 978-7-03-076831-5

Ⅰ. ①我… Ⅱ. ①袁… Ⅲ. ①煤矿–安全生产–研究–中国 Ⅳ. ①TD7

中国国家版本馆 CIP 数据核字(2023)第 211463 号

责任编辑:刘翠娜 / 责任校对:王萌萌
责任印制:师艳茹 / 封面设计:蓝正设计

科 学 出 版 社 出版
北京东黄城根北街 16 号
邮政编码:100717
http://www.sciencep.com

北京中科印刷有限公司 印刷
科学出版社发行 各地新华书店经销
*
2023 年 12 月第 一 版 开本:787×1092 1/16
2023 年 12 月第一次印刷 印张:29
字数:500 000

定价:298.00 元

(如有印装质量问题,我社负责调换)

中国工程院重点咨询研究项目

我国煤矿安全及废弃矿井资源开发利用战略研究（二期）

项目负责人　　袁　亮

项目顾问　　彭苏萍　　武　强　　赵文智　　顾大钊　　刘炯天

　　　　　　　　李建刚　　康红普　　刘文清　　金智新　　王国法

　　　　　　　　李根生　　汤广福

课题负责人

课题1	我国煤炭安全智能精准开采战略研究	袁　亮
课题2	关闭煤矿生态文明发展战略研究	彭苏萍
课题3	基于抽水蓄能的气油水光能互补战略研究	汤广福
课题4	我国煤矿绿色智能开发与高效利用建议	袁　亮

本书研究和撰写人员

袁　亮　彭苏萍　武　强　赵文智　顾大钊
刘炯天　李建刚　康红普　刘文清　金智新
王国法　李根生　汤广福　杨　科　张　通
郝宪杰　张庆贺　刘　帅　吕　鑫　宋帅兵
付　强　陈　宁　庞　辉　汪秋菊　张　博

本书项目支持

中国工程院重点咨询项目：我国煤矿安全及废弃矿井资源开发利用战略研究（二期）

中国工程科技发展战略山西研究院-重大咨询研究项目：山西省废弃矿井资源开发利用战略研究

国家电网公司总部科技项目：利用废弃矿洞开展抽水蓄能应用基础技术研究

山西省科技厅揭榜招标项目：废弃矿山遗留资源及地下空间开发利用关键技术研究

序　一

煤炭是我国能源工业的基础，在未来相当长时期内，煤炭在我国一次能源供应保障中的主体地位不会改变。习近平总书记指出，我国煤炭资源丰富，在发展新能源、可再生能源的同时，还要做好煤炭这篇文章。[①]。我国煤炭资源分布广，煤层赋存条件差异大，且地处欧亚板块结合部，地质构造复杂，煤矿百万吨死亡率与世界发达国家相比仍存在一定的差距。同时，随着我国社会经济的快速发展和煤炭资源的持续开发，部分矿井已到达其生命周期末期，也有部分矿井因不符合安全生产要求，或开采成本过高而亏损严重，正面临关闭或废弃。预计到 2030 年，我国关闭/废弃矿井将达到 1.5 万处。直接关闭或废弃此类矿井不仅会造成资源的巨大浪费和国有资产流失，还有可能诱发后续的安全、环境等问题。据调查，目前我国已关闭/废弃矿井中赋存煤炭资源量就高达 420 亿 t、非常规天然气近 5000 亿 m^3、地下空间资源约为 72 亿 m^3，并且还具有丰富的矿井水资源、地热资源、旅游资源等。在能源供给侧结构性改革持续推进与绿色煤炭资源量不足的背景下，借力新兴"互联网""物联网""人工智能"等信息技术革命成果，破解煤炭安全智能精准开采与废弃矿井资源综合开发利用难题，对提高我国煤矿安全水平、废弃矿井资源开发利用效率、保障国家能源安全、经济持续健康发展意义重大！

以美国、加拿大、德国为代表的欧美国家，在废弃矿井储能及空间利用等方面开展了大量研究工作，并已成功应用于工程实践，而我国对于关闭/废弃矿井资源开发利用的研究起步较晚、基础理论研究薄弱、关键技术不成熟，开发利用程度远低于国外。中国工程院作为我国工程科学技术界最高荣誉性、咨询性学术机构，深入贯彻落实党中央和国务院的战略部署，针对我国煤矿安全及废弃矿井资源开发利用面临的问题与挑战，及时组织三十余位院士和上百名专家于 2017～2019 年开展了"我国煤矿安全及废弃矿井资源开发利用战略研究（一期）"重大咨询研究项目，在行业领域内引起了广泛关注，取得了诸多重大成果，在此基础上继续组织近二十位院士于 2020～2021

---

① https://baijiahao.baidu.com/s?id=1673636722309859841&wfr=spider&for=pc.

年开展了"我国煤矿安全及废弃矿井资源开发利用战略研究(二期)"重点咨询研究项目,项目负责人袁亮院士带领项目组成员在一期项目成果基础上继续开展了系统性的深入研究,系统调研国内外煤矿安全及废弃矿井资源智能开发、生态文明发展及多能互补利用情况;凝练煤矿安全及废弃矿井资源开发利用过程中的重大工程科技难题,提出我国煤炭安全智能精准开采、气油水光多种能源(非常规天然气、煤炭气化、地下空间储能、抽水蓄能、光伏等)互补立体化开发利用模式;归纳了关闭/废弃煤矿生态文明建设主要途径、模式;提出了我国关闭/废弃煤矿生态文明发展战略思路、目标、技术路线及政策建议;结合国家可持续发展能源战略布局,提出了我国煤矿安全及废弃矿井资源开发利用战略路径和政策建议。

该项目凝聚了众多院士和专家的集体智慧,研究成果将为政府相关规划、政策制订和重大决策提供支持,具有深远的意义。

在此对各位院士和专家在项目研究过程中严谨的学术作风致以崇高的敬意,衷心感谢他们为国家能源发展付出的辛勤劳动。

李晓红

中国工程院 院长

2022 年 12 月

序　二

煤炭是我国的主导能源,长期以来为我国经济发展和社会进步做出了重要的贡献,富煤、贫油、少气的能源资源禀赋决定了煤炭的主体能源地位相当长一段时期内无法改变,仍将长期担负国家能源安全、经济持续健康发展的重任。我国煤矿开采地质条件复杂,煤矿安全生产形势严峻,百万吨死亡率与世界先进水平差距仍然较大,尤其随着浅部资源的不断开发,开采深度逐渐增大,导致煤与瓦斯突出、冲击地压等煤矿动力灾害频繁发生,给煤矿的安全生产带来了新的挑战。同时,随着我国经济社会的发展和煤炭资源的持续开发,部分矿井已到达其生命周期末期,加上近年来实施的煤炭去产能政策,促使一批资源枯竭及落后产能矿井和露天矿坑加快关闭,形成大量的富含多种能源资源的关闭/废弃矿井。预计到 2030 年,关闭/废弃矿井数量将达 1.5 万处,如此数量巨大、分布广泛的废弃矿井引发资源与生态环境、社会经济发展、民生与生态文明等系列相关问题,同时废弃矿井中能源资源开发利用技术薄弱,资源规模化浪费凸显。

开展煤矿安全及废弃矿井资源开发利用战略研究,不仅能提升煤矿安全智能精准开采水平,同时可以减少资源浪费、变废为宝,提高关闭/废弃矿井资源开发利用效率。美国、德国、澳大利亚、乌克兰、奥地利等国家率先开展废弃矿井资源开发利用研究,并形成了较为成熟的开发利用模式,成效显著,如利用废弃矿井进行旅游开发,将废弃矿井开发为医院、地下储气库,利用废弃矿井修建极深地下实验室、压缩空气蓄能发电站,将废弃矿井用于放射性核废料处置。相比之下,国内废弃矿井资源开发利用尚处于起步阶段,关键技术不成熟,先导示范工程相对缺乏,仅在煤矿瓦斯(煤层气)、煤炭地下气化、地下水库构建等能源化、资源化利用方面进行了工业性试验,开展了废弃矿井储气库、储油库、工业旅游等功能化利用方面的探索性研究。现阶段,互联网、大数据、人工智能等现代信息化技术与煤炭安全智能精准开采的耦合度仍有待加强,以人-自然-经济社会和谐共生为理念的关闭煤矿生态文明发展研究理论框架仍待构建，健全各类模式，充分利用废弃矿井存在的巨大能源资源和空间资源仍待发展。

我国政府高度关注煤矿安全和关闭/废弃矿井资源开发利用。近年来，徐州、抚顺等资源型城市以废弃矿井资源开发利用为抓手，提升潘安湖采煤塌陷区、抚顺矿业集团西露天矿等资源经济功能和生态功能，形成了美丽中国建设的生动实践，打造了废弃矿井资源开发利用的样板。但是，当前我国废弃矿井能源资源开发利用基础研究仍然薄弱，国家层面整体战略有待加大实施，开发利用总体规模、整体技术水平、现实效果等不能满足高质量发展要求。因此，加快推进废弃矿井能源资源开发利用，强化源头创新与科技支撑，发挥废弃矿井二氧化碳地质封存宿体作用，提升资源利用效率，对于贯彻"四个革命、一个合作"能源安全新战略，助力碳达峰碳中和目标的实现，具有重要意义。

为了深入贯彻落实党中央和国务院的战略部署，中国工程院于 2020～2021 年开展了"我国煤矿安全及废弃矿井资源开发利用战略研究(二期)"重点咨询研究项目。项目研究提出：首先，应加快废弃矿井普查进度，制定废弃矿井普查政策，推进废弃矿井勘探，获取详细的地质条件、生态环境、可利用资源储量等大数据。其次，统筹做好废弃矿井能源资源开发利用顶层设计和政策引导，建立综合协调管理机制，加大资金项目和财税支持力度，开展示范工程建设。注重废弃矿井资源安全低碳开发利用基础研究和应用基础研究，将关键性技术攻关列入国家重点研发计划、能源重点创新领域和重点创新方向，推进学科交叉融合和"政产学研用金"协同创新，完善共性基础技术供给体系。最后，加强不同领域废弃矿井资源开发利用分类指导，推进抽水蓄能、空气压缩储能、遗留煤层气地面抽采、遗留煤炭地下气化等研究，加强废弃矿井储能及多能互补开发利用，鼓励支持二氧化碳地质封存，促进国家级科研平台建立，培养高素质人才队伍，突破关键核心技术，竞争尖端技术智能装备，提升废弃矿井能源资源开发利用科技支撑能力。

开展"我国煤矿安全及废弃矿井资源开发利用战略研究(二期)"，不仅能够构建煤炭安全智能精准开采体系，推动关闭煤矿生态文明建设，建立基于抽水蓄能的气油水光互补能源战略低碳发展体系，还可为我国煤矿绿色智能开发与废弃矿井资源综合开发利用提供一条科技创新与可持续发展的战略路径，对于提高我国煤矿安全水平、促进能源结构调整、保障国家能源安全和经济持续健康发展具有重大意义。

中国工程院　院士

2022 年 11 月

前　言

我国预测煤炭资源量约 5.97 万亿 t，探明煤炭储量 1.3 万亿 t，然而煤炭资源赋存条件复杂、煤矿安全问题突出，煤矿百万吨死亡率与世界发达国家相比仍存在较大差距。同时，满足煤矿安全、技术、经济、环境等综合约束条件且可供开采的绿色煤炭资源量极其有限，仅约为 5743 亿 t。按国家能源需求和煤炭资源回收现状，绿色煤炭资源量仅可开采 40～50 年，未来或将大面积进入非绿色煤炭资源赋存区开采，势必会使煤矿安全面临巨大难题。

1949 年至今，部分矿井生命周期已经或即将结束，同时为保证煤矿安全必须淘汰落后产能，因此导致我国废弃矿井数量大幅增加，预计到 2030 年将到达 1.5 万处。我国废弃矿井资源丰富，开发利用潜力巨大，比如约 1/3 的矿井为水资源丰富矿井，约有 30km^2/矿的废弃矿井土地，以及大量的遗留煤炭、非常规天然气、可再生能源、生态开发及工业旅游资源等。如不开展二次开发将造成巨大的能源资源浪费，同时也会带来严重的环境和社会问题。

针对我国煤矿安全及废弃矿井资源开发利用存在的难题，经过调研和论证，以及结合行业专家的意见，课题组完成了本书稿，共分为五章。

第一章为总体介绍，主要介绍我国煤矿安全及废弃矿井资源开发利用的研究背景、研究范围、研究内容及研究思路。聚焦我国煤炭安全智能精准开采、气油水光多种能源互补立体化开发利用战略研究，凝练领域重大工程科技问题，提出我国不同区域、不同类型的煤炭无人化安全开采工程技术路线、废弃矿井多种能源立体化开发利用工程技术方案。第二章为我国煤炭安全智能精准开采战略研究，该部分内容结合国内外煤矿安全智能精准开采现状，总结分析了国外煤炭工业发展前景和国内理论研究进展及智能矿山建设所遇到的问题，提出了煤矿安全智能精准开采科学构想。第三章为关闭煤矿生态文明发展战略研究，该部分对废弃矿井生态文明发展历程及政策制度建设进行分析，通过经济、社会、自然、文化四个子系统进行分析总结，对废弃矿井生态文明发展提出了政策建议。第四章为基于抽水蓄能的气油水光互补能源战略研究，通过对废弃矿井抽水蓄能电站的发展现状调研，研究废弃矿井建设抽水蓄能电站的可行性及设计方案,并进行了典型案例分析;梳理了废弃矿井抽水蓄能电站与气油水光等能源发展利用过程中存在的问题及研究方向,并提出相关政策建议。第五章为废弃矿井绿色智能开发与高效利用建议,基于研究成果,结合国家煤炭工业发展规划,研究废弃矿井全生命周期内循环可持续与高质量发展路径,形成我国煤矿安全及废弃矿井资源开发利用战略的政策建议。

本书是集体智慧的结晶,项目研究与书稿编撰过程中得到了中国工程院、安徽理工大学、全球能源互联网研究院、中国矿业大学(北京)、中国工程科技发展战略山西研究院、淮南矿业(集团)有限责任公司、合肥综合性国家科学中心能源研究院、山西焦煤集团有限责任公司等单位领导和专家的大力支持与协助,在此一并表示感谢!

矿井安全是矿井生产的重中之重,废弃矿井资源综合开发利用则属于矿井前沿方向,且目前全国范围内对废弃矿井及相关资料统计数据尚不完善,因此本书难免存在疏漏,敬请批评指正。

作　者

2023 年 3 月

目　　录

第一章

总体介绍

煤炭是我国的主导能源,长期以来为我国经济发展和社会进步做出了重要的贡献,2018 年全国能源消费总量 46.4 亿 t 标准煤,煤炭消费总量 27.4 亿 t 标准煤,占据我国能源消费结构的比例高达 59%。我国能源资源赋存的基本特点是贫油、少气、相对富煤,煤炭的主体能源地位相当长一段时期内无法改变,仍将长期担负国家能源安全、经济持续健康发展重任。随着我国经济社会的发展和煤炭资源的持续开发,部分矿井已完成其生命周期,也有部分落后产能矿井不符合安全生产的要求,或开采成本高、亏损严重,面临关闭或废弃。尤其是近年来实施的煤炭去产能政策,促使一批资源枯竭及落后产能矿井和露天矿坑加快关闭,形成大量的去产能矿井。据统计,2016~2018 年,我国煤炭行业分别淘汰落后产能 2.9 亿 t、2.5 亿 t 及 2.7 亿 t,累计完成淘汰 8.1 亿 t,提前两年实现"十三五"煤炭行业去产能目标;中国工程院重点咨询项目"我国煤炭资源高效回收及节能战略研究"研究结果表明,预计到 2030 年废弃矿井数量将到达 15000 处。去产能矿井关闭后,仍赋存着多种巨量的可利用资源。开展煤矿安全及废弃矿井资源开发利用战略研究,不仅能够减少资源浪费、变废为宝,提高去产能矿井资源开发利用效率,还可为去产能矿井企业提供一条转型脱困和可持续发展的战略路径,推动资源枯竭型城市转型发展。

由袁亮院士承担的中国工程院重大咨询研究项目"我国煤矿安全及废弃矿井资源开发利用战略研究",在煤矿安全、矿井地下空间资源开发利用、抚顺露天矿坑利用等方面的战略研究取得重大突破。以此为基础,开展我国煤矿安全及废弃矿井资源开发利用战略研究(二期),项目聚焦我国煤炭安全智能精准开采、气油水光多种能源互补立体化开发利用战略研究,凝练重大工程科技问题,提出我国不同区域、不同类型的煤炭无人化安全开采工程技术路线图、关闭矿井多种能源立体化开发利用工程技术方案,制定国家技术标准,提出政策建议。

第一节 研 究 意 义

中国能源结构"富煤、贫油、少气"的基本特征决定了煤炭在保障国家安全、推动经济社会高质量发展中的重要支撑作用。2020 年,中国煤炭占一次能源消费比重 56.7%,原油、天然气对外依存度分别达 73%、43%。中国工程院预测：2050 年中国煤炭占一次能源消费比例还将保持在 50%左右，2050 年以前，以煤炭为主导的能源结构难以改变。煤炭仍将长期在能源体系中发挥稳定器和压舱石功能，承担能源安全"兜底"使命。同时，应对全球气候与生态环境变化，服务碳达峰碳中和目标达成，煤炭工业也承担着加强废弃矿井资源综合开发利用、服务经济社会全面绿色转型的重要使命。习近平总书记指出，我国煤炭资源丰富，在发展新能源、可再生能源的同时，还要做好煤炭这篇文章。这为综合开发利用废弃矿井资源、推进煤炭工业高质量发展提供了根本遵循。

当前，煤炭行业供给侧结构性改革持续推进，国内绿色煤炭资源量逐年减少，废弃矿井数量日益增多。"十三五"期间全国累计退出煤矿约 5500 处、退出落后煤炭产能 10 亿 t，"十四五"期间煤矿数量还将进一步压缩，关闭/废弃矿井中赋存遗留煤炭资源量高达 420 亿 t，非常规天然气近 5000 亿 m^3，还有矿井水(约 1/3 的矿井具有水资源丰富的特点)及地热资源，同时废弃矿井地下空间资源(约 60 万 m^3/矿)、生态开发及工业旅游资源开发利用潜力巨大。废弃矿井在抽水蓄能、空气压缩储能、遗留煤层气地面抽采、遗留煤炭地下气化、二氧化碳地质封存等方面的高效开发利用将在能源行业减碳、降碳、控碳、增能方面发挥重要作用。开发利用好废弃矿井资源是构建清洁低碳、安全高效的能源体系的重要战略部署，同时是践行"双碳"目标的重要举措。

美国、德国、澳大利亚、乌克兰、奥地利等国家率先开展废弃矿井资源开发利用研究，并形成了较为成熟的开发利用模式，成效显著，如利用废弃矿井进行旅游开发、将废弃矿井开发为医院、利用废弃矿井修建极深地下实验室、将废弃矿井改建为地下储气库、将废弃矿井作为压缩空气蓄能发电站、利用废弃矿井进行抽水蓄能发电、将废弃矿井用于放射性核废料处置。

相比之下，国内废弃矿井资源开发利用尚处于起步阶段，基础理论研究薄弱，关键技术不成熟，先导示范工程相对缺乏，仅在煤矿瓦斯(煤层气)、煤炭地下气化、地下水库构建等能源化、资源化利用方面进行了工业性试验，开展了废弃矿井储气库、储油库以及工业旅游等功能化利用方面的探索性研究。针对中国煤炭资源安全与废弃矿井资源开发利用战略性问题，开展中国煤矿安全及废弃矿井资源开发利用战略研究，研判煤矿安全重大变革，提出新时代煤矿安全科技重大需求及发展战略，以及基于能源化、资源化、功能化的废弃矿井资源开发利用模式,形成废弃矿井油气储库和核废料处置库的库址筛选原则和技术方法,构建基于抽水蓄能的气油水光互补能源技术体系,建立关闭矿井+旅游产品、关闭矿井+产业融合、关闭矿井+区域协同模式,明确废弃矿井资源开发利用方向、技术路线、时间表。系统部署废弃矿井资源综合开发利用基础与应用基础理论研究、创新关键核心技术研发、先导示范工程实践,对国家低碳能源发展将产生重大而深远的影响。

第二节　研究现状

一、煤矿安全发展战略研究

《能源中长期发展规划纲要(2004—2020)》《中国能源中长期(2030,2050)发展战略研究报告》等提出"坚持以煤炭为主体、电力为中心、油气和新能源全面发展的战略",确定了煤炭在我国长期处于主导能源的地位。但是我国煤矿开采地质条件复杂,煤矿安全生产形势严峻。煤炭百万吨死亡率与世界发达国家相比仍存在较大差距,是美国的5倍、澳大利亚的11倍。尤其随着浅部资源的不断开发,开采深度逐渐增大,导致煤与瓦斯突出、冲击地压等煤矿典型动力灾害频繁发生,给煤矿的安全生产带来了新的挑战。

面临挑战,煤炭企业应把煤矿安全和可持续发展摆在首要位置,依靠科技创新,着力转变发展方式,探索一条转型发展新道路。当前开展经济新常态下的煤矿安全发展战略研究十分迫切且具有重要的战略和现实意义,将为建立信息化、数字化和无人/少人智能化的未来采矿奠定坚实的基础,为保障我国煤炭行业的持续进步和实现我国经济社会的健康发展作出重要的贡献。

国内外安全智能化开采研究现状,可归纳为以下四点:

(1)欧洲国家煤矿行业从业占比少,智能化水平高,现阶段发展相对缓慢;

(2)美国、澳大利亚等煤炭产量大国智能化水平高、结构完善、新技术转化利用水平高;

(3)国内智能化水平发展迅速,成果转化显著,处于快速发展阶段;

(4)开采装备智能化与矿山安全绿色开采理论仍需深入结合。

二、我国煤炭安全精准开采研究

我国煤炭开采的基本国情是资源禀赋复杂。煤炭资源分布差异大,极薄煤层与特厚煤层、近水平与急倾斜煤层广泛分布,开采条件极其复杂。煤炭开采受煤与瓦斯突出、冲击地压、煤自燃、水害、粉尘等灾害威胁严重,安全开采难度大。

在我国已探明的煤炭资源中,埋深在1000m以下资源量占53%,随着浅部资源枯竭,煤炭开采深度以平均每年10~25m的速度增加,且深部煤炭资源安全开采威胁巨大,深部瓦斯、冲击地压等灾害相互耦合,成灾机理复杂,防治愈加困难。在煤炭开采过程中,普遍存在"弃薄采厚、挑肥拣瘦"现象,矿井资源回收率平均仅50%左右,与发达国家约80%的回收率有较大差距,造成原设计服务年限50~100年缩短一半。

近年来,依靠科技进步,煤矿安全开采形势持续好转:在我国煤炭产量逐年增加的同时(从2000年的13亿t增加到2018年的35.5亿t,增幅达173.08%),百万吨死亡率从2005年的2.76降至2018年的0.0093。但是,煤炭安全开采形势依然严峻:虽然煤矿瓦斯、顶板、水害等事故发生频率逐年大幅下降,但重特大事故仍然时有发生,社会影响恶劣;煤矿百万吨死亡率与世界发达国家相比仍存在较大差距,是美国的5倍、澳大利亚的11倍。解决这些问题,就需要"刀口向内",以精准开发方式,推进绿色煤炭资源发展,同时最大限度保护资源、生命和环境。绿色煤炭资源量是指能满足煤炭安全、技术、经济、环境等综合条件,并支撑煤炭科学产能和科学开发的煤炭资源量。

基于现有技术条件,我国可供开采的绿色煤炭资源量极其有限,只有5048.95亿t,不足探明煤炭储量的一半,约占全国预测煤炭资源量5.97亿t的十分之一。按国家能源需求和煤炭资源回收现状,绿色煤炭资源量仅可开采40~50年,未来或将大面积进入非绿色煤炭资源赋存区开采,势必让煤矿安全面临巨大难题。煤矿开采安全、智能、精准一个不能少。2016年,袁亮院士首次提出"煤炭精准开采"科学构想,引发行业内外广泛热议。2017年8月8日,"煤炭安全智能精准开采协同创新组织"在安徽理工大学成立并进行揭牌,2018年8月8日举行第二次研讨,24名院士出席会议。如今,煤炭安全智能精准开采是未来采矿的必由之路已成为行业共识。

三、废弃矿井多种能源立体化开发利用战略研究

近年来,国家实施供给侧结构性改革不断淘汰落后产能,一大批矿井集

中加速关闭退出，面对数量巨大、分布广泛的废弃矿井中丰富多样的资源与生态环境破坏及社会经济发展问题，废弃矿井生态开发不仅是资源开采企业、当地居民的问题，更是关系民生与生态文明建设的国家发展规划问题，废弃矿井生态开发需要制订宏观的全局规划与发展战略，构建与国家生态文明建设、地区和城市经济协调发展的生态开发宏观建设思路。废弃矿井生态开发范畴不但要突出矿区范围的经济开发问题，而且涉及所在区域和城市新兴产业培育和区域经济转型问题，其中资源枯竭型城市转型、城镇化建设是我国当前经济发展和城市发展的必然选择。

　　鉴于废弃矿井的总量、退出时间、生态环境本底特征和资源赋存情况的差异性，需要建立中长期的生态开发时序规划，时间维度上的开发规划应从新增废弃矿井到历史性形成的废弃矿井，从生态开发潜力大的废弃矿井到生态开发潜力较小从易到难开发规划布局，依据生态开发方向选择—生态开发功能区划—生态开发适宜性评价—生态开发技术配置—生态开发规划，明确分级分类差异性生态开发。未来我国废弃矿井多种能源立体化开发利用还需要从全面识别我国废弃矿井生态环境本底特征与损害现状、科学评价我国废弃矿井/矿区生态开发潜力、有效提升废弃矿井/矿区生态功能恢复能力、统筹协调废弃矿井的生态恢复与空间重构、促进废弃矿井/矿区环境资源整合与生态开发等 5 个方面展开研究与规划。

四、基于抽水蓄能气油水光互补能源战略研究

　　抽水蓄能电站的产生已经有 100 多年的历史，20 世纪 70 年代和 80 年代，抽水蓄能电站装机容量平均增长率分别达到了 11.26% 和 6.45%，是火电和常规水电的两倍多。目前，日本、美国、西欧各国抽水蓄能电站总装机容量之和占世界抽水蓄能电站总装机容量的 80%以上。部分国家抽水蓄能机组占全国装机比重超过 10%，其中奥地利达到 16%，日本达到 13%，瑞士达到 12%，意大利达到 11%，截至 2018 年底，中国已投运的抽水蓄能的装机规模为 29.99GW，在建规模 44.00GW，约占全国装机比重的 0.81%。

　　随着我国新兴能源的大规模开发利用，特别是新能源、特高压、智能电网的发展，需要加速抽水蓄能电站建设和储能产业中正处起步阶段的抽水蓄能建设，抽水蓄能电站的配置由过去单一的侧重用电负荷中心逐步向用电负荷中心、能源基地、送出端和落地端等多方面发展。储能本身不是新兴的技

术，但从产业角度来说却是刚刚出现，正处在起步阶段。目前，中国没有达到类似美国、日本将储能当作一个独立产业加以看待并出台专门扶持政策的程度，尤其在缺乏为储能付费机制的前提下，储能产业的商业化模式尚未成形。

研究分析国内外抽水蓄能现状，可以得出抽水蓄能建设与电网发展增速不匹配，抽水蓄能长期是我国能源结构的短板；电网灵活电源的需求增长快速，传统灵活调节资源不足，加快发展抽水蓄能是保障电力安全和能源安全的必然选择；发展废弃矿井抽水蓄能技术，有助于废弃矿井资源开发利用，国内外废弃矿井资源丰富的国家已经开展抽水蓄能工程建设或工程详细规划。

第三节 研究内容

本书聚焦我国煤炭安全智能精准开采、气油水光多种能源(非常规天然气、煤炭气化、地下空间储能、抽水蓄能、光伏等)互补立体化开发利用战略研究，凝练重大工程科技问题，提出我国不同区域、不同类型的煤炭无人化安全开采工程技术路线、关闭矿井多种能源立体化开发利用工程技术方案，制定国家技术标准，提出政策建议。

一、我国煤炭安全智能精准开采战略研究

主要以国内煤矿资源向深部开采发展的政策与趋势为背景，开展我国煤炭安全智能精准开采的战略研究，调研并分析我国及世界主要发达国家煤矿在安全智能精准开采方面的发展现状、前景和面临的挑战。针对煤炭资源的不可再生性、可枯竭性，以及当前多地都面临资源储备逐渐枯竭、开采成本不断上升、竞争力严重削弱、富余下岗人员大幅增加的困境，积极探索煤矿产业转型，实现可持续发展。

开展经济新常态下传统老矿区转型发展战略研究，研究我国及世界主要发达国家废弃矿井瓦斯抽采与气化技术现状，分析废弃煤矿瓦斯开发利用潜力及可行性，完善煤矿区塌陷治理、矿井水污染、煤与瓦斯突出、冲击矿压、矿井煤层自燃等煤矿重大灾害的防治对策措施，研判资源枯竭及经济不可采煤矿关闭退出法规及相关技术标准体系，构建煤矿可持续发展保障体系。

在上述研究的基础上,结合煤炭开采行业特点和现代社会技术发展方向,提出煤炭精准开采科学构想。

基于透明空间地球物理,以智能感知、智能控制、物联网、大数据、云计算等信息技术为支撑,耦合多相多场灾变理论与绿色降碳技术,建立具有风险判识、监控预警等处置功能,能够实现时空上准确安全可靠的智能无人安全精准开采新模式,并提出了六点新时代煤矿安全智能科技重大需求:

(1)透明矿山:重点研究"互联网+矿山",反演煤层赋存条件,实现断层、陷落柱、矿井水、瓦斯等致灾因素精确定位;

(2)灾害防控:推进"三位一体"研究手段,探索总结多场耦合致灾机理及诱发条件,为无人精准开采提供理论支撑;

(3)绿色协调:强化煤与共伴生资源绿色低碳开发基础理论研究,推进矿井全生命周期绿色低碳降碳开发利用;

(4)技术装备:重点研究采煤机记忆切割、液压支架自动跟机及可视化远程监控,研发远程可控的无人精准开采技术与装备;

(5)多网融合:研发新型安全、灵敏、可靠的采场、采动影响区及灾害前兆信息等时空信息采集传感技术装备,形成人机环参数全面采集、共网传输新方法;

(6)智慧矿山:多学科交叉融合,打造基于云技术的智慧矿山,建立智慧矿山标准及技术体系。

二、关闭煤矿生态文明发展战略研究

随着我国经济社会快速发展和煤炭资源高强度开采,20世纪50年代建设的矿山绝大部分煤炭资源已枯竭,进入了生命周期的衰退期,面临着关闭和废弃。我国高度重视废弃矿山生态文明发展,自1988年开始,中央和地方密集出台了涉及矿山生态治理的相关政策制度,从国家层面和地方层面加强了制度供给。

基于上述大背景,以社会生态控制论、可持续发展理论、循环经济理论,以人与人、人与自然、人与社会和谐共生为理念,构建关闭煤矿生态文明发展研究理论框架,从"人口—资源—环境"三个维度剖析我国关闭煤矿生态文明发展现状、关闭煤矿与区域两者生态经济耦合程度及制约因素。探讨国内外关闭煤矿可持续发展与生态文明建设的经验与启示,总结关闭煤矿基于生态文明发展"人口—资源—环境"的演变规律与驱动机制,建立关闭煤矿生态文明发展潜力评价模型。综合评价我国关闭煤矿生态文明发展的潜力,结合区域生态经济发展需要,对不同区域、不同特征关闭煤矿进行聚类分析,构建关闭煤矿生态文明发展模式,因地制宜地提出我国关闭煤矿生态文明发展战略思路、目标、模式、实施路径及相关政策建议,为关闭煤矿所在地实现从资源依赖型增长方式向内涵生态型转变提供前瞻性科学基础和技术支撑。

(1)分析了关闭矿井生态文明发展存在的问题;

(2)从生态文明发展经济子系统重构出发,提出关闭煤矿产业绿色转型五大方向;

(3)从生态文明发展社会子系统重构出发,指出了关闭煤矿职工安置政策调整的重点,提出了适合分流职工再就业的三大就业岗位类型;

(4)从生态文明发展自然子系统重构出发,提出了植被恢复、水资源与土壤修复治理的三个方案,构建了水资源和土壤修复与治理的两个技术体系;

(5)从生态文明发展文化子系统重构出发,识别关闭煤矿工业文化基因,提出了关闭煤矿工业遗产活化路径。

三、基于抽水蓄能的气油水光互补能源战略研究

构建废弃矿井抽水蓄能电站,在获得传统抽水蓄能电站移峰填谷、提高电网运行稳定性和经济性效益的同时,原有的矿业废弃迹地还可以获得变废为宝、生态化转型的收益。除了这些局部收益,在我国发展废弃矿井抽水蓄能技术还具有下列战略意义。

(1)有助于我国中东部地区矿业资源枯竭城市的转型;

(2)有助于我国沿海核电和东海风电能源带的建设;

(3)有助于我国三北地区"弃风弃光"问题的缓解;

(4)有助于我国东部地区智能电网的建设。

基于废弃矿井抽水蓄能电站及其关键技术发展现状的调研开展以下研究内容:

(1)研究废弃矿井建设抽水蓄能电站的可行性及设计方案;

(2)研究通过废弃矿井建设抽水蓄能电站,探索其与气、油、水、光等能源之间的相互支撑关系以及在能源稳定调节和提质方面的作用;

(3)研究基于抽水蓄能和气油水光互补的分布式新能源智能电网建设

方案；

(4)研究基于抽水蓄能的气油水光互补综合能源工程的关键技术与核心装备的发展战略；

(5)研究基于抽水蓄能的气油水光互补综合能源工程的多场景空间规划及技术经济性分析。

四、废弃矿井绿色智能开发与高效利用建议

基于研究成果，结合国家煤炭工业发展规划，研究废弃矿井全生命周期内循环可持续与高质量发展路径，形成我国煤矿安全及废弃矿井资源开发利用战略的政策建议。

(1)在"我国煤矿安全及废弃矿井资源开发利用战略研究(一期)"的基础上，聚焦煤炭精准开采科学构想，打造煤炭无人(少人)智能开采与灾害防控一体化的未来采矿，对于煤矿安全战略研究具有重要意义，并提出了煤矿安全智能开采政策措施建议：

①设立国家重大专项开展煤炭安全智能精准开采科技攻关研究；

②加强煤炭安全智能精准开采国家级科研平台与工程示范基地建设；

③开展煤炭安全智能精准开采相关政策研究。

(2)完善煤矿塌陷区治理对策措施，分析废弃矿井生态开发及旅游的潜在价值与经济社会效益，借助态势分析法(SWOT)对我国废弃矿井旅游资源开发利用进行全面分析，提出我国废弃矿井生态开发及旅游发展战略的政策建议：

以废弃关闭煤矿经济可持续发展、社会和谐共生、工业文化传承延续、自然生态保持维系为目标，坚持生态文明发展的层次性与时序性，进行分地区、分类、分级的差异性开发，将关闭煤矿生态文明发展与新兴产业培育、资源枯竭型城市转型、城镇化建设、国家和地区发展战略相结合，建立中长期的生态发展时序规划。

(3)明确我国抽水蓄能的气油水光互补研究方面与国外发达国家的差距，密切联系国内外抽水蓄能应用市场运行状况和技术发展动态，围绕抽水蓄能应用产业的发展态势及前景、技术现状及趋势等，采用定性与定量相结合、理论与实践相结合，提出适应我国废弃矿井抽水蓄能的气油水光互补综合能源工程的战略方针：

①建设废弃矿井抽水蓄能电站技术的可行性,建议优先发展地质条件稳定、岩石质量好的废弃矿井建设抽水蓄能电站;

②坚持"统筹规划、合理布局"的原则开展站址选择,依次开发全地上、半地下、全地下形式的废弃矿井抽水蓄能电站;

③对矿井进行全生命周期评价,构建科学、合理的运营模式,增加废弃矿井抽水蓄能电站的收益;

④对满足抽水蓄能建设要求的矿井须提前谋划,优化设计矿井开采方式,为未来建设抽水蓄能电站做准备;

⑤建议开展废弃矿井抽水蓄能典型电站示范建设和运行,实现设计技术、关键设备制造等技术的全方位提升;

⑥进一步研究制定激励废弃矿井建设抽水蓄能电站的配套政策,多措并举,推动矿井抽蓄发展。

第二章

我国煤炭安全智能精准开采战略研究

煤炭作为不可再生资源,具有能源、工业原料双重属性,不仅可以作为燃料取得热量和动能,还是众多化工产品的工业原料。纵观国际采矿史,矿难发生的致灾机理和地质情况不清、灾害威胁不明、重大技术难题没有解决等是导致事故的主要原因。要想从根本上破解煤矿安全高效生产难题,煤炭工业须由劳动密集型升级为技术密集型,创新发展成为具有高科技特点的新产业、新业态、新模式,走智能、少人(无人)、安全的开采之路。结合煤炭开采面临的挑战和现代信息技术发展方向,煤炭精准开采科学构想应运而生。本章在煤炭精准开采的科学构想的基础上,对现阶段发达国家与国内煤矿安全智能精准开采现状进行总结,凝练出煤炭精准开采的前景与面临的挑战。

第一节　国内外煤矿安全智能精准开采现状

一、国外煤矿安全智能精准开采现状:以澳大利亚和美国为例

(一)澳大利亚煤矿安全智能精准开采现状

煤炭是澳大利亚经济发展的支柱产业,其地理位置和资源条件决定了其出口导向型经济的发展模式。近 30 年,澳大利亚能源的净出口国地位不断增强;一次能源生产总量年均增长速度是一次能源消费总量的 2.12 倍,煤炭是一次能源消费的重要构成,也是一次能源生产增量的主要来源。2018 年底,澳大利亚拥有世界硬煤经济资源量的 10%,排在美国、中国、印度之后的第 4 位。97% 的硬煤资源分布在昆士兰州和新南威尔士州,煤炭出口拉动煤炭生产规模的持续扩大。昆士兰州和新南威尔士州主要从事硬煤开采,煤炭生产以露天开采为主,露天煤矿产量占其煤炭总产量的比重比世界露天开采的平均占比高出 40 多个百分点。煤炭生产效率上升、下降和缓慢回升的过程反映出煤炭科技创新的不同发展阶段,在法律法规的及时制修订、监管体系的完善以及政府、企业、研究机构等方面共同制定的"煤炭研究计划"的引领和推动下,同时重视科技创新和先进开采技术与装备的结合,煤炭行业的安全生产与职业健康、原煤生产效率和环境保护水平一直居于世界领先地位。根据澳大利亚和国际权威机构预测,后续 5 年,澳大利亚炼焦煤出口将保持数量和收益的稳步增长,2018～2040 年澳大利亚将继续保持煤炭最大净出口国的位置。

1. 资源分布

澳大利亚地球科学委员会根据 1989 年颁布的《澳大利亚矿产资源和矿石储量报告规范》(JORC 规范),以及《澳大利亚关键矿产战略 2019》统计数据,指出 2018 年底澳大利亚拥有世界硬煤经济资源量的 10%,排在美国(30%)、中国(18%)、印度(13%)之后,位于第 4 位,其硬煤资源主要分布在昆士兰州和新南威尔士州,所占比重分别为 64% 和 33%,其余 3% 分布在南澳大利亚州、西澳大利亚州和塔斯马尼亚州。昆士兰州的鲍恩盆地和新南威尔士州的悉尼盆地是煤炭资源最丰富、开采条件最好的含煤盆地之一,也是煤矿开采集中的区域。鲍恩盆地是澳大利亚最重要的二叠纪煤炭产地,拥有世界最大的烟煤矿床和澳大利亚 70% 的炼焦煤资源,2018 年底硬煤经济可采储量为 47.18Gt;鲍恩盆地开采条件好,适合露天开采的煤炭资源丰富,2018 年底在产煤矿露天产量占比 80% 以上,其余为井工开采,开采深度在 650m 以浅。悉尼盆地是澳大利亚二叠纪煤炭的第二大产地,位于新南威尔士州。2018 年底悉尼盆地的硬煤经济可采储量为 24.33Gt,炼焦煤约占 1/4,其构造简单、煤层产状大多接近水平,倾角变化范围为 5°～10°,煤层开采深度在 120～300m,适合露天开采,2018 年底在产煤矿露天产量占比 75% 以上。

2. 能源系统中的地位和作用

(1)能源净出口国的地位不断增强。

澳大利亚近 40 年能源净出口量增长了约 17 倍。澳大利亚是世界第九大能源生产国,也是经济合作与发展组织(OECD)成员国中 3 个能源净出口国之一,1979～2019 年,能源生产总量增长了 4.3 倍、能源消费总量增长了 1 倍,而能源净出口量增长了约 17 倍;1979～2010 年度是快速增长阶段,增幅达 1175.78%,而 2011～2019 年度的增幅是 51.51%,如图 2-1 所示。

(2)煤炭在一次能源消费与生产中占有重要地位。

澳大利亚近 30 年来一次能源消费总量呈增长态势,煤炭消费占比波动性下降 11.1 个百分点。图 2-2 为 1991～2019 年澳大利亚煤炭在一次能源消费构成中的数量变化,经分析,1991～2019 年一次能源消费总量增长幅度为 56.6%,年平均增长速度为 1.6%。1991～2010 年间增长较快,增幅达 47.41%,2011 年度进入峰值平台期,增幅仅为 4.38%;1991～2019 年煤炭

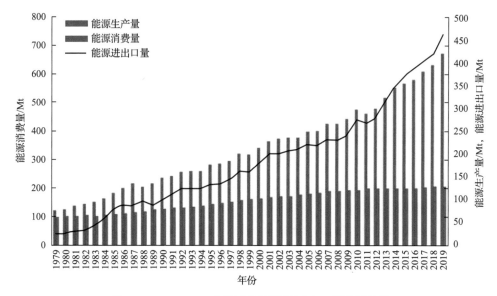

图 2-1　1979～2019 年澳大利亚能源净出口量增长情况

资料来源：澳大利亚工业科学能源和资源部。图中数据为澳大利亚各财年统计数据，如 1979 为 1978～1979 年度（即 1978 年 6 月至 1979 年 6 月）

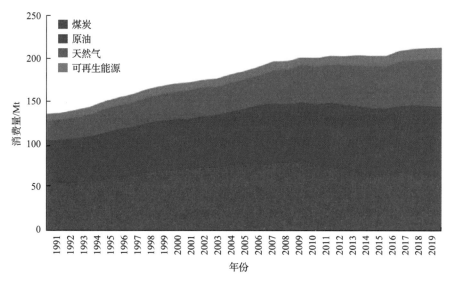

图 2-2　1991～2019 年澳大利亚煤炭在一次能源消费构成中的数量变化

图中数据为澳大利亚各财年统计数据，如 1991 为 1990～1991 年度（即 1990 年 6 月至 1991 年 6 月）

所占比重从 41.0%下降到 29.1%，天然气占比增幅较大。澳大利亚近 30 年来一次能源生产总量以年平均 3.6%的速度较快增长，煤炭占比接近 70%。图 2-3 为 1991～2019 年澳大利亚煤炭在一次能源生产构成中的数量变化，经分析，1991～2019 年一次能源生产总量增长幅度达 175.7%，年平均增长速度为 3.5%。2019 年度一次能源生产总量同比增加 37.85Mt，增长幅度 5.9%，

达到 673.7Mt，是近 30 年的最高水平；同期，煤炭生产所占比重从 67.4%
降低到 66.2%，2015 年度曾经达到最大值 77.3%，之后所占比重略有下降。

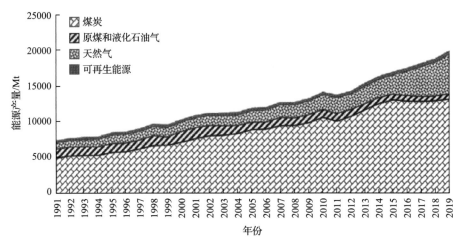

图 2-3　1991～2019 年澳大利亚煤炭在一次能源生产构成中的数量变化

资料来源：澳大利亚工业科学能源和资源部。图中数据为澳大利亚各财年统计数据，如 1991 为 1990～1991 年度(即 1990 年 6 月至 1991 年 6 月)

(3)煤炭是最重要的发电燃料。

澳大利亚煤炭消费量与一次能源消费量趋势不同。1990～2019 年，煤炭消费总量总体是增加的，如图 2-4 所示，虽然经过了 1990～2008 年的增加和 2009～2019 年的减少两个阶段，其一次能源消费量一直呈现增加的态势，从 1990 年的 90.7Mt 增加到 2019 年的 137.5Mt，增长幅度为 51.60%。2009 年开始，随着石油和天然气在澳大利亚一次能源消费中用量的增加，煤炭消费量进入下降状态。主要原因有：2003 年 1 月 1 日，澳大利亚开始在煤炭消费量最大的新南威尔士州实施温室气体减排计划(New South Wales Gas Geological Assurance System，NSWGGAS)；2007 年澳大利亚正式签署《京都议定书》；2008 年 12 月 15 日，澳大利亚联邦政府提出碳污染减排机制(Carbon Pollution Reduction Scheme，CPRS)，第一次正式提出进入排放交易计划(Emissions Trading Scheme，ETS)；随着天然气勘探开发强度加大，产量迅速增加，2000 年以后，液化天然气产量以每年 1%的速度稳定增长。近 30 年煤炭一直是澳大利亚最重要的发电燃料。1991～2019 年澳大利亚发电燃料构成如图 2-5 所示。2019 年发电总量是 265117.1GW·h，同比增长 0.77%，化石燃料发电量为 209636.1GW·h，所占比重为 79.07%，比2018 年下降 2.02 个百分点。1991～2019 年，燃煤发电占比虽然减少了 24.5

个百分点，但仍然占到 56.4%。

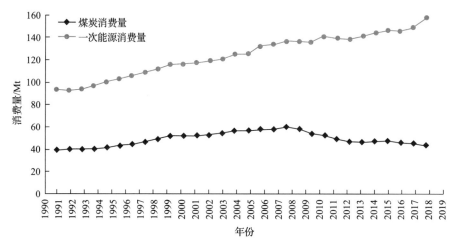

图 2-4 1990～2019 年煤炭消费量和一次能源消费量变化

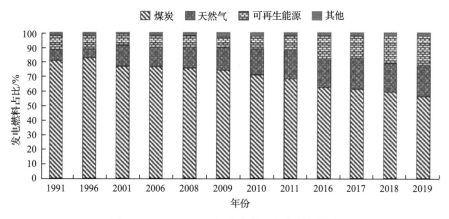

图 2-5 1991～2019 年澳大利亚发电燃料构成

3. 煤炭生产

(1)硬煤生产持续增长，昆士兰州保持第一大产煤州地位。

澳大利亚硬煤生产总量呈增长态势,新南威尔士州和昆士兰州硬煤产量合计占硬煤总产量的 98.61%，昆士兰州硬煤产量的增长促进澳大利亚硬煤生产。1990～2019 年，硬煤生产总量持续增长，增长幅度为 194.50%，如图 2-6 所示；1991～2000 年增长较快，增幅达 52.00%；2001～2011 年中速增长，增幅为 40.40%；2012～2019 年增长较慢，增幅为 16.90%。其中，昆士兰州硬煤产量与硬煤生产总量变化趋势相近，并一直占据第一大产煤州的位置，占硬煤生产总量的比重从 1990 年度的 49.00%提高到 2019 年度的55.14%；新南威尔士州硬煤生产保持第二的位置，占硬煤生产总量的比重从 1990 年度的 47.00%降低到 2019 年度的 43.47%。

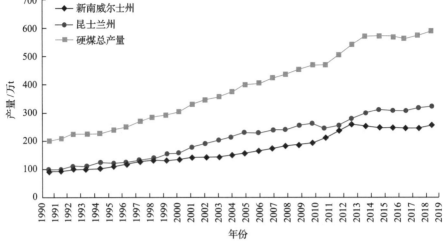

图 2-6　1990～2019 年澳大利亚硬煤总产量及主要硬煤生产州硬煤产量

资料来源：澳大利亚工业科学能源和资源部。图中数据为澳大利亚各财年统计数据，如 1991 为 1990～1991 年度(即 1990
年 6 月至 1991 年 6 月)

(2)露天开采带动硬煤生产，煤矿个数增加、单矿规模提高。

澳大利亚露天煤炭开采带动煤炭开采业的发展。1990～2019 年露天煤炭开采发展态势与煤炭开采总量的趋势基本相同，占比从 69.9%增长到 84.0%；露天开采煤炭产量从 1990 年的 100Mt 增长到 2019 年的 495Mt，增长幅度达 395%，如图 2-7 所示。

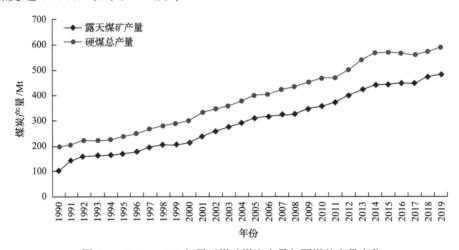

图 2-7　1990～2019 年露天煤矿煤炭产量与硬煤总产量变化

资料来源：澳大利亚工业科学能源和资源部。图中数据为澳大利亚各财年统计数据，如 1991 为 1990～1991 年度(即 1990
年 6 月至 1991 年 6 月)

澳大利亚露天煤矿单矿产量与露天煤矿总产量增长趋势趋于一致。1990～2019 年，露天煤矿个数由 61 处增加到 64 处，其间 2013 年曾增加到 81 处；露天煤矿产量由 140Mt 持续增加到 493Mt，如图 2-8 所示，增幅为 252.1%，占煤炭总产量的比重由 69.93%提高到 83.70%，年平均增长速度为 4.44%；露天煤矿单矿产量由 2.295Mt 增加到 7.703Mt，增幅为 235.6%，年平均增长速度为 4.26%。

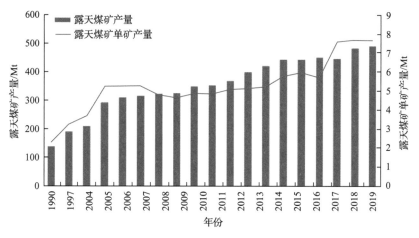

图 2-8　1990～2019 年澳大利亚露天煤矿产量与露天煤矿单矿产量

图中数据为澳大利亚各财年统计数据，如 1991 为 1990～1991 年度（即 1990 年 6 月至 1991 年 6 月）

澳大利亚井工煤炭开采规模发展缓慢。井工煤矿个数减少，产量依靠单井产量的提高而增加。1990～2019 年，井工煤矿个数由 68 处减少到 27 处，减少了 41 处；井工煤矿煤炭产量从 60.36 Mt 增加到 94.00 Mt，增长幅度是 55.73%，占煤炭总产量的比重由 30.07 %降低到 16.30%，降低了 13.77 个百分点；年平均增长速度是 1.54%，如图 2-9 所示。井工煤矿单井产量由 0.888 Mt 增加到 3.481 Mt，增长幅度为 292.00%，年平均增长速度是 4.82%。

4. 煤炭进出口

煤炭是澳大利亚出口数量最多、收益最高的能源出口产品，炼焦煤出口数量的增长低于动力煤，但收益增长高于动力煤。截至 2018 年底，澳大利亚前六家煤炭开采公司是嘉能可集团、必和必拓集团、兖矿集团、英美矿业集团、力拓集团和博地能源集团。2018 年六大煤炭企业煤炭产量占澳大利亚煤炭总产量的比例由 2017 年的 43.6%提高至 47.9%，煤炭产业集中度不断提高。炼焦煤利润明显好于动力煤，多数煤炭开采企业剥离以动力煤为主

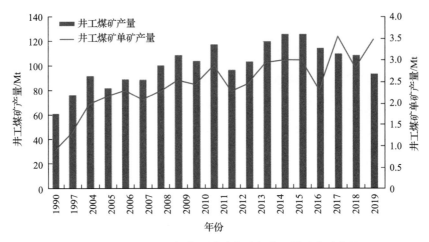

图 2-9　1990～2019 年井工煤矿产量与井工煤矿单矿产量

图中数据为澳大利亚各财年统计数据，如 1991 为 1990～1991 年度（即 1990 年 6 月至 1991 年 6 月）

的煤炭业务；从六大煤炭企业的成本来看，炼焦煤和动力煤成本分别在 60～90 美元/t 和 30～50 美元/t 波动，整体处于较好的盈利水平，预计除力拓集团外，其他煤炭企业的生产规模将继续保持高位。

近 30 年来，澳大利亚炼焦煤与动力煤价格波动性上涨，2008 年 12 月上涨到最高点，如图 2-10 所示。1990 年 3 月至 2020 年 3 月煤炭价格总体呈现增长态势；2008 年全球钢铁行业具备炼焦煤价格上涨的承受能力，优质炼焦煤在 2008 年 12 月上涨到最高点的 424 澳元/t，比 1990 年 3 月的 63 澳元/t 上涨了 5.7 倍；优质炼焦煤和其他炼焦煤价格均高于动力煤，2008 年 12 月两种炼焦煤与动力煤的价格差距分别是 261 澳元/t 和 168 澳元/t；2009

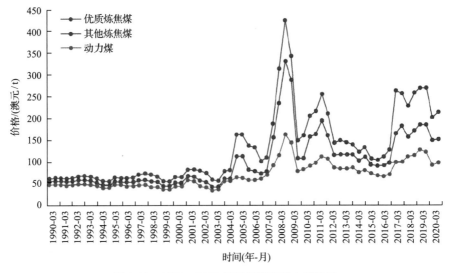

图 2-10　1990～2020 年炼焦煤和动力煤价格

年 3 月至 2020 年 3 月,动力煤价格的最低点是 68 澳元/t,优质炼焦煤价格的最低点是 105 澳元/t,动力煤价格比 2008 年 3 月之前的最低点高出 32 澳元/t、优质炼焦煤价格比 2008 年 3 月之前的最低点高出 49 澳元/t。澳大利亚是世界最大的炼焦煤出口国,炼焦煤以较低的数量增长获得较高的收益增长。

5. 煤矿安全状况

(1)煤矿安全生产逐渐实现"零死亡",职业健康监管加强。

近 40 年澳大利亚煤矿安全根本好转,井工煤矿事故死亡人数是露天煤矿的近两倍。1981～2019 年澳大利亚煤矿事故死亡人数由两位数减少到"零死亡",如图 2-11、图 2-12 所示,4 起重大事故(10 人以上 30 人以下死亡事故)的死亡人数分别是 13 人、10 人、13 人、12 人;2001～2019 年,2 个年度发生了较大事故、10 个年度发生了一般事故、7 个年度实现了"零死亡";1981～2019 年,井工煤矿和露天煤矿事故死亡人数的占比分别是 65.8%和34.2%,井工煤矿事故死亡人数是露天煤矿的 1.92 倍。

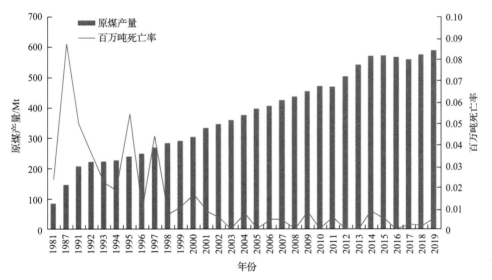

图 2-11　1981～2019 年澳大利亚煤矿原煤产量及百万吨死亡率

资料来源:昆士兰州矿山和采石场安全表现和健康报告(1981～2019)。图中数据为澳大利亚各财年统计数据,如 1991 为1990～1991 年度(即 1990 年 6 月至 1991 年 6 月)

澳大利亚第一大产煤州煤矿工人尘肺病有所增加。从 1984 年以来昆士兰州自然资源、矿山和能源部门收到的数据来看,澳大利亚第一大产煤州煤矿工人尘肺病病例数累计已达 109 例,呈明显增加态势,如图 2-13 所示。昆士兰州政府为应对煤矿工人尘肺病采取了一系列措施。一方面,昆士兰州

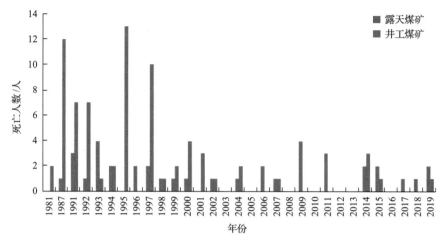

图 2-12　1981～2019 年澳大利亚露天煤矿和井工煤矿事故死亡人数统计

图中数据为澳大利亚各财年统计数据，如 1991 为 1990～1991 年度(即 1990 年 6 月至 1991 年 6 月)

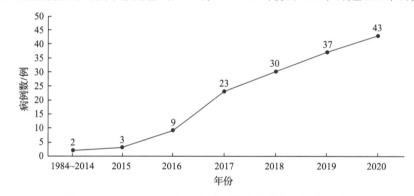

图 2-13　1984～2020 年昆士兰州煤矿尘肺病新增病例情况

资料来源：昆士兰州矿山和采石场安全表现和健康报告(1981～2019)。图中数据为澳大利亚各财年统计数据，如 1991 为 1990～1991 年度(即 1990 年 6 月至 1991 年 6 月)

政府颁布《煤矿安全与健康条例(2017)》，制定"昆士兰州煤矿工人健康计划"，强制要求新入职矿工必须进行入职健康评估(包括胸部 X 射线检查)并记录存档等；雇主必须保证对所有雇员进行健康评估。另一方面，《煤矿安全与健康条例(2017)》要求煤矿企业加强现场粉尘监测。昆士兰州井工煤矿粉尘风险水平最高的区域是长壁工作面，所有煤矿必须建立"煤矿呼吸性粉尘监测"公认标准要求的粉尘监控系统，长壁开采井工煤矿至少每季度对工作现场进行一次监测，同时，必须实施粉尘控制措施、降低现场粉尘浓度。

(2)煤矿安全生产与职业健康领域的典型经验。

①建立"零伤害"理念、推动煤矿安全根本好转。

1998 年澳大利亚矿业理事会(Minerals Council of Australia，MCA)在采

矿业提出"安全与健康宣言",目的是使采矿行业能够认识、相信并努力实现无死亡、无工伤、无职业病的目标。宣言包括:个人承诺,体现个人安全与健康的主导意识;安全与健康部门承诺,使澳大利亚采矿业摆脱死亡、工伤和职业病的威胁;安全意识,安全比任何工作都重要,树立"零伤害"安全意识;安全与健康理念,死亡、工伤和职业病都是可以预防的,安全与健康状况是可以持续改善的,危害是可以识别的,其风险是可以评估和管控的,每个员工都对自己及他人的安全与健康负有责任。

②各州(领地)政府依法确定企业的安全生产主体责任。

澳大利亚各州(领地)政府立法的指导思想是工作场所的危害与危险是雇主要求雇员进行生产时产生的,法规明确规定雇主对改善工作条件、提供安全与健康的工作环境负有主要责任,从规定的责任可看出,雇主和雇员应负责任的比例为 90%和 10%。昆士兰州政府颁布的《煤炭开采安全与健康法(1999)》要求所有煤矿企业落实安全生产与职业健康主体责任,必须建立"安全与健康管理制度";《煤炭开采安全与健康规程(2001)》对"安全与健康管理制度"的内容做出了详细规定;《煤炭开采安全与健康规程(2017)》增加了工作现场粉尘监测及防控的具体要求等。

③及时进行立法改革,改进监管方式,调动煤矿企业加强安全管理的主动性。

1994 年 8 月 7 日,昆士兰州莫拉 2 号井工煤矿发生瓦斯爆炸事故,死亡 11 人。昆士兰州政府在矿山安全与健康法律法规的修订中纳入了此次矿难调查后提出的建议,对矿山安全监察体制进行了相应的改进。事故之后,昆士兰州政府相继颁布了《煤炭开采安全与健康法(1999)》《矿石开采安全与健康法(1999)》《煤炭开采安全与健康规程(2017)》《矿石开采安全与健康规程(2001)》。在煤矿安全与职业健康的法规修订中主要体现由指令性法规转向基于风险评估性的"自我监管"立法改革,贯彻"关注的责任"这个理念,要求所有参与工作场所活动的人员关注自己和周围人员的安全与健康,个人的操作行为不能危及他人的安全与健康;安全生产是煤矿的首要工作,工作场所的所有参与人员对煤矿安全生产负有主要责任。

④昆士兰州政府始终将煤矿瓦斯治理作为监管工作的重点。

昆士兰州是澳大利亚第一大产煤州,煤矿安全监察机构根据法律规定,要求所有井工煤矿建立气体监测系统,安装甲烷探测器,当甲烷浓度超过

2.5%时要上报实时监测数据，特别要注意长壁工作面隅角的气体监测；对于漏报瓦斯实时监测数据的煤矿要求进行补报。

⑤新南威尔士州监管机构注重煤矿事故预防、细分和增加煤矿执行改善通知。

新南威尔士州根据事故预防战略,对采矿和石油行业的工作健康和安全法规进行了重大改革。从 2016 年开始，监管机构与行业的互动不断增加，增加了监察员的评估和"劝告或改进通知"；2017 年，将执行通知里的"劝告或改进通知"细分为"改进通知"和"劝告通知"，"改进通知"的数量持续增加，如图 2-14 所示，说明了监管机构对事故预防的重点关注不断增强。

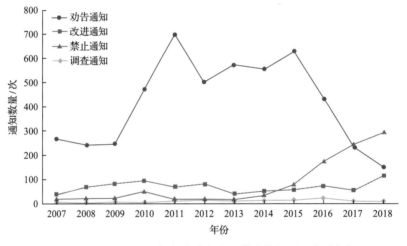

图 2-14　2007~2018 年新南威尔士州煤矿执行通知类型变化

(3)矿山环境保护法律制度完善，监督严格。

澳大利亚主要产煤州政府通过立法要求煤炭企业以对环境负责任的方式，在开发煤炭的同时做好环境保护。昆士兰州和新南威尔士州煤矿区环境治理主要法律法规分别是《能源和矿产资源(金融保障)法案》和《采矿法(1992)》等，对煤矿区环境治理的要求包括采前计划制定、污染控制程序、采后矿区复垦监控等，保证将煤炭开采造成的环境影响降到最低；两个州的相关机构负责这些法律法规的执行,通过有关监管程序督促采矿企业落实环境保护和土地复垦责任。采矿公司的主要责任包括三个方面：①根据政府设定的环境保护总体目标,制定矿产开发的环境管理方案；②对矿区周围居民、土地利用、文化遗迹以及地形、土壤、动植物等进行调查研究，论证该方案的可行性和科学性，做好采前准备；③制定土地复垦计划，执行土地复垦保证金制度等。

(二)美国煤矿安全智能精准开采现状

美国是世界上煤炭资源最丰富的国家，英国石油公司(BP)《2020 年世界能源统计报告》显示，2019 年底，美国探明煤炭储量为 2495.37 亿 t，占世界总量的 23.3%，居世界第一位，储采比 390。煤炭曾经在美国一次能源生产和消费中占主导地位，受石油、天然气和可再生能源的冲击以及金融危机的影响，煤炭在能源生产和消费中的地位逐渐被削弱，从 2014 年开始煤炭在美国一次能源生产和消费中的地位下降到第三位。美国是煤炭净出口国，主要出口冶金煤和动力煤两类，其煤炭生产以露天开采为主，产量占煤炭总产量的比重比世界露天开采的平均占比高出约 20 个百分点。随着高新技术和先进设备的采用，加上生产高度集中化、生产规模增大、生产效率提高，美国煤炭行业从业人员逐年减少，煤炭单井产量不断上升。美国十分重视煤矿安全和矿区环境，相关法律法规的适时制定和修订、监管体系的不断完善、科技创新及技术设备的资金投入，使美国煤矿安全水平和环境保护水平一直处于世界领先地位。

1. 资源分布

美国煤炭资源赋存广泛，地区分布比较均衡。全美 50 个州中有 38 个州赋存煤炭，含煤面积占国土面积的 13%，主要集中在蒙大拿州、伊利诺伊州、怀俄明州、西弗吉尼亚州、肯塔基州、宾夕法尼亚州六个州，煤炭资源约占全国的 77%。按照地理位置，煤炭资源主要分布在阿巴拉契亚地区、中部地区和西部地区，在探明储量中所占百分比分别为 21%、32% 和 47%。以密西西比河为界划分，西部较东部资源丰富，占全国储量的 58.9%，且适于露天开采的储量为东部的三倍。东部多优质炼焦煤、动力煤和无烟煤，热值较高(约 288.42MJ/kg)，灰分低，不过含硫量高(2%~3%)；西部煤质相对较差，多为次烟煤和褐煤，热值低(约 255.72MJ/kg)，但含硫量较低(约 1%)。

美国煤层整体开采条件优越。东部阿巴拉契亚地区 99% 的煤田是水平和近水平煤层，埋藏浅，矿井平均开采深度为 90m，煤层地质破坏很少、瓦斯含量少、煤质坚硬、灰分低但硫分较高；中部煤田大部分煤层结构简单，分布广且稳定，煤层平均厚度为1.5m左右，瓦斯含量中等，涌水量少；西部煤田煤层厚，埋藏浅，储量大，开采成本和矿建投资低，适宜建设特大型露天矿和发展高产高效长壁综采矿井。

2. 能源系统中的地位和作用

(1)煤炭在一次能源生产中比重下降。

近30年来，美国一次能源生产总量逐年上升，而煤炭产量占比逐年下降。1990～2019年，美国一次能源产量增长幅度达43%，年平均增长速度为1.2%。2019年达到25.26亿t(油当量)，创历史新高。煤炭生产所占比重从1990年的31.81%下降到2019年的14.12%。2011年，天然气生产量超过了煤炭，煤炭退居第二位。2014年，石油生产超过了煤炭，自此煤炭在一次能源生产中的地位下降到第三位(图2-15)。

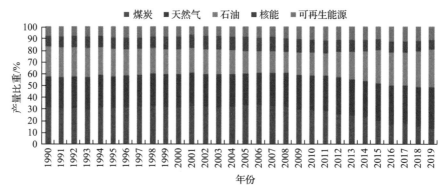

图2-15　1990～2019年美国一次能源产量比重变化趋势

资料来源：美国能源信息署，2020年

(2)煤炭在一次能源消费中比重下降。

1990年以来，美国一次能源消费量逐年上升，煤炭消费占比逐年下降。如图2-16所示，30年来，美国一次能源消费量增长幅度为18.64%，年均增长速度为0.57%。2018年一次能源消费量为25.27亿t(油当量)，达到历史最高水平，2019年有所下降，为25.04亿t(油当量)，同比下降了0.91%。随着天然气和可再生能源等替代能源消费占比的增加，煤炭在一次能源消费中的比重逐年下降，由1990年的22.7%下降到2019年的11.3%。2019年煤炭消费量仅为582.83Mt，为1990年以来的最低水平，煤炭在一次能源消费中居第三位。

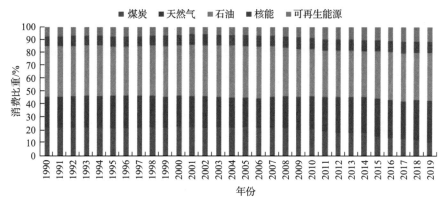

图 2-16　1990～2019 年美国一次能源消费比重变化趋势

资料来源：美国能源信息管理局 2020 年 6 月能源月度评估报告

（3）发电用煤量下降，用煤量占煤炭消费量比重缓慢增加。

美国煤炭主要用于发电，30 年来，美国发电用煤量由 1990 年的 701.8Mt 下降到 2019 年的 489.35Mt，下降了 30.27%，但是发电用煤占煤炭总消费量的比重逐年上升，由 1990 的 86.4%上升到 2019 年的 91.8%。美国电煤占煤炭消费的比重居世界前列，煤炭清洁高效利用程度高，发电厂可集中通过提高技术手段减少污染，避免煤炭散烧造成的超标排放。

3. 煤炭生产

（1）煤炭产量持续下降。

美国在世界煤炭产量中占有重要地位，2019 年美国煤炭产量为 640.75Mt，约占世界煤炭产量的 7.9%，仅次于中国、印度，居世界第三位。2008 年以前，美国政府重视煤炭在电力发展中的作用，鼓励煤炭生产，美国煤炭产量保持稳定增长，煤炭在能源生产中始终处于第一位。2008 年煤炭产量达到峰值，为 1063.05Mt。金融危机后，美国大力发展清洁能源，页岩气和可再生能源得到快速发展，煤炭产量开始逐年下降。2016 年，美国煤炭产量下降到 660.76Mt。特朗普政府重视传统工业，重振煤炭工业，使得 2018 年煤炭产量小幅上升，但是随着天然气价格的下降，可再生能源发电成本的降低，煤炭衰退的局势已经无法避免。2019 年，美国煤炭产量仅 640.75Mt，较 2008 年下降 39.7%，为历史最低水平，如图 2-17 所示。

（2）煤炭生产以露天开采为主。

由于美国煤层赋存稳定、倾角小、埋藏浅，加之大型、高效、专用机械的出现，自 20 世纪 50 年代开始大力发展露天开采，露天开采产量不断增加，到 20 世纪 70 年代初露天开采产量已经与井工开采平分秋色。从 80 年代开始，美国露天开采产量比例达到 60%左右，从此，井工开采退居次要地位。露天开采产量在 2008 年达到峰值 739.11Mt，开采比例高达近 70%。从 2009 年开始，随着煤炭总产量的下降，露天开采产量逐年下降。2019 年产量 398.20Mt，占总产量的 62.15%，较 2008 年峰值下降了 46.12%，如图 2-18 所示。虽然产量大幅下降，但露天开采的地位没有改变。

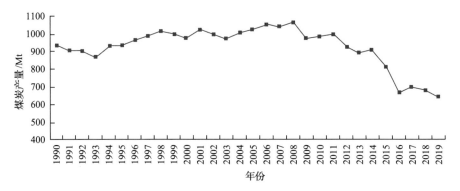

图 2-17 1990～2019 年美国煤炭产量变化趋势图

资料来源：美国能源信息署，2020 年

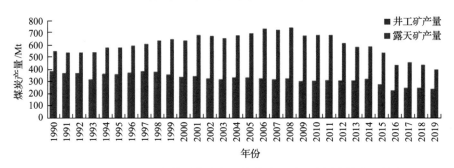

图 2-18 1990～2019 年美国煤炭产量按煤矿开采方式划分的变化趋势

资料来源：美国能源信息署，2019 年

(3)煤矿单井产量不断上升。

1969 年美国《煤矿安全与健康法》正式颁布实施，特别是 1977 年《矿山安全与健康法》的颁布实施，导致不少达不到安全与健康生产条件的小煤矿关闭，促使煤矿单井产量迅速提高。1990 年以来，煤矿生产向集中化、大型化发展，在大型煤矿不断增加的同时，中小煤矿数量逐渐减少，煤矿单井产量由 1990 年的 27.218 万 t 快速增加到 2019 年的 95.778 万 t。其中，露天矿单井产量由 1993 年的 42.2 万 t 上升到 2019 年的 92.176 万 t，上升了

118.43%；井工矿单井产量由 1993 年的 26.6 万 t 上升到 2019 年的 107.327
万 t，上升了 303.48%。2017 年，井工矿单井产量超过了露天矿单井产量，
如图 2-19 所示。

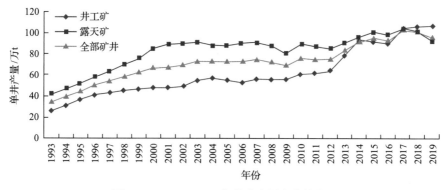

图 2-19　1993～2019 年单井产量变化趋势图

资料来源：美国能源信息署，2020 年

（4）机械化程度高，用工人数持续减少，生产效率持续提高。

20 世纪 40 年代后，煤炭生产技术水平迅速提高，70 年代，采煤机械化
程度就达到 98%以上，综合机械化水平达到 85%，90 年代后已达到或接近
100%。

随着美国煤炭工业的发展，煤炭从业人员在 20 世纪 20 年代达到最高峰，
1923 年达到 86 万人。此后，随着机械化与自动化程度的快速发展，从业人
员迅速下降至 20 世纪 60 年代的 13 万人。20 世纪 70 年代由于石油危机的
刺激，煤炭需求增加，许多煤矿开工，大量用人，加上政府对煤矿安全健康
和环保的严格要求，必须增加相应的工作岗位，从业人员又出现上升趋势，
1979 年达到另一个高峰 26 万人。随着高新技术和先进设备的采用，加上生
产高度集中化、生产规模增大、生产效率提高，从业人员逐年减少，每年以
1 万人左右的数目递减，露天矿用工人数由 1991 年的 84154 人减少到 2019
年的 32012 人，如图 2-20 所示。

随着煤矿综采技术的突破性发展，煤矿从业人员的逐年减少，煤矿生产
效率不断提高。1990～2000 年，煤矿生产效率快速提高，全国煤矿工人生
产效率由 1990 年的 3.47t/（工·h），提高到 2000 年的 6.34t/（工·h），增长幅度
达 82.71%。2000 年之后，美国煤矿开采技术未出现其他突破性进展，生产
效率进入平台期，生产效率保持在 4.7～6.3t/（工·h），2019 年，生产效率为

5.06t/(工·h)。30 年来，露天开采的效率远高于井工矿开采，生产效率平均高出 2.76 倍。井工煤矿工人生产效率由 1990 年的 2.30t/(工·h)，提高到 2019 年的 3.27t/(工·h)，增长幅度为 42.17%；露天煤矿工人生产效率由 1990 年的 5.39t/(工·h)，提高到 2019 年的 8.96t/(工·h)，增长幅度为 66.23%，如图 2-21 所示。

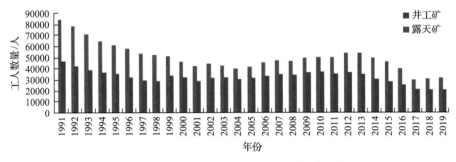

图 2-20　1990～2019 年美国煤矿工人数量变化趋势

资料来源：美国矿山安全与健康监察局，2020 年

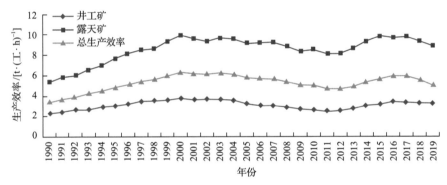

图 2-21　1990～2019 年美国煤炭产量及生产效率变化趋势

资料来源：美国能源信息署，2020 年

4. 煤炭进出口

美国是煤炭净出口国，煤炭出口量远大于进口量。受国际市场和美国国内煤炭相关政策影响，美国煤炭出口量波动较大。1984 年以前，美国煤炭出口量居世界首位；1984 年以后，由于澳大利亚向日本等国出口的煤炭大增，挤掉了美国部分市场，因而退居第二位。在布什政府政策影响下，美国为了保护国内资源，尽可能地少开采国内煤炭资源，多利用国外资源，致使美国煤炭出口量持续下降，美国煤炭出口量由 1990 年的 96.16Mt 快速下降到 2002 年的 35.44Mt，下降了 63.14%，平均每年下降 4.86%，达到 1990 年以来出口量最低值。受页岩气及奥巴马政府清洁能源政策影响，美国国内煤

炭需求大幅下降，煤炭价格下跌，因此必须加大煤炭出口，美国煤炭出口量由 2002 年的 35.44Mt 迅速增长到 2012 年的 113.29Mt，增长了 219.67%，平均每年增长 19.97%。随后，煤炭出口量小幅波动，2019 年，美国煤炭出口量为 84.23Mt，较 2018 年下降 19.7%，如图 2-22 所示。美国出口的煤炭主要为冶金煤和动力煤两类，动力煤主要来自怀俄明州和蒙大拿州的粉河盆地，冶金煤主要来自阿巴拉契亚地区。美国动力煤和冶金煤出口量在 2012 年达到峰值，分别为 49.9Mt 和 63.39Mt。2018 年，美国动力煤出口量为 49.1Mt，仅次于 2012 年，居历史第二位。2019 年，美国动力煤和冶金煤出口量大幅下降，其中，动力煤出口量为 34.24Mt，同比下降 29.6%；冶金煤出口量为 50Mt，同比下降 10%。

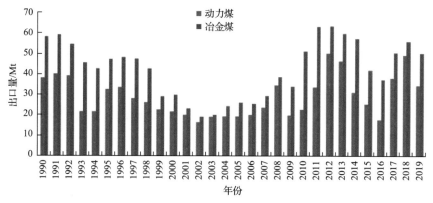

图 2-22　1990～2019 年美国煤炭出口量变化趋势

资料来源：美国能源信息署，2020 年

2019 年，印度、日本、荷兰、巴西和韩国是美国煤炭主要的出口目的地，出口量占出口总量的 53%。其中，向印度出口煤炭 11.64Mt，动力煤为 7.38Mt，连续三年成为美国煤炭主要出口目的地，如图 2-23 所示。

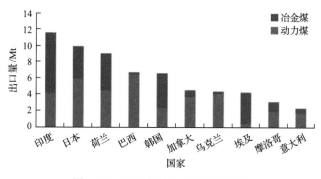

图 2-23　2019 年美国主要煤炭出口

资料来源：美国能源信息署，2020 年

5. 煤矿安全状况

(1) 安全生产水平较高,百万吨死亡率低。

尽管美国煤矿开采条件优越,经营管理和从业人员素质较高,但美国煤矿安全也经历了从事故多发,到加强立法管理,再到最终进入安全稳定的过程。美国煤矿安全受政府管理体制和煤矿安全法律法规的制修订影响较大。

20 世纪前 30 年,美国煤矿每年平均事故死亡逾 2000 人,最严重的是 1907 年,煤矿死亡人数达 3242 人。在煤矿安全形势严峻的情况下,美国政府采取了一系列严格措施加强煤矿安全管理,自 1891 年开始,美国联邦政府及各州政府颁布多部法律法规,设立矿业局,成立劳工部,专门负责煤矿安全管理。美国先后制定多部煤矿安全生产相关的法律,提高安全生产标准,其中最重要就是 1978 年生效的《联邦矿山安全与健康法》。《联邦矿山安全与健康法》是美国联邦政府对全国矿山安全与健康实行监督管理的最高法律,是美国矿山安全生产的法律基础。该法规定,把实施矿山监察的职责从内政部转移到劳工部,并成立了新机构矿山安全与健康监察局,由总统任命一名劳工部副部长兼任局长。同时,设立联邦矿山安全与健康复审委员会,其主席由总统任命,受理对矿山监察局执法处罚决定有异议时提出的法律诉讼。此外,成立矿山安全研究会和矿山健康研究会,主要负责提出矿山安全与健康研究方面的建议,并向矿山安全与健康监察局局长提出修改矿山安全与健康标准的建议。随着《联邦矿山安全与健康法》的实施,1985 年煤矿死亡人数 68 人,煤矿事故死亡人数下降到 100 人以下。

20 世纪 90 年代以来,随着长壁综采技术的成熟应用,美国井工开采技术有了突破性进展,再加上煤矿安全法律法规的有效实施,美国煤矿安全形势得到彻底改变,安全状况完成质的飞跃,煤矿死亡人数和百万吨死亡率急速下降。1993 年,煤矿死亡人数 47 人,下降到 50 人以下,百万吨死亡率下降到 0.05;2011 年,煤矿死亡人数 20 人,下降到 20 人以下,百万吨死亡率下降到 0.02。2019 年,美国煤矿死亡人数 11 人,百万吨死亡率 0.017,如图 2-24 所示。

(2) 井工矿的死亡人数明显高于露天矿。

2006~2019 年,美国煤炭行业死亡总人数为 310 人,其中井工矿 219 人,占死亡总人数的 70.65%;露天矿 69 人,占死亡总人数为 22.26%,如图 2-25 所示。

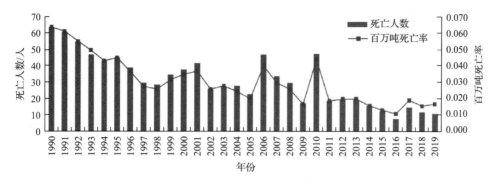

图 2-24　1990～2019 年美国煤矿事故死亡人数和百万吨死亡率情况

资料来源：美国矿山安全与健康监察局，2020 年

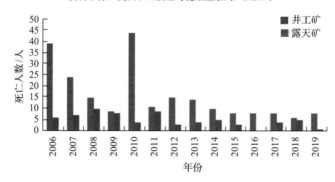

图 2-25　2006～2019 年美国井工矿与露天矿死亡人数统计图

资料来源：矿山安全与健康监察局，2020 年

二、国内煤矿安全智能精准开采现状(智能矿山建设)

(一)工程地质保障

国家能源战略对煤炭工业智能化建设与发展进行了准确定位,煤炭绿色智能开采、清洁高效利用成为未来矿山发展的主线,积极推进能源生产和消费革命,构建清洁低碳、安全高效的能源体系是煤炭人肩负的使命。煤炭生产需要围绕清洁、低碳、安全、高效四个核心要素,减少开采、转化、燃烧发电到终端消费全产业链的污染物产生,有效控制和利用二氧化碳,开发集约化、规模化和高效率的煤炭开采、联产转化和发电技术。基于我国能源发展战略前沿需求,全面推动煤炭绿色智能开采,煤炭清洁高效燃烧,现代煤化工及高效利用,废弃矿井资源综合利用及碳捕获、利用与封存(CCUS)开发利用的基础研究、前沿科学研究及应用研究,助力国家碧水蓝天战略。在煤炭资源开发全过程中,地质条件的精细探查是基础环节,查明和重构煤炭开采透明化地质条件,是精准开采和清洁利用的基础保障。

　　针对煤炭资源的智能化发展，王国法等以矿区所在区域及地质条件为基本指标，结合矿井开采及安全相关参考要素，提出智能化煤矿分类与程度分级的评价指标体系。在推进智能化煤矿建设中，首先需要解决的问题是地质条件的透明化，以确保采掘条件的可视、可预和可控。国内外地下空间透明化的研究较多，浅部地质条件的透明构建为浅层地下空间利用提供了基础，形成了一系列围绕地铁、隧道、水利等工程的三维虚拟现实透明化软件。我国矿井地质条件透明化软件是在原有的地质软件基础上逐步推进发展的，包括北大龙软、西安集灵、山东蓝光等地学软件开发系统。

　　受地质数据利用与计算机技术发展的控制，三维地质建模和可视化技术的发展过程可以概括为三个阶段：

　　第一阶段主要是基于钻孔数据的三维地质建模研究，该阶段发展时间较长，以地层、构造等地质信息的三维地质建模来实现煤矿地质条件的透明化。其中，芮小平等根据煤矿生产的实际情况，提出了建立矿山三维地理信息系统(GIS 系统)的思路，主要基于钻孔数据建立三维空间数据库，实现三维曲面绘制、三维地质体动态显示、平面图与剖面图的自动绘制、地质信息查询、煤矿虚拟环境的建立等；章冲等基于 OpenGL 技术在对建模区域进行地质构造和地层岩性综合分析的基础上，抽取主要的断层作为边界，在横向上进行了构模块段划分，并对各块段分别进行了块段地层及边界断层建模，最后用断层模型对块段地层模型进行了修正、集成，形成了整个区域完整的地质体模型；王强等基于 AutoCAD 二次开发和数据库技术，利用煤矿钻孔数据完成了三维地质模型构建。

　　第二阶段主要是基于地球物理探测数据的三维可视化研究，该阶段主要为提高地球物理探测结果的解释精度，对探测数据进行三维可视化处理，实现煤炭采掘地质条件的透明化。其中，高级等结合煤矿地震探测数据特点，基于 OpenGL 和 VC 联合编程，利用适合地震数据的三维显示算法，研制了基于 Windows 的煤矿地震数据三维可视化系统 Sgy3D，该系统在实际地震资料解释中取得了良好的地质效果；崔瀛潇等以 Unity3D 引擎为开发平台，利用 GIS3D 分析及 3DSmax 三维建模，研究了煤炭地震勘探三维可视化技术，实现了三维地质数据体、地质层位以及复杂地质模型的三维可视化；王鹏等基于 Matlab 语言调用 Surfer 库函数进行二次开发，实现了瞬变电磁探测数据的三维可视化，提高了瞬变电磁资料的解释水平；张超等利用 Voxler

平台从三维数据的整合、三维模型的建立、模型的地形校正以及白化等方面对瞬变电磁探测数据三维可视化进行了研究,绘制了三维视电阻率模型,展示了异常体的空间分布形态。

第三阶段为基于多源数据的综合地质建模研究,该阶段主要进行高精度、透明化采掘工作面的构建和动态更新,满足煤炭智能精准开采的地质条件需求。其中,武强等利用包括钻孔、剖面、DTM/DEM 数据、遥感数据、点云数据、水文孔等多源数据,基于"三图法"分析并设计了煤层顶板突水三维动态可视化系统,通过构建 3D 地质模型及"三图"确定了煤层开采模拟区域及突水点位置的各种候选方案,真实反映了煤层开采过程中可能发生的实际复杂情况,并经过地下水模拟、可视化预处理、刚体碰撞检测响应等,实现了垮裂带及地下水流场的动态模拟分析;毛善君等在构建透明化矿山平台的过程中,提出采用三角网、似直三棱柱等技术,利用钻探、物探和日常生产获取的多源数据动态构建和修正三维地质模型,解决了煤层及地质构造、陷落柱等三维模型的交互和自动生成等难点问题;卢新明等为实现地质模型的全息可视化和透明化,解决地质分析和全地质属性的可视化问题,提出并实现了一个基于约束 Delaunay 的三维网格自适应剖分算法;程建远等提出了多层级、递进式、高精度三维地质建模的思路,采用从地面探测到井下探测、由地质预测到采掘反馈、由静态探测到动态探测的技术路线,综合运用物探、钻探、采掘工程等多种地质数据,构建了不同勘探、采掘阶段的三维地质模型,由远到近,由粗到细,以期将工作面三维地质模型的精度从"十米级""米级"提升到"亚米级"。

可以看出,这三个阶段的发展独立且相辅相成,各个阶段之间没有界限,相互穿插,共同向高精度、透明化目标迈进,但整个透明地质条件建设过程还有待进一步向着智能化推进。通过集成多源地学信息大数据,实时获取岩、水、气等多介质、多相、多态、多场源变化参数并重构其特征,可视化地下岩煤采掘空间,是透明地质条件利用和构建之本。以智慧矿井体系及平台建设为引领,分析了矿井透明地质条件模型重构问题,为广大地学工作者研究与开发提供参考。

1. 智慧矿井发展的地质要求

智慧矿井系统的构建,是在基础网络平台提供的可靠物联通道上,实现现场层、生产层、存储层、控制层、应用层、展示层的透明管理,以及各层对应的状态演化、信息感知、快速交换、主动服务、智能决策和信息共享的协同运行。其中现场层与生产层尤为关键,特别是与安全关系最为密切的开采地质条件的透明化,能够通过地质信息的推演与可视化技术实现隐蔽致灾信息的实时更新与动态预警。基于现有煤炭生产方式,煤炭的智能化开采中优先解决的技术问题之一就是透明地质模型及动态信息平台搭建,即通过提升智能地质综合保障技术,利用智能钻探、智能物探、智能探测机器人、地质数据数字化、地质与工程数据融合、地质建模、地质数据推演、地质数据多元复用、地质数据智能更新与实时传输、地质信息可视化等手段,实现矿井地质信息的透明化,对井下环境智能感知和安全管控,这也是生产管理和安全管理的关键要素之一。目前对于矿井智慧化的构架没有统一模式,其原则是对不同条件矿井要素进行重构与管控。在诸多智慧矿井构架组成中,地质条件是发展的基础和先行者。实现地质信息的透明化是智能化矿区的先决条件。同时,随着煤炭资源开采高效智能化生产的不断发展,对于透明地质条件的技术保障要求也会越来越高。围绕矿井智能化建设与发展,必须要在开采地质条件的透明化勘查、地质隐蔽致灾因素的可视化、地质保障信息的多元融合等方面开展研发与攻关。

2. 矿井透明地质条件构建

(1)透明地质条件模型。

矿井透明地质条件模型构建总的思路是利用"空-天-地-井-孔"(卫星、遥感-航测、无人机-地面测试技术-钻井-井下钻孔)一体化多方位综合勘探信息,采用物联网、大数据、VR/AR、5G 通信、区块链等技术,构建煤系共伴生资源利用的多相、多态、多维、多场、多源全程数据库,形成云技术下的多源异构、多尺度、大规模历史及实时动态参量存储管理数据体系,构筑四维多层次拓扑模型,打造具有资源赋存透明化、灾害信息可视化的信息矿井,实现对煤系共伴生资源、水、气、热等精准评测和利用,同时精确定位与预警致灾因素,有效减少或避免安全事故的发生。透明地质条件的实现,可以通过实时感知、采集、传输原生/扰动能量场、损伤场、渗流场等复合参量数据,虚拟地质构造及异常体(断层、褶皱、陷落柱、油气圈层)与活化流体(瓦斯、矿井水、粉尘、CO_2、油气、地浸液、含铀溶浸液、氧及其子体)时空动态运移特征，实现对应力场、裂隙场、渗流场、温度场、能量场及化学场变动的监控，真实再现矿井空间结构，研发灾害孕育、发生、扩展衍生前兆信息智能地学感知系统。其总体上可以分为静态地质模型构建和动态地质模型构建两个基础组成部分。

①三维静态地质模型重建。

煤炭资源开采利用前，需准确掌握其资源赋存状态、地质构造、水文地质条件及其他潜在危害条件等原始地质状态及空间分布。因此，应用多种技术手段及数据资料真实还原矿区的初始三维地质结构，构建可视化的静态地质模型就显得尤为关键。采用"空-天-地-井-孔"全方位立体化的探测模式，获得矿区地表三维地形地貌、地下岩层岩性分布、三维地质构造形态、资源赋存状态以及原始岩石力学、温度、水文等多参量的三维数据，同时融合井巷建设的基础地质信息等大数据信息，采用虚拟现实技术对钻孔、地层、物性等各类参数重建，获得单元素或多元素三维数据体，构建其静态参数模型。其重点是反映原始地形地貌、地层条件、资源赋存状态、地质构造发育形态、地下水空间分布范围、岩石物理力学参数等多元信息。通过大数据计算与筛选，利用管控平台，能可视化展示任一区域"固-液-气"资源空间赋存状态的三维静态地质模型，并给出评价量、质等参数的指标及分类等级，对开采影响因素及各种灾害条件进行初步评估并给出风险级别。在后期生产开采环节，可以结合实时多物理场传感监测系统所获得的多类型数据变化，对诱发灾害的风险进行实时动态预警。同时，能对煤炭资源生命周期后期的矿区剩余及伴生资源条件、地下水、地热资源等资源量及其空间分布进行准确掌控，提高关闭/废弃矿井资源精准开发利用效率，为闭坑矿井剩余资源整合、环境修复利用等工作奠定基础。静态地质模型的精准构建和可视化展示，可为后期地质信息动态透明化监测提供可靠的技术支撑。图 2-26 为透明地质条件整体架构设想图。

②四维动态地质模型构建。

静态地质条件实现的目的是查明和把握原始地质状态，而动态地质条件则是对变化地质信息的监控和动态预测。煤炭资源开采后，其区域地质条件发生改变，原始的应力状态平衡被破坏，岩土层介质产生空间上的变形与破坏，如离层、破裂、垮落、覆岩裂隙、片帮、底臌、底板导高与岩层破坏等应力平衡状态改变而导致的岩体变形、破坏现象时常发生。突发

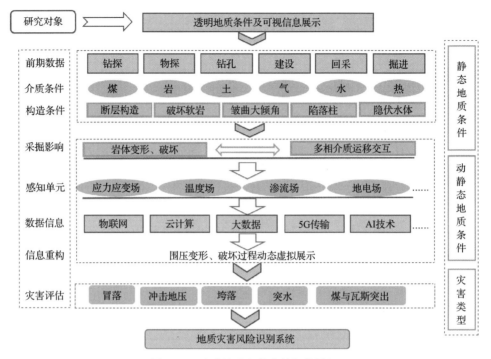

图 2-26　透明地质条件整体架构设想

的应力集中或破坏还有可能引发安全事故，尤其是存在岩体薄弱、破碎等异常区域，如存在断层带、瓦斯富集区、隐伏陷落柱等情况下，灾害更易发生。

目前，整个掘采过程特征变化均是围绕不同场发生，大多采用不同的方法进行场源信息的捕获与监测，其具体过程分析见表 2-1。由表 2-1 可见，对于岩石力学条件的改变，所带来的多场信息监测感知，是当前动态地质信息透明化的主要数据信息源，而上述变化信息则通过在巷道、工作面围岩空间布设不同的感知单元，收集来自原岩变化过程中的多场信息，丰富透明地质条件数据体信息，从而提高矿山地质透明化程度。在静态透明地质条件基础上，加载地、孔、巷及围岩的信息传感单元，提供数据源位置信息。并通过采动时间变化，获得不同时间段的连续监测数据体，进行单一数据或多数据源之间的反演计算，进而获得岩层变形破坏以及多场耦合条件下的地层结构及多属性数据分配，根据静态数据对比获得新的认识，进一步解释水、气、热、地压等变化和灾害孕育过程及其发展程度，即形成时间-空间动态变化的四维数据信息，图 2-27 为四维多场监测感知系统示意图。目前单一变化量的测试感知分成不同方法，但其整体效应、参数融合不足，对岩层介质变化的规律及判断未形成统一标准，现阶段的动态地质信息透明化仍然无法满足现代生产需求。多场多源耦合演化机理与灾害孕育演化规律研究是煤炭精准开采、透明地质条件重构的理论支撑。其主要借助互联网+、VR/AR、5G 通信、区块链等技术，消除煤炭开采现场监测、模拟试验及基础研究试验信息中存在的信息孤岛、异构融合、标准滞后现象。同时，通过有机融合多物理场数据，进行多参数联合反演，提高异常区解释精度。

表 2-1　掘采条件下围岩变形与破坏引起的场变化及其感知

场源类型划分	测试监测方法	基本原理	场源特征显现
应力应变场	光线类测试	基于相长干涉、布里渊散射原理	受采动影响原岩应力场平衡状态被打破，呈现岩体失稳现象，直至 2 次平衡：宏观表现为离层、裂隙、断裂、垮落等
	常规应力应变计(振弦式、差动电阻式)	测量应变计的振弦弦动频率或电阻值变化	
地质地球物理场	微地震法	利用岩体破裂产生的微小震动，获得微地震事件数、能量数等	围岩体结构的变形将导致自身地质地球物理性质发生改变，具体表现为能率、时间率突发，弹性波传播速度降低，视电阻率升高(未含水的情况下)等变化
	弹性波法	利用岩体破坏后弹性参数(速度)等的变化	
	电法(高密度电法、网络并行电法)	采动导致岩体电阻率发生变化，通过测试目标体视电阻率，判别围岩完整性	
	电磁场法(TEM 为主、MT、AMT、CSAMT)		
渗流场	电法(电阻率法、自然电位法)	水的渗流过程改变了渗流区域的导电能力，水的视电阻率低于围岩介质	煤炭开采产生扰动裂隙场，地下水系统被破坏，将产生大量矿井水，导致矿井突涌水风险系数升高
温度场	分布式光纤测试	基于拉曼散射原理	采空区遗煤自燃、井下机械设备运转等产生的温度异常特征，以及深部矿井高地温属性
	红外温度传感	辐射热效应原理	
浓度场	矿用激光甲烷传感器	热催化、热导、红外、激光等	采动影响煤体瓦斯、氡等气体压力的变化，并使煤层积累了大量的应变能，这种应变能一旦超过了极限数值，煤体便突然破裂，释放出大量的能量、瓦斯和氡，造成煤与瓦斯突出
	矿用气体遥测传感器	采用可调谐激光光谱吸收检测方法，接收反射光强	
	闪烁室法	氡及其子体发射的 α 粒子使闪烁室壁的 ZnS 产生闪光，经过光电倍增管将光信号变成电脉冲	
其他场(复合场)	光电联合、震电联合、重磁联合	围岩体变形破坏导致多物理场属性发生改变，利用多参数(应变、温度、视电阻率、弹性波等)联合探测	复合多场响应特征

因此，需要创新技术的综合与应用，以期能够获取矿井地质灾害孕育演

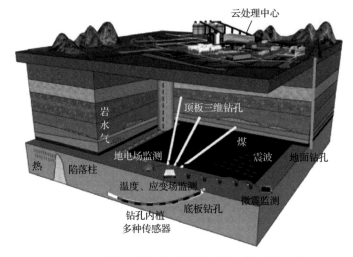

图 2-27　矿井地质条件四维多场监测感知系统示意

化规律,完善、创新灾害前兆感知、预警、预解技术,创建"时序大数据深度学习+智能决策"模式,不断提升对动态透明地质条件的过程化管理,达到全程全方位掌控程度,搭建井上下多场源信息监控平台,构建多场源耦合信息、致灾因素、灾害前兆的多元信息数据库和时空地质信息系统,进行实时连续动态处理,为生产提供及时有效的指导。动态地质模型构建需要加强对采场围岩变形与破坏过程及含水、含气等条件参与下的多场多源响应特征、探测手段等基础理论研究;深度融合透视化地质保障信息,反演煤系共伴生矿产资源赋存条件;创新相似模拟、基础试验设备,优化试验系统,研发透视化实验系统;进一步提升地质大数据的可视化程度,构建透明矿山地质及其多参量深度挖掘与智能预警防控平台。

(2)关键技术实现与利用。

矿山透明地质条件构建中涉及诸多关键技术,其中多源数据获取与融合处理、全方位虚拟展示、四维动态信息更新、信息资源评价、灾害预警把控等对实现透明地质条件至关重要。需要利用计算机编程和虚拟现实技术,在静态地质条件基础上,完成动态地质特征表征。

地质透明信息的获取要基于传统探测技术优化与智能感知技术的结合,即通过智能钻探、智能物探、智能探测机器人、地质数据的数字化等技术与装备的不断发展形成智能地质综合保障体系,能够有效、高效取得可靠、高质量、实时更新、可视化的基础测试参量。其中智能钻探技术的发展,如随钻测量定向钻进技术、回转钻进技术、稳定组合钻定向钻进技术、碎软煤层钻进技术、坑道取心钻进技术的快速发展，钻进装备如分体式钻机、履带式钻机、胶轮式定向钻机、自动化智能钻机等钻机的不断进步，以及智能钻探基础理论与方法、智能定向钻、高精度随钻测量系统、钻孔机器人的研发都推动了智能化感知技术的进步。

智能物探技术主要从二维不断向三维可视发展，多场融合测试技术迅速发展，极大地提高了物探技术手段的效率和时移性。除此之外，地震反射波、面波、散射波、电阻率法、瞬变电磁法等技术理论研究不断深入，针对煤矿的温度场、应力场、地下水动力场、瓦斯渗流场等关键地质灾害相关高精度地球物理手段和监测预警仪器装备的进步，无论从分辨率、探测精度、抗干扰能力、探测距离还是全空间反演及联合反演技术等方面都促进了智能物探技术的成型。特别是，针对复杂矿井环境智能探测机器人的研发，对于水文地质条件的变化监测、火灾火情探测、围岩空间变形实时测试，提高了地质数据数字化水平。

总的来说，测试与感知技术基础理论的优化与发展、测试装备的改进与创新、新技术装备的应用与进步为智慧矿井的透明地质条件实现提供了基础技术支撑。同时，基于科技创新驱动，提高智能化技术与装备水平，可以为实现地质信息透明化做好技术保障。随着技术与装备的不断发展，需要深化智能感知技术与装备的跨界合作与互通，增强核心技术与装备水平，促进智慧矿井地质数据信息的完善与丰富，形成多元地质信息库。

①地学大数据库的融合与管理。

重构透明地质条件除了需要大数据的支撑，还需要外加时间动态化表征。粗略可以概括为三类数据：地质数据、工况数据、灾变监测数据（图2-28）。具体而言，地质数据包括矿井建设、井田钻孔、井田物探、地质构造、水文地质资料等，这类数据可以看作是静态数据。工况数据则是动态变化的数据，其中包括采掘数据、采场空间数据、多场耦合关系等。灾变监测数据也是地学大数据的主要组成部分，也是地学大数据重要的监测对象，涵盖了应变场变化数据、矿压监测数据、水文参数变化数据、扰动地质灾变数据、顶底板位移数据、煤柱稳定性监测数据等内容。通过静态地质信息和现场监测感知数据的获得，实现对煤系共伴生资源赋存、原生/扰动地质灾害、开采工况的全息实时展现，实现如图2-28所示的地学大数据的融合利用。

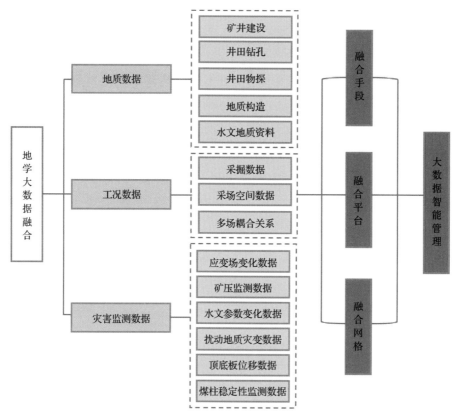

图 2-28　地学大数据融合利用

　　基于动态数据评价,实现资源开发规划、矿井运行管理及退役矿井生态修复方案的智能弹性决策,通过灾变监测数据实时分析,实现潜在致灾因素的智能深度判识、精准圈定及高效解危,有效解决资源开发面临的勘探监测、协同开发、灾害防控等重大难题。透明地质条件实现过程中,重点按信息类型对地学大数据进行分类、统一管理,利用现代计算机科学集成技术,构建煤系资源与利用过程统一的多场多参数信息库,实现多场源、多专业、多时态、多维度数据的融合,构建云数据中心,形成云技术下的多源异构、多尺度、大规模历史及实时动态参量的分布式存储管理模式,统一存储与读取,实现数据互通互联无障碍。聚焦动态复杂多场多参量信息挖掘分析与融合处理技术研究,实现数据融合、数据分析、数据分类,实现煤矿"一矿一图"智慧平台,煤矿大数据分析平台,掌中矿山平台的信息交互、共享;各安全生产监控系统及自动化系统与平台、门户网站等软件系统实现物理隔离。

　　②地质条件空间特征的全方位动态展示。

静态地质条件的展示主体是地质资源及其结构、构造特征。随着掘采系统进入，将施工的巷、孔等系统加入，为动态系统布设提供基础。即建立关于地质构造、水文地质条件、地质产状的采前地质条件，采中关于采场围岩变形、采场范围矿压变化、采场水文条件变化、采区地表沉降的地质变化要素，以及采后采场围岩垮落特征、围岩多相多场状况、地表沉降状况的地质空间特征，形成地质条件的三维重构。基于不同监控对象的感知传感单元，通过空间定位，获得煤层采动过程中的岩层变化位置，以及岩-水-气多相多场运移特征等，结合反演的地质地球物理参数特征进行全方位动态演示，清晰表达采动应力叠加与动静荷载变化所引起的岩层空间感知参数结构重构及其特征量，为地下灾害源的孕育、发展、形成、消失或突发等提供支撑，图2-29为地质空间条件三维重构示意图。

图 2-29 地质空间条件的三维重构示意图

地质条件空间特征的全方位展示还需深入研发地下空间大数据三维可视化关键技术，建设基于大数据云技术的高精度精准开采地质模型，结合VR/AR虚拟现实等视觉处理技术，实现对地质条件空间特征的全方位四维动态展示。

③多源多因素多信息综合评价。

随着人们认识的提升，煤矿开采的地下空间资源利用的内容随之增多，包括主体资源煤炭，以及伴生资源、水、气、热，甚至到后续的剩余资源量，都需要进行四维刻画，体现其赋存特征。以煤系资源为核心，多重评价是未来信息表达的主体。特别是针对多源灾害事故，如围岩空间强变形、水文地质灾害、冲击地压、煤与瓦斯突出等问题，基于工程地质资料、工程灾害资料、采掘资料、现场监测，进行多场多相地质灾害演化机理研究、多源灾害前兆信息判别、多源灾害监测识别理论建立、多源灾害智库系统建设，结合地球物理学、数学、力学、计算机科学等多学科知识体系，形成现场反馈、理论研究、实验测试、数据模拟立体的灾害事故前兆判别预警、灾后评估和救援指导，形成图 2-30 所示的多源灾害事故评价体系。不仅如此，煤炭资源开采过程中，还需要对岩层管理、瓦斯气体管理、安全管理、地下水运移管理等多样化数据进行实时分析与处理，虚拟各类生产关键要素信息，进行动态化跟踪，实现其在时间维度的多信息评价。

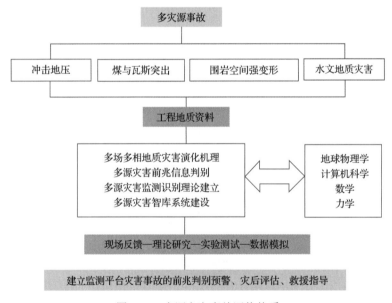

图 2-30　多源灾害事故评价体系

④多灾源的智能监控。

深部煤炭资源开采的智能化水平越高其安全条件越严格，提供动态地质信息是重点。灾害事故通常具备动态、多变特征，因此要准确获得相关源信息并分析其变化。目前，对于多灾源信息的采集方法往往比较单一，需要进一步加快解决数据汇聚难、流通难、分析难等问题，促进多源、多相、多场、多参数感知单元的信息融合式开发，如进行应变与地电场参数的联合观测，可以开发相应的感知共融一体化传感器等,用于数据采集。集成基于时空的地质构造与活化流体动态运移感知技术以及对应力场、裂隙场、渗流场、温度场、能量场及化学场变动贡献率的监控技术,研发灾害孕育、发生、扩展、衍生等前兆信息智能感知、实时监测平台。

综上,形成以理论研究为基础、技术装备为支撑、监控平台为手段的多灾源智能监控体系。通过理论研究完善动态采掘空间、复杂地质构造、复杂煤层赋存条件、采动复合影响下的多场、多参变量演化机理。丰富和提高感测技术手段,不断更新监控平台的管控能力,实现由工作面到矿区全域范围的智能监测与感知分析,其实施方式如图 2-31 所示。结合智能预警的综合可视化表达,对不同内容的安全生产进行风险评估,提升矿井智能化防灾、减灾水平。

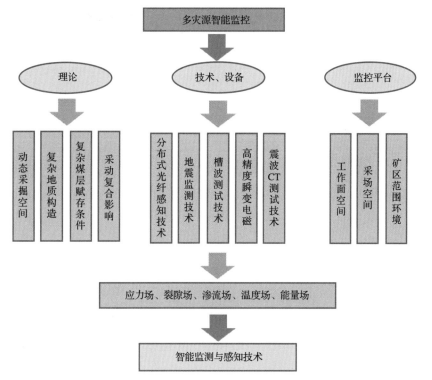

图 2-31　多灾源监测与感知体系

⑤多部门协同多维度监管。

智慧矿井建设不仅需要多部门参与,更需要加强多部门的协作能力。即由工程现场灾害预警,迅速直达云平台,进行远程反馈,给出多源信息的判别与评价,将信息及时、同步地反馈给矿区管理部门、安全监察单位、应急救援单位等。实现生产单位快速协调、指挥、生产、掘进、管理；安监单位迅速响应灾害事故类型，展开实时监管；应急救援单位及时部署救援决策与救援实施。政府及企业远程监控平台跨部门对接沟通，基于静态透明地质条件快速为生产区提供风险评估，给出不同区域煤系资源利用蓝、橙、红等级，结合资源、构造及隐患程度科学指导生产。动态地质信息透明化可为生产提供岩层变动、岩-水-气运移特征及界限，组成安全监控的必要数据，为多维度监管提供技术基础。同时根据生产任务，进行各类技术参数 APP 推送，增强生产管理能力。及时更新地质与生产条件数据，为管理部门提供远程智能化云监控，如图 2-32 所示。

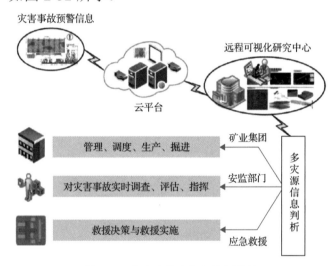

图 2-32 安全事故多部门协同监管

(二)技术装备

(1)超大采高工作面围岩稳定性控制技术。

根据煤层厚度划分标准，工作面机采高度大于 3.5m 的工作面称为大采高工作面，经过长期研发，至 2010 年，我国研发了 3.5～6.0m 系列大采高综采技术和装备，奠定了大采高综采的基础。中国煤炭科工集团有限公司针对大型煤炭基地 6～9m 厚煤层开发难题，进行了大量研究发现：

①由于机采高度较大，采煤机割煤后破碎的直接顶板对采空区充填不充分，导致工作面动载矿压显现明显，顶板控制难度大；

②工作面煤壁高度增大，导致煤壁的自稳定性降低，承载能力下降，极易发生煤壁片帮冒顶事故；

③由于受到开采技术与装备的限制，国内外业界曾经将 6.0m 视为大采高一次采全厚开采的极限开采高度。基于上述三方面的原因，将采煤机割煤高度＞6.0m 的大采高综采工作面定义为超大采高综采工作面。

超大采高工作面安全高效开采主要面临以下技术难题：

①超大采高工作面围岩由普通综采工作面的"回转失稳"发展为易发生"滑落失稳"，开采扰动范围大，动载矿压显现明显，超大空间、超强矿压、超高煤壁、强扰动岩层运动给工作面围岩稳定控制带来极大困难。

②超大采高液压支架由普通支架的"小尺度、易自稳"变为"大尺度、易失稳"，且受到顶板动载冲击、偏载的概率上升，其重型、复杂结构的稳定性(几何稳定性、结构稳定性及系统稳定性)控制难度极大。

③超大采高工作面与普通工作面配套设备的能力、尺度、运行方式的差距显著加大，实现统一协调运行及高效、高采出率开采的难度跳跃式增大。针对超大采高工作面动载矿山压力及大小周期来压的特点，建立了超大采高工作面围岩断裂失稳的"悬臂梁＋砌体梁"结构力学模型，并分析探讨了亚关键层 1 形成悬臂梁的空间条件及悬臂梁发生滑落失稳的力学条件，如图 2-33 所示。

假设亚关键层 1 断裂后的最大回转角为 α，则亚关键层 1 形成"悬臂梁"的空间条件为：

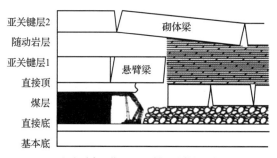

(a) 超大采高工作面"悬臂梁+砌体梁"结构模型

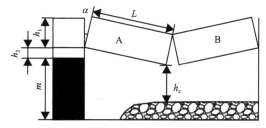

(b) "悬臂梁"断裂结构空间条件

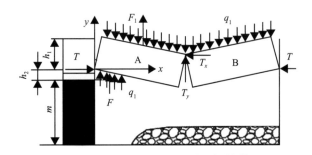

(c) "悬臂梁"发生滑落失稳的力学条件

图 2-33　悬臂梁结构断裂失稳条件

(a)若 $\alpha > \operatorname{arccot}\dfrac{h_1}{L}$，且 $h_c > 0$，关键层 1 形成悬臂梁结构，且 A、B 岩块易发生回转失稳。

(b)若 $\alpha > \operatorname{arccot}\dfrac{h_1}{L}$，且 $h_c \leqslant 0$，则亚关键层 1 形成悬臂梁结构，但 A、B 岩块易发生滑落失稳。

其中，h_1 为亚关键层厚度；L 为 A 岩块长度；h_c 为 A、B 岩块达到最大回转角时 A 岩块下角点距冒落岩层的高度：

$$h_c = m + (1-k)h_2 - \frac{Lh_1}{\sqrt{L^2 + h_1^2}} \tag{2-1}$$

式中，m 为工作面开采高度；k 为直接顶的碎胀系数；h_2 为直接顶岩层厚度。

(c)若 $\alpha \leqslant \operatorname{arccot}\dfrac{h_1}{L}$，且 $h_c > 0$，则亚关键层 1 易形成悬臂梁结构，且 A、B 岩块易发生滑落失稳。

(d)若 $\alpha \leqslant \operatorname{arccot}\dfrac{h_1}{L}$，且 $h_c \leqslant 0$，则亚关键层 1 不易形成悬臂梁结构。假设岩块 A 形成悬臂梁结构，则"悬臂梁"岩块 A 发生滑移失稳的力学条件如下：

$$\begin{cases} Tf + F + T_y - Mg - F_1 = 0 \\ F = \displaystyle\int_0^l q_2 \mathrm{d}x \\ F_1 = \displaystyle\int_{h_1\sin\alpha}^{(h_1+L)\sin\alpha} q_1 \mathrm{d}x \\ T = \delta\dfrac{\sigma_c}{2} \\ \delta = 0.5h_1 - 0.5h_1\tan(\beta-\theta)\cot\beta - L(1-\cos\theta)\tan(\beta-\theta) \end{cases} \tag{2-2}$$

式中，T 为断裂块体 A 受到完整块体的水平挤压力；f 为亚关键层 1 岩层之间的摩擦力；F 为液压支架对块体 A 的垂直支撑力；T_y 为块体 B 对块体 A 的垂直力；M 为块体 A 的质量；F_1 为上部岩层对块体 A 的压力；l 为支架的支护长度；q_2 为液压支架对顶板块体的单位支护力；q_1 为上部岩层对块体 A 的单位压力；σ_c 为亚关键层 1 的单轴抗压强度；δ 为垂直于岩层面的最大锚杆支护间距；β 为亚关键层 1 的岩层断裂角；θ 为亚关键层 1 的回转角。

基于上述超大采高工作面"悬臂梁＋砌体梁"力学模型，将亚关键层 2 以上的顶板岩层视为底板、液压支架、"悬臂梁＋砌体梁"组合结构的边界条件，建立液压支架与围岩的耦合动力学模型，采用 ADAMS 软件进行岩层断裂过程中液压支架与围岩的耦合动力学过程仿真分析，由此可得顶板岩层断裂失稳施加于液压支架的冲击动载荷。

超大采高工作面机采高度增加导致煤壁的自稳定性降低，工作面极易发生煤壁片帮冒顶等安全事故。为了分析煤壁片帮主要影响因素对煤壁发生破坏的敏感性排序，以西部矿区大采高工作面煤层赋存条件为基础，采用数值模拟方法分析了煤层不同抗拉强度、黏聚力、内摩擦角、工作面采高、煤层埋深、液压支架支护强度等参数对煤壁发生破坏的影响，得到了各影响因素与煤壁破坏深度、超前支承压力峰值大小、超前支承压力峰值超前距离的关系，如图 2-34 所示。

通过对上述数值模拟结果进行分析，不同模拟参数下工作面前方峰值应力超前煤壁的距离与煤壁的破坏深度基本吻合，工作面前方的峰值应力随煤层的黏聚力、工作面采高的增加而降低，随煤层内摩擦角、埋深的增大而增大，而受煤体的抗拉强度、液压支架支护强度的影响很小。虽然工作面采高增加导致工作面前方的超前支承压力峰值降低，但超前支承压力峰值的超前距离及煤壁破坏深度均呈近似线性增大，如图 2-34（c）所示。煤层自身的物理力学参数（内因）对煤壁破坏深度的影响程度最大，工作面开采技术参数（外因）中开采高度对煤壁的破坏深度影响最大，各参数对煤壁发生破坏及破坏程度影响的敏感性排序依次为煤层的内摩擦角＞黏聚力＞抗拉强度＞工作面采高＞煤层埋深＞液压支架支护强度。通过大量现场观测发现，煤壁发生破坏仅仅是煤壁片帮的必要非充分条件，煤壁发生片帮的充要条件为煤壁发生破坏，且煤壁破坏体发生失稳。液压支架的支护强度虽然难以抑制煤壁发生破坏，但可以与液压支架的护帮机构通过协调控制抑制煤壁破坏体发生

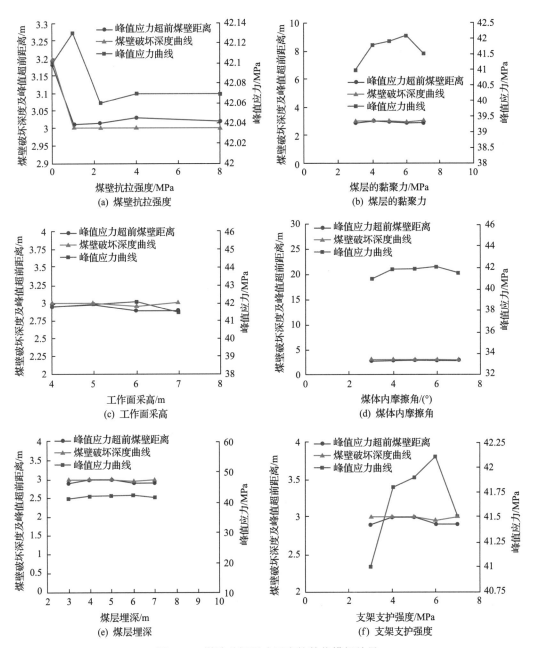

图 2-34 煤壁破坏影响因素的数值模拟结果

失稳，从而降低工作面煤壁片帮事故的发生。

(2)超大采高工作面系统集成配套技术。

为了适应超大采高工作面动载矿山压力显现特征，设计研发了基于能量耗散原理的增容缓冲抗冲击双伸缩立柱，如图 2-35 所示，在液压支架立柱内设置弹性薄壁圆筒或气体腔室等吸能装置，当立柱受到顶板动载冲击时，立柱内的乳化液急剧压缩并首先涌入吸能装置内，为安全阀响应开启提供缓冲时间，防止立柱内的乳化液来不及泄液而造成立柱及液压支架主体结构损坏。另外，抗冲击立柱配备 4000L/min 的先导式大流量安全阀，适应强冲击下液压支架立柱快速泄液的需要。

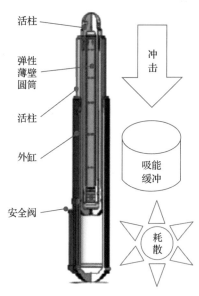

图 2-35 增容缓冲抗冲击双伸缩立柱

采用微隙准刚性四连杆机构、高压自动补偿系统及超大流量快速移架供液系统，提高液压支架与底板、直接顶板岩层的组合刚度，降低顶板岩层对煤壁的压力。研发超大采高液压支架三级协动护帮装置，护帮高度超过 4.0m，预设接近开关、护帮力智能感知装置及护帮工序控制逻辑，实现超大采高液压支架对煤壁的智能及时支护，最大程度降低煤壁片帮概率。由于工作面开采高度增大，导致液压支架的自稳定性降低，超大采高液压支架很难保持其正确姿态及良好的受力状态，须在状态监测的基础上采用自动控制技术，保持其几何稳定性。为了提高液压支架与围岩的稳定性耦合控制，在单台液压支架稳定控制的基础上，采用分布式控制策略，实现液压支架支护系统的群组协同控制，如图 2-36 所示。

群组协同控制能够改变现有集中控制方式造成的单台液压支架之间工作步调不一致、削弱整体支护能力等问题，大幅提升支护系统对地质条件的适应性，提高系统的整体稳定性，实现液压支架与围岩的稳定性耦合控制。超大采高工作面巷道高度与工作面采高一般存在 3～5m 的高差，采用传统

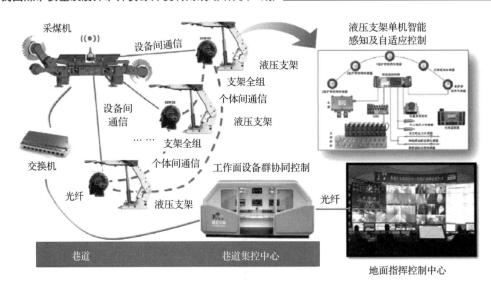

图 2-36　液压支架群组协同控制示意图

的小台阶逐级过渡配套方式造成工作面两端头三角煤损失严重。为了提高超大采高工作面煤炭资源采出率,设计研发了超大采高工作面"大梯度+小台阶"过渡配套方式,如图 2-37 所示,采用带大侧护板的特殊过渡液压支架,实现由工作面开采高度一次性直接过渡至巷道高度,解决了传统配套方式存在的三角煤损失问题。采用大流量快速移架系统及电液控制系统,实现了超大采高工作面快速协调推进。

图 2-37　"大梯度+小台阶"过渡配套方式

　　基于上述超大采高工作面系统集成配套研究成果,开展了金鸡滩煤矿超大采高综采工程实践,金鸡滩煤矿 108 超大采高工作面最大开采高度 8.0m,

工作面长度 300m，推进长度 5538m，实现了工作面日产 6.16 万 t、月产 150 万 t 以上水平的生产目标。

(3)大采高综放工作面安全高效开采技术。

我国于 1982 年引进综采放顶煤开采技术，并于 1984 年在蒲河煤矿进行综放开采试验。综放液压支架是综放开采工作面的核心设备，担负着工作面围岩控制与顶煤放出的双重任务，综放液压支架架型、技术参数对围岩与顶煤的适应性直接决定综放开采技术的成败。

针对 20m 特厚煤层安全高效、高采出率开采技术难题，基于大同塔山煤矿含夹矸复杂特厚煤层赋存条件，研发了首套支护高度 5.2m、工作阻力 15000kN、带强扰动放煤机构的大采高强力放顶煤液压支架，解决了塔山煤矿 20m 特厚煤层综放工作面超大空间、超高煤壁、超厚顶煤安全高效、高采出率开采技术难题。通过对比分析不同放煤步距、不同放煤方式对顶煤采出率的影响(表 2-2)，确定 20m 特厚煤层应优选一刀一放、多轮多窗口间隔放煤方式。

表 2-2 不同放煤工艺顶煤采出率

项目	放煤工艺	采出率/%
放煤步距	一刀一放	84.4
	二刀一放	82.3
	三刀一放	78.6
放煤方式	单轮顺序放煤	78.6
	单轮间隔放煤	80.3
	多轮多窗口间隔放煤	84.4

针对西部矿区坚硬特厚煤层顶煤难以放出问题，定量分析了液压支架反复支撑作用力、支撑次数对顶煤的损伤破坏作用，发现液压支架的支护作用力与顶煤破坏深度呈非线性关系，顶煤的垂直位移量、破碎程度随液压支架反复支撑次数、主动支护作用力的增加而增大，液压支架反复支撑次数能有效影响顶煤块度的大小，但不能显著提高顶煤的最终损伤破坏深度。由于大采高综放工作面煤壁片帮与顶煤冒落放出的受力源与力学机理均相同，煤壁片帮与提高顶煤冒放性是一对矛盾综合体。研究发现，通过提高液压支架的初撑力与工作阻力、优化液压支架的架型结构(优选两柱整体顶梁综放支架架型结构)可以有效缓解二者之间的矛盾。

针对坚硬特厚煤层顶煤冒落块度大、后部放煤口易成拱导致顶煤难以放出的问题，设计了三级强扰动高效放煤机构及放顶煤尾梁冲击破碎装置，如图 2-38 所示，通过增大放煤口尺寸、减小掩护梁长度从而降低顶煤成拱的概率，利用液压支架尾梁中的冲击破碎装置对支架尾梁后部的大块煤进行冲击破碎，提高冒落顶煤的放出率。

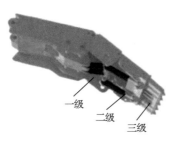

| (a) 三级强扰动高效放煤机构 | (b) 支架尾梁冲击破碎装置 |

图 2-38　强力高效放煤装置

(4)薄煤层自动化开采技术与装备。

针对薄煤层综采工作面空间狭小、参数变化范围大、自动化开采工艺复杂等难题，研发了世界最小采高的薄煤层自动化开采技术与装备。

采用板式整体顶梁、双连杆、双平衡千斤顶叠位布置等新结构，设计超大伸缩比薄煤层液压支架，如图 2-39 所示，满足了液压支架在 0.5～1.4m 范围的超大伸缩比要求，提高了薄煤层液压支架对煤层厚度、矿山压力显现强度的适应范围。

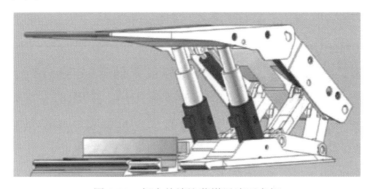

图 2-39　超大伸缩比薄煤层液压支架

以综采工作面液压支架、采煤机、刮板输送机等设备的单机自动化为基础，如图 2-40 所示，根据开采工序确定各综采设备间的控制逻辑关系，利用采煤机记忆截割系统实现采煤机的自动斜切进刀割三角煤、液压支架自动跟机移架及推移刮板输送机,利用高清视频监测系统实现对工作面设备的实时在线监测,通过将三机联动控制、供电供液控制、设备运行工况等监测与控制数据上传至综采工作面集中控制系统,形成具有自动感知和层级控制的自动化控制逻辑。

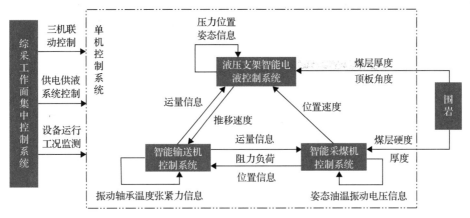

图 2-40　薄煤层自动化开采系统控制逻辑

通过建立工作面巷道监控中心、地面调度室自动化控制中心,在黄陵一号煤矿实现了常态化远程监控、工作面无人操作的智能化开采。

(三)开采理论进展

1. 液压支架与围岩的"三耦合"作用原理

(1)液压支架与围岩的"三耦合"作用原理。

工作面煤层开挖打破了原岩地应力场的平衡状态,在工作面围岩形成减压区、增压区和稳压区。由于煤层赋存环境不同,工作面围岩所处的原岩应力场状态存在较大差异,不同开采技术参数形成的开采扰动范围、程度等也不相同,采动应力场与支护设备形成的支护应力场相互叠加影响,并对围岩施加循环的静、动载荷,导致不同层位围岩的应力状态(应力路径)、屈服强度等呈现明显差异,不同层位围岩的破坏块度大小、铰接结构等均不相同。基于西部矿区大采高工作面煤层赋存条件,采用数值模拟分析了不同层位顶板细砂岩的应力路径及破断结构,如图 2-41 所示。虽然 3 个层位细砂岩的力学参数相同,但由于不同层位细砂岩受到的循环加卸载应力路径存在较大差异,随着岩层与工作面垂直距离增大,其峰值应力及差应力值降低,破断块度增大,更容易形成承载结构;低层位岩层的应力峰值及差应力值均较大,岩层破断块度较小，不容易形成承载结构，不同应力路径效应形成的围岩自承载结构对工作面支护设备提出不同的支护要求。

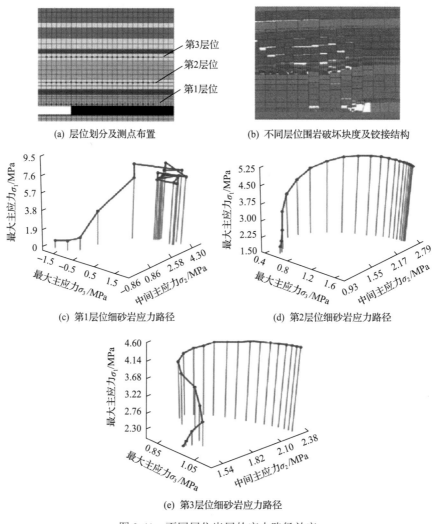

(a) 层位划分及测点布置   (b) 不同层位围岩破坏块度及铰接结构

(c) 第1层位细砂岩应力路径   (d) 第2层位细砂岩应力路径

(e) 第3层位细砂岩应力路径

图2-41 不同层位岩层的应力路径效应

基于上述围岩的应力路径效应分析结果，通过大量现场观测试验，发现了液压支架维护顶板动态失稳的 6 个可控参数：顶梁梁端距、顶梁对顶板的水平作用力、顶梁合力作用点、护帮板的护帮力矩、液压支架的初撑力支护强度、工作面推进速度。液压支架应具有合理的强度(支护强度与结构强度)，适应顶板岩层断裂失稳对工作面形成的静载与动载冲击；液压支架应具有合理的刚度，通过提高液压支架的初撑力，可以提高液压支架与直接顶板和底板的组合刚度，从而影响顶板岩层断裂点与液压支架的相对位置，降低顶板岩层断裂失稳施加于液压支架的静、动载荷；液压支架应具有合理的自稳定系统，以支架自身的稳定性为基础，通过自身的稳定来维护围岩的动态失稳。基于上述原理，提出了液压支架与围岩的强度、刚度与稳定性耦合原理，如图 2-42 所示。

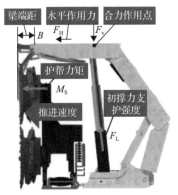

(a) 液压支架对围岩的6个可控参数

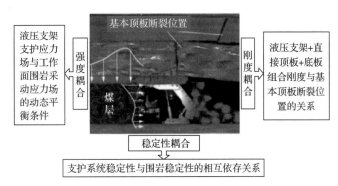
(b) 液压支架对围岩的耦合关系

图 2-42 基于可控参数的液压支架与围岩耦合关系

基于上述液压支架与围岩的耦合作用原理，引入不同煤层赋存条件、开采技术参数、围岩控制要求等对液压支架支护强度的修正因子，对传统液压支架合理支护强度计算方法进行了修正：

$$P = (2.75 + \Psi) \frac{\gamma M}{K_p - 1} \tag{2-3}$$

式中，P 为液压支架支护强度，MPa；Ψ 为修正因子；γ 为岩层容重，kN/m^3；M 为工作面开采高度，m；K_p 为岩层碎胀系数。

(2)基于"三耦合"原理的液压支架动态优化设计方法。

基于上述液压支架与围岩的强度、刚度、稳定性耦合原理，提出了液压支架适应围岩失稳的动态优化设计方法，其优化设计逻辑如图 2-43 所示。

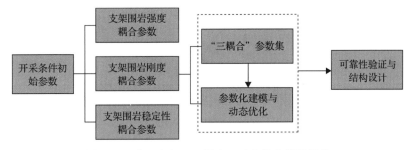

图 2-43 液压支架"三耦合"动态优化设计逻辑

　　基于工作面煤层赋存条件与开采技术参数,采用数值仿真方法进行液压支架与围岩的静力学、动力学与运动学耦合参数计算,确定液压支架与围岩的强度耦合、刚度耦合、稳定性耦合参数集。通过液压支架参数化建模及动态优化设计,确定合理的液压支架支护参数;在此基础上进行详细结构设计并进行可靠性验证。具体设计过程如图 2-44 所示,根据围岩时空变化特征,采用静力学分析确定支架静态参数及结构;通过围岩耦合分析及动态仿真,确定液压支架运动特征参数,二者结合确定支架最优设计参数。

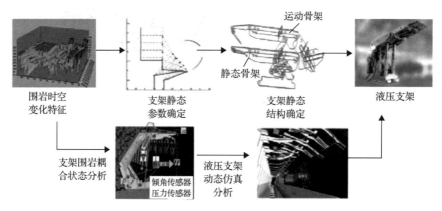

图 2-44　液压支架动态优化设计过程

　　基于"三耦合"原理的液压支架动态优化设计方法充分考虑了支架对围岩静态、动态特征的适应性,大幅增强了可靠性,支架寿命由 15000 次工作循环提高到 60000 次。

　　(3)长工作面集约化配套设计。

　　20 世纪综采工作面长度普遍为 100～150m,一矿多工作面开采方式,系统复杂,工作面平均年产不足 50 万 t/a,最高产量仅 100 万 t/a。进入 21 世纪以来,基于综采效率和装备性能、可靠性的研究,提出把工作面加长至 300～400m,"一矿一面"集约化开采理念和总体配套设计方法,改变辅助运输系统、采区布置、采掘接替方案等,大幅度提高生产效率。主要的技术创新包括:

　　①基于液压支架与围岩耦合关系的研究,优化液压支架结构及群组支护方式,从而适应长工作面分区破断、动载冲击频繁的特性;

　　②研发了快速截割、高可靠性电牵引滚筒式采煤机和重载高速超长刮板输送机,满足长工作面设备可靠性和高效作业要求;

③研发了采煤机智能调高、位置检测，工作面自动调直，端头三角煤高效回收与自动截割，系统智能耦合控制等智能化开采技术；

④实现巷道超前液压支架与锚网巷道匹配支护，超前液压支架与工作面装备整体协同推进控制，解决超前段巷道支护影响工作面推进速度的难题。

2. 煤矿冲击地压发生理论公式

冲击地压是世界范围内煤矿最严重的动力灾害之一，中国、加拿大、波兰、俄罗斯、美国和澳大利亚等国家煤矿安全生产均受到冲击地压灾害的严重威胁。2019 年国家煤矿安全监察局组织调研查明，我国生产矿井中鉴定确认冲击地压矿井 132 个，至少涉及 195 个主采煤层，冲击地压矿井的煤炭产量约占我国煤炭总产量的 12%。2018 年 10 月 20 日，山东能源集团龙郓煤业发生 21 人死亡的事故；2019 年 6 月 9 日，吉林省煤业集团有限公司龙家堡煤矿发生 9 人死亡的事故；2020 年 2 月 22 日，山东新巨龙能源有限责任公司龙堌矿发生 4 人死亡的事故。

冲击地压的机理和理论是实现冲击地压监测预警和有效防治的前提和基础。国际上最早研究冲击地压发生机理始于 1915 年，提出了一系列冲击地压发生理论。从强度理论、刚度理论、能量理论、冲击倾向性理论到后来的"三准则"理论、变形系统失稳理论、"三因素"理论、冲击启动理论、冲击地压扰动响应失稳理论、冲击地压扩容理论和强度弱化减冲理论等。此外，随着数学、力学、数值计算与试验研究等方法以及多学科的交叉应用，冲击地压发生的微细观机理研究也取得了大量的研究成果。这些理论都从不同角度在一定程度上揭示了冲击地压发生的基本原理与条件，对于认识煤矿冲击地压发生机理起到了重要的推动作用。但是，作为世界级难题，冲击地压具有复杂性，目前还没有给出一个描述冲击地压基础性、根本性问题的理论公式。

具体表现在：①没有给出煤岩力学参数、巷道或采场几何参数、原岩应力或采动应力满足什么样的公式就将发生冲击地压。②没有给出冲击地压危险性和冲击倾向性之间的理论关系。目前所有具有冲击地压危险的矿井都要进行冲击倾向性鉴定，包括单轴抗压强度、弹性能指数、冲击能指数和动态破坏时间。针对获得的冲击倾向性参数、地应力或采动应力指标，还没有给出一个计算冲击地压危险性的理论公式，对冲击危险性进行评价和预警或对冲击地压防治后的危险性进行效果评价。③不能对冲击地压矿井存在的冲击地压发生临界开采深度给出理论解释。④还没有给出冲击地压发生的临界载荷,无法对冲击地压防治工程进行安全设计,给出安全系数。⑤没有给出支护在冲击地压发生过程中的作用。目前由于采煤工作面综采液压支架支护强度较大,采煤工作面冲击地压几乎消除,冲击地压事故 90%发生在巷道中,近 5 年来有记录的冲击地压事故均发生于工作面超前回采巷道,巷道冲击地压事故累计发生 10 余起,伤亡人数近百人。巷道支护强度在冲击地压防治中起到什么作用,还需理论公式加以揭示。

在简化提出冲击地压发生的力学模型的基础上,给出了冲击地压发生的理论公式,并采用该理论公式,对冲击地压的一些基础性、根本性问题进行分析。

(1)冲击地压发生的力学模型。

①冲击地压发生的几何模型。

井下存在各种各样的煤体结构,冲击地压发生的典型几何模型是巷道。将近 90%以上冲击地压灾害发生于巷道,巷道冲击地压一直是冲击地压机理、监测预警与防治工作的重中之重,包括回采工作面超前巷道、工作面开切眼等类巷道结构等,如图 2-45(a)所示。

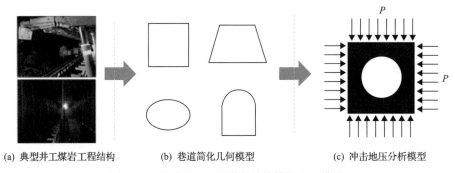

(a) 典型井工煤岩工程结构　　(b) 巷道简化几何模型　　(c) 冲击地压分析模型

图 2-45　多种断面形状煤岩结构简化几何模型

井工巷道断面形状虽然可能各有差别,典型的如矩形巷道、圆形巷道、梯形巷道、直墙拱形巷道等,但对于冲击地压发生来说,巷道围岩中具有承压、蓄能特性的弹性区是释放能量、导致冲击启动的主体区,如图 2-45(b)所示。任何断面形状的巷道,其承压蓄能结构的轮廓边界线均可近似为巷道断面实际轮廓线的外接圆,出现明显的"巷道承载外接圆效应"。现场巷道围岩破坏也表明,非圆形巷道轮廓线与其外接圆轮廓线所包围的面积正是易变形、垮落的软化破碎区的一部分，是冲击显现的主体区域。煤矿冲击地压的分析对象将抽象为最典型的圆形巷道，如图 2-45(c)所示。

②冲击地压发生力学模型边界载荷条件。

将圆形巷道边界载荷简化为等压的静水压力，即远场地应力 P。依据如下：

(a)我国地应力相关研究成果表明，随着煤炭向深部开采，采深越大，水平地应力与垂直地应力数值越接近。对于深部开采条件，假设模型的静水压力边界条件符合我国深井地应力的一般规律。

(b)等压巷道冲击地压理论分析模型具有解析简明直观的优势，临界条件的理论公式简洁且能有效指导工程现场的防冲设计。

(c)可采用修正系数法，将等压边界条件下揭示的巷道冲击地压发生临界条件进行修正，以实现进一步满足指导非等压防冲工程结构的需要。

此外，将巷道内的支护应力简化为圆形巷道内壁面上的均匀内压强。需指出的是，工程巷道边界载荷条件一般会形成静动加荷效应。针对巷道冲击地压传统划分的基本类型(煤体压缩应变型、顶板断裂诱发型和断层错动诱发型)，将顶板断裂和断层错动视为诱发巷道冲击的远场扰动因素，并将远场扰动应力等效视为地应力增量。因此，本书研究成果将适用于静载自发型巷道冲击地压和扰动诱发型巷道冲击地压，对纯动载强震型冲击地压将另做探究。

③煤岩体变形破坏的本构关系。

从单轴压缩条件下煤岩标准试件的应力-应变全程曲线上看，煤岩受载变形分为"压实致密(OA)""弹性变形(AB)""塑性强化(BC)""损伤软化(CD)""残余变形(DE)"5 个阶段，如图 2-46 所示。从冲击地压孕育、发生与显现物理过程来看，煤岩样单轴压缩性质应分为峰前阶段和峰后阶段。峰前阶段煤岩以压实致密、弹性变形与塑性强化为主要特征，峰后阶段煤岩以损伤软化、残余形变与残余变形为主要特征。

(a)煤岩体的"双线性"本构关系。

由煤矿现场巷道观察可知，大部分煤岩巷道围岩处于深部煤岩弹性承载、浅部煤岩塑性软化屈服承载状态。据此，冲击地压力学分析模型应为"弹性区-塑性软化区"两分区结构，如图 2-47 所示，相应的煤岩本构应选取双线性本构模型。

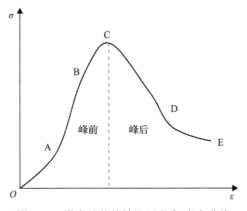

图 2-46 煤岩试件单轴抗压应力-应变曲线

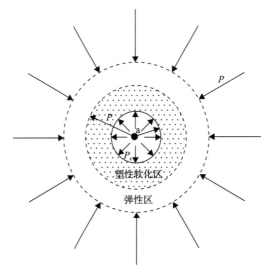

图 2-47 冲击地压巷道"两分区"结构模型

对于脆性极强的岩体，单轴压缩条件下岩样应力-应变曲线中的残余阶段不明显，甚至出现缺失的现象，应力整体表现为峰前线性攀升、峰后急速下降的特征；对于此类本构属性的岩石，通常简化为"双线性"本构关系，主要包括弹性阶段和峰后软化阶段，如图 2-48 所示；此类岩石巷道冲击地压灾害与硬岩岩爆灾害极为相似，巷道冲击启动时，巷道围岩塑性软化深度一般较小，崩落岩块冲击速度较大。

在"双线性"本构关系假设中，将峰值强度前简化为线弹性，弹性模量为 E，煤岩的单轴抗压强度为 σ_c，对应的应变为 ε_c，完全损伤状态下煤岩应变为 ε_r。峰值强度后，假设峰后煤岩呈现线性应变软化，煤岩塑性软化模量为 λ。超过峰值强度后，煤岩损伤变量 D 为线性各向同性损伤演化，即于煤岩峰值强度处，$D=0$；达到完全破坏，$D=1$。

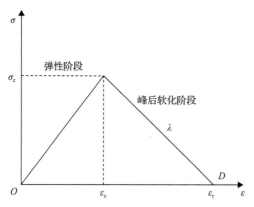

图 2-48 煤岩体"双线性"本构关系

σ-煤岩体的应力；σ_c-煤岩体的抗压强度；ε-煤岩体的应变；ε_c-煤岩体的压缩应变；ε_r-煤岩体的残余应变；λ-煤岩体的初始弹性模量；D-煤岩体的初始刚度

根据煤岩体的"双线性"本构关系模型和峰后线性损伤演化可知，煤岩体的应力-应变关系方程、一维线性损伤演化方程，分别如式(2-4)、式(2-5)所示：

$$\sigma_c = \begin{cases} E\varepsilon, & \varepsilon \leqslant \varepsilon_c \\ \lambda(\varepsilon_f - \varepsilon), & \varepsilon_c < \varepsilon < \varepsilon_f \\ 0, & \varepsilon \geqslant \varepsilon_f \end{cases} \tag{2-4}$$

$$D = \begin{cases} 0, & \varepsilon \leqslant \varepsilon_c \\ \dfrac{\lambda}{\sigma_c}(\varepsilon - \varepsilon_c), & \varepsilon_c < \varepsilon < \varepsilon_f \\ 1, & \varepsilon \geqslant \varepsilon_f \end{cases} \tag{2-5}$$

式中，ε_f 为完全损伤状态下煤岩应变。

进一步地，三维情况下煤岩损伤演化方程为

$$D = \frac{\lambda}{\sigma_c}(\overline{\varepsilon} - \varepsilon_c) \tag{2-6}$$

$$\overline{\varepsilon} = \frac{\sqrt{2}}{3}\sqrt{(\varepsilon_1 - \varepsilon_2)^2 + (\varepsilon_2 - \varepsilon_3)^2 + (\varepsilon_3 - \varepsilon_1)^2} \tag{2-7}$$

式中，$\overline{\varepsilon}$ 为等效应变；ε_1、ε_2 和 ε_3 分别为第一主应变、第二主应变和第三主应变。

(b)煤岩体的"三线性"本构关系。

　　进入深部开采后，大部分煤岩巷道围岩处于深部煤岩弹性承载、浅部煤岩塑性软化屈服承载，甚至残余破碎承载状态。据此，冲击地压力学分析模型应为"弹性区-塑性软化区-破碎区"三分区结构，如图 2-49 所示，相应的煤岩本构应选取"三线性"本构模型。

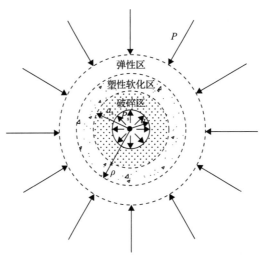

图 2-49　冲击地压巷道"三分区"结构模型

P 为地应力；P_s 为支护应力；ρ 为软化区半径；a 为巷道半径

　　对于脆性较弱的煤岩体，单轴压缩条件下煤岩样应力-应变曲线中的残余阶段较为明显，应力整体表现为峰前线性攀升、峰后急速下降与残余阶段缓慢衰减的特征；对于此类本构属性的岩石，通常简化为"三线性"本构关系，主要包括弹性阶段、软化阶段和残余阶段，如图 2-50 所示；此类煤岩巷道冲击地压灾害中巷道冲击启动时，巷道围岩塑性软化深度一般较大，破坏抛出煤体速度相对较小、煤体量大，多发于深部煤层巷道。

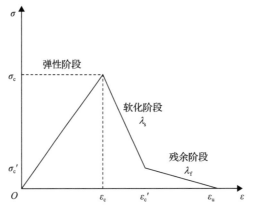

图 2-50　考虑残余强度的煤岩"三线性"本构关系

在"三线性"本构关系假设中,峰值强度前简化为线弹性。ε_c'为残余强度对应的应变,ε_u为完全损伤状态下煤岩应变。峰值强度后,假设峰后煤岩呈现"双线性"应变软化,煤岩塑性软化模量、残余模量分别为λ_s和λ_f,煤岩残余强度$\sigma_c' = \xi\sigma_c$,其中,ε为煤岩残余强度系数。超过峰值强度后,煤岩损伤变量D为线性各向同性损伤演化,即于煤岩峰值强度处,$D=0$;于残余强度处,$D=1-\xi$(ξ为煤炭残余强度系数);达到完全破坏,$D=1$。

根据煤岩体的"三线性"本构关系模型和峰后线性损伤演化,可知,煤岩体的应力-应变关系方程、线性损伤演化方程,分别如式(2-8)、式(2-9)所示:

$$\sigma_c = \begin{cases} E_\varepsilon, & \varepsilon \leqslant \varepsilon_c \\ \lambda_s\left(\varepsilon_c' - \varepsilon\right) + \sigma_c', & \varepsilon_c < \varepsilon < \varepsilon_c' \\ \lambda_f\left(\varepsilon_u - \varepsilon\right), & \varepsilon \geqslant \varepsilon_c' \end{cases} \tag{2-8}$$

$$D = \begin{cases} 0, & \varepsilon \leqslant \varepsilon_c \\ \dfrac{\lambda_s}{\sigma_c}\left(\bar{\varepsilon} - \varepsilon_c\right), & \varepsilon_c < \varepsilon < \varepsilon_c' \\ 1 - \left[\gamma\left(1 - \dfrac{\varepsilon'}{\varepsilon_c'}\right) + \dfrac{\xi\bar{\varepsilon}}{\varepsilon_c'}\right], & \varepsilon \geqslant \varepsilon_c' \end{cases} \tag{2-9}$$

式中,γ为中间变量,$\gamma = \lambda_f/E + (1-\xi)\lambda_f/\lambda_s + \xi$。

(c)冲击地压发生的力学判据。

基于冲击地压发生的扰动响应失稳理论,对于给定的煤岩体变形系统(巷道),在远场地应力P作用下,产生的塑性软化区半径为ρ。假设某时刻系统处于平衡状态,对于地应力P的一个微小扰动ΔP,这时煤岩体塑性软化区半径由ρ增加到$\rho + \Delta\rho$。若响应$\Delta\rho$是有界的或有限的,则此时平衡状态是稳定的。即对于任意给定小数$\dot{\varepsilon} > 0$,总有数$\dot{\delta} > 0$存在,使得当微小扰动ΔP满足条件:

$$|\Delta P| \leqslant \dot{\delta} \tag{2-10}$$

则响应$\Delta\rho$总可以满足下面不等式:

$$|\Delta\rho| \leqslant \dot{\varepsilon} \tag{2-11}$$

若系统处于非稳定平衡状态，则无论扰动 ΔP 为多少，都会导致塑性软化区半径的无限增大，即

$$\frac{\Delta \rho}{\Delta P} = \frac{\mathrm{d}\rho}{\mathrm{d}P} = \infty \tag{2-12}$$

式(2-12)即为冲击地压发生的扰动响应判别准则，其物理意义在于：在应力增量 $\mathrm{d}P$ 的作用下(诸如顶板断裂、断层错动或爆破振动等形式的采动应力增量)，塑性软化区半径增量 $\mathrm{d}\rho$ 发生极大扩展，表征了巷道冲击地压本质是围岩塑性区边界非线性增速失稳扩展及其带来的一系列的宏观响应。

(2)冲击地压发生的理论解。

①基于"双线性"本构关系的模型解算。

针对如图 2-48 所示的冲击地压巷道"三分区"结构模型，设巷道半径为 a ，塑性软化区半径为 ρ ，巷道内壁支护应力为 P_s ，远处受地应力 P 作用，定义冲击倾向性指数 $K = \lambda / E$ ，取单位长度进行计算，巷道围岩破坏采用库仑-莫尔破坏准则，视其为静水压力状态的轴对称平面应变问题。由弹性理论，结合在弹性区与塑性软化区交界处满足库仑-莫尔破坏准则 $\sigma_\theta(\rho) = m\sigma_r(\rho) + \sigma_c$ 。因此，弹性区径向应力 σ_r 、环向应力 σ_θ 为

$$\begin{cases} \sigma_r = P - \left(P - \dfrac{2P - \sigma_c}{m+1} \right) \dfrac{\rho^2}{r^2} \\ \sigma_\theta = P + \left(P - \dfrac{2P - \sigma_c}{m+1} \right) \dfrac{\rho^2}{r^2} \end{cases} \tag{2-13}$$

式中，$m = \dfrac{1+\sin\varphi}{1-\sin\varphi}$ ，φ 为煤岩内摩擦角；r 为半径。

塑性软化区内 $(a < r < \rho)$ 材料损伤的情况下，有效应力分量为 $\tilde{\sigma}_r = \dfrac{\sigma_r}{1-D}$ ，$\tilde{\sigma}_\theta = \dfrac{\sigma_\theta}{1-D}$ 。将库仑-莫尔破坏准则中的应力用有效应力代替，得

$$\frac{\sigma_\theta}{1-D} = m\frac{\sigma_r}{1-D} + \sigma_c \tag{2-14}$$

在软化区内，由几何方程和体积不可压缩假设，得塑性软化区内等效应变 $\bar{\varepsilon}$ 为

$$\overline{\varepsilon} = \frac{\rho^2}{r^2}\varepsilon_{\mathrm{c}} \qquad (2\text{-}15)$$

据式(2-15)，可进一步得塑性软化区内损伤演化方程为

$$D = \frac{\lambda}{E}\left(\frac{\rho^2}{r^2} - 1\right) \qquad (2\text{-}16)$$

不考虑体积力，将 $\sigma_{\theta} = m\sigma_r + (1-D)\sigma_{\mathrm{c}}$ 代入平衡方程：

$$\frac{\mathrm{d}\sigma_r}{\mathrm{d}r} - \frac{\sigma_{\theta} - \sigma_r}{r} = 0 \qquad (2\text{-}17)$$

由边界条件 $\sigma_r(a) = P_{\mathrm{s}}$，得塑性软化区内径向应力分量为

$$\sigma_r = \left[P_{\mathrm{s}} - \frac{K\sigma_{\mathrm{c}}}{(m+1)}\frac{\rho^2}{a^2} + (1+K)\frac{\sigma_{\mathrm{c}}}{m-1}\right]\left(\frac{r}{a}\right)^{m-1} + \frac{K\sigma_{\mathrm{c}}}{(m+1)}\frac{\rho^2}{r^2} - (1+K)\frac{\sigma_{\mathrm{c}}}{m-1} \quad (2\text{-}18)$$

由 $r = \rho$ 处径向应力连续条件，得到两分区巷道系统方程

$$\begin{aligned}
\frac{P}{\sigma_{\mathrm{c}}} = &\frac{m+1}{2}\left[\frac{P_{\mathrm{s}}}{\sigma_{\mathrm{c}}} + (1+K)\frac{1}{m-1}\right]\left(\frac{\rho}{a}\right)^{m-1} \\
&- \frac{K}{2}\left(\frac{\rho}{a}\right)^{m+1} - (1+K)\frac{1}{m-1}
\end{aligned} \qquad (2\text{-}19)$$

根据扰动响应失稳判据，$\dfrac{\mathrm{d}\rho}{\mathrm{d}P} = \infty$，得到冲击地压发生时的临界软化区半径 ρ_{cr}：

$$\rho_{\mathrm{cr}} = a\sqrt{1 + \frac{1}{K} + \frac{1}{K}(m-1)\frac{P_{\mathrm{s}}}{\sigma_{\mathrm{c}}}} \qquad (2\text{-}20)$$

将式(2-20)代回式(2-19)，得到发生冲击地压时的临界载荷 ρ_{cr}：

$$\frac{\rho_{\mathrm{cr}}}{\sigma_{\mathrm{c}}} = \frac{1}{m-1}\left\{K\left[1 + \frac{1}{K} + \frac{1}{K}(m-1)\frac{P_{\mathrm{s}}}{\sigma_{\mathrm{c}}}\right]^{\frac{m+1}{2}} - K - 1\right\} \qquad (2\text{-}21)$$

一般取内摩擦角 $\varphi = 30°$，代入式(2-21)，得

$$\rho_{cr} = \frac{\sigma_c}{2}\left(1+\frac{1}{K}\right)\left(1+4\frac{P_s}{\sigma_c}\right) \tag{2-22}$$

当支护力 $P_s = 0$ 时，得

$$P_{cr} = \frac{\sigma_c}{2}\left(1+\frac{1}{K}\right) \tag{2-23}$$

式中，P_{cr} 为岩层顶板的临界强度。

当冲击倾向性指数 K 取值区间为 $[2.5, \infty]$ 时，得到

$$P_{cr} = (0.5\sim0.7)\sigma_c \tag{2-24}$$

式中，P_{cr} 为岩层顶板的临界荷载。这与实际工程中给出的硐室岩爆经验判据 $(0.3\sim0.7)\sigma_c$ 相一致。

②基于"三线区"本构关系的模型解算。

利用"三分区"冲击地压巷道力学模型。破碎区半径为 ρ_f，在此模型中，冲击倾向性指数 K 将等于 λ_s/E。

由弹性理论，结合在弹性区与塑性软化区交界处满足库仑-莫尔破坏准则 $\sigma_\theta(\rho) = m\sigma_r(\rho)+\sigma_c$ 条件，得弹性区径向应力 σ_r、环向应力 σ_θ 为

$$\begin{cases} \sigma_r = P-\left(P-\dfrac{2P-\sigma_c}{m+1}\right)\dfrac{\rho^2}{r^2} \\ \sigma_\theta = P+\left(P-\dfrac{2P-\sigma_c}{m+1}\right)\dfrac{\rho^2}{r^2} \end{cases} \tag{2-25}$$

与式 (2-16) 同理，在塑性软化区 $(\rho_f < r < \rho)$ 内，煤岩损伤演化方程为

$$D = \frac{\lambda_s}{E}\left(\frac{\rho^2}{r^2}-1\right) \tag{2-26}$$

不考虑体积力，将 $\sigma_\theta = m\sigma_r+(1-D)\sigma_c$ 代入平衡方程式 (2-17)，设破碎区与塑性软化区交界处应力为 P_f，结合此边界条件，得塑性软化区径向应力分量：

$$\begin{aligned} \sigma_r = &\left[P_f - \frac{\lambda_s}{E}\frac{\sigma_c}{(m+1)}\frac{\rho^2}{\rho_f^2}+\left(1+\frac{\lambda_s}{E}\right)\frac{\sigma_c}{m-1}\right]\times\left(\frac{r}{\rho_f}\right)^{m-1} \\ &+\frac{\lambda_s}{E}\frac{\sigma_c}{(m+1)}\frac{\rho^2}{r^2}-\left(1+\frac{\lambda_s}{E}\right)\frac{\sigma_c}{(m-1)} \end{aligned} \tag{2-27}$$

与式(2-15)同理，在破碎区内，由体积不可压缩条件，得破碎区内等效应变$\bar{\varepsilon}$：

$$\bar{\varepsilon} = \frac{\rho_f^2}{r^2} \varepsilon_c' \tag{2-28}$$

据式(2-9)，可进一步得破碎区煤岩损伤演化方程为

$$D = 1 - \left(1 - \frac{\rho_f^2}{r^2}\right)\left[\frac{\lambda_f}{E} + \frac{(1-\xi)\lambda_f}{\lambda_s} + \xi\right] - \frac{\xi\rho_f^2}{r^2} \tag{2-29}$$

由式(2-13)，将$\sigma_\theta = q\sigma_r + (1-D)\sigma_c$代入平衡微分方程得

$$\frac{d\sigma_r}{dr} + \frac{(1-q)\sigma_r}{r} - (1-D)\frac{\sigma_c}{r} = 0 \tag{2-30}$$

式中，$q = \dfrac{1+\sin\varphi'}{1-\sin\varphi'}$，$\varphi'$为损伤煤岩内摩擦角。

结合边界条件$\sigma_{r=a} = P_s$，得破碎区对塑性软化区的边界作用应力P_f：

$$\begin{aligned}
P_f = {} & P_s \left(\frac{\rho_f}{a}\right)^{q-1} + \left(\frac{\alpha}{1-q}\right)\left[1 - \left(\frac{\rho_f}{a}\right)^{q-1}\right] \\
& + \left(\frac{\beta}{1+q}\right)\left[1 - \left(\frac{\rho_f}{a}\right)^{q+1}\right]
\end{aligned} \tag{2-31}$$

式中，$\alpha = \sigma_c\left[\dfrac{\lambda_f}{E} + \dfrac{\lambda_f}{\lambda_s}(1-\xi) + \xi\right]$；$\beta = \sigma_c\left[\dfrac{\lambda_f}{E} + \dfrac{\lambda_f}{\lambda_s}(1-\xi)\right]$。

由$r = \rho$径向应力连续条件，联立式(2-25)、式(2-27)与式(2-31)，得巷道系统方程：

$$\begin{aligned}
\frac{P}{\sigma_c} = {} & \frac{m+1}{2}\left[\frac{p_f}{\sigma_c} + \left(1 + \frac{\lambda_s}{E}\right)\frac{1}{m-1} - \frac{\lambda_s}{E}\right. \\
& \left. \times \frac{1}{m+1}\left(\frac{\rho}{\rho_f}\right)^2\right]\left(\frac{\rho}{\rho_f}\right)^{m-1} - \left(1 + \frac{\lambda_s}{E}\right)\frac{1}{m-1}
\end{aligned} \tag{2-32}$$

根据扰动响应失稳判据，$\dfrac{d\rho}{dP} = \infty$，得到冲击地压发生的临界破碎区半

径 ρ_{fcr}、临界软化区半径 ρ_{cr}、临界载荷 P_{cr} 分别为

$$\rho_{\text{fcr}} = a\sqrt{\frac{P_{\text{s}}(q-1)+\alpha}{\beta}} \tag{2-33}$$

$$\rho_{\text{cr}} = a\sqrt{\frac{P_{\text{s}}(q-1)+\alpha}{\beta}}\sqrt{(1-\xi)\frac{E}{\lambda_{\text{s}}}+1} \tag{2-34}$$

$$\frac{P_{\text{cr}}}{\sigma_{\text{c}}} = \frac{m+1}{2}\left[\frac{\rho_{\text{fcr}}}{\sigma_{\text{c}}}+\left(1+\frac{\lambda_{\text{s}}}{E}\right)\frac{1}{m-1}\right]\left[(1-\xi)\times\frac{E}{\lambda_{\text{s}}}+1\right]^{\frac{m-1}{2}}$$
$$-\frac{\lambda_{\text{s}}}{2E}\left[(1-\xi)\frac{E}{\lambda_{\text{s}}}+1\right]^{\frac{m+1}{2}}-\left(1+\frac{\lambda_{\text{s}}}{E}\right)\frac{1}{m-1} \tag{2-35}$$

$$P_{\text{cr}} = P_{\text{s}}\left(\frac{\rho_{\text{fcr}}}{a}\right)^{q-1}+\left(\frac{\alpha}{1-q}\right)\left[1-\left(\frac{\rho_{\text{fcr}}}{a}\right)^{q-1}\right]+\left(\frac{\beta}{1+q}\right)\left[1-\left(\frac{\rho_{\text{fcr}}}{a}\right)^{q+1}\right] \tag{2-36}$$

当 $\lambda_{\text{s}}=\lambda_{\text{f}}$、$\xi=0$、$\rho_{\text{f}}=a$，"三分区"结构模型将退化为"两分区"结构模型。相应地，临界塑性软化区半径计算公式(2-34)将退化为式(2-20)，临界载荷计算公式(2-35)将退化为式(2-21)。

为充分考虑巷道断面形状对冲击地压发生的影响并强化理论公式工程应用的普适性，基于圆形巷道冲击地压发生临界载荷计算公式，进一步提出考虑断面形状的工程巷道临界载荷修正计算式：

$$\overline{P}_{\text{cr}} = \eta P_{\text{cr}} \tag{2-37}$$

式中，η 为巷道断面形状系数，建议取值 0.9～1.0。需要指出的是，该系数取值受到实际工程条件的综合影响，应为经验性系数，具体取值可通过物理模型试验方法、数值计算方法和现场冲击地压历史事件工程对比法等总结归纳得出。为加强各矿区临界条件计算值的对比分析，下文 η 值暂取 1.0。

(3)冲击地压发生的临界载荷理论公式。

根据以上对冲击地压发生的力学分析模型的解析结果，给出冲击地压发生的临界载荷 P_{cr} 的基本计算理论公式，如式(2-37)所示。可知，冲击地压发生的临界载荷 P_{cr} 与煤岩单轴抗压强度 σ_{c}、冲击倾向性指数 K 密切相关。

$$\frac{P_{\text{cr}}}{\sigma_{\text{e}}} = \frac{1}{2}\left(1+\frac{1}{K}\right) \tag{2-38}$$

式中，K 表征了煤岩冲击倾向性，与冲击能指数 K_E 的本质相同。具体地，煤岩冲击倾向性指数 K 越大，冲击地压发生临界载荷 P_{cr} 越低。

特别地，虽然从理论公式中可以看到，煤岩单轴抗压强度 σ_c 越大，临界载荷 P_{cr} 越高，但统计研究发现，对于脆性显著的岩石材料而言，煤岩单轴抗压强度 σ_c 增大往往意味着其冲击倾向性也大幅增加，这就导致了强度大的岩石巷道冲击危险性低的结论并不绝对成立，这一规律也是单轴抗压强度为什么可以作为冲击倾向性鉴定指标的原因所在。我国部分煤矿冲击地压发生的临界载荷计算理论值见表 2-3。

表 2-3 我国部分煤矿冲击地压发生的临界载荷理论值（$P_s=0$）

煤矿	动态破坏时间 （DT）/ms	弹性能指数 （W_{ET}）	冲击能指数 （K_E）	单轴抗压强度 σ_c/MPa	临界荷载修正值 P_{cr}/MPa	临界荷载与抗压强度 比 P_{cr}/σ_c
耿村煤矿	1665	1.38	3.37	16.00	17.74	1.11
千秋煤矿	1667	4.62	3.39	16.68	25.08	1.50
砚北煤矿	1023	7.06	12.80	9.85	22.28	2.26
华亭煤矿	2640	10.11	6.67	13.72	26.29	1.92
门克庆煤矿	325	8.84	8.62	28.01	24.29	0.87
集贤煤矿	186	4.30	1.56	7.33	21.79	2.97
山寨煤矿	1516	3.96	5.18	7.40	17.92	2.42
宽沟煤矿	774	12.07	2.52	17.33	16.65	0.96
东峡煤矿	33	6.94	9.08	11.98	21.91	1.83
崔木煤矿	352	1.86	5.56	17.10	21.04	1.23

（4）冲击倾向性与冲击危险性的理论关系。

冲击倾向性定义为煤岩试件发生冲击破坏能力的介质固有属性，可通过实验室测试鉴定获得。冲击倾向性的表征对象为煤岩介质，因而全称为"煤岩冲击倾向性"，相应地，其评价工作称为"煤岩冲击倾向性鉴定"。在我国现行国家标准《冲击地压测定、监测与防治方法》（GB/T 25217.2—2010）中，煤层冲击倾向性鉴定指标有 4 个，包括：动态破坏时间 DT、弹性能指数 W_{ET}、冲击能指数 K_E 与单轴抗压强度 σ_c。由冲击地压发生临界载荷理论公式（2-38），可知：冲击倾向性表征的理论指标为单轴抗压强度和冲击能指数。

冲击危险性定义为特定地质赋存条件下工程巷道发生冲击地压显现的可能性及危险程度，需要采用理论分析、数值计算、室内与现场试验等方法分析获得。冲击危险性的表征对象为工程巷道。针对采区冲击危险性开展的评价工作应称为"采区冲击危险性评价",针对回采工作面称为"回采工作面冲击危险性评价",针对掘进巷道称为"掘进巷道冲击危险性评价"等。目前国内外较为普遍采用综合指数法评价冲击危险性,还没有公认的冲击危险性理论表征指标和判据,因而现有研究也就未能从理论层面辨明冲击倾向性与冲击危险性之间的关系。

基于冲击地压发生的临界载荷理论公式,定义冲击危险性为工程巷道实际地应力 P 和临界载荷修正值 $\overline{P}_{cr}$ 的比值,其实质为实际应力接近临界应力的程度。

$$K_{cr} = \frac{P}{\overline{P}_{cr}} \qquad (2-39)$$

式中, K_{cr} 为表征冲击危险性的临界应力指数。地应力 P 越高,巷道冲击危险性的临界应力指数 K_{cr} 越大,冲击危险性越高,即发生冲击地压的可能性越高。由式(2-39)结合冲击地压发生临界载荷理论公式(2-38),可知:煤岩冲击倾向性是冲击危险性的主控因素之一。

煤岩冲击倾向性鉴定是巷道冲击危险性评价的前提,通过冲击危险性评价得到的冲击危险区域及其危险等级是冲击地压防治的依据。因此,冲击地压理论公式的提出为冲击倾向性鉴定及冲击危险性评价、监测预警与工程治理的一体化研究搭建了桥梁,并提供了量化依据。

(5)冲击地压发生临界采深理论公式。

每个矿井都存在一个发生冲击地压的临界开采深度,即煤层开采水平处于地表以下的深度小于此值时,冲击地压几乎不发生;大于此深度时,冲击地压频繁发生,且强度也越来越大。冲击地压发生的临界采深示意图如图 2-51 所示。据统计,20 世纪 60 年代初期苏联基泽洛夫和库茨涅茨等矿区冲击地压开始发生的深度为 180~400m,波兰煤矿的冲击地压临界深度为 200m,德国煤矿冲击地压的临界深度为 300~400m,英国煤矿冲击地压的临界深度为 120~300m。关于我国煤矿,门头沟矿的临界深度约 200m,大台矿约为 460m,陶庄矿约为 480m,唐山矿约为 540m。

由于现有冲击地压的理论研究未能系统量化揭示出冲击地压发生的临界条件、主控因素及其规律,因此,未能对冲击地压发生存在的矿井临界开采深度给出理论解释。冲击地压发生理论公式将成为定量验算某一矿区临界

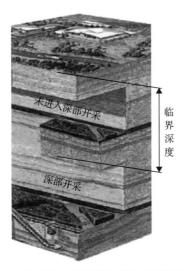

图 2-51　煤矿冲击地压发生的临界采深示意图

开采深度或定量预测新建矿井临界开采深度的重要理论依据。

一般来说，开采深度越大，煤体应力越高，煤体变形和积蓄的弹性能越多，发生冲击地压的可能性越大。若不考虑构造应力，设煤层上覆岩层的容重为 γ_g，巷道埋深为 H，则上覆岩层压力导致远场地应力 $P=\gamma_g H$。在冲击地压启动的临界状态下，$P=\overline{P}_{cr}$，则发生冲击地压的临界开采深度 H_{cr}：

$$H_{cr}=\frac{\overline{P}_{cr}}{\gamma_g} \tag{2-40}$$

基于式 (2-40) 定义的关于冲击地压发生的矿井临界开采深度计算方法，计算得到了我国部分煤矿典型冲击地压发生的临界开采深度理论值，见表 2-4，并与实际工程的统计值进行对比。通过对比可知，冲击地压发生的矿井临界开采深度理论值一般比实际工程统计值要高，这主要是由煤层赋存环境中不同程度的地质构造应力造成的。

表 2-4　我国部分煤矿冲击地压发生的临界开采深度理论值（支护应力 $P_s=0$）

煤矿	现行煤层冲击倾向性鉴定指标				矿井临界开采深度 H_{cr}		
	动态破坏时间 DT/ms	弹性能指数 W_{ET}	冲击能指数 K_E	单轴抗压强度 σ_c/MPa	理论值/m	统计值/m	误差/%
常村煤矿	15676	1.98	6.40	12.86	896	669	25.0
张双楼矿	1188	8.23	5.46	19.66	910	850	6.6
唐山矿	459	5.90	1.43	9.63	639	540	15.5
东保卫矿	55	10.79	2.59	11.47	919	686	25.4
红阳三矿	489	4.26	1.53	7.51	990	1082	9.3

续表

煤矿	现行煤层冲击倾向性鉴定指标				矿井临界开采深度 H_{cr}		
	动态破坏时间 DT/ms	弹性能指数 W_{ET}	冲击能指数 K_E	单轴抗压强度 σ_c/MPa	理论值/m	统计值/m	误差/%
龙郓煤业	287	6.35	0.84	12.70	1085	933	14.0
招贤煤矿	573	11.05	2.96	13.47	880	792	10.0
红庆河矿	180	12.58	3.11	29.56	1293	746	42.3
集贤煤矿	186	4.30	1.56	7.33	871	689	20.9
海石湾矿	674	3.29	4.76	7.83	1010	961	4.9

(6)支护作用影响冲击地压发生的理论公式。

从理论层面清楚掌握支护对巷道冲击地压启动的影响机制及其规律对于巷道防冲支护设计至关重要。由冲击地压发生临界指标的理论公式,绘制"围岩-支护"系统中随着环境应力增加巷道围岩塑性软化区与破碎区扩展的影响,如图 2-52 所示。从理论曲线来看,巷道围岩塑性软化区或破碎区边界演化呈现非线性增速扩展规律,特别地,当巷道达到冲击启动临界载荷 P_{cr} 时,围岩塑性软化区和破碎区边界将发生扩展增量为无穷大的演化趋势。因此,也进一步印证了巷道冲击地压本质是围岩塑性软化区边界非线性增速失稳扩展及其带来的一系列的宏观响应。

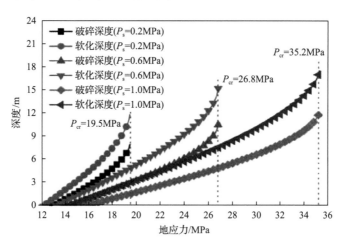

图 2-52　支护对巷道围岩塑性软化区与破碎区扩展的影响

分析可知,支护对冲击地压巷道围岩稳定性的影响主要体现在两个方面:
①支护强度增加将有效抑制围岩破碎发育速度;
②支护强度增加将大幅度提升冲击地压启动的门槛值——临界载荷 P_{cr}。
科学合理支护将对巷道围岩具有防冲防冒的双重稳控功能。

为进一步直观阐明支护对巷道冲击地压临界载荷的影响规律，由式(2-22)，对临界载荷 P_{cr} 和支护应力 P_s 做增量形式计算，得

$$\Delta P_{cr} = 2\left(1+\frac{1}{K}\right)\Delta P_s \tag{2-41}$$

式中，ΔP_{cr} 为冲击地压启动的临界载荷增量，MPa；ΔP_s 为支护应力增量，MPa。

由式(2-41)可知，巷道支护强度增加能够提升冲击地压启动的临界载荷，而提升程度将取决于围岩的冲击倾向特征。例如，当 $K=1$ 时，当支护应力 P_s 增加 25%时，冲击地压启动的临界载荷将提升 1 倍。

(7)冲击地压防治的安全系数。

安全系数是工业设计中广泛应用的重要指标。然而，由于冲击地压领域中长期缺少冲击地压发生的临界条件理论计算公式，防冲安全系数一直未能被科学定义。

基于冲击地压发生的临界载荷理论公式(2-38)，定义特定地应力 P 条件下巷道的防冲安全系数 N_s：

$$N_s = \frac{\overline{P}_{cr}}{P} \tag{2-42}$$

式中，$\overline{P}_{cr}$ 为支护措施的强度；P 为冲击地压的强度。

重要的是，通过限定防冲安全系数 N_s，可以有效实现巷道防冲支护强度的量化设计，从而达到防冲装备选型的目的，此方法称为防冲支护的安全系数设计法。采用此方法，核算我国部分煤矿巷道支护的防冲能力见表 2-5。

表 2-5　我国部分煤矿巷道支护的防冲能力定量核算

| 煤矿 | 现行煤层冲击倾向性鉴定指标 | | | | | | | 安全系数 | 是否显现 |
	动态破坏时间 DT/ms	弹性能指数 W_{ET}	冲击能指数 K_E	单轴抗压强度 σ_c/MPa	支护强度 P_s/MPa	临界荷载修正值 P_{cr}/MPa	典型地应力均值/MPa		
龙郓煤业	287.0	6.350	0.84	12.70	0.33	33.85	34.50	0.98	是
陈家沟矿	5124.0	14.500	4.97	9.86	0.35	28.95	25.42	1.14	否
龙家堡矿	398.0	4.390	1.86	12.82	0.43	36.94	42.27	0.87	是
耿村煤矿	1665.0	1.380	3.37	16.00	0.33	19.57	17.92	1.09	是

煤矿	现行煤层冲击倾向性鉴定指标								
	动态破坏时间 DT/ms	弹性能指数 W_{ET}	冲击能指数 K_E	单轴抗压强度 σ_c/MPa	支护强度 P_s/MPa	临界荷载修正值 P_{cr}/MPa	典型地应力均值/MPa	安全系数	是否显现
红阳二矿	296.0	1.920	2.55	8.35	0.34	39.80	30.15	1.32	否
招贤煤矿	573.0	11.050	2.96	13.47	0.41	24.12	25.94	0.93	是
崔木煤矿	352.2	1.858	5.56	17.10	0.34	23.84	24.30	0.98	是
阳城矿	176.0	3.640	2.22	7.70	0.31	29.27	23.12	1.27	否
华亭煤矿	2640.0	10.110	6.67	13.72	0.36	29.74	27.69	1.07	是
红阳三矿	489.0	4.260	1.53	7.51	0.35	31.04	32.94	0.94	是

(四)物联网技术

近年来,随着"德国工业 4.0"、美国先进制造伙伴(AMP2.0)计划和"中国制造 2025"的提出,一种新型的工业发展模式初露端倪,并将引导全球工业与信息技术的深度融合,给工业发展带来新一轮的产业革命。作为"工业粮食"的煤炭行业,信息化的发展极为重要。自 20 世纪 80 年代以来,中国煤矿在机械化、自动化、信息化和数字化等方面取得了举世瞩目的成就,特别是在矿井灾害预警与防控、煤与瓦斯共采、煤与共伴生资源精准协调开发等领域取得了重大突破,为煤炭安全高效开采做出了巨大贡献。随着信息技术在中国矿山领域应用范围的不断扩大,1999 年吴立新等提出了"数字矿山"的概念,2010 年张申、丁恩杰等提出了"感知矿山"的概念,指出感知矿山是数字矿山、矿山综合自动化等概念的升华,感知矿山的核心问题是通过对矿山灾害征兆、矿工周围环境和矿山设备状况的"3 个感知",实现减灾保安全。随后又有人提出"智能矿山""智慧矿山"等概念。许多学者对矿山物联网的应用开展了深入研究,中国矿业大学物联网(感知矿山)研究中心在该领域取得了诸多研究进展,为实现矿山信息化、保障矿山安全高效开采奠定了一定基础。中国煤炭科工集团有限公司结合煤炭开采面临的挑战和现代信息技术发展方向,于 2017 年 1 月提出了煤炭精准开采科学构想。2017 年 8 月国内矿业类相关高校、著名企业及研究机构,共同发起成立了"煤炭安全智能精准开采协同创新组织",为实现煤炭精准开采从科学构想变为理论和技术迈出了坚实的步伐。

然而，随着煤炭资源开采深度和开采强度的增加，冲击地压、煤与瓦斯突出等动力灾害已成为国内外煤矿开采领域面临的主要灾害之一。灾害前兆信息采集传感、传输及挖掘辨识技术的落后，直接导致了动力灾害预警的盲目性和不确定性，但不容回避的是目前矿山物联网仍普遍存在信息孤岛、系统封闭、异构融合、标准滞后等问题，亟待协同攻关，开展煤矿动力灾害监控预警方面的研究。本书在剖析煤矿生产物流系统存在问题的基础上，结合煤炭精准开采科学构想和矿山物联网发展方向，论述了面向煤炭精准开采的物联网概念及内涵，并以煤矿动力灾害精准预警物联网为例，阐述了其架构及关键技术，并介绍了其工程应用，为实现智能无人矿山开采提出了技术路径。

1. 煤矿生产物流系统存在问题

煤炭生产主要包括采掘、运输、通风、排水、洗选及其他辅助工作。从本质上讲，煤炭生产全过程就是一个完整的物流系统，物流系统的效率直接影响煤矿企业的整体效益。虽然中国煤矿综合机械化水平得到了大幅度提高，但生产物流系统仍存在以下问题。

(1)系统效率低，安全可靠性差。

中国煤矿平均生产效率远低于发达产煤国家。据统计，美国 2014 年煤矿生产效率为 5.96t/(人·h)，澳大利亚 2013～2014 年为 4.5t/(人·h)，而中国国有重点煤矿不到 1t/(人·h)，且中国煤矿生产物流系统事故占煤矿事故总数的 40%，远高于瓦斯事故。在煤炭生产中，物流成本约占总成本的 30%～80%，辅助运输工人人数约占井下总人数的 30%～50%。可见，煤矿生产物流系统的低效率严重制约着煤矿企业的经济效益。

(2)传统辅助运输方式仍占主体地位。

煤矿辅助运输方式主要有轨道运输和无轨运输两大类，运输设备主要有电机车、单轨吊车、卡轨车、无极绳绞车、齿轨车、无轨胶轮车等。矿井的运输监控系统基本实现了车辆运行状态监测，但运输设备未实现辅助(无人)驾驶，对矿用物资流的管理信息化水平低。目前辅助运输仍以多段分散落后的运输方式为主，存在设备落后、安全性差、效率低、工人劳动强度大等问题。因此，需要加强辅助运输系统管理，开发智能高效的运输设备和运输监控系统，提高煤矿生产效率和管理水平。

(3) 系统信息化水平低，智能感知缺乏。

传统煤炭开采自动化、信息化、智能化水平低，存在单凭直觉和经验进行生产管理的情况，因此往往将采矿视为技术而非科学。动态、连续、实时的生产自动化监测是矿山信息化发展的方向，但现有传感检测技术的可靠性、及时性不能满足需求，智能感知缺乏。煤矿地质条件复杂，生产系统繁多，采掘条件多变，需要利用物联网进行监测监控，逐步实现生产物流各子系统的自动化，并建立高效、规范的管理模式，以适应市场激烈竞争的需要。

(4) 系统封闭、数据孤岛现象依然严重。

尽管中国煤矿数字矿山建设与信息化改造取得了明显成效，但传感信息获取方式复杂多样，目前尚未实现在统一平台下的全面采集、共网传输。有线传输方式存在布线困难、移动灵活性差、未全面覆盖等问题，无线传输方式存在时效性差、信号覆盖范围小等问题，系统间异构数据无法融合、无时间同步，数据通信可靠性及抗干扰性能差，多源传感信息挖掘分析与处理困难，不能进行耦合分析、综合预警。因此，亟待国内相关行业管理部门从政策层面推动系统间的数据融合。

2. 面向煤炭精准开采的物联网相关概念及内涵

煤炭精准开采是基于当前煤炭开采过程中的现实性难题及未来深部煤炭开采将面临的技术瓶颈提出的未来采矿科学构想，最终目的是实现以智能、少人(无人)、安全为核心的煤炭精准开采，其基础理论探索是透明空间地球物理和多物理场耦合等，核心技术支撑是智能感知、智能控制、物联网、大数据和云技术等，功能平台构建是风险精准判识和监控预警系统等。煤炭精准开采是煤矿开采技术的一项颠覆性技术创新，是将煤炭开采扰动影响、致灾因素等统筹考虑的煤炭无人(少人)智能开采与灾害防控一体化的未来采矿。煤炭精准开采最大化地利用现代科技成果，实现对煤炭开发全过程的信息化、数字化及智能化，其框架如图 2-53 所示，即通过对资源勘查与评估、矿区总体规划、矿井设计建设、生产与管理等与现代信息技术的深度跨界融合，实现煤炭开采由传统的高危劳动密集型向高精尖技术密集型转变，进而实现智能少人(无人)开采，因此煤炭精准开采是中国未来采矿必由之路！

物联网起源于美国麻省理工学院在 1999 年提出的网络无线射频识别系

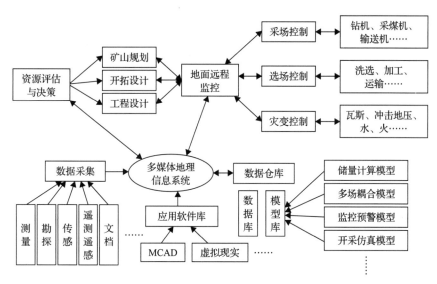

图 2-53　煤炭精准开采框架

统，随后其概念及内涵发生了较大变化。通常物联网指通过信息传感设备，按照约定的协议，将任何物品与互联网连接起来，进行信息交换和通信，以实现智能化识别、定位、跟踪、监控和管理的一种网络，它是在互联网基础上延伸和扩展的网络。矿山物联网是信息化在矿山领域的综合应用，它利用感知、传输、信息与控制等技术，通过信息空间与矿山物理世界的深度融合，实现对矿山整体事务的数字化和矿山物与物、人与物、人与人相连的网络化，达到对矿山物理世界实时控制、精确管理和科学决策的目的，是通信网和互联网在矿山行业应用的更高境界。近年来，新一轮产业革命方兴未艾，为人类未来采矿指明了方向，即通过传统采矿技术与信息技术的深度融合，最终实现无人（智能）矿山。其技术体系支撑为基于透明地球的煤炭精准开采和基于物联网技术的智能感知、共网传输及信息分析等。煤炭精准开采是人类社会未来无人矿山的技术核心，为矿山物联网的发展指引了前进方向；面向煤炭精准开采的物联网是煤炭精准开采的主要载体，为实现智能感控与精准开采提供了技术支撑。二者密切相连、不可分割，共同服务于煤炭的科学开采，助推智能采矿与无人矿山建设。

3. 面向煤炭精准开采的物联网关键技术

面向煤炭精准开采的物联网依托互联网与通信网，通过多种泛在传感器将煤矿开采条件、设备健康状况及人员工作环境连接起来，对煤矿体征进行实时在线监测、分析处理及信息服务。面向煤炭精准开采的物联网主要由感知层、传输层、分析层和应用层组成，其关键技术主要包括多源信息智能感知、多网融合传输、多参量信息分析处理、基于云技术的灾害监控预警、矿井灾害应急救援等，如图 2-54 所示。

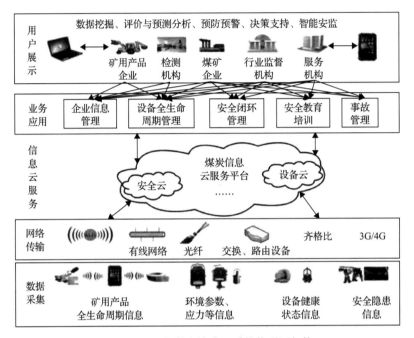

图 2-54　面向煤炭精准开采的物联网架构

（1）多源信息智能感知。

利用新型灵敏度高、可靠性好的采集传感器等对人机环参数信息全面采集。主要包括矿山地测空间数据深度智能感知、采场及开采扰动区多源信息采集传感及灾变前兆信息采集传感等。

（2）多网融合传输。

利用通信网络，安全高效、实时可靠地进行多源信息交互和共享。主要包括监测数据组网布控、非接触供电及多制式数据抗干扰、高保真稳定传输及灾害前兆信息解析及协同控制等。

（3）多参量信息分析处理。

利用基于大数据的智能计算技术，对多源海量的动态感知数据和信息进行深度挖掘分析与融合处理，实现智能化的决策和控制。主要包括多源海量动态信息聚合、数据挖掘模型构建与更新、面向需求驱动的灾害预警服务知识体系构建、基于漂移特征的潜在煤矿灾害预测方法与多粒度知识发现方法及危险区域快速辨识与智能评价等。

（4）基于云技术的灾害监控预警。

利用基于云技术的灾害监控预警系统平台，实现矿井灾害的实时超前精准预警。主要包括具有推理能力、语义一致性的灾害知识库构建，基于云技术和深度机器学习的灾害风险智能判识及灾害智能预警系统等。

（5）矿井灾害应急救援。

行之有效的矿井灾害应急救援是减少人员伤亡和财产损失的重要保障。主要包括井下人员精准定位、灾害源探测、救灾通信及应急智能决策等。煤炭精准开采涉及领域广泛、内容纷繁复杂，冲击地压、煤与瓦斯突出等动力灾害是中国深部开采煤矿面临的突出问题之一，普遍存在采集传感可靠性差、多网融合传输手段缺乏、多源信息挖掘困难及大尺度、区域性煤矿灾害监控预警缺乏等问题，导致动力灾害预警的盲目性和不确定性，对于实现灾害精准预警极为困难。本书以煤矿动力灾害精准预警物联网为例，探讨煤矿动力灾害精准预警物联网体系架构及其工程应用。

4. 煤矿动力灾害精准预警物联网体系架构

（1）体系架构。

煤矿动力灾害精准预警物联网是在煤炭精准开采的理念指导下，利用灾害前兆信息采集传感与多网融合传输技术、多源海量前兆信息提取挖掘方法，实现煤矿动力灾害前兆信息智能感知、风险判识及精准预警的新模式、新方法，其体系架构主要包括感知层、网络层、应用层和公共技术，如图 2-55 所示。

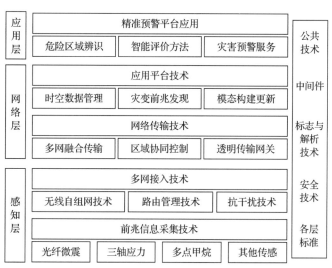

图 2-55 煤矿动力灾害精准预警物联网架构

①感知层。

感知层是煤矿动力灾害精准预警物联网发展与应用的基础,主要包括前兆信息采集技术和多网接入技术。前兆信息采集技术主要是通过研制光纤微震传感、三轴高灵敏度应力传感、分布式多点激光甲烷监测、钻屑瓦斯解吸指标和钻孔瓦斯涌出初速度测量等泛在传感技术及装备,实现灾害前兆信息的深度感知、高精度监测。多网接入技术主要包括无线自组网技术、路由管理技术、抗干扰技术等。通过研制井下受限空间内 ZiGBEE、6LOWPAN、Wi-Fi 无线自组网及路由管理技术及装备,开发基于分布式总线的信号连续均匀覆盖的技术及装备,实现非在线监测数据的灵活接入;通过开发多系统近址共建供电源防护及空间布设、多网融合各系统自身抗电磁干扰、干扰源分析及分布规律建模等技术,解决系统及装备的高可靠、抗干扰问题。

②网络层。

网络层是煤矿动力灾害精准预警物联网数据处理的核心,主要包括网络传输技术和应用平台技术。网络传输技术主要包括多网融合传输、区域协同控制、透明传输网关等。通过开发电力载波技术和多制式数据透明传输技术,实现传感数据透明接入和共网可靠传输;通过研制相关传输标准及区域协同控制技术与装备,实现区域多源信息的采集、解析、融合及协同控制。应用平台技术主要包括时空数据管理、灾变前兆发现和模态构建更新等。针对煤矿井下多源、海量的传感器数据,创建面向煤矿动力灾害的动态信息快速分析模型与压缩算法,实现动力灾害精准预警的多源数据特征保留、简约传输和存储。通过构建动态潜在煤矿动力灾害前兆信息分析和反走样模型,实现灾变前兆信息模态的自动构建与更新,提出面向煤矿动力灾害预警的多粒度知识发现与预测方法,解决煤矿动力灾害前兆特征信息提取与模态构建等难题。

③应用层。

应用层是煤矿动力灾害精准预警物联网发展的目的,主要包括危险区域辨识、智能评价方法和灾害预警服务等。采用大数据深度学习理论,提出面向灾变区域预测模型的全息、全局学习方法,进而发现煤矿动力灾害事故的内在规律。根据煤矿动力灾害致灾因素的时空耦合特性,利用煤矿动力灾害多元信息数据仓库和四维时空地理信息系统,对煤矿动力灾害可能涉及的危险区域进行快速辨识和动态圈定,提高煤矿动力灾害危险区域预测预报的准确率。利用多元数据融合理论，对圈定的危险区域的隐患、风险、危险程度进行智能评价和定级，并进行预警和解警信息的实时生成和发布。

④公共技术。

公共技术是煤矿动力灾害精准预警物联网的跨层技术，服务于以上 3 个层面，主要包括中间件、标志与解析技术、安全技术和各层标准等。比如多网融合接口标准、预警知识库、模型库、方法库及行业标准库等。通过构建冲击地压、煤与瓦斯突出等动力灾害知识库，形成区域内煤矿动力灾害数据的互联互通。研究基于并行计算模型的多元异构数据的抽取、关联、聚合方法，提取致灾因素。探索基于人工神经网络等技术建立煤矿动力灾害致灾因素对应向量的相似性计算模型。研究基于分布式并行计算及深度机器学习算法，建立区域煤矿动力灾害风险智能判识模型。

(2)工程应用。

煤矿动力灾害精准预警物联网利用面向冲击地压、煤与瓦斯突出灾害多源信息融合的挖掘分析技术及软件，将分析结果实时反馈至监测预警系统平台。通过远程在线区域监控预警系统平台，可实现灾害远程在线智能预警，进而指导示范矿井动力灾害治理。目前已初步建立矿山动力灾害远程在线监控预警实验研究系统，可实现"矿井-矿业集团-远程监控预警中心"三级监控，并在陕西煤业化工集团进行系统综合平台应用示范工程，运用初步建成的基于大数据与云技术的冲击-突出复合型动力灾害多参量精准预警平台(图 2-56)，成功预警胡家河煤矿 2016 年 10 月 27 日冲击地压事件。在山东

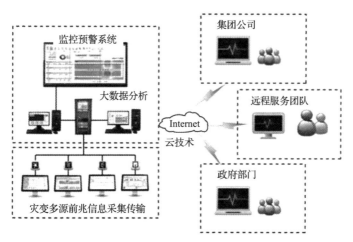

图 2-56　冲击-突出复合型动力灾害多参量精准预警平台

能源集团建立了冲击地压监控预警平台系统,成功对现场冲击地压灾害进行了预警和解危。

(五)职业安全健康

随着中国特色社会主义进入新时代,人民健康上升为国家优先发展战略,国家出台《"健康中国 2030"规划纲要》《国务院关于实施健康中国行动的意见》等一系列政策、法规推进健康中国建设。健康中国,职业安全健康先行,2018 年我国就业人口 7.76 亿人,多数劳动者职业生涯超过其生命周期的二分之一,因工作环境接触各类职业危害引发的职业安全健康问题十分突出,以煤工尘肺为主的职业病新发病例数、累计病例数和死亡病例数均居世界首位。截至 2018 年底,我国累计报告职业病 97.5 万例,其中,职业性尘肺病 87.3 万例,约占报告职业病病例总数的 90%,绝大部分来自煤矿从业人员。

我国是世界上最主要的煤炭生产和消费国,2018 年煤炭消费量在我国一次能源消费量中占比为 58%,研究表明,2050 年以前煤炭仍是我国的主要能源。近百年来,我国在复杂地质条件下的煤炭开采理论、技术和装备方面取得了举世瞩目的成就,特别是综合采掘机械化水平大幅提高,我国煤炭安全高效开采达到了世界领先水平。2016 年国家能源局提出了煤炭精准开采科学构想,煤炭工业进入智能少人(无人)科学开采新时代,但以粉尘为主,噪声、高温、高湿、职业毒物等危害因素并存的煤矿职业安全健康问题不容忽视。煤矿高浓度粉尘不仅会威胁矿井安全生产,还会诱发肺部、心血管和脑部等疾病。

"工业 4.0"势头强劲,精准开采、精准医疗、大数据等技术突飞猛进,给煤矿职业安全健康发展提供了前所未有的机遇,为实现煤矿作业环境革命和煤矿从业人员职业生命全周期职业安全健康提供了可能,理、工、医多学科交叉融合的煤矿粉尘防控与职业安全健康科学构想应运而生。

通过系统总结煤矿粉尘防控与职业安全健康面临的挑战,阐述煤矿职业安全健康科学构想及其科学内涵,凝练煤矿粉尘防控与职业安全健康的主要关键科学问题和主要研究方向,提出对策与建议,为煤矿作业环境革命和保障矿工职业生命全周期职业安全健康提供新思路。

1. 煤矿粉尘防控与职业安全健康面临挑战

(1)致病粉尘浓度超标，煤工尘肺发病率居高不下。

呼吸性粉尘是危害职业健康的最主要致病粉尘。近年来，随着我国煤矿采掘机械化水平提高，作业产尘量成倍增加。以综采工作面为例，未采取防尘措施前，综采面全尘浓度可达4000mg/m³，呼吸性粉尘浓度可达1100mg/m³。目前煤矿通过煤尘注水、通风、喷雾、个体防护等手段，一定程度上改善了井下作业环境，但呼吸性粉尘浓度仍然远高于国家有关规定。致病粉尘浓度超标已成为煤炭开采无法回避的现实问题。

国际上，尘肺病占所有职业病发病比例平均不足 10%，而我国尘肺病约占职业病发病的 90%，煤工尘肺新发病例数占尘肺病的比例高达 50%以上，2018 年煤工尘肺新病例数占尘肺病例数的比例更是高达 83%，煤矿粉尘对煤矿从业人员的不利影响已远远超过安全生产事故(图 2-57)。由于职业健康检查覆盖率低和用工制度不完善等原因，实际煤工尘肺发病人数远高于报告病例数。究其原因，除了煤炭开采条件和技术工艺差异外，最重要的是美国等发达国家严控呼吸性粉尘的允许暴露极限。得益于此，美国从 20世纪 70 年代中期到 90 年代末，煤工尘肺的发病率从30%以上下降到5%左右。

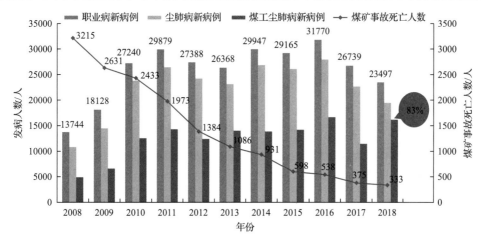

图 2-57　我国近 10 年来职业病新发病例与煤矿事故死亡人数统计图

(2)基础研究薄弱，理、工、医交叉融合不足。

我国围绕煤矿粉尘防控与职业安全健康开展大量研究，促进了该领域的发展，但是高浓致病粉尘防控与职业安全健康还面临着诸多科学问题，现有基础研究不够，不同工况下煤矿粉尘产尘机理、受限空间流场-湿度场-温度场等多相多场耦合时空演化机理不清，煤工尘肺发病机制不明，接触限值急需修订,对煤矿粉尘及职业相关危害因素监测能力不足,基于海量现场实测、实验室微细观测试、大型物理模拟实验、大数据数值计算与融合分析"四位一体"的科学研究手段缺乏。

纵观国际职业安全健康史,在国际劳工组织、美国劳工部职业安全与健康局和欧洲职业安全健康署等职业安全健康相关部门建立之初,都是医学和工科结合,共同解决职业安全与健康问题。而我国由于历史原因,职业安全健康相关部门 2018 年之前一直隶属于非医学机构,缺少理、工、医融合协同创新平台,煤矿粉尘防控与职业安全健康产学研合作深度不够,理、工、医协同创新不足,严重制约了我国职业安全健康的发展。

(3)职业安全健康保障水平低,关键技术装备缺乏。

目前我国煤矿粉尘防控与职业安全健康发展尚处在起步阶段,现有煤矿粉尘防控技术装备难以适应煤矿井下复杂多变的工况条件,使用效率低,缺乏个体呼吸性粉尘接尘量持续性监测仪器和预警技术装备,个体防护装备密合性、舒适性差,导致呼吸性粉尘防护效果不佳。传统煤工尘肺早期诊断技术装备无法实现无创、快速、准确筛查,缺少有效治疗技术方法。虽然全国报告了数十万人的煤矿职业病患者,却没有建立煤矿职业病大样本数据库群,缺乏基于个体差异、生活方式、作业环境等多因素职业安全健康智能预警与职业病智慧诊疗技术手段,职业安全健康保障水平低下。开展煤矿粉尘高效防控及职业病治疗新技术装备研发迫在眉睫。

(4)监管和服务能力不足,政策标准亟待完善。

煤矿职业安全健康相关政策标准的有效执行和及时修订是煤矿从业人员身体健康的重要保障。早在 20 世纪 70 年代,美国《煤炭法》规定要定期对煤矿粉尘进行检查,并规定呼吸性粉尘的允许暴露极限。我国虽然在 20 世纪 50 年代也参照苏联的标准制定粉尘允许暴露极限,但是没有发挥应有作用。2016 年美国为终结"煤工尘肺",修订了煤矿从业人员暴露于呼吸性粉尘的标准,将原来煤矿粉尘总量标准中的允许暴露限值从 2.0mg/m^3 降低到 1.5mg/m^3。尽管如此,美国政府的统计数据表明,美国企业仍然保持着高于 99%的依从性。对我国而言,一方面,由于煤矿个体呼吸性粉尘持续监测与允许暴露极限亟须开展系统研究,相关政策标准缺乏。另一方面,职业卫生监管和职业病防治服务能力不足,导致现有政策执行不力,难以有效保障我国煤矿粉尘防控及职业安全健康稳定发展。

2. 煤矿职业安全健康科学内涵

煤矿职业安全健康科学构想基于理、工、医多学科交叉融合,以大数据、云技术、人工智能和物联网等高新信息技术为支撑,创新"四位一体"科学研究方法,以煤矿无害作业、职业病精准治疗和职业安全健康智能预警等为核心,最终实现煤矿从业人员职业生命全周期职业安全健康管理,其科学内涵如图 2-58 所示。煤矿职业安全健康是煤炭精准开采的重要组成部分,是实现健康中国的重中之重。

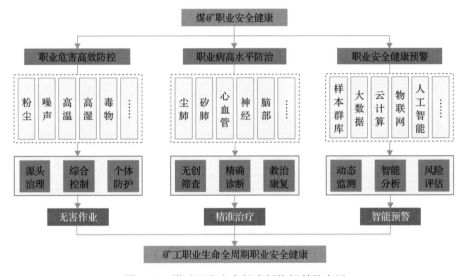

图 2-58　煤矿职业安全健康新构想科学内涵

煤矿职业安全健康将采用"四位一体"科学研究方法(图 2-59),以煤矿粉尘为重点,统筹考虑粉尘、噪声、高温、高湿、毒物等职业危害因素,

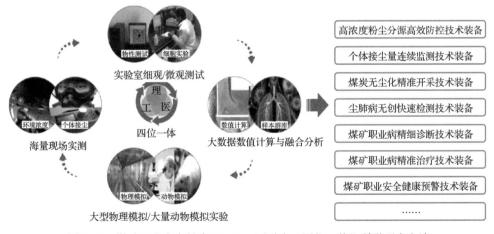

图 2-59　煤矿职业安全健康理、工、医融合"四位一体"科学研究方法

围绕职业危害源头治理、综合控制和个体防护、职业病无创筛查、精确诊断、救治和康复、职业安全健康动态监测、智能分析和风险评估等颠覆性、革命性技术开展理、工、医协同创新,为实现煤矿作业环境革命和保障煤矿从业人员职业生命全周期职业安全健康提供科学指导。

以煤炭精准开采为引领,以煤矿粉尘为主要对象,结合煤炭工业发展现状与煤矿职业安全健康长远要求,我国煤矿职业安全健康将分两步实施:第一步是在远程遥控式开采条件下,在煤矿粉尘等职业危害防控与职业安全健康领域取得阶段性突破,实现煤矿作业环境粉尘浓度大幅度下降,煤工尘肺发病率降低 40%以上;第二步是在智能化无人精准开采条件下,在煤矿粉尘等职业危害防控与职业安全健康领域取得全面突破,从根本上杜绝煤矿粉尘等对从业人员的健康危害,做到煤矿职业病少发病或零发病。

3. 煤矿粉尘防控与职业安全健康主要关键科学问题

煤矿粉尘防控与职业安全健康涉及理、工、医多学科交叉融合,内容纷繁复杂,实施过程中需要解决诸多科学问题。

(1)受限空间多源动态信息(如粉尘浓度、风速、风压、温度、湿度等)采集及数字化定量。

传统粉尘防控多依赖经验分析,在综合防尘过程中缺乏针对性。煤矿高浓度粉尘分源高效精准防控是现代采矿与智能化、数字化及物联网的高度结合,开发出多功能、多参数的智能传感器,解决煤矿复杂开采条件下多源、多场信息采集和数字化定量等问题。以喷雾降尘为例,需要快速而精准地实现对粉尘浓度场、空气流场、温度场、湿度场等多场数据的采集并数字化定量,根据开采空间进行数值计算分析,以达到对喷雾量、角度、粒径等需求的智能分析,为实现喷雾对粉尘的精准防治奠定基础。

(2)多源多维海量信息智能感知与融合分析。

随着煤炭精准开采的不断发展,煤矿物联网覆盖范围越来越广,"人、机、物"三元世界在煤矿职业安全健康中交互、融合产生的数据越来越多,多源海量动态信息智能融合分析愈发重要,其涉及的关键科学问题包括粉尘浓度、环境温度、湿度、接尘量、接尘时间、基因组等多源信息感知,人体血压、心率、体温、睡眠质量等健康信息实时监测与入库,多源、海量、动态等特征传感信息评估筛选与融合分析,可视化交互式智能多源多维海量信息智能融合分析系统搭建等。

(3)煤炭无尘化开采多相多场耦合基础理论。

煤炭无尘化开采与粉尘防控涉及固-液-气三相、流场-湿度场-温度场多场耦合问题，伴随着煤炭开采，多相多场因素相互影响、相互制约、相互联系。存在的关键科学问题主要有煤体结构-渗流-润湿耦合作用机制、多源粉尘产尘机理、多相多场耦合运移规律、多源高浓度粉尘分源高效防控理论、粉尘动态监测与智能控制理论等。

(4)基于大数据样本群多因素交互发病机理。

致病粉尘诱发机体组织病变过程复杂，个体差异明显，与个人基因、环境和生活习惯密切相关，需要借助大数据等现代信息科学技术进行系统研究，其涉及的关键科学问题主要有煤工尘肺细胞、蛋白和代谢等多组态样本群库构建，多组态样本群大数据融合分析模型及软件开发，组织病变特异性敏感标志物判识，组织病变的主控因素及其作用机制等。

(5)煤矿从业人员职业生命全周期、全过程职业安全健康防护。

煤矿从业人员"上岗前、在岗(转岗)时、离岗后"的职业生命全周期以及煤工尘肺"早期、中期、晚期"全过程的检查、评估等对维护煤矿从业人员职业安全健康至关重要。煤矿从业人员职业生命全周期、全过程职业安全健康防护涉及的关键科学问题包括煤矿粉尘精准防控技术装备，基于大样本数据的职业安全健康风险评估方法，煤工尘肺无创快速筛查、精确诊断与治疗方法和技术，煤矿从业人员健康促进、职业医学与健康护理生命全周期健康防护装备等。

(6)煤矿职业安全健康智能预警。

煤矿职业危害风险超前评估及准确预警是实现煤矿职业安全健康新构想的重要前提，其涉及的关键科学问题包括煤矿作业环境粉尘研判分级，煤工尘肺智能预警指标体系建立，基于大数据、云计算和物联网等个体接尘预警模型与系统平台等。

4. 煤矿粉尘防控与职业安全健康主要研究方向

(1)煤矿粉尘产尘机理与高浓粉尘分源高效防控理论。

掌握煤矿粉尘产尘机理是实现粉尘源头治理的基础和前提。将采掘、破碎、装运、转载、打钻、喷浆、爆破等煤矿作业环境统筹考虑，采用"四位一体"科学研究方法，研究多源粉尘产尘机理、粉尘多相多场耦合时空演化机理、多源粉尘综合防控理论体系,为煤矿粉尘分源精准防控技术提供理论指导。

该方向主要包括以下研究内容:

①研究不同工况条件下煤矿多源粉尘产尘机理及无尘化开采多相多场耦合演化规律,探寻不同来源粉尘防控新理论。

②研制煤矿粉尘防控科学实验仪器,构建大尺度真三维大型物理模拟实验平台,实现粉尘产尘、运移、团聚、沉降等全过程真实模拟。

③开发固-液-气多相多场耦合三维数值仿真模拟软件,构建不同工况条件下不同类型粉尘的动力学演化数值仿真模型,对粉尘运移、沉降等进行真实反演。

④基于生产现场实测、实验室微观测试、大型物理模拟实验、三维数值仿真模拟研究,揭示不同粉尘防控方法的作用机制、影响因素等,构建不同工况煤矿粉尘高效防控理论体系。

(2)煤工尘肺多维度、多层次生命信息流的发病机理。

揭示煤工尘肺发病机理是预防和治疗尘肺病的基础,该方向开展煤工大样本流行病学研究,充分考虑个体差异、接尘环境等因素,评估接尘煤工健康损害程度并进行分级。从多层次、多阶段、多组学的角度研究煤工尘肺的发病机理。

①建立煤工接尘大样本队列,基于暴露组学分析煤工接触粉尘的危害程度及分级,评估可能出现的健康风险,构建煤矿不同作业岗位的健康风险评价模型。

②明确煤工尘肺早期体内慢性炎症环境、代谢功能紊乱的生物特征,深入研究煤工尘肺始发阶段的关键节点。

③运用基因、蛋白、代谢和细胞等多组学方法,整合多层面信息,分析煤工尘肺生命信息流的传递和表象呈现过程,系统研究煤工尘肺的发病机理。

(3)煤矿无尘化开采及粉尘精准防控技术与装备。

煤矿无尘化开采及粉尘精准防控技术与装备是实现煤矿粉尘源头治理、无尘化作业的核心保障。该方向重点围绕粉尘源头无尘化开采、重点采掘尘源精准防控,研发高效、智能、精准防控技术装备,构建煤炭无尘化开采与高浓度粉尘分源精准防控技术体系,实现煤炭无尘化开采与作业环境的无尘化。

该方向主要包括以下研究内容：

①研制多源多场信息智能采集与智能融合处理技术装备，开发井下全网络智能通风调控技术，研发煤炭无尘化开采成套技术与装备。

②研发采掘区域重点尘源精准控制技术装备，构建不同工况粉尘分源精准防控技术体系，实现煤矿多源粉尘"无尘化作业、全空间控制"。

(4)煤工尘肺智能判识与精准诊疗技术装备。

煤工尘肺智能判识与精准诊疗是实现尘肺病早期预防和救治的重要保障。该方向重点围绕筛查煤工尘肺的易感基因和生化指标，判识煤工尘肺损伤进程的不同阶段，开发煤工尘肺创新性的治疗技术及装备，实现对煤工尘肺的高效预防、无创诊断与精准治疗。

①研发煤工尘肺易感基因快速筛查技术。

②研发生物医学、化学、物理、大数据等多学科交叉的检测及监测系统，开发针对呼气、尿液、唾液和血液等样本煤工尘肺的精准无创诊断技术及装备。

③针对煤工尘肺不同发病阶段的关键环节，研发分子与细胞免疫、干细胞与组织工程、再生医学等不同层次崭新的精准治疗技术及装备。

(5)煤矿粉尘与职业安全健康智能预警。

粉尘持续高精度监测与职业安全健康预警为煤矿粉尘防控及职业安全健康提供了技术支撑。该方向将在建立大样本群库的基础上，研发个体接尘持续高精度监测、智能传感传输技术装备等，构建煤矿职业安全健康预警大数据平台，实现煤矿职业安全健康智能预警。

该方向主要包括以下研究内容：

①构建煤工尘肺患者基因组、蛋白组、细胞组、生物标记物、接尘环境等大样本群库。

②研发高精度、宽量程和高灵敏度的便携式个体接尘智能监测技术装备。

③建立高可靠性、动态可扩展的煤矿职业安全健康动静态数据网络传输架构。

④构建煤矿职业安全健康预警信息大数据中心，建立煤工尘肺预警指标体系与预警模型，建设基于云技术的预警系统平台。

(六)废弃矿井资源开发与利用

国家"十四五"规划纲要提出的经济社会发展主要目标中要求生态文明

建设实现新进步，能源资源配置更加合理，利用效率大幅提高。在经济发展新常态和供给侧结构性改革背景下，随煤炭去产能政策的推进，资源枯竭及落后产能矿井和露天矿坑的关闭势在必行。关闭/废弃矿井中仍赋存煤炭资源量约 420 亿 t、非常规天然气近 5000 亿 m³，以及丰富的地下空间、矿井水、地热与工业旅游资源。据不完全统计，2020 年全国因化解产能或安全问题关闭煤矿数量达 428 处，退出煤矿产能约 1.5 亿 t/a。充分利用关闭/废弃矿井中的能源及空间资源，将关闭/废弃矿井资源开发利用纳入区域经济和社会发展中，实现资源和资产二次回报，不仅能减少资源浪费、提高去产能矿井能源资源开发利用效率，同时还可以为关闭/废弃矿井企业提供一条转型脱困和可持续发展的战略路径，进而推动资源枯竭型城市转型发展。

欧美国家是关闭/废弃矿井开发利用的先驱，也是废弃矿井开发利用技术最成熟的国家。自 20 世纪 60 年代至今，美国、英国、德国、比利时等欧美国家针对国内大量关闭/废弃矿井开展了相关的理论研究，在理论突破的基础上实施了地下空间储气库(如美国 Leyden 煤矿地下储气库、比利时 Anderlues 煤矿地下储气库和 Peronnes 煤矿地下储气库)、废物处置库(如德国 Asse 矿低中废物处置库、德国 Konrad 铁矿低中放废物处置巷道以及捷克 Richard 石灰岩矿处置库)、地下医院、冷库、实验室(如斯坦福大学修建 1500m 极深地下实验室)、文件存储中心(如 Iron Mountain 地下文件存储中心)、瓦斯发电站(如德国 North Rhine-Westphalia 煤矿瓦斯发电站)、压缩空气蓄能电站、抽水蓄能电站(如德国 Prosper-Haniel 煤矿 200MW 抽水蓄能电站)、地热能供暖制冷(如荷兰 Heerlen 煤矿水热地热能开发)、矿山博物馆(如德国 Rammelsberg 矿山博物馆、波兰 Wieliczka 盐矿博物馆和 Guido 煤矿博物馆)等工程实践，对废弃矿井遗留煤炭、非常规天然气、地下空间、建筑物与土地等资源进行二次开发利用，形成了关闭/废弃矿井遗留资源能源化、资源化和功能化利用模式，取得了极大的资源环境与经济效益。

随着去产能政策的逐步推进，我国关闭/废弃矿井数量逐年增多，关闭/废弃矿井再利用刻不容缓。中国工程院重大咨询项目"我国煤矿安全及废弃矿井资源开发利用战略研究"的开展，初步完成了我国关闭/废弃矿井二次开发利用的顶层设计。现阶段"工业 4.0"在能源场景中的应用势头强劲，精准开采、智能感知、大数据分析等技术愈发成熟，赋能关闭/废弃矿井相关遗留资源精准开发利用。但目前我国关闭/废弃矿井资源开发利用整体仍处于试验阶段，针对关闭/废弃矿井遗留煤炭、煤层气、地下空间与土地等资源开展了塌陷区治理(如徐州潘安湖湿地公园)、煤炭地下气化(如山东新汶鄂庄煤矿煤炭地下气化)、塌陷区光伏发电(如大同熊猫电站、淮南漂浮式光伏电站)、地热能利用(如冀中能源水源/地源热泵)、储气库建立(如安徽含山县石膏矿、江苏常州市金坛矿区)、地下储水库(如神东矿区)、煤层气抽采(如辽宁铁法矿区、晋城区块-晋圣永安煤矿、岳城煤矿废弃矿井煤层气抽采、中节能宁夏新能源股份有限公司下属乌兰煤矿卸压钻孔废弃矿井瓦斯抽采)、国家地质公园(如淮南大通国家矿山公园、淮北国家矿山公园)和伴生矿产开发(如淮北矿务集团开采伴生高岭土)等方面的基础理论攻关和先期工业试验。然而，关闭/废弃矿井智能精准开发利用涉及多学科交叉协作，内容纷繁复杂，我国对关闭/废弃矿井能源资源开发利用的研究起步较晚，基础理论与关键技术研发仍有待提高，且并没有形成可复制推广的成熟模式。

开展关闭/废弃矿井遗留资源及地下空间精准开发利用试点，凝练试点关闭/废弃矿井遗留资源及地下空间精准开发利用面临的核心科学问题，归纳遗留能源资源精准开发利用亟须攻克的关键技术难题，提出试点区域废弃矿井遗留资源及地下空间开发利用技术路线，推动"政产学研用金"协同机制为基础的关闭/废弃矿井能源资源精准开发与利用新模式发展形成关闭/废弃矿井综合开发利用模式，为全国关闭/废弃矿井遗留资源二次利用探路示范和积累经验。山西省作为能源大省，1949年至今，其煤炭产量有近60年位居中国第一；山西省煤层气产业水平和规模领跑全国，建有我国最大规模的沁南国家煤层气产业基地，贡献了90%以上的煤层气地面抽采量；随着去产能的持续推进而产生的大量关闭/废弃矿井、山西蓝焰煤层气集团有限责任公司(蓝焰集团)在沁水煤田开展的关闭/废弃矿井地面抽采工业实践及山西省作为能源革命综合改革试点的重大使命均为山西作为关闭/废弃矿井精准开发利用试点奠定了重要基础。

1. 山西省关闭/废弃矿井资源禀赋与开发现状

山西省作为我国的重要煤炭能源基地，2020年1月至11月原煤产量9.62亿t，占全国总产量的27.63%，位居全国之首，估算2020年山西省原煤产量为10.56亿t，占全国原煤总产量的27.57%，超越内蒙古，成为我国第一煤炭生产大省。山西省矿井数量在1949年为3676处，经过大规模建设，到1997年达到最高峰，为10971处，伴随而来的是煤炭资源的浪费、环境的污染。经安全整治、整合重组和去产能等措施推进，目前年生产能力 90 万 t 以下的煤矿已逐渐关闭。2016～2020 年，山西省共关闭煤矿 138 座，退出产能 10889 万 t。

中国工程院重大咨询研究项目调研统计表明，1949～2012 年，我国井工开采方式下累计遗留煤炭资源总量达 582.7 亿 t，山西省占比 20.59%，居全国首位，2014～2018 年全国重点省份井工开采遗留煤炭资源量如图 2-60 所示。2014～2018 年，山西关闭矿井 118 座，废弃矿井遗留煤层气（abandoned mine methane, AMM）资源量预估 103 亿 m^3，占全国 AMM 预计总量的 50% 以上，将成为我国废弃矿井瓦斯二次利用的重点省份，如图 2-61 所示。另外，据山西省自然资源厅与山西省能源局联合发布的《关于开展煤炭采空区（废弃矿井）煤层气抽采试验有关事项的通知》，目前山西省采空区面积 5000km^2 以上，具有开发价值的约 2052km^2；预测煤层气资源量约 726 亿 m^3。其中，7 个瓦斯含量较高的矿区（西山、阳泉、武夏、潞安、晋城、霍东、离柳）内，采空区面积约 870km^2，预测煤层气资源量 303 亿 m^3，部分地区资源相对富集，值得开发利用。

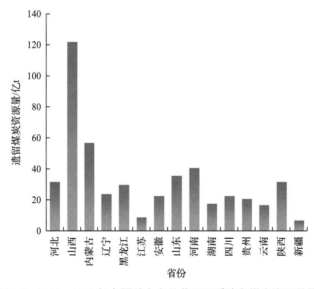

图 2-60　2014～2018 年全国重点省份井工开采遗留煤炭资源量统计

面对关闭/废弃矿井中遗留的大量煤炭、煤层气与地上地下空间等资源，山西省关闭/废弃矿井开发利用现状体现为"三多两少"——废弃矿井数量多、遗留资源种类多、闭坑次生隐患多，科学规划设计少、精准开发案例少。

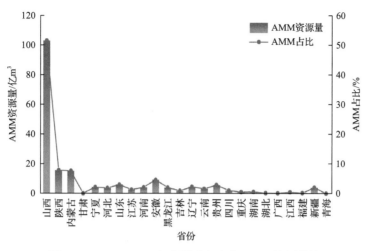

图 2-61 2014～2018 年全国重点省份 AMM 资源统计

就遗留煤层气资源而言,仅开展了部分基础理论研究和先期工业试验。目前,晋煤集团先后在晋城、西山、阳泉、晋中等矿区施工废弃矿井煤层气抽采井 135 口,目前运行 55 口,日抽采量为 9.4 万 m^3,累计利用气量约 1.3 亿 m^3;蓝焰集团牵头承担的山西煤基(煤层气)重点科技攻关项目"关闭煤矿采空区地面煤层气抽采技术研究及示范"实施 27 口关闭/废弃矿井采空区煤层气井建设,15 口井完成设备安装运行,单井日均产量 $1155m^3$,截至 2016 年底,累计抽采利用煤层气约 1700 万 m^3。国内对煤层气的利用主要依赖于正在开采矿井的瓦斯抽排系统,虽然有些矿区进行了地面钻孔排采利用,但真正意义上的废弃矿井遗留煤层气综合治理利用产业化尚属空白。

为实现关闭/废弃矿井遗留能源资源的精准开发利用,在机制上,山西省采取揭榜挂帅式的科技创新探索,从"路径依赖"转向"模式创新",规避人才与技术基础劣势,让全球范围内的智力资源与创新资源服务于自身高质量转型发展。揭榜挂帅制推动"政产学研用金"协同创新,为山西众多的关闭/废弃矿井开发利用提供智力支持,量身打造实施方案,让大学成为关闭/废弃矿井开发利用从理论到应用的科研主战场。在标准方面,由山西省应急管理厅提出、蓝焰集团等单位起草的山西省地方标准《煤矿采空区(废弃矿井)煤层气地面抽采安全规范》于 2019 年初推出征求意见稿,该标准规定了煤矿采空区(废弃矿井)煤层气地面抽采的钻井井位及层位选择、场地设备安装等要求,可用于指导山西省辖区内煤矿采空区(废弃矿井)煤层气地面抽采的安全管理工作。在政策方面,2019 年底,山西省自然资源厅与能源局一同下发了《关于开展煤炭采空区(废弃矿井)煤层气抽采试验有关事项的通知》，明确了开展煤炭采空区(废弃矿井)煤层气抽采试验、有效开发利用采空区煤层气资源是山西省能源革命综合改革试点的重要任务。

综上所述，山西省关闭/废弃矿井遗留煤炭、煤层气、地下空间等资源禀赋优势突出，在政策、标准、机制等多方面为推动关闭/废弃矿井遗留能源资源的精准开发利用提供了坚实基础。

2. 关闭/废弃矿井能源资源精准开发利用关键科学问题

基于山西省关闭/废弃矿井资源禀赋条件，提出废弃矿井遗留煤炭地下气化、遗留煤层气地面抽采和地下空间储能、储物等三种能源资源精准开发与洁净利用方式，必将面临如下四个关键科学问题：

(1)关闭/废弃矿井资源综合利用安全评价体系。

矿井直接关闭或废弃将会引发地质灾害威胁,如地表塌陷、矿井水隐患、采空区瓦斯泄漏导致的爆炸或火灾等。关闭/废弃矿井资源综合利用安全评价是以关闭/废弃矿井遗留能源资源主体作为被评价对象,分析影响遗留能源资源开发利用过程安全性的主要因素,构建一套可量化的评价指标体系,采用互联网、软件开发、云计算、数据挖掘、模糊数学等理论与方法,对遗留能源资源开发利用这一主体的当前及未来安全度进行评估的过程。首先,需要重点关注关键性指标的选取与把握,梳理关闭/废弃矿井地质背景、采掘历史、资源条件、采空区空间等特征指标,根据指标体系设计的一般原则,构建安全评价指标体系,对关闭/废弃矿井的安全性进行分析,对各风险因素进行研究,建立关闭/废弃矿井资源协同利用安全与风险评价技术标准,向关闭/废弃矿井利用和管理提供技术层面的决策支撑,指导关闭/废弃矿井"能源化""资源化""功能化"利用的动态评判。

(2)气液热固化等多相多场动态演化机制。

煤炭地下气化是通过控制井下煤炭资源燃烧反应,使煤层在热及化学作用下形成可燃气体的过程,作为煤炭无害化开采技术创新方向,被列入国家《能源技术革命创新行动计划(2013—2030年)》。关闭/废弃矿井遗留的煤炭资源与空间资源为煤炭地下气化的研究工作提供了新战场,将遗留煤炭资源转化为可用燃气资源,必将为我国推进能源生产与消费革命增添新的活力。在地下遗留煤炭气化过程中会产生 1200℃的高温,围岩边界温度随气化工作面的定向移动而产生变化,如图 2-62 所示。为揭示地下气化过程对井下结构和环境的影响机理,需要系统研究温度场的剧烈变化对周围应力场、位移场、孔隙场以及裂隙发育等产生的影响。分析温度场分布及动态变化规律，确定围岩内温度影响的范围，阐明其余多场的演化机制。进一步建立多场耦合条件下，煤炭地下气化对遗留煤柱、围岩、覆岩运移及地表沉降特征影响的模型。

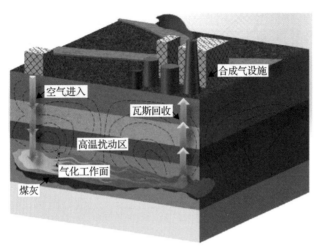

图 2-62 遗留煤炭地下气化示意图

煤炭地下气化技术体系如图 2-63 所示。因此，需要对山西省典型煤种进行热解、气化和强制氧化着火实验，研究大尺度煤热解、气化动力学参数，强制氧化着火机理，并建立动力学方程。通过实验或煤炭地下气化物料及能量平衡模型，研究典型煤种地下气化参数，包括不同氧浓度-水蒸气连续气

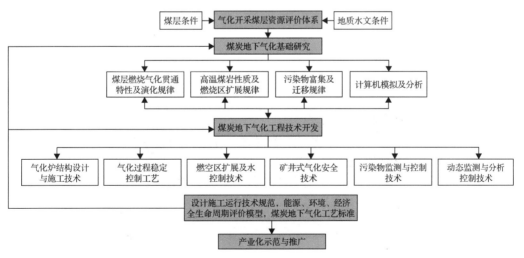

图 2-63 煤炭地下气化技术体系

化条件下的气氧比、吨煤产气率、比消耗量、气化效率,以及煤气有效组分和热值的变化规律,进行焦煤集团典型煤种催化热解、气化实验,包括催化剂的选择、配比以及负载方法等,研究催化煤热解、气化动力学参数,以获得更高水平的煤炭气化效率,确定高效的煤炭地下气化的工艺技术。

(3)复杂遗留空间煤层气运移规律与储集成藏机理。

关闭/废弃矿井遗留煤层气泄漏导致的爆炸或火灾严重威胁着周边群众的生产生活安全,相关事故时有报道。关闭/废弃矿井的采动裂隙、地表塌陷裂隙或封闭不严的井筒等是可燃气体向地面逸散的通道,不仅存在爆炸或火灾等事故隐患,更会加剧温室效应。为此,2020 年国家能源局发布《关于推进关闭煤矿瓦斯综合治理与利用的指导意见(征求意见稿)》,对关闭煤矿的瓦斯综合治理与利用工作已经提上日程。

然而,矿井地下空间构造种类繁多、地质断层散落其中、采场和巷道错综复杂、采后覆岩三带长期演化转换、遗留煤炭资源分布规律不清等因素致使废弃矿井瓦斯抽采利用对象属性不清,地面抽采工程措施无的放矢、效果不理想。关闭/废弃矿井采空区既是应力释放区,也是低压区,以采空低压区为中心,采动区裂隙为通道,周围煤岩储层中的煤层气向采空区运移、聚积,且随时间的不同,其聚积程度不同,如图 2-64 所示。因此,需要基于储层特征、岩层破坏变形规律和裂隙场、渗流场动态演化规律的全面解析,揭示关闭/废弃矿井遗留煤层气运移、动态聚积规律,阐明时间和空间尺度下煤层气聚积特征和二次动态成藏机理,建立关闭/废弃矿井煤层气资源动

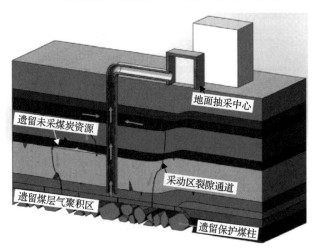

图 2-64　关闭/废弃矿井遗留煤层气抽采示意图

态评价体系，构建关闭/废弃矿井煤层气井产气量预测模型及其经济性评价指标体系。

具体而言，需要根据山西省关闭/废弃煤矿典型试验矿井的煤层结构和特点，构建基于三场（"裂隙场""应力场""压力场"）耦合条件下的抽采渗流模型，研究原生带-裂隙带-低压采空区条件下的煤层气分布-迁移规律和解吸-扩散-渗流特征，耦合气体渗流场特征。以煤层气资源赋存参数特征及产出特性为基础，建立关闭/废弃矿井煤层气产气量预测模型，提出其经济性评价指标体系，科学评估煤层气极限产出量与经济价值。揭示布井位置对抽采效果的影响机理，确定井位布置原则，评价井型、井网的地质适应性，提出关闭/废弃矿井煤层气资源地面抽采关键技术。

（4）复杂岩体多场多相耦合作用机理及其变形破坏特征。

地下水库、地下油气储库及其他储物空间是关闭/废弃矿井地下空间利用的潜力方向。废弃矿井遗留空间资源具有特殊性与复杂性：首先，具有复杂多尺度、多形态特征，且存在冒落矸石、采掘破碎岩块、裂隙裂缝岩体、塑性大变形岩体及完整岩石形态等；其次，受力环境场源多，如自重应力、构造应力、重复采动应力、矿井水或煤层瓦斯压力及人为工程扰动应力等；再次，载荷历程路径复杂、受力变形演化期长、动态研究分析难度大。因此，需要深入研究复杂岩体多场多相耦合作用机理，揭示其变形损伤与破坏规律，建立符合工程实际条件的固-液-气多场耦合损伤演化模型，为废弃矿井地下空间安全高效储水与抽水蓄能提供理论基础与技术保障。

具体而言，需要攻关的技术问题是：综合考虑储水或储油气地下空间的孔隙和裂隙、煤层因素、覆岩岩性、开采方法、采空区处理方法及工作面尺寸等因素的地下水库或油气库容积特征，研究不同工作面布局、开采条件、地质条件与采空区面积和冒落岩石空隙率的关系，构建地下水库库容的计算方法；研究煤柱或人工坝体受采动影响产生的裂隙区、塑性区引起的渗漏以及相应的防治措施，以地质力学参数为基础，通过物理力学试验和数值模拟，研究裂隙带发育规律，提出相应的隔离筑坝及防渗技术，为关闭/废弃矿井抽水蓄能综合利用提供现实基础。

3. 山西省关闭/废弃矿井遗留资源及地下空间开发利用对策

面向山西省大量关闭/废弃矿井遗留资源和空间资源利用的重大需求，

为向山西省关闭/废弃矿井遗留资源及地下空间开发利用提供对策，在基础理论与技术研发层面，需要揭示高温条件下围岩温度场、应力场和位移场的动态分布以及地表移动变形规律、遗留煤层气资源运移与动态聚积规律、资源动态评价体系与地面抽采利用关键技术和围岩空间裂隙与水油气耦合作用机理；提出关闭/废弃矿井遗留资源及地下空间利用的管理创新制度；建立关闭/废弃矿井风险安全评价体系，完善关闭/废弃矿井资源综合利用创新模式的总体思路；紧密围绕关闭/废弃矿井遗留资源和地下空间资源开发利用关键技术的研发及工程示范。

同时，结合关闭/废弃矿井全生命周期系统管理利用的理念，建立关闭/废弃矿井可再生能源利用规划标准，开展关闭/废弃矿井遗留煤炭资源及可再生能源利用示范项目试点研究，加大自主技术研发，加强国际合作，制定专业人才培养机制，加大科技攻关投入，加强关闭/废弃矿井遗留煤炭、煤层气和地下空间等资源利用基础研究及开采利用关键技术研究，建立一套完整可行的关闭/废弃矿井煤层气资源评估和煤层气产量预测模型，确定不同地质条件的最佳利用方式、规模和服务年限。

另外，还需要促进国家相关职能部门采用多种政策支持和财政资金保障相结合的方式，完善关闭/废弃矿井可再生能源利用财税优惠政策，完善关闭/废弃矿井可再生能源利用的相关财政补贴、税收减免政策及投资环境，鼓励引导私人资本参与，建立市场化运营等新型的投资机制和商业模式，创建关闭/废弃矿井能源资源精准开发利用多元化投资及合作开发模式。最终，形成山西省关闭/废弃矿井遗留能源资源开发利用综合性解决方案，如图 2-65所示。

4. 山西省关闭/废弃矿井遗留资源及地下空间开发利用模式研究

白家庄煤矿位于太原市西南万柏林区西铭乡白家庄村，距太原市中心约20km，交通便利。矿井位于西山煤田边缘，开采历史悠久，开采手段多样，毗邻万亩休闲生态园。所属区域年平均气温 9.5℃，年平均降水量为 415mm，降雨多集中在 7～9 月，水资源短缺。2016 年，白家庄矿响应供给侧结构性改革要求，在当年 10 月底关闭停产，退出产能 100 万 t。依据白家庄矿闭坑地质报告，全井田保有储量达 10.75 万 t，矿井原 2 号井口延续饮用水采水功能，对井下现有+840、+710 水平生产、通风、机电等系统以及 22526 工作面进行保留。结合该矿"近城区、近景区、开采久、水丰富"的资源禀赋与环境特点等，提出了地上工业旅游资源开发＋煤炭教学基地建设、井下空间储水+抽水蓄能发电的立体开发方式，建成可复制、可推广的综合性示范基地，如图 2-66 所示。

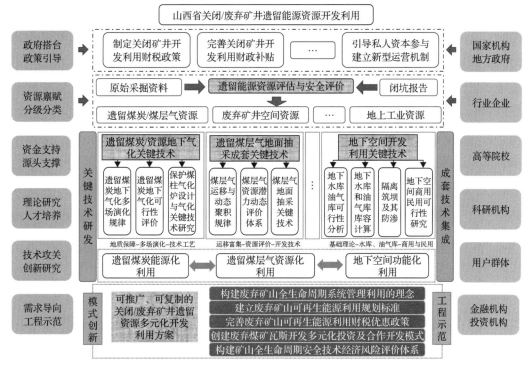

图 2-65　山西省关闭/废弃矿井遗留资源及地下空间开发利用方案

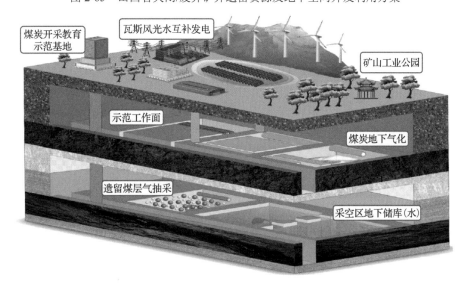

图 2-66　山西省关闭/废弃矿井遗留资源及地下空间开发利用示意图

第二节　我国煤矿安全智能精准开采要求

一、典型发达国家安全煤矿智能精准开采

根据澳大利亚和国际权威机构的预测，2025 年度澳大利亚炼焦煤出口将保持数量和收益的同步增长，动力煤出口则呈数量增长和收益下降的趋势；2018～2040 年，澳大利亚继续保持煤炭最大净出口国的位置；科技创新、"工业 4.0"计划对接的数字化变革将继续推动煤炭开采业效率、安全生产与职业健康水平、绿色开发水平的提高。

20 世纪 90 年代以来，美国煤炭产业集中度保持上升趋势，到 2011 年产业集中度达到最高，前 4 家(皮博迪能源集团、阿奇煤炭公司、阿尔法自然资源有限责任公司和云峰能源)产量比重达 52.4%；受丰富廉价的天然气和可再生能源的影响，美国大型煤炭企业产量下降，2012 年开始集中度持续走低，2018 年，美国前 4 家煤炭企业产量比重下降到 46.6%。近年来，我国不断优化煤炭供给结构，煤炭产业集中度稳步提高，2018 中国前 4 家(国家能源集团、中国中煤能源集团有限公司、陕西煤业化工集团有限责任公司、山东能源集团有限公司)煤炭企业产量比重达 27.4%，但是，美国煤炭产业集中度仍是我国的 1.7 倍。

二、中国煤矿安全智能精准开采

(一)构建透明地质条件

智慧化矿井建设是一项涉及多学科、多专业的高度复杂的系统工程，目前尚且没有统一的标准和建设体系。透明地质条件构建是煤炭资源精准开采、智慧化建设的重要基础保障之一。煤矿智能化发展不仅为井下无人(少人)开采提供技术保障，更是代表先进的生产力水平。煤矿的智能化建设目前成为行业广泛的共识，其在涉及透明地质条件的问题上，除了需要解决目前存在的技术问题，同时还需要加强以下过程管理。

(1)要有明确的目标，对地质条件的静态化认识到动态监控与预警是一个发展过程，地质由传统到现代，加上时间维度，目标为四维地质条件重建。由静态地质条件到动态地质条件呈现，甚至包括采掘空间环境参数条件等，

需要明确不同阶段的目标和任务，还要注重资源与灾害并重、互转利用。

（2）要有技术创新，增加研究经费投入，从理论、技术、装备、系统等多层面实现创新。对于矿井实现透明化的任务不是简单的地质条件的拼凑，而是智慧要素的融合与反演，充分利用地质大数据计算、分析及虚拟展示等，实现对井下多信息源的动态监控与风险评估。掘进工作面和回采工作面还需开发动态超前多信息获取跟踪移动装置进行常态化巡检。

（3）要对多源信息的获取与分析进行实时转化，利用好现有的采掘装备随掘随采数据，动态跟进地质空间要素的变化，捕捉可能带来的不利因素信息等，其中高精度仪器设备是关键，还需研究成熟的定位算法等。需要研究开发针对特殊环境下的智能地质地球物理机器人，达到可以应对充水、涉毒、含气、过热等极端条件下的探查工作。

总之，通过瞄准智慧矿井目标，做好技术储备，共同为煤炭资源智能化精准开采与清洁高效利用做出新贡献。

（二）技术装备创新

（1）中国煤炭科学研究院煤炭工程研究所的高毅教授等发现了液压支架维护顶板动态失稳的6个可控参数：顶梁梁端距、顶梁对顶板的水平作用力、顶梁合力作用点、护帮板的护帮力矩、液压支架的初撑力与支护强度、工作面推进速度，提出了液压支架与围岩的强度、刚度、稳定性三耦合原理及液压支架三维动态优化设计方法。

（2）将采煤机割煤高度大于6m的工作面定义为超大采高工作面，建立了超大采高工作面顶板岩层断裂失稳的"悬臂梁＋砌体梁"力学模型，确定煤壁发生破坏的影响因素及其敏感性，提出超大采高工作面围岩稳定性控制方法。

（3）通过设计研发增容缓冲抗冲击双伸缩立柱、三级协动护帮装置，实现了超大采高工作面围岩的稳定性控制；通过采用液压支架支护系统群组协同控制、"大梯度＋小台阶"过渡配套方式，实现了金鸡滩煤矿厚煤层超大采高工作面安全高效开采。

（4）定量分析了液压支架反复支撑作用力、支撑次数对顶煤的损伤破坏作用，通过提高液压支架的初撑力与工作阻力、优化液压支架架型结构，可以有效缓解大采高综放工作面煤壁片帮与顶煤冒放性之间的矛盾；设计研发三级强扰动高效放煤机构、支架尾梁冲击破碎装置,解决了坚硬特厚顶煤冒落块度大导致顶煤采出率低的问题。

(5)采用单进回液口双伸缩立柱、双连杆、双平衡千斤顶叠位布置等新结构,解决了薄煤层液压支架大伸缩比支护问题;基于采煤机记忆截割系统、支架自动跟机移架系统等,实现了薄煤层常态化远程监控、工作面无人操作的智能化开采。

(三)开采理论进展

(1)基于煤矿冲击地压发生的扰动响应失稳理论,构建了冲击地压发生的力学分析模型,给出了冲击地压发生的临界指标及其理论公式,实现了冲击地压启动临界条件的定量计算,旨在深化推进煤矿冲击地压机理、评价、监测预警与防治工作向系统化、参数化与定量化方向发展。

(2)建立了与几何结构参数、环境载荷和煤岩物性参数直接相联系的冲击地压发生的力学分析模型。探究了解析涉及的几何模型、边界条件与煤岩本构方程,明确冲击地压力学判据及其物理意义,即表征冲击地压本质是围岩塑性区边界非线性增速失稳扩展及其带来的一系列的宏观响应。

(3)辨明了冲击倾向性与冲击危险性的理论关系。冲击倾向性表征对象为煤岩介质,而冲击危险性的表征对象为工程巷道(包括其他工程结构或区域);煤岩冲击倾向性是工程结构冲击危险性的主要影响因素之一,并明确巷道冲击危险性表征指标包括围岩临界软化区半径、临界破碎区半径和临界载荷。

(4)临界载荷是表征巷道在特定地应力环境中受扰发生冲击地压难易程度的重要指标之一,也是冲击地压防治理论中应力控制论的理论基础。基于临界载荷的理论公式,提出了冲击地压发生的矿井临界开采深度的理论界定方法。

(5)基于冲击地压发生的理论公式,明确了支护强度增加不仅具有有效抑制围岩破碎发育速度的作用,还具有大幅提升冲击启动临界载荷的功能。由此,提出防冲支护的安全系数设计方法。

(四)矿山物联网前景

实现煤炭精准开采,任重而道远。结合当前煤炭工业发展现状和信息化技术水平，面向煤矿精准开采的物联网关键技术研究紧密围绕其体系架构，将分两步实施：第 1 步是逐步建设煤炭生产各子系统的物联网，主要包含采掘系统、运输系统、通风系统、排水系统、洗选系统及其他辅助系统等，实现子系统装备与子系统流程的智能化；第 2 步是实现全矿井的智能化，达到通信网与互联网在煤矿综合应用的最高境界，实现广泛意义上的煤矿设备自动化和生产管理智能化。建议政府主管部门和煤炭行业高度重视矿山物联网科技创新，借力新一轮的产业革命，力争在矿山物联网领域取得颠覆性技术突破，全面提升中国煤矿智能开采与管理水平，助推煤炭精准开采落地生花。

(五)重视职业健康

煤矿职业安全健康科学构想对实现煤矿无害化作业和保障煤矿从业人员全职业生命周期安全健康意义重大。依靠煤炭精准开采、精准医疗、大数据等科技进步，煤炭无尘化开采与职业病精准诊疗任重而道远。我国应加强理、工、医交叉融合协同创新与科研平台建设，深入开展基础研究工作，研发适合我国煤矿生产实际的成套技术与装备。重视示范工程建设和成果转化，加大政策支持力度和促进标准体系完善，构建煤矿粉尘防控及职业安全健康长效机制。

建议政府主管部门和煤炭行业高度重视职业安全健康科技创新，以理、工、医融合协同创新引领职业安全健康科技未来发展，力争 2035 年煤矿粉尘等职业危害防控与职业安全健康领域取得阶段性突破，2050 年基本杜绝煤矿粉尘等对从业人员的健康危害，做到煤矿职业病少发病或零发病，实现煤矿从业人员全职业生命周期职业安全健康，以煤矿职业安全健康助力健康中国发展。

(六)矿井全生命周期利用

(1)山西省自然资源厅对山西省关闭/废弃矿井分布情况进行调查，明确了山西省关闭/废弃矿井遗留资源禀赋优势，山西省在政策、制度、机制上的相关举措为推动关闭/废弃矿井遗留能源资源的精准开发利用提供了坚实基础。

（2）面对不同遗留能源资源的开发利用需求，需系统研究资源综合利用安全评价体系，关闭/废弃矿井遗留煤炭气化过程中应力-裂隙-温度多场动态演化机制，煤层气运移、动态聚积机制与资源评价，地下空间液（水、油）-气-固耦合模型等四个关键科学问题；亟须攻克关闭/废弃矿井遗留煤炭地下气化炉构建及气化工艺、遗留煤层气资源地面抽采与利用、地下储库（水、油、气等）库容探测与防渗、关闭/废弃矿井能源资源协同利用安全与风险评价技术等四项关键技术。

（3）通过构建关闭/废弃矿井全生命周期系统管理利用的理念，建立关闭/废弃矿井可再生能源利用规划标准，开展关闭/废弃矿井遗留煤炭资源及可再生能源利用示范项目试点研究。通过"政产学研用金"一体化改革，把技术创新的上游、中游、下游以及创新环境与最终用户有效对接和耦合，才能真正推动关闭/废弃矿井精准开发利用模式的创新研究。

第三节　我国煤炭安全智能精准开采政策建议

一、科技创新

（一）开采技术创新

由于我国煤矿开采条件的多样性和复杂性，理念、技术和管理水平的不平衡，许多煤矿的开采还未达到理想效果，还需在开采技术、成套装备、智能化等方面继续深入研究。未来需要突破的关键技术主要包括：

（1）复杂煤层自动稳定割煤与连续推进技术。

煤层赋存条件的复杂性和安全制约因素的多样性是综采面临的最大难题，煤层不稳定、夹矸、断层、破碎顶板等很多问题都会导致工作面发生片帮冒顶，液压支架倒架、扎底，刮板输送机飘溜，采煤机截割困难，设备损坏严重，导致生产不连续。应研发新的开采工艺方法及成套装备，适应井下复杂的工作面生产条件。

（2）复杂工况下的设备高可靠性技术。

研究综采装备关键元部件失效模式与故障机理，构建装备关键部件及系统的可靠性评价体系，完善可靠性设计，攻克关键元部件的材料和制造工艺，切实解决综采装备的可靠性问题,特别是提高采煤机的可靠性,提高工作面综合开机率,为工作面自动化连续生产提供可靠保障。

(3)综采设备机器人化技术。

液压支架、采煤机、刮板输送机等工作面设备具备自动感知、控制和执行的能力,即相当于一台专用机器人;借用机器人技术与理论研究煤机装备,代替人在恶劣的工况环境中工作,实现危险工作面无人操作的目标。

(4)基于三维 GIS 系统的透明开采技术。

充分利用地质探测技术,基于三维 GIS 建立可在线实时更新数据的地质、环境、生产全息信息系统,做到对地质构造、应力变化、瓦斯、水等开采条件的透明化监测;基于惯导、UWB 等装备导航及设备定位技术实现采煤、掘进的精确控制;同时,装备群具备自学习、自适应及协调控制功能,实现采、掘、运等开采过程的实时"透明化"控制。

(二)科技创新发展阶段

近 30 年,澳大利亚原煤生产效率的变化反映出其科技进步的历程。澳大利亚原煤生产效率总体上呈现增长趋势,从 0.73 万 t/(人·a)增长到 1.09 万 t/(人·a),增长幅度为 49.32%,年平均增长速度为 1.44%。从发展过程看,生产效率经历了稳步提升、波动下降和缓慢回升三个阶段,分别对应了科技创新已经完成的注重提升效率和安全生产好转、兼顾生产和环保协调发展两个阶段,以及目前正在进行的数字化变革阶段。

(1)20 世纪最后一个十年科技创新注重生产和安全水平的提高,原煤生产效率稳步提高。

20 世纪 90 年代是澳大利亚采矿业处于技术进步推动生产效率不断上升、煤炭开采由机械化向自动化发展的时期,同时也是美国、英国、中国和南非在长壁工作面进行重大改革的时期,主要特点是集中精力进一步提高运营效率和安全性,并朝着"全球化"方向发展。在此期间,澳大利亚煤炭开发生产效率得到了大幅提升,人均原煤产量从 0.73 万 t/(人·a)提高到 1.95 万 t/(人·a),增长幅度为 167.12%,年平均增长速度为 10.32%。这主要源于澳大利亚政府对煤炭科技创新投入的重视和对科技研发基金分配的严格管理,延续 28 年的"澳大利亚煤炭研究计划"(Australian Coal Association Research Program)引领着行业实践。

1990～2019 年澳大利亚炼焦煤、动力煤出口量呈现出逐年上升的趋势，如图 2-67 所示。

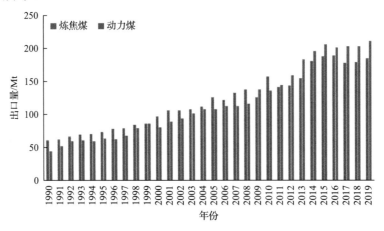

图 2-67　1990～2019 年澳大利亚炼焦煤、动力煤出口量

资料来源：澳大利亚工业科学能源和资源部。图中数据为澳大利亚各财年统计数据，如 1991 为 1990～1991 年度(即 1990 年 6 月至 1991 年 6 月)

(2) 21 世纪第一个十年科研重心从开采技术与装备扩大到环境保护等领域，原煤生产效率波动性下降。

21 世纪第一个十年，澳大利亚采矿业与世界采矿业一样，面临着两个主要挑战：一是各国环境保护意识不断高涨，采矿业需要付出更多的努力来减少对环境的影响。ACARP 的研究力量均衡分配，研究重点转向关注人、生产和环境的协调发展。二是国际市场需求增加，资本支出主要用于扩大规模和增加就业人员，该阶段国际市场资源、能源产品需求量增加、价格上涨，澳大利亚主要出口产品煤炭、铁矿石等价格上升；不断上涨的价格使资本配置重点放在人员和规模的扩张方面。煤炭开采业就业人员从 1.71 万人增加到 5.97 万人，增幅达 249.12%，生产规模和出口规模分别增长 50.47%和 54.36%，越来越多的资本用于应对市场需求的增长。2002～2012 年，澳大利亚原煤生产效率波动下降，人均原煤产量从 1.78 万 t/(人·a)降低到 0.84 万 t/(人·a)，降低幅度为 52.81%，年平均降低速度为 7.23%。1990～2019 年澳大利亚炼焦煤、动力煤出口收益也是逐年上升，如图 2-68 所示。

(3) 21 世纪第二个十年开始探索数字技术应用，原煤生产效率缓慢回升、采矿业进入变革时代。

受 2008 年全球金融危机的影响，21 世纪第二个十年，世界采矿业进入

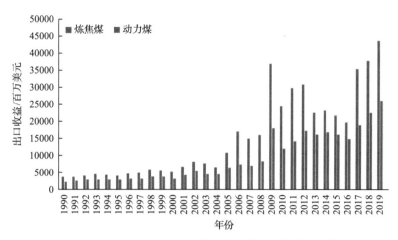

图 2-68　1990～2019 年澳大利亚炼焦煤、动力煤出口收益

资料来源：澳大利亚工业科学能源和资源部。图中数据为澳大利亚各财年统计数据，如 1991 为 1990－1991 年度(即 1990 年 6 月至 1991 年 6 月)

周期性调整期，国际市场矿产品价格大幅下跌，澳大利亚煤炭开采业进入数字化技术应用探索和降本增效阶段，人均原煤产量从 2012 年度的最低点 0.84 万 t/(人·a)缓慢回升到 2018～2019 年的 1.09 万 t/(人·a)，提升幅度为 29.76%。由于庞大的运营规模、高度的复杂性，以及因市场变化而产生的高额成本，使传统采矿业在新技术应用，特别是数字化方面显得速度缓慢。2017 年澳大利亚政府对接"工业 4.0"，传统的采矿业进入数字化变革时代，采用"工业 4.0"计划优先增长的领域是制造业、网络安全、食品和农业、医疗技术与药物、开采装备和技术与服务、石油天然气等能源资源六个行业，开采装备和技术与服务是六大优先增长领域之一。最新研究表明，新型数字化技术能够帮助传统采矿企业在生产供应链、设备管理、工业生产系统、新员工培训等环节实现提升，以优化管理、提升效率、节省成本等方式，推动整个行业的持续发展。

(三)澳大利亚煤炭研究计划(ACARP)的主要做法

ACARP 是澳大利亚煤炭开采业一项长期的科研协作计划，该计划在井工矿、露天矿、洗选、温室气体减排等方面的研究引领着煤炭行业的发展。为了应对煤炭行业面临的诸多挑战，ACARP 利用行业的技术能力、更广泛的科学研究和技术开发及解决方案，帮助煤炭生产商结合其专业知识和资源，进行技术和工艺创新，共同分享风险和成果应用回报，实现可持续发展的财务、环境和社会目标。具体做法包括：每年投入研究项目的资金约为 1800 美元；向澳大利亚硬煤生产商征收 5 美分/t 资助研究项目的承诺是长期的，目前仍在继续进行；技术强度和产业重点由 200 多位高级技术专家确定，这些人员组成了 5 个技术委员会和相应的任务工作组，负责项目选择和技术监督；1992 年以来，ACARP 已经向 1725 个项目提供了 3.45 亿美元的直接资助；2018 年，ACARP 持续资助的研究项目 242 个，资金总额 6965 万美元；12 月份新批准的项目 84 个，资助金额是 1680 万美元，加上研究人员和研究建议中确定的东道主矿山提供的实物支持，资金总额达 3044 万美元，此时杠杆率是 1.82 倍，即每 1.00 美元 ACARP 研究资金资助，将有 0.82 美元的实物支持(杠杆率因项目不同而异)。

二、矿区环境整治

美国对矿山生态环境相关内容均有单独约定，具有技术标准明确、可操作性强的特点。美国出台了《露天采矿管理与复垦法》《国家环境政策法》《环境责任法》等多部矿区环境治理相关的法律法规，实施严谨的全过程管理制度，从采前准备、过程管理到末端监测三个方面约束煤炭企业按照规定保护环境。美国的采前准备主要包括：要求提交采矿计划和环境影响报告书，得到相关部门审查和取得民众同意后，采矿公司才有权利获得美国内政部或州管理机构颁发的许可证；复垦保证金制度，一般是许可证申请得到批准但尚未正式颁发以前交纳，一般每公顷土地 1500~4000 美元。分三个阶段验收。经验收合格，可得到余下 15%的复垦保证金。过程管理主要包括：复垦基金制度，露天开采的煤矿，每吨交纳 35 美分，井工开采的煤矿每吨交纳 15 美分，褐煤则每吨交纳 10 美分，按季度上交；设置专门的环境监督检查员和专门的机构负责检查矿山企业遵循环境保护及执行环境恢复情况；公众参与监督和评价，包括政府、社会组织、民众和煤炭企业，构建多方制衡和支持的环保运行机制。末端监测主要是严格的验收标准，开采结束后经过验收还要观察 5~10 年，确认复垦达标后才返还保证金。

我国虽有《矿产资源法》《矿山生态环境保护与污染防治技术政策》《中华人民共和国土地复垦条例》《煤炭工业污染物排放标准》等法规标准，但多以条例或政策的形式约定，相关条文较为分散，约束性不够强，且其中的相关技术标准不够明确，操作性不强。

第三章

关闭煤矿生态文明发展战略研究

本章以人与自然、人与人、人与社会和谐共生为基本理念，分析关闭/废弃煤矿生态文明发展存在问题，重构经济、社会、自然和文化子系统，因地制宜地提出我国关闭煤矿生态文明发展指导思想、战略目标、主要任务及相关政策建议，为关闭煤矿所在地实现从资源依赖型增长方式向内涵生态型转变提供前瞻性科学基础和技术支撑。

第一节　关闭煤矿生态文明发展现状

一、关闭煤矿生态文明发展历程

煤炭资源在我国能源结构中占据着重要地位。长期以来，煤炭开发模式主要关注资源本身的经济价值，忽视了生态负荷和关联产业的发展，导致资源枯竭、经济发展迟缓、生态环境退化和社会矛盾凸显等问题出现，制约了区域经济社会高质量发展。我国从 20 世纪 50 年代开始探索矿区生态重建实践，经历了由生产功能到生产、生活、生态功能重建，由单一产业到多产业融合发展，由幼稚到成熟的过程。这一过程总体上可以概况为三个阶段：以恢复农业生产为主的土地复垦、以生态环境修复与工业遗产保护为重心的国家矿山公园建设、以生态文明发展为核心的探索。

（1）以恢复农业生产为主的土地复垦。

矿山土地复垦，又称土地复垦，是采矿权人按照矿产资源和土地管理等相关法律、法规的要求，对在矿山建设和生产过程中因挖损、塌陷等造成破坏的土地，采取整治措施，使其恢复到可供利用状态的活动。矿山土地复垦是对因采矿弃置的土地进行勘测规划、填平整治和开发利用的方法和过程。1988 年国务院颁布了《土地复垦规定》，明确了土地复垦的概念。自此又出台了一系列政策，旨在遏制矿业开采对土地日益严重的破坏并保护农业用地。这个阶段的复垦主要以恢复农业生产为主，重点是增加农业用地，特别是耕地面积。

淮北的土地复垦工作一直在全国处于领先地位。从 2006 年开始，淮北市积极整合耕地开垦费等市级财政专项资金，出台了《加强采煤塌陷土地高效开发利用的若干意见》，明确了目标任务、确定了基本原则，并在安徽省率先出台了《淮北市土地开发复垦整理暂行办法》《淮北市土地开发复垦整理项目招投标办法》等一系列政策规定。这些政策规定激发了土地复垦的积极性,探索出了不同类型塌陷区土地复垦的四种模式:深层塌陷区水产养殖复垦、浅层塌陷区造地种植复垦、深浅交错区鱼鸭混养及果蔬间作复垦、粉煤灰填充塌陷区覆土植树造林等。淮北在土地复垦实践中,将土地复垦从聚焦于耕地复垦,拓展到养殖、林业、渔业等多方面的再开发和利用。

(2)以生态环境修复与工业遗产保护为重心的国家矿山公园建设。

矿山公园是以矿业遗产保护为中心的旅游综合体。矿山公园是以展示人类矿业遗迹景观为主体,体现矿业发展历史内涵,具备研究价值和教育功能,是集游览观赏、科学考察与科学知识普及为一体的空间地域。

国家矿山公园依托矿山工业遗产,融合了矿山周边的自然景观与人文景观,在呈现方式上既具有一般公园的共性——自然环境优美、文化历史悠久,又能体现矿山公园独有的神韵。矿山公园建设依托于矿山开采形成的矿业遗迹、遗址、采矿工具、矿业制品和矿山开采揭露的地质遗迹等旅游资源。这些旅游资源具有独特的科学价值、历史价值、社会价值、美学价值,使其超越一般公园的共性,而具有地质遗迹、矿业遗迹和地质环境的保护、地质研究和矿业发展史研究、科学考察等的属性。

2004 年 11 月,国土资源部下发了《关于申报国家矿山公园的通知》(国土资发〔2004〕256 号)的重要文件,正式启动了国家矿山公园的申报与建设工作。2005 年第一批 28 处国家矿山公园获批;2010 年第二批 33 处国家矿山公园获批;2012 年第三批 11 处国家矿山公园获批;2017 年第四批 16 处国家矿山公园获批。截至目前,我国共有 88 处国家矿山公园获批。

国家矿山公园的发展不仅有利于矿山环境恢复治理,对工业遗产保护、资源枯竭型城市转型、区域经济社会可持续发展具有十分重要的现实意义。晋华宫国家矿山公园、嘉阳国家矿山公园、辽宁阜新海州国家矿山公园等已成为当地新的经济增长点。国家矿山公园的发展将生态环境修复治理与产业转型发展有机地结合在一起。

(3)以生态文明发展为核心的探索。

鉴于关闭煤矿是一个被极度扰动的社会-经济-自然复合生态系统,十分有必要从系统出发,探索社会、经济、生态效益的共同发展,将关闭煤矿生态治理与土地开发、产业发展、城乡建设有机结合,将关闭煤矿生态治理与土地复垦、村庄整治、新农村建设、旅游资源开发、景观重建等结合起来。

将此阶段可以概括为生态文明发展阶段,即在充分考量关闭煤矿的区位禀赋、资源禀赋、文化禀赋、生态禀赋的基础上，以空间功能重构与资源充分利用为重点，将生态修复与资源利用、产业发展、工业文化传承和社区居民幸福感提升有机结合在一起，实现对环境的修复改善、生态品质的提升和地质资源的有效配置，形成区域新的产业链和经济增长点。

二、关闭煤矿生态文明发展概述

近年来，我国高度重视废弃矿山生态文明发展，中央和地方政府密集出台了涉及矿山生态治理的相关政策制度，从国家层面和地方层面加强了制度供给。

1988 年，国务院颁布《土地复垦规定》，提出了土地复垦实行"谁破坏谁复垦"的原则；明确了各级人民政府土地管理部门为土地复垦的管理者和监督者。此项规定标志着我国废弃矿山土地复垦与生态修复工作进入了一个有组织、有领导的法治时代。

2006 年，国土资源部颁发《关于加强生产建设项目土地复垦管理工作的通知》（国土资发〔2006〕225 号），提出了"因地制宜，综合利用"的原则，合理确定复垦土地用途，宜农则农、宜建则建。此规定为生态修复与治理指明了方向。

2007 年，国土资源部出台《关于组织土地复垦方案编报和审查有关问题的通知》（国土资发〔2007〕81 号），对土地复垦方案的编制内容、审批要求等进一步进行明确，从而使土地复垦有了很好的抓手，促进了复垦义务人对土地复垦的重视。此处，《全国土地利用总体规划纲要（2006~2020 年）》《全国矿产资源规划（2008~2015 年）》《全国土地整治规划（2011~2015）》均对土地复垦提出了明确要求，确立了土地复垦的重点区域和复垦目标。2011 年修订的《土地复垦条例》，标志着土地复垦工作全新阶段的开始，随后出台了《土地复垦条例实施办法》，构建了我国土地复垦的基本制度框架。此后，加强了土地复垦技术标准和规范的编制，先后颁布《土地复垦方案编制规程》（TD/T 1031—2011）、《土地复垦质量控制标准》（TD/T 1036—2013）、《生产项目土地复垦验收规程》（TD/T 1044—2014）和《矿山土地信息基础信息调查规程》（TD/T 1049—2016）等技术规范，使土地复垦迈入了高速发展的新时期。

2015 年，国土资源部出台《历史遗留工矿废弃地复垦利用试点管理办法》(国土资规〔2015〕1号)(2021年3月废止),将历史遗留工矿废弃地复垦,与城市新增建设用地挂钩,调整建设用地布局,解决土地复垦资金不足和城市建设缺乏空间的矛盾。

2017年,国土资源部发布《国土资源部办公厅关于开展绿色矿业发展示范区建设的函》(国土资规〔2017〕1392号),提出了到2020年在全国创建50个以上具有区域特色的绿色矿业发展示范区的目标。

2017年5月,国土资源部等六部门联合发布《关于加快建设绿色矿山的实施意见》,提出了煤炭、石油、有色等7个行业绿色矿山建设要求,明确了形成绿色矿山新格局、探索矿业发展新方式、建立绿色矿业工作新机制等三大任务。2018年自然资源部成立并设立国土空间生态修复司,使矿区土地复垦与生态修复有了统一的管理机构,期待更完善的政策与法规的发布。

2018年6月,自然资源部发布《非金属行业绿色矿山建设规范》,绿色矿业的标准建设有了实质性进展。

2019年4月25日,自然资源部下发《自然资源部办公厅关于开展长江经济带废弃露天矿山生态修复工作的通知》,同时出台了《长江经济带废弃露天矿山生态修复工作方案》。

2019年10月,自然资源部发布《关于建立激励机制加快推进矿山生态修复的意见(征求意见稿)》,向社会公开征求意见,以解决我国矿山生态修复历史欠账多、现实矛盾多,以及"旧账"未还、"新账"又欠等突出问题,破解资金投入不足瓶颈制约,加快推进矿山生态修复。

(一)关闭煤矿生态文明发展现状分析

1. 关闭煤矿基本情况

随着我国经济社会快速发展和煤炭资源高强度开采,20世纪50年代建设的矿山绝大部分煤炭资源已枯竭,进入了生命周期的衰退期,面临着关闭和废弃。与此同时,2005年国务院发布《关于全面整顿和规范矿产资源开发秩序的通知》,提出要坚决关闭破坏环境、污染严重、不具备安全生产条件的矿山企业。在这一政策指引下,各省市落实政策性关闭矿山工作,对于污染严重、低产量的矿山强制关停。

2015年以来国家实施的煤炭去产能政策促进了能源供给侧结构性改革。据不完全统计,"十二五"期间淘汰落后煤矿7100处,淘汰落后产能5.5亿

t/a，其中关闭煤矿产能 3.2 亿 t/a。预计，到 2030 年数量将达到 1.5 万处。根据有关统计，1978 年全国煤矿有 8 万多处，2018 年仅有 5800 处，有 7 万多处煤矿在近 40 年内关闭。表 3-1 为 2016～2019 年重点省份关闭煤矿的数量和产能。

表 3-1　2016～2019 年重点省份关闭煤矿的数量和产能

省份	2019 年		2018 年		2017 年		2016 年	
	数量/个	产能/万 t	数量/个	产能/万 t	数量/个	产能/万 t	数量/个	产能/万 t
黑龙江	39		245	1483	4	292	13	398
山西	18	1895	36	2330	27	2265	25	2325
陕西	9	248	21	581	5	96	42	1824
新疆	12	400	22	1110	113	1160	21	274
山东	4	162	10	485	5	351	58	1625
甘肃	6	57	28	538	10	240	48	427
四川	34	377	36	209	4	276	148	2031
贵州	81	1266	70	1038	82	1248	102	1624
云南	67	430	146	1348	15	169	128	1896
安徽	1	165	2	690	4	705	6	909
内蒙古	12	400	22	1110	16	810	10	330
广西	2	78	13	147	23	246	13	236
河南	5	549	24	825	101	2014	100	2388
河北	28	1003	30	1401	13	941	56	1468
湖北			96	717			71	522
湖南	53	448	35	258	20	151.3	256	1610
江西	27	127	50	257	52	279	205	1279

由表 3-1 可知，2016 年重点省份关闭煤矿的数量和产量都是最多的，其次是 2018 年，然后是 2017 年，2019 年关闭煤矿的数量和产量最少。具体来看，2016 年湖南、江西、四川、云南、贵州、河南等省份关闭煤矿的数量都在 100 个或 100 个以上，其中湖南最多，为 256 个，但从煤炭产量方面看，河南、山西、四川的关闭煤矿的产量较高，均在 2000 万 t 以上，其中河南最多，为 2388 万 t。2017 年，新疆、河南关闭煤矿的数量较多，均在 100 个以上，而山西、河南、贵州和新疆关闭煤矿的产量较大，山西为

2265万t。2018年关闭煤矿数量在100个以上的省份是黑龙江、云南,而山西、黑龙江、河北、云南关闭煤矿的产量较多,山西达到了2330万t。2019年相较于之前年份,各省份关闭煤矿的数量都少于100个,贵州数量最多,为81个,山西、贵州、河北关闭煤矿的产量较多,但也低于以前的年份,没有超过2000万t。

2. 关闭煤矿生态文明发展现状

关闭煤矿蕴含煤、气、水、地热、土地、空间等多种资源。这些煤矿直接关闭,不仅导致资源的极大浪费和国有资产的巨大损失,还有可能诱发后续的矿山安全、环境和社会问题。国外发达国家废弃地利用时间早,并形成了多样化的开发利用模式。目前我国关闭煤矿资源利用开发刚刚起步,开展了多元利用方式的探索。

目前关闭煤矿可利用资源多样,资源利用的重点不同,形成了土地复垦、煤矸石利用、煤层气利用、共伴生资源利用及其他模式。

(1)土地复垦。

土地复垦是对在矿山建设和生产过程中因挖损、塌陷等造成破坏的土地采取整治措施,使其恢复到可供利用状态的活动。土地复垦是矿业废弃地生态修复和治理的重要手段。我国矿山废弃地土地复垦工作开展较早,20世纪70年代,率先在东部矿区沉陷区开展土地复垦,而后随着土地复垦相关法律法规的建立与完善,土地复垦率不断提高,复垦面积不断扩大。截至2020年底,我国煤矿土地复垦率达到57%,比2015年高出9个百分点。

(2)煤矸石利用。

煤矸石是煤炭生产和加工过程中产生的固体废弃物,其排放量相当于煤炭产量的10%左右,目前已累计堆存30多亿吨,占地约1.2万ha[①],是目前我国排放量最大的工业固体废弃物之一。我国煤炭系统现在每年还要排放出近1亿t煤矸石。从煤矸石资源综合利用的途径来看,主要集中在煤矸石发电、生产建筑材料、制取化工产品、采空区回填、筑路等方面。

(3)矿井水的利用。

矿井水来自地表水源、井下含水层,以及煤矿停产后长期停止排水而积存的老空水。矿井水可用于降尘、喷洒等井下复用,选煤用水、植被灌溉等

---

① 1ha=10000m^2。

地面生产生活用水,以及外供矿区周边电厂、煤化工企业等用水。截至 2020 年底,全国煤矿矿井水综合利用率达到 78.7%。

(4)煤层气利用。

煤层气是一种与煤伴生、共生的非常规天然气,也是一种较强的温室气体,其逸散后的温室效应是二氧化碳的 21 倍。关闭煤矿煤层气的利用,既可消除因瓦斯积聚造成的安全隐患,又可增加能源供应,减少温室气体排放。我国已在晋城、淮南、铁法、阜新等矿区开展了老采空区地面钻孔煤层气抽采工作,取得了良好的抽采效果,为关闭煤矿煤层气的开发利用积累了丰富的经验。

(5)共伴生资源利用及其他模式。

共伴生资源指含煤岩系中与煤共伴生的所有金属和非金属矿产以及煤中赋存的有工业价值的稀有分散元素、放射性元素和某些金属元素。含煤岩系中除主要矿产煤以外,还有高岭土(岩)、耐火黏土、铝土矿、膨润土、硅藻土、石墨、硫铁矿、油页岩、石膏、沉积石英岩、赤铁矿、菱铁矿、褐铁矿等多种矿产。这些共伴生资源具有重要的经济价值,晋能控股煤业集团塔山煤矿公司、内蒙古准格尔矿区开展煤系高岭土资源综合利用,国家能源集团在镓、锗、锂等高价金属元素提取技术研发方面也走在了前列,这些实践为关闭煤矿共伴生资源利用奠定了基础。

除了利用关闭煤矿现有资源进行开发外,利用关闭煤矿地上与地下空间,实施多产业、多功能融合成为近年来矿业废弃地土地利用开发的主流方向,形成了多业态的发展模式,如表 3-2 所示。

表 3-2　关闭煤矿综合利用模式

模式	种类	描述	案例
农林用地	农业、林业、渔业、牧业	土地复垦,供农业生产、水产养殖等	
建设用地	工业用地	工业生产	
	商业用地	建设住宅区、商业区和办公类园区等	
公共管理与公共服务设施用地	湿地公园	以湿地景观资源为基础,可供人们旅游观光、休闲娱乐的生态型主题公园	潘安湖湿地
	科普基地、体育训练基地	用于文化、教育、体育等方面用地	
商业服务业设施用地	酒店、餐馆、娱乐等	矿山公园,以展示矿产地质遗迹和矿业生产活动遗迹、遗址和史迹等矿业遗迹景观为主体的公园	嘉阳国家矿山公园、开滦国家矿山公园、上海深坑大酒店、佛顶宫
	工业遗迹	具有历史、技术、社会、建筑或科学价值的工业文化遗迹	

续表

模式	种类	描述	案例
关闭煤矿资源综合利用	煤炭	地下气化等	
	矿井水	受煤炭生产活动影响,水质具有显著煤炭行业特征的水	
	残余瓦斯	储存在煤层中以甲烷为主要成分的煤伴生矿产资源	
	热能	矿井内围岩散发出来的地球内部热量	
	遗留生产物资	地表及井下遗留较有价值的物资,如建筑、钢材、枕木等	

(二)关闭煤矿生态文明发展存在问题

由于我国煤矿企业和一些地区对关闭煤矿再利用意识不强,综合利用支撑条件不足,关闭煤矿生态文明发展尚存在诸多问题:

(1)关闭煤矿生态文明发展缺乏系统性、整体性。

生态文明发展涉及经济、社会、生态和文化等多方面,目前大都仅关注经济、社会、生态中的某一方面,缺乏对矿山的区位禀赋、资源禀赋、文化禀赋和生态禀赋充分考量,忽视从社会-经济-自然复合系统的视角,重构关闭煤矿整个系统。更多地追求生态文明发展中的经济效益,忽视了社会效益、生态效益和文化效益。

关闭煤矿生态文明发展实践中,往往就矿论矿,缺乏站在矿、城、乡一体化的高度,缺乏与关闭煤矿所在地经济和社会发展需求、所在地产业定位相结合。

(2)关闭煤矿生态文明发展方式单一。

在用地类型转换方面,关闭煤矿生态文明发展大都是将废弃地转换为农业、林业、渔业和牧业用地。在商业用地转化中,多是设立国家公园、矿山公园、湿地公园等。在产业转型方面,多围绕着煤层气、矿井水、固体废弃物(如煤矸石)等剩余资源再利用进行产业转型,或围绕旅游开发开展产业转型。关闭煤矿综合利用的产业化、资本化、功能化模式尚待完善。

(3)关闭煤矿缺乏统一的大数据平台。

目前主要对关闭煤矿数量和空间封闭等进行了统计,而在关闭煤矿资料管理方面缺乏足够的重视。资源保管质量往往因企业性质、关闭原因、关闭时间不同而存在差异。个体矿山、集体矿山、小型矿山和关闭时间较长的关闭煤矿资料丢失现象严重,而国有大型关闭煤矿资料相对完整。

除了现有关闭煤矿资料数据缺乏外，对关闭煤矿可利用的资源，如地下煤炭、非常规天然气、水、地热、地上与地下可利用空间等，缺乏系统性的调研，对关闭煤矿地质环境问题的类型、分布、规模和危害程度缺乏深入了解，难以支撑关闭煤矿生态文明发展的需要。

(4)关闭煤矿生态文明发展缺乏统筹规划。

我国关闭煤矿生态文明发展尚处于起步阶段，尽管国外在此方面进行了一定探索，但因关闭煤矿成因不同、资源不同、采煤方法不同，难以完全照搬国外发展模式。国家层面尚未对关闭煤矿生态文明发展进行总体部署、统筹规划。目前关闭煤矿生态文明发展还受到政策、生态环境、技术等多方面约束。

(5)关闭煤矿生态文明发展投融资渠道单一。

现阶段关闭煤矿生态文明发展的主体为政府，资本市场尚未打通，投融资渠道单一，资金不足。国外发达国家大都设立专项基金，支持矿山关闭后资源再利用、生态环境治理和职工安置等。我国尚未出台有关关闭煤矿的政策法规，对于剩余资源和新发展的资源是否可以利用、是否可以交易等方面尚无明确规定，增加了投资风险。

(6)关闭煤矿生态文明发展的关键技术、评价标准亟待突破。

废弃矿井地下空间资源利用一直是世界性难题，我国在该方面的研究起步较晚。地下空间的开发利用涉及地下空间风险评价技术、快速检测和维护技术以及稳定性动态监测预测、安全性风险评估等关键技术；涉及植被、水资源、土壤等恢复与治理的关键技术；涉及关闭煤矿资源化、产业化、功能化的关键技术。这些关键技术相关基础理论薄弱，亟待加强能源经济学、工程管理、地质学等多学科交叉融合研究。

关闭煤矿地质环境评价标准、资源开发潜力评价标准、经济技术可行性评价标准亟待突破，指导关闭煤矿生态文明发展实践。关闭煤矿生态文明发展的工作流程、技术路线、技术方法尚无明确的要求。关闭煤矿资源综合调查国家标准、行业标准、技术指南尚未出台。

(三)煤炭资源型城市产业结构现状

2013 年 11 月，国务院印发《全国资源型城市可持续发展规划(2013—2020 年)》，首次确定了 262 个资源型城市，其中成长型城市 31 个(煤炭资源型城市 16 个)、成熟型城市 141 个(煤炭资源型城市 41 个)、衰退型城市 67 个(煤炭资源型城市 24 个)以及再生型城市 23 个(煤炭资源型城市 3 个)。此外,在全国 69 个资源枯竭型城市中,煤炭资源枯竭型城市占了 35 个。由于煤炭资源型城市主要集中在地级行政区,因此,表 3-3 列出了我国地级行政区煤炭资源型城市的区域和类型分布情况。

表 3-3 地级行政区煤炭资源型城市的区域及类型分布

区域	类型	城市
东部	再生型	徐州
	成熟型	张家口、邢台、邯郸、济宁
	衰退型	枣庄
中部	成长型	朔州
	成熟型	大同、阳泉、长治、晋城、忻州、晋中、临汾、运城、吕梁、宿州、亳州、淮南、三门峡、鹤壁、平顶山、娄底
	衰退型	萍乡、淮北、焦作
东北部	成熟型	鸡西
	衰退型	辽源、鹤岗、双鸭山、七台河、阜新、抚顺
	再生型	通化
西部	成长型	鄂尔多斯、昭通、榆林、黔南布依族苗族自治州、六盘水、毕节
	成熟型	渭南、平凉、安顺、广元、达州
	衰退型	乌海、铜川、石嘴山

由表 3-3 可知,从区域分布情况看,东部煤炭资源型城市有 6 个,所占比重为 12.5%,中部有 20 个城市,所占比重为 41.7%,东北部有 8 个城市,所占比重为 16.7%,西部有 14 个城市,所占比重为 29.2%(因计算结果四舍五入,存在误差)。可见,中部的煤炭资源型城市数量最多。从城市类型来看,成长型城市有 7 个,主要集中在西部;成熟型城市有 26 个,主要集中在中部;衰退型城市有 13 个,主要集中在东北部;再生型城市有 2 个,分别为江苏的徐州市和吉林的通化市。东部和东北部主要是成熟型、衰退型和再生型,没有成长型,而中部、西部主要是成长型、成熟型和衰退型,没有再生型,可见,四大区域煤炭资源型城市所呈现的生命周期具有差异性,因此,今后城市产业转型过程中应重视这种差异性,制定相应的产业政策时应区别对待,而不能"一刀切"。

表 3-4～表 3-7 为四种类型煤炭资源型城市的产业结构。由表 3-4 可知,

成长型煤炭资源型城市第一产业平均比重为 8.7%，第二产业平均比重为 51%，第三产业平均比重为 40.3%，表明成长型煤炭资源型城市的产业结构为"二三一"型，第二产业为主要产业，所占比重超过了 50%。具体来看，榆林、鄂尔多斯、六盘水、昭通 4 个城市的产业结构为"二三一"型，榆林的第二产业比重最高，为 62.8%，而昭通虽然第二产业比重最高，但第一产业的比重接近了 20%。朔州、毕节的产业结构类型为"三二一"型，朔州第三产业比重达到了 56.3%，毕节第三产业比重虽然超过了第二产业，但第一产业所占比重超过了 20%，表明毕节的第一产业在国民经济中仍发挥着重要作用。

表 3-4　成长型煤炭资源型城市的产业结构　　　　（单位：%）

城市	第一产业	第二产业	第三产业
榆林	6.0	62.8	31.2
鄂尔多斯	3.1	52.3	44.6
六盘水	9.7	48.6	41.7
昭通	18.3	44.7	37.0
朔州	5.4	38.3	56.3
毕节	21.6	36.3	42.1

表 3-5　成熟型煤炭资源型城市的产业结构　　　　（单位：%）

城市	第一产业	第二产业	第三产业	城市	第一产业	第二产业	第三产业
鹤壁	7	63.3	29.7	广元	14.7	44.7	40.6
吕梁	4.2	61.4	34.4	渭南	16.8	42	41.2
三门峡	7.8	55.1	37.1	邢台	12.3	40.8	46.9
长治	3.9	54.2	41.9	亳州	16.5	38.9	44.6
晋城	3.6	53.1	43.3	宿州	15.4	36.9	47.7
忻州	7.1	48.2	44.7	运城	15	36.8	48.2
平顶山	7.6	47.7	44.7	大同	5.1	36.5	58.4
晋中	7.9	47.5	44.6	达州	19.3	35.7	45
阳泉	1.5	47	51.5	张家口	14.8	33.7	51.5
淮南	10.8	46.6	42.6	安顺	17.6	32.1	50.3
临汾	6.5	45.9	47.6	平凉	22.2	26.3	51.5
济宁	10	45.3	44.7	鸡西	35.4	24.1	40.5
娄底	9.9	45.3	44.8	平均	11.6	43.6	44.8
邯郸	9.1	45.1	45.8				

表 3-6 衰退型煤炭资源型城市的产业结构 （单位：%）

城市	第一产业	第二产业	第三产业	城市	第一产业	第二产业	第三产业
乌海	1	61.9	37.1	萍乡	5.7	46.6	47.7
石嘴山	5.2	60.5	34.3	铜川	7.5	43.2	49.3
焦作	5.7	56.6	37.7	七台河	12.3	39.9	47.8
抚顺	5.3	54.8	39.9	鹤岗	30.1	32.5	37.4
淮北	6.6	54.8	38.6	阜新	21.4	27.6	51.1
枣庄	6.5	50.8	42.7	双鸭山	38.4	20.5	41.1
辽源	5.8	48.7	45.5				

表 3-7 再生型煤炭资源型城市产业结构 （单位：%）

城市	第一产业	第二产业	第三产业
徐州	9.4	41.6	49.0
通化	8.5	38.7	52.7

由表 3-5 可知，成熟型煤炭资源型城市的产业结构类型总体为"三二一"型，三次产业比重平均为 10.7∶44.5∶44.8，但第三产业比重超过第二产业只有 0.3 个百分点。具体来看，有 13 个城市的产业结构类型为"二三一"型，鹤壁、吕梁的第二产业比重超过了 60%，三门峡、长治、晋城的第二产业比重超过了 50%，第一产业所占比重大部分城市低于 10%。有 12 个城市的产业结构类型为"三二一"型，大同、张家口、安顺、平凉的第三产业比重超过了 50%，但这些城市的第一产业所占比重也较高，绝大部分城市超过了 10%，达州和平凉甚至接近或超过 20%。鸡西产业结构为"三一二"型，第一产业比重达到了 35.4%，超过了第二产业所占比重。

由表 3-6 可知，衰退型煤炭资源型城市的产业结构总体上呈现"二三一"型，第二产业比重平均为 50%，第三产业平均比重为 41.4%，第一产业平均比重为 8.6%。从具体城市看，有 7 个城市的产业结构属于"二三一"型，其中乌海、石嘴山、焦作、抚顺、淮北、枣庄的第二产业比重均超过了 50%，也就是说，第二产业是这些城市的主导产业。有 5 个城市的产业结构属于"三二一"型，但第一产业所占比重偏高，其中阜新第三产业比重超过了 50%，但第一产业比重却达到了 21.4%，鹤岗第一产业比重达到了 30.1%。双鸭山市的产业结构属于"三一二"型，第一产业比重达到了 38.4%，超过了第二产业比重。

由表 3-7 可知，再生型煤炭资源型城市产业结构为"三二一"型，三次产业平均比重为 8.95∶40.15∶50.85，第三产业比重已超过了第二产业比重，且第三产业比重已接近或超过 50%。具体来看，徐州和通化两个城市的产业结构类型比较接近，都属于"三二一"型。

总之，成长型和衰退型煤炭资源型城市的产业结构属于"二三一"型，第二产业为主导产业，今后产业结构调整应逐步加大第三产业比重，向更加合理和高极化方向发展。成熟型和再生型城市的产业结构属于"三二一"型，第三产业为主导产业，但与国内其他城市或者世界先进水平相比，第三产业所占比重仍然偏低，还有很大的发展空间。

(四)关闭煤矿分流劳动力再就业现状分析

1. 煤炭行业分流劳动力再就业任务繁重

受煤炭产业"去产能"主旋律的影响，煤炭行业的从业人数自 2013 年以来呈现逐年递减的发展趋势。根据 2013～2019 年《中国劳动统计年鉴》提供的各省份煤炭开采与洗选行业就业规模数据，可以看出，整体就业规模从 439.9 万人下降到 273.9 万人，如表 3-8 所示。

表 3-8 煤炭行业劳动力就业规模(年末人数)　　　(单位：人)

地区	2018 年末	2017 年末	2016 年末	2015 年末	2014 年末	2013 年末	2012 年末
全国	2738745	3042688	3307085	3748841	4146105	4471409	4399311
北京	2621	4483	6194	8950	12428	15919	16280
天津	145	1055	1244	19252	18458	17522	17651
河北	119610	140878	155932	170171	188749	195410	190450
山西	872741	882829	898217	939256	970656	1015356	892955
内蒙古	112244	121798	142263	156010	180257	191091	172993
辽宁	94045	110747	121308	154159	172611	187435	168697
吉林	39492	60738	62836	69019	69298	78456	91244
黑龙江	130722	133781	151978	189770	230932	253946	281755
上海							
江苏	48305	52265	56268	71334	81676	91504	75832
浙江					5		2660
安徽	158438	171917	196747	236254	277991	294674	327849
福建	5155	9697	11044	14302	15373	17149	31415
江西	15671	25615	33344	46522	49879	56521	70582

续表

地区	2018 年末	2017 年末	2016 年末	2015 年末	2014 年末	2013 年末	2012 年末
山东	257110	358081	401868	457484	511964	539214	553372
河南	280541	315047	345583	390429	429178	478438	486405
湖北	553	2722	5235	8241	11773	15650	15172
湖南	30404	39434	45509	59491	76981	102980	105948
广东							155
广西	12410	14272	10607	10801	12663	14323	17068
海南							
重庆	34772	33687	47291	64326	81784	93117	90482
四川	50038	56328	68148	76309	110524	124543	133049
贵州	103893	114914	121388	138260	154406	167657	167542
云南	68395	73745	88791	100966	101605	151288	150406
西藏						22	22
陕西	150274	164829	164376	173889	178511	177382	136735
甘肃	55243	58843	69657	73981	77716	56673	73723
青海	4637	4363	6563	8381	9577	10602	10012
宁夏	53942	49677	52168	58503	62703	65292	65005
新疆	37344	40943	42526	52781	58407	59245	53852

数据来源：2013～2019 年《中国劳动力统计年鉴》。

从 2013 年末各省份的煤炭从业人员数据来看，2018 年末，就业减少最多的地区是山东，减少了 28.2 万人；其次是河南和山西，这两个省份的煤炭就业人数分别减少了 19.8 万人及 14.3 万人。而甘肃、广西，仅减少了 0.14 万和 0.19 万人。还有一些省份如上海、浙江、湖北、广东和海南已经退出了煤炭的开采，从业人数为零，如图 3-1 所示。

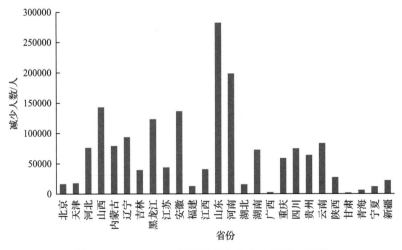

图 3-1　2012～2018 年煤炭行业从业人数减少规模

中国各省份煤炭行业从业人数不断减少，一些原因是近些年来煤炭行业产业升级，产业集中度及现代化水平不断提升，劳动需求降低；另一些原因是劳动力素质提高，影响了煤矿用工需求量。目前新建煤矿招收的员工都是大中专毕业生，他们素质更高，煤矿用工数量在减少。另外，化解过剩产能，分流了大量的劳动力。最近几年，煤炭行业持续推进供给侧结构性改革，化解过剩产能，关闭退出煤矿。按照最初测算，煤炭行业淘汰落后产能需要安置职工 138 万人。以陕西为例，2016～2020 年，全省化解过剩产能共涉及企业职工 8.04 万人，其中，煤炭企业职工 6.79 万人。2016 年需要安置 41892 人，其中煤炭企业职工 31278 人。煤炭行业分流劳动力规模大，再就业困难。

2. 分流劳动力再就业取得了显著成效

2017 年人力资源社会保障部、国家发展改革委等五部门联合发布《关于做好 2017 年化解钢铁煤炭行业过剩产能中职工安置工作的通知》，通知指出，要明确分流职工安置目标与任务；摸清分流职工情况，企业与职工间工资、社保、经济补偿等债权债务情况，强化再就业的指导服务工作。各省市也积极出台了相关政策建议，如 2016 年山西省发布了《关于做好化解煤炭钢铁行业过剩产能职工安置工作的实施意见》（晋政办发〔2016〕111 号），黑龙江省制定了《黑龙江省关闭煤矿从业人员就业安置工作方案》，吉林省制定了《人社部门助力钢铁煤炭行业去产能职工安置工作安排》。这些政策都是围绕着多渠道安置分流职工、保障职工权益及强化组织实施等举措，稳步推进关闭煤矿分流劳动力再就业。

(1) 多渠道安置分流劳动力。

企业内部转岗与社会再就业相结合，通过内部转岗、拓宽的新就业岗位、人力资源外包、内部退养、助力其他行业就业、退休、创业等多种渠道，积极推进关闭煤矿分流劳动力再就业，如图 3-2 所示。

企业内部分流。支持企业多元化发展，多渠道安置分流劳动力；支持企业利用现有的场地、设施和技术等资源，发展新产品、新业态、新产业，在企业创新发展中拓展就业与创业空间；支持企业成立人力资源外包公司，利用企业外部的资源，向其他企业有组织输出富余劳动力，有效地解决再就业问题。鼓励企业对分流劳动力开展职业培训，并给予一定职业培训补贴。如河南省按照《河南省财政厅 河南省人力资源和社会保障厅关于进一步加强

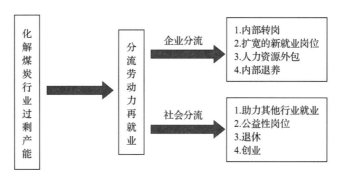

图 3-2　关闭煤矿分流劳动力转岗渠道

就业专项资金管理有关问题的通知》，职业培训补贴按不低于当地最低工资的 50% 执行，即 A 类专业每人补贴 400 元、B 类专业每人补贴 350 元、C 类专业每人补贴 300 元。

社会就业创业。实施再就业帮扶行动，为关闭煤矿分流劳动力提供就业指导、心理和政策咨询服务等；构建跨区域就业信息平台，组织地区间就业信息对接和劳务输出，举办专场招聘活动，促进分流劳动力再就业；对有培训意愿的分流劳动力，加强职业知识与技能培训，增强分流劳动力再就业能力及职业转换能力；对于有创业意愿的分流劳动力，针对性提供创业培训与服务。对从事个体经营或注册企业的，按规定给予税费减免、创业担保贷款、场地安排等政策扶持。

内部退养。对于临近退休年龄、再就业有困难的劳动力，经企业与分流劳动力协商后，可以实现内部退养；企业为分流劳动力发放生活费，缴纳基本养老和医疗等保险费，分流劳动力承担个人应缴纳部分。

公益性岗位。对通过市场渠道难以就业的大龄困难人员和零就业家庭劳动力，要加大公益性岗位托底安置帮扶，尽可能多开发出公益性岗位，妥善安置化解过剩产能过程中的就业困难分流劳动力，确保零就业家庭动态清零。

(2)保障职工权益。

这些政策着重强调要健全完善监督机制，改善劳动关系。职工安置方案必须明确安置渠道、经济补偿金计算办法、社会保险关系接续办法、资金保障等内容。同时要加强社保衔接。做好分流人员重新就业或灵活就业后的参保缴费、社保关系转移接续等工作。妥善解决工伤人员待遇问题，对曾经接触职业病危害作业、分流时没有发现罹患职业病、在与企业解除劳动关系后未再从事接触职业病危害作业，之后被诊断为职业病的，可按照工伤保险条例执行。通过这些政策的制定，切实保护分流劳动力权益。

国家及各省制定和实施的一系列分流劳动力安置政策取得了显著成效。就业优先的分流劳动力安置政策及把职工安置作为关闭煤矿去产能发展的关键环节等举措，在促进劳动力合理流动、稳定就业等方面，发挥了重要的"定位"作用；国家有关部门和地方为分流劳动力安排奖补资金，为分流劳动力再就业提供有力支持；这些政策强化了企业主体责任，同时又强调了地方政府对关闭煤矿分流劳动力再就业指导和服务，为关闭煤矿提供分流劳动力再就业指导手册、工作流程及实施范本。企业主体与地方组织相结合的分流劳动力再就业的组织架构为解决产业转型升级中的职工就业安置问题奠定了重要基础。公共就业服务体系、社会保障制度在安置职工中发挥了重要支撑作用。

3. 分流劳动力再就业难度大

(1)分流劳动力人力资本水平低下，结构性就业矛盾突出。

一直以来，煤炭行业被视为特殊的高危行业。由于矿难事故频发、工作环境艰苦、地理区位偏僻，高水平技术人才不愿意从事此方面的工作，煤炭行业专业技术人才严重缺乏。因此，煤炭行业诸多生产环节的岗位由初级劳动力担任，整体人力资本水平低下。

关闭煤矿分流劳动力突出问题主要表现为：员工总量大，人员冗余；人员素质差，高学历和技术人员比例偏低；人员结构不合理，后勤辅助人员占比过高；人员年龄结构不合理，退休和接近退休人员多。以退出的国有老矿区人力资源情况为例，在人员学历构成中，高中以下人员占比超过一半，人员学历结构如图 3-3 所示；工种结构中，后勤辅助人员占比接近一半，工种结构如图 3-4 所示；年龄构成中，退休和接近退休人员占比为 15%，年龄结构如图 3-5 所示。

产能低于 30 万 t 的落后、不安全的小煤矿是煤炭行业去产能的重点。这些煤矿大都是民营煤矿，分流劳动力的人力资本整体低于国营煤矿，年龄通常在 40～60 岁，文化程度多为中学及以下水平，且长期从事单一工作岗位，技能单一，学习能力差，很难适应转岗对劳动力的需求，结构性就业矛盾突出。

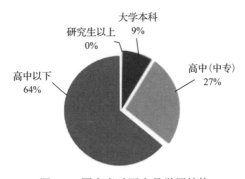

图 3-3 国有老矿区人员学历结构

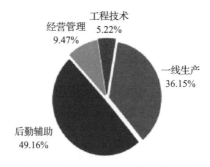

图 3-4 国有老矿区人员工种结构

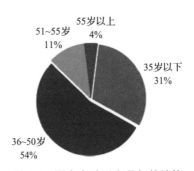

图 3-5 国有老矿区人员年龄结构

(2)城市间经济增速存在差异,供求总量性就业矛盾突出。

除了受煤炭行业化解产能过剩的影响外,近些年来中国整体经济下行也是引发分流劳动力再就业困难的重要因素。2012～2018 年国内生产总值增长率放缓,平均增长率分别为 7.9%、7.8%、7.4%、7.1%、7.1%和 6.9%。数据显示,2017～2018 年地级市煤炭资源型城市的地区生产总值平均增长率为 6.5%,远低于全国城市的平均水平。其主要原因是黑龙江、吉林、辽宁、山东、江苏、甘肃等地级煤炭资源型城市及山西大部分城市的地区生产总值低于全国平均水平,经济处于低位运行的发展状态。由于劳动力需求为引致需求,经济下行压力必然引发对劳动力需求减少,无形中加大了关闭煤矿分流劳动力再就业的压力。整体而言，去产能分流劳动力大于关闭煤矿所在地对劳动力的需求，劳动力供需总量矛盾十分突出(图3-6)。

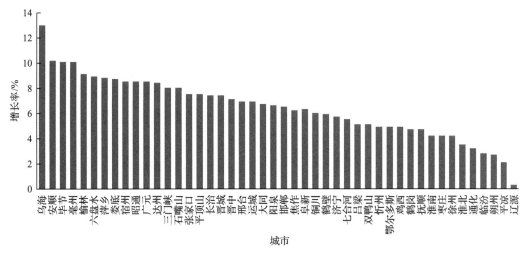

图3-6 2017～2018年各地级市煤炭资源型城市地区生产总值增长率

(3)获取就业信息渠道单一，摩擦性就业矛盾突出。

对于劳动者而言，获取就业信息的渠道主要有各种就业招聘网站、各级各类双向选择、供需见面会、各级政府主管部门和就业指导机构、社会上的就业指导服务机构、社会关系、新闻媒体等。然而受关闭煤矿分流劳动力自身知识和行为习惯所限，缺乏利用就业网站、新闻媒体、手机平台等途径获取信息的意识，很少接触网络传媒等现代化通信手段主动获取就业信息，而是更愿意通过熟人或亲友获取信息。因而，关闭煤矿分流劳动力获取信息的就业渠道十分有限，增加了劳动力搜寻就业岗位的时间和成本。

除了就业信息不完全是关闭煤矿分流劳动力摩擦性失业的重要因素外，市场组织的不健全也是影响分流劳动力再就业困难的重要原因。尽管目前各大就业招聘网站上都有煤矿工人的招聘信息，然而招聘信息的质量与数量多不符合分流劳动力的需求。

(4)培训缺乏针对性，无法满足劳动力提升专业技能的需要。

《中华人民共和国就业促进法》规定，地方各级人民政府鼓励和支持开展就业培训，帮助失业人员提高职业技能，增强其就业能力和创业能力。失业人员参加就业培训的，按照有关规定享受政府培训补贴。但实际实施中，受到培训经费、技术、市场信息与管理等方面的影响，培训的课程、内容与方式单一，无法满足分流劳动力提升专业技能的需求。培训机构对分流劳动力培训是以政府为导向的，非以市场需求、产业发展方向、用人单位岗位需要为导向，职业院校、职业技能培训机构与用人单位联系不紧密，培训内容与岗位技能实际需求不切合，其后果是失业人员对培训内容不感兴趣，强制性参训后在劳动力市场上并没有竞争力，培训仅是流于形式。

(5)关闭煤矿所在地经济危困，分流劳动力再就业问题突出。

煤炭产能过剩企业集中地区，特别是资源枯竭城市、独立工矿区，就业问题更加突出。在产能过剩行业高度依存型地区，煤炭产能过剩行业的产出在本地经济中占比很大，许多其他产业也往往是钢铁、煤炭产业链上的延伸产业。钢铁、煤炭等行业近年来持续低迷，严重制约了这些地区的经济发展。区域内去产能重点企业长期亏损，资产负债率畸高，流动资金十分紧张，普遍存在拖欠职工工资、欠缴社保费、无法正常支付经济补偿金等问题，造成职工无法正常享受医疗、养老等社保待遇，甚至造成职工无法正常办理退休等问题。由于区域内主要企业效益差，利税大幅减少，财政收入下降，地方财政难以安排足够资金用于支持企业转型、组织开展技能培训等工作。

第二节　关闭煤矿生态文明发展系统重构

一、关闭煤矿经济子系统重构

随着我国能源供给侧结构性改革以及煤炭去产能政策的实施，我国关闭煤矿的数量在逐年增加，煤矿关闭后相关的资源如土地、厂房、人员等生产要素如何充分利用成为迫切需要解决的问题。而关闭煤矿大都集中在煤炭资源型城市，煤矿关闭后有关的经济问题，如地面土地如何利用、地下空间如何利用、发展何种产业等与煤炭资源型城市的发展是紧密联系在一起的，应该纳入城市经济、产业发展的统一规划，而不适合脱离城市单独讨论关闭煤矿的产业如何发展的问题。因此，关于关闭煤矿经济系统方面的内容就从煤炭资源型城市产业转型的角度去分析，这样会更加全面和系统。

目前，我国有 262 个资源型城市，其中煤炭资源型城市占比为 32%，在 69 个资源枯竭型城市中，煤炭资源枯竭型城市占了 35 个。资源型城市矿产资源开发的增加值约占全部工业增加值的 25%，比全国平均水平高一倍左右；而资源型城市的第三产业比重比全国平均水平低 12 个百分点。煤炭资源型城市的产业结构相对比较单一，煤炭资源挖掘及加工产业是城市经济发展的命脉，居于主导地位，产业结构比例失调，煤炭挖掘及加工产业比重高，导致煤炭资源型城市经济发展风险抵抗能力弱，产业附加值低。这样"一煤独大"的产业格局致使其他产业难以发展，一旦资源接近枯竭，缺乏接续替代产业，煤炭资源型城市就会出现"矿竭城衰"的现象，导致经济发展停滞。2017 年北京大学发布的《中国资源型城市转型指数报告》显示，全国地级资源型城市转型预警指数均值为 0.441，其中，前四位均为煤炭资源型城市，可见，煤炭资源型城市产业转型升级的严峻性和迫切性。

国家出台了一系列政策推动资源型城市产业转型。2001 年，国家针对资源衰退型城市开启经济转型试点工作。2007 年，国务院出台《关于促进资源型城市可持续发展的若干意见》，提出健全资源开发补偿机制和衰退产业援助机制，明确了使资源型城市实现可持续发展的工作目标。2008 年，国务院机构改革，成立东北振兴司。2009 年，国务院确定了第二批 32 个资源枯竭型城市，并给予财政资金支持，发改委发布《关于编制资源枯竭城市转型规划的指导意见》，要求界定资源枯竭型城市并编制转型规划。2013 年8 月，发改委分三批界定了全国 69 个资源枯竭城市。2013 年 11 月，国务院发布了首个《全国资源型城市可持续发展规划(2013—2020 年)》。2016 年 9月，发改委联合多部门制定印发了《关于支持老工业城市和资源型城市转型升级的实施意见》，提出健全内生动力机制，建立平台支撑体系，构建支撑产业转型升级的现代产业集群，重塑老工业基地和资源型城市的竞争力。2017 年，发改委联合多部门发布《关于加强分类引导培育资源型城市转型发展新动能的指导意见》，出台了资源型城市产业转型示范区建设政策。2018年 1 月，在云南省自贡市，举行了全国首届老工业城市和资源型城市产业转型升级示范区建设政策培训会。连续密集出台的一系列政策，体现了国家对资源型城市转型的高度重视。在相关政策中，转型举措始终都关注如何推动资源型城市产业转型升级。由此可见，产业转型是资源型城市转型及可持续发展的根本途径，这在学术界与实践层面已经达成了共识。

(一)煤炭资源型城市产业绿色转型的理论基础

煤炭资源型城市是一种很典型的资源型城市，是指由于煤炭开发利用而形成和发展的城市，又或者是城市发展期间因煤炭资源的开发而再次繁荣的城市。煤炭的开发与利用是煤炭资源型城市的支柱产业，通过煤炭的加工生产将社会劳动力集中到一起，形成一定规模的、一定数量的、煤炭资源被消耗的、一种赖以生存的特殊城市。

煤炭资源型城市因煤炭资源可采量的制约，产业结构必定需要调整，而成熟期是煤炭资源型城市进行产业结构调整、推动转型发展的最佳时间。对于中国一部分煤炭资源型城市而言，因历史原因，很多城市错失了最佳的转型时机，需要借助外部力量的介入加快产业转型。因此，煤炭资源型城市产业转型过程中应该以可持续发展理论、系统理论、产业结构理论、城市生命周期理论、创新理论为指导，把城市作为一个系统，考虑到城市发展所处的不同周期，以技术创新为依托，进行产业的绿色转型、升级和优化，进而做到经济、自然、环境和社会的协调和可持续发展。

1. 产业结构理论

产业结构是国民经济发展中各产业之间的构成比例以及产业之间相互依存、相互制约的有机联系，产业结构理论随着国民经济发展水平的提高和产业的发展而随之发展，比较经典的理论包括配第-克拉克定律、库兹涅茨假说、霍夫曼定律与"钱纳里国际标准分类法(ISCED)"等。

产业结构理论对于后发地区，尤其是后发地区中的领袖国家在产业转型、突破"中等收入陷阱"中具有一定的指导意义。对于煤炭资源型城市而言，在培育接续替代产业时需要结合其城市经济发展水平、资源禀赋、城市规模、外资、技术以及国家产业政策诸多因素来建立相对合理的工业结构体系，以保证在资源枯竭期来临之前建立起新的主导产业，支持城市经济的可持续发展。

产业结构的演进是市场机制和政府干预综合作用的结果，市场通过供需、价格和竞争机制来引导产业发展，政府运用经济杠杆和产业政策来调控产业发展，引导产业向既定目标演化。资源型城市发展的突出矛盾是产业结构单一、技术创新不足、管理水平落后。而产业结构演进理论揭示了产业演进的一般规律与基本动力，为研究资源型城市产业转型的动力机制提供了理论基础，也为其产业发展规划的制定提供依据。

2. 可持续发展理论

可持续发展理论的主要思想包括：

(1)可持续发展突出强调的是经济发展，把消除贫困当作是实施可持续发展的一项不可缺少的条件；

(2)可持续发展强调经济发展与环境保护密不可分，并把环境保护作为衡量发展质量、发展水平、发展程度的客观标准之一；

(3)可持续发展强调代际的机会均等，不但强调本代人的公平，更注重代际的公平，给后代提供更好的、至少是不差于我们当代的发展机会；

(4)可持续发展呼吁建立可持续的人类行为方式，就是要求人们改变传统的生产方式和消费方式；

(5)可持续发展要求人们必须彻底改变对自然界的传统态度。

产业可持续发展要求各产业均衡发展，主要是需平衡工业与农业的均衡发展，解决能源工业与其他产业的均衡发展问题，要正确处理好第一、二、三产业均衡发展的关系。此外还要实现产业布局与人口分布、产业发展与基础设施之间的均衡，在充分考虑地区人口和产业的容纳能力基础上，实现产业布局与人口分布之间的均衡，保持生产性资本与社会性资本投资间的动态均衡。

产业可持续发展应建立在经济学意义上的可持续，即运用经济手段和有效制度规则引导技术进步，增强资源的再生能力，限制或合理利用非再生资源，并使再生资源替代非再生资源成为可能；产业发展还要考虑到生态环境的承载能力，大力发展清洁生产，逐步淘汰高能耗、高污染的产业，或者对之进行彻底的技术改造。在可持续性的观念下，资源集约型、环境产业和知识密集型产业等将逐渐根据可持续经济发展的要求加速成长并成为主导产业。

3. 矿业城市生命周期理论

生命周期在定义上可以分为广义与狭义，其中狭义上是一个生命科学术语，即一个生物体从出生、成长、成熟、衰退到死亡的过程。

煤炭资源的非可再生性决定了煤炭资源型城市发展过程必然要经历兴起、发展、成熟、衰退的周期性发展规律；以煤炭资源开发为主导的城市经济必然出现这种周期性变化的响应。矿业城市生命周期理论能指导煤炭资源型城市产业结构调整，一部分处于成长期和成熟期的煤炭资源型城市需要早期预警，提前做好产业转型的准备。

4. 创新理论

创新理论是由熊彼特提出的。他认为，创新是指把一种新的生产要素和生产条件的"新结合"引入生产体系，包括引入一种新产品，采用一种新的生产方法，开辟新市场，获得原料或半成品的新供给来源，建立新的企业组织形式。根据创新理论体系，创新是产业转型的本质，技术创新和制度创新有利于提升煤炭资源型城市的竞争力，促进产业结构的调整和优化升级，对于其转型发展具有重要的指导意义。

(二)煤炭资源型城市产业结构与要素禀赋结构耦合协调关系分析

按照新结构经济学理论，要想使一地的产业结构得到不断地提升与快速的发展，需要它当前的产业结构与现有的资源禀赋相一致，才能使资本收益最大化，这样当地居民的储蓄倾向才能扩大，资源禀赋结构才能得到较快的升级，从而为产业结构升级创造合适的环境。如果产业升级转型的速度与要素禀赋结构提升的速度不匹配，则经济体潜在比较优势就无法转化为现实的比较优势。这里的不匹配既指产业转型升级相对于要素禀赋结构提升的停滞，也指产业转型升级过于超前，以致缺乏要素禀赋结构的坚实支撑。为了更好地促进煤炭资源型城市产业的绿色转型、升级，首先需要科学判断煤炭资源型城市现存产业结构与要素禀赋结构是否相匹配、是否存在耦合协调关系。因此，选用耦合度和协调度模型对我国地级煤炭资源型城市的要素禀赋结构与产业结构的耦合、协调情况进行分析。

1. 要素禀赋结构与产业结构的指标体系

(1)要素禀赋结构指标体系。

新结构经济学中把要素禀赋及要素禀赋结构认定为最重要的变量。在比较优势理论发展的过程中，要素禀赋的界定范围所包含的要素不断增多，本书的要素禀赋结构主要包括自然资源禀赋、物质资本、人力资本、教育资本、技术进步、基础设施(交通、信息、能源和社会)和制度，要素禀赋结构指标体系见表 3-9。

表 3-9　要素禀赋结构指标体系

一级指标	二级指标	三级指标	指标指向
要素禀赋结构	自然资源禀赋	采掘业从业人员数与年末从业人员数之比	正向
	物质资本	人均固定资产投资额	正向
	人力资本	年末从业人员数	正向
	教育资本	教育经费支出与地区生产总值之比	正向
	技术进步	研发内部经费支出与地区生产总值之比	正向
		人均专利申请数和授权数	正向

一级指标	二级指标	三级指标	指标指向
要素禀赋结构	交通基础设施	公路等级里程与地区总面积之比	正向
	能源基础设施	人均全社会用电量	正向
	信息基础设施	人均邮电业务总量	正向
	社会基础设施	每百人公共图书馆藏书量、在校大学生数量	正向
		每百人医院、卫生院床位数	正向
	制度	地方财政一般预算内支出与地区生产总值之比	正向
		当年实际使用外资金额与地区生产总值之比	正向

(2)产业结构指标体系。

产业结构指标体系主要包括产业结构的合理化、高级化和可持续化,具体包含的指标见表3-10。

表3-10 产业结构指标体系

一级指标	二级指标	三级指标	指标指向
产业结构	合理化	泰尔指数	负向
	高级化	第三产业产值/第二产业产值	正向
	可持续化	单位 GDP 工业废水排放量	负向
		单位 GDP 工业二氧化硫排放量	负向
		单位 GDP 工业烟(粉)尘排放量	负向
		一般工业固体废弃物利用率	正向

2. 煤炭资源型城市要素禀赋结构与产业结构的耦合协调关系分析

(1)耦合度模型。

耦合是物理学概念,表征多个系统在发展过程中的互动与联系,一般用来研究两个系统存在的相互依赖、协调与促进的动态联系。

实施耦合度模型的第一步是利用极差法对原始数据进行标准化处理,并区分指标的正负向,正向与负向指标的数据标准化处理方式如式(3-1)和式(3-2)所示:

$$U_{ij} = \frac{Y_{ij} - Y_{\min}}{Y_{\max} - Y_{\min}} \tag{3-1}$$

$$U_{ij} = \frac{Y_{\max} - Y_{ij}}{Y_{\max} - Y_{\min}} \tag{3-2}$$

式中,Y_{ij} 为样本 i 的第 j 个指标的数值;$Y_{\min}$ 为第 j 个指标所有样本的最小值；$Y_{\max}$ 为第 j 个指标所有样本的最大值。

第二步，计算要素禀赋结构和产业结构的综合评价函数，计算公式如下：

$$U_i = \sum_{j=1}^{n} w_{ij} U_{ij} \tag{3-3}$$

式中，U_{ij} 表示第 i 个系统第 j 个指标的标准化值（极差法）；w_{ij} 表示第 i 个系统第 j 个指标的权重，权重之和为 1，可以通过熵权法获得，此种方法一定程度上可以避免主观层面的影响，具体计算过程如下：

① 计算 i 地区第 j 项指标值的比重：$p_{ij} = U_{ij} \Big/ \sum_{i=1}^{n} U_{ij}$；

② 计算指标信息熵：$e_j = -k \times \sum_{i=1}^{n} p_{ij} \ln p_{ij}$；

③ 计算信息熵冗余度：$d_j = 1 - e_j$；

④ 计算指标权重：$w_j = d_j \Big/ \sum_{j=1}^{m} d_j$；

其中，$k = 1/Lnm$，其中 L 为信息的长度，n 为样本总数，m 为指标数。

第三步，计算耦合度。

耦合度可以对要素禀赋结构与产业结构之间的关联程度进行度量。要素禀赋结构和产业结构两个系统的耦合度计算公式如下：

$$C = \sqrt{\dfrac{U_1 \times U_2}{\left(\dfrac{U_1 + U_2}{2}\right)^2}} \tag{3-4}$$

式中，C 表示耦合度；U_1、U_2 分别表示要素禀赋结构和产业结构的综合评价函数。耦合度 $C \in [0, 1]$，当 C 值趋向于 0 时，说明两个决策单元之间的耦合度较低，趋向于无关联的状态；当 C 值趋向于 1 时，表示两个决策单元的耦合度较高，两系统之间处于耦合互动的状态，有利于彼此有序发展。具体可划分为四个等级，低水平耦合阶段为 $0 < C \leqslant 0.3$，拮抗阶段为 $0.3 < C \leqslant 0.5$，磨合阶段为 $0.5 < C \leqslant 0.8$，高水平耦合阶段为 $0.8 \leqslant C \leqslant 1$。

（2）耦合协调度模型。

在测度出二者间耦合度后，通常的做法是为避免耦合度模型的局限和存在的偏差，确保所测度耦合关系的有效性，利用耦合协调度模型来分析要素禀赋结构和产业结构生态化的协调度模型，耦合协调度模型如式(3-5)所示：

$$D = (C \times T)^{1/2}$$
$$T = a \times U_1 + b \times U_2 \tag{3-5}$$

式中，D 表示协调度；T 表示要素禀赋结构与产业结构生态化的综合协调指数；a、b 为待定系数，分别表示要素禀赋结构和产业结构生态化两个子系统对整个系统的贡献，$a+b=1$，此处取 $a=0.5$、$b=0.5$，表示要素禀赋结构和产业结构生态化同样重要。最终得出的耦合协调度既可以反映各子系统是否具有较好的水平，又可以反映子系统间的相互作用关系。协调类型和判别标准见表 3-11。

表 3-11 协调类型和判别标准

耦合协调度 D 值区间	耦合协调程度
(0.0～0.1)	极度失调
[0.1～0.2)	严重失调
[0.2～0.3)	中度失调
[0.3～0.4)	轻度失调
[0.4～0.5)	濒临失调
[0.5～0.6)	勉强协调
[0.6～0.7)	初级协调
[0.7～0.8)	中级协调
[0.8～0.9)	良好协调
[0.9～1.0)	优质协调

根据式(3-1)～式(3-5)，考虑到数据的可得性，得到邯郸、张家口等 18个地级煤炭资源型城市 2010～2018 年要素禀赋结构与产业结构的耦合协调程度，具体数据见表 3-12、表 3-13。

表 3-12 2010～2018 年煤炭资源型城市要素禀赋结构与产业结构耦合协调度值

城市	2010 年	2011 年	2012 年	2013 年	2014 年	2015 年	2016 年	2017 年	2018 年
邯郸	0.59	0.631	0.61	0.68	0.647	0.69	0.614	0.589	0.623
张家口	0.577	0.624	0.619	0.602	0.618	0.669	0.604	0.567	0.609
邢台	0.553	0.549	0.552	0.62	0.61	0.636	0.538	0.618	0.634
长治	0.577	0.67	0.625	0.611	0.593	0.625	0.572	0.566	0.564
鄂尔多斯	0.69	0.77	0.741	0.752	0.733	0.751	0.816	0.741	0.732
抚顺	0.632	0.685	0.667	0.694	0.68	0.722	0.592	0.484	0.543
阜新	0.608	0.627	0.648	0.62	0.618	0.638	0.636	0.585	0.574
通化	0.582	0.618	0.622	0.612	0.597	0.647	0.614	0.589	0.584

城市	2010年	2011年	2012年	2013年	2014年	2015年	2016年	2017年	2018年
徐州	0.81	0.796	0.791	0.797	0.776	0.807	0.748	0.671	0.721
淮北	0.564	0.617	0.653	0.66	0.657	0.675	0.614	0.624	0.628
枣庄	0.634	0.756	0.69	0.705	0.707	0.732	0.632	0.597	0.623
焦作	0.544	0.664	0.65	0.674	0.682	0.669	0.633	0.662	0.647
鹤壁	0.58	0.618	0.637	0.641	0.65	0.678	0.636	0.632	0.637
三门峡	0.534	0.621	0.596	0.578	0.596	0.646	0.607	0.585	0.627
广元	0.572	0.601	0.636	0.622	0.636	0.648	0.62	0.561	0.59
铜川	0.597	0.712	0.708	0.669	0.608	0.628	0.62	0.586	0.603
渭南	0.546	0.582	0.616	0.604	0.613	0.623	0.581	0.548	0.569
榆林	0.548	0.563	0.600	0.617	0.678	0.604	0.569	0.463	0.533

表3-13 2010~2018年煤炭资源型城市要素禀赋结构与产业结构耦合协调类型

年份	濒临失调	勉强协调	初级协调	中级协调	良好协调	优质协调
2010年		三门峡、焦作、渭南、榆林、邢台、淮北、广元、张家口、长治、鹤壁、通化、邯郸、铜川	阜新、抚顺、枣庄、鄂尔多斯		徐州	
2011年		邢台、榆林、渭南	广元、淮北、通化、鹤壁、三门峡、张家口、阜新、邯郸、焦作、长治、抚顺	铜川、枣庄、徐州、鄂尔多斯		
2012年		邢台、三门峡、榆林	邯郸、渭南、张家口、通化、长治、广元、鹤壁、阜新、焦作、淮北、抚顺、枣庄	铜川、鄂尔多斯、徐州		
2013年		三门峡	张家口、渭南、长治、通化、榆林、邢台、阜新、广元、鹤壁、淮北、铜川、焦作、邯郸、抚顺	枣庄、鄂尔多斯、徐州		
2014年		长治、三门峡、通化	铜川、邢台、渭南、张家口、阜新、广元、邯郸、鹤壁、淮北、榆林、抚顺、焦作	枣庄、鄂尔多斯、徐州		
2015年			榆林、渭南、长治、铜川、邢台市、阜新、三门峡、通化、广元、张家口、焦作、淮北、鹤壁、邯郸	抚顺、枣庄、鄂尔多斯	徐州	
2016年		邢台、榆林、长治、渭南、抚顺	张家口、三门峡、邯郸、通化、淮北、广元、铜川、枣庄、焦作、阜新、鹤壁	徐州	鄂尔多斯	
2017年	榆林、抚顺	渭南、广元、长治、张家口、阜新、三门峡、铜川、邯郸、通化、枣庄	邢台、淮北、鹤壁、焦作、徐州	鄂尔多斯		
2018年		榆林、抚顺、长治、渭南、阜新、通化、广元	铜川、张家口、邯郸、枣庄、三门峡、淮北、邢台、鹤壁、焦作	徐州、鄂尔多斯		

由表3-12~表3-13可知，2010~2018年18个煤炭资源型城市耦合协

调度的值介于 0.4～0.9，耦合协调的类型主要属于勉强协调、初级协调，基本上在协调范围内，但是良好协调的城市较少，甚至没有优质协调的城市。从具体年份看，2010 年有 13 个城市要素禀赋结构与产业结构耦合协调类型属于勉强协调，有 4 个城市属于初级协调，徐州属于良好协调。2011～2015 年绝大部分城市的要素禀赋结构与产业结构的耦合协调类型属于初级协调，鄂尔多斯、徐州 2 个城市在 2011～2014 年属于中级协调，邢台、榆林、三门峡等 3 个城市分别在 2011～2014 年属于勉强协调，徐州在 2015 年属于良好协调。表明这几年煤炭资源型城市的要素禀赋结构与产业结构的耦合协调程度逐步由勉强协调转向初级协调，协调程度在不断提高。但是 2016～2018 年，煤炭资源型城市要素禀赋结构与产业结构的耦合协调情况发生了逆转，有些城市由原来的初级协调降为勉强协调，2017 年甚至出现了濒临失调的情况，中级协调的城市数量在减少。表明近几年，煤炭资源型城市要素禀赋结构与产业结构的耦合协调情况在恶化，如果不及时进行调整，就会处于失调的状态，进而会阻碍今后的产业结构转型、升级和优化。因此，如何从各个城市的要素禀赋结构出发，选择自身的比较优势和后发优势产业、提高产业竞争力、促进产业结构的不断优化显得尤为重要。

二、生态文明发展社会子系统重构

党的十九大报告明确提出"坚持去产能、去库存、去杠杆、降成本、补短板"，优化存量资源配置，扩大优质增量供给，实现供需动态平衡。在这一新形势下，"去产能"成为煤炭行业的"关键词"。2016 年，我国开启了煤炭行业去产能工作，规划在 3～5 年内实现退出煤炭产能 5 亿 t 的目标。截至 2018 年底，煤炭行业累计退出落后产能 8.1 亿 t，提前完成了"十三五"去产能目标。"去产能"对煤炭行业的发展意义深远，在稳固煤炭供需关系、优化行业结构、提高煤炭产业资源利用率等方面发挥着重要的作用。

然而，在煤炭行业"去产能、优产能"过程中，分流职工安置过程中的再就业问题十分突出。2003～2013 年是煤炭行业发展的"黄金时期"，煤炭就业人数由 377 万人提高到 530 万人，增加了 153 万人。2014 年煤炭行业从业人数由增到减。进入煤炭行业去产能的发展阶段，煤炭行业的从业人数持续减少，由此导致的分流劳动力就业压力会持续增加，保持社会和谐进步面临着巨大挑战。妥善做好分流劳动力再就业已成为化解煤炭行业产能过剩、实现脱贫发展的关键。

本节以关闭煤矿分流劳动力为研究对象，通过市场调查研究，分析关闭煤矿分流劳动力再就业现状与存在问题，结合调查问卷分析影响分流劳动力再就业的影响因素，提出关闭煤矿分流劳动力再就业的政策建议。

(一)关闭煤矿分流劳动力再就业适宜性岗位分析

以关闭煤矿分流劳动力人力资本状况为出发点，结合网络招聘岗位信息挖掘，剖析目前就业岗位的适宜性，进而为分流劳动力再就业岗位选择提出针对性建议。

本节内容以 58 同城网站发布的招聘岗位信息为研究对象，选取 13 个较典型的资源枯竭型城市为代表——乌海市、阜新市、抚顺市、辽源市、鹤岗市、双鸭山市、七台河市、淮北市、萍乡市、枣庄市、焦作市、铜川市、石嘴山市。利用网络数据采集工具——八爪鱼采集器，采集 58 同城招聘网站以上 13 个城市的招聘信息，招聘信息时间点截止到 2020 年 10 月。

(1)研究样本数据集概况。结合研究内容，分别从 58 同城招聘网站上述13 个城市的链接中获取 13 项具体信息：标题、薪资、职位、学历、经验、待遇、职位描述、公司介绍、招聘人数、地址、发布日期、浏览人数、申请人数。13 个目标城市，平均每个城市约采集招聘信息 2500 条，共计收集数据 31920 条。

(2)数据预处理。使用八爪鱼数据采集器得到的数据，采集完毕导出时本身会显示自动去重选项，选择此选项后收集到的数据已部分去重。导出的数据会存在空值和部分重复值，将获取的招聘信息数据整合后，使用 Excel表格进行初步处理，利用筛选排序等功能，将数据按照需要的顺序排列，并使用查找替换功能对获取数据中的职位进行一级和二级分类，分类标准以58 同城上的分类为主，一级类别共分为十大类：财会金融保险类、建筑装修物业类、教育出版类、人事行政管理类、生产物流汽车类、生活服务业类、市场媒介广告类、网络通信电子类、销售客服采购类、医疗环保类；二级分类则是更为详细的岗位名称。

(3)数据分析。将完成分类的数据集，通过文件类型转换，导入 Rstudio(R语言)，利用 R 语言为数据分析工具，对招聘信息数据集进行预处理、数据挖掘和可视化分析。

(二)再就业适宜性职位类型与岗位分析

1. 再就业适宜性职位类型分析

利用 R 语言数据分析工具分别对每个城市的招聘数据进行可视化分析。对每个城市进行职业一级分类的可视化分析，得出 13 个城市中招聘职业分类数量排名前三的类别，总结如表 3-14 所示。

表 3-14 各个城市职业分类数量前三名

城市	第一	第二	第三
抚顺	生活服务业类	销售客服采购类	生产物流汽车类
阜新	生活服务业类	销售客服采购类	生产物流汽车类
鹤岗	生活服务业类	销售客服采购类	生产物流汽车类
淮北	销售客服采购类	生活服务业类	生产物流汽车类
焦作	销售客服采购类	生产物流汽车类	生活服务业类
辽源	销售客服采购类	生活服务业类	生产物流汽车类
萍乡	销售客服采购类	生产物流汽车类	生活服务业类
七台河	生活服务业类	销售客服采购类	生产物流汽车类
石嘴山	生活服务业类	销售客服采购类	生产物流汽车类
双鸭山	生活服务业类	生产物流汽车类	销售客服采购类
铜川	销售客服采购类	生活服务业类	生产物流汽车类
乌海	生活服务业类	销售客服采购类	生产物流汽车类
枣庄	销售客服采购类	生活服务业类	生产物流汽车类

由此可知，13 个城市中根据一级分类数量统计分析，共同特点为招聘最多数量的职位都集中在生活服务业类、生产物流汽车类、销售客服采购类这三大类。

生活服务业类、生产物流汽车类、销售客服采购类这三大类招聘岗位共同特点是对于学历和经验不设限制的职位最多，说明这三类职业共同的特点是职业包容性较强，关闭煤矿分流劳动力可以多关注此类职业(图 3-7、图 3-8)。

2. 再就业适宜性岗位分析

通过上述分析可知，13 个煤炭资源枯竭型城市中招聘信息数量最多的是：生活服务业类、生产物流汽车类、服务客服采购类，这三大类所需招聘信息职位发布最广，以下统称为劳动类职业。统计每个城市的职位需求最多的前五个职业，如表 3-15 所示。

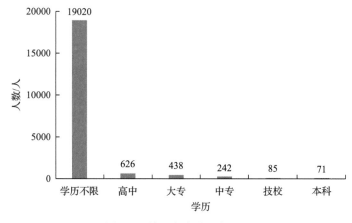

图 3-7 前三大类学历条形图

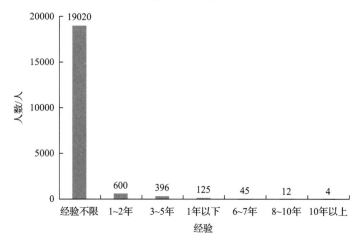

图 3-8 前三大类经验条形图

表 3-15 各个城市职位需求前五名

城市	第一	第二	第三	第四	第五
抚顺市	餐饮	销售	普工/技工	超市/百货/零售	家政保洁/保安
阜新市	餐饮	销售	普工/技工	超市/百货/零售	家政保洁/保安
鹤岗市	餐饮	普工/技工	销售	超市/百货/零售	物流/仓储
淮北市	销售	普工/技工	餐饮	超市/百货/零售	物流/仓储
焦作市	普工/技工	销售	餐饮	客服	家政保洁/保安
辽源市	餐饮	销售	超市/百货/零售	普工/技工	客服
萍乡市	销售	普工/技工	餐饮	超市/百货/零售	美容/美发
七台河市	普工/技工	销售	餐饮	家政保洁/保安	物流/仓储
石嘴山市	餐饮	销售	超市/百货/零售	普工/技工	美容/美发
双鸭山市	销售	普工/技工	物流/仓储	餐饮	娱乐/休闲
铜川市	销售	餐饮	普工/技工	超市/百货/零售	美容/美发
乌海市	销售	餐饮	超市/百货/零售	美容/美发	普工/技工
枣庄市	销售	普工/技工	超市/百货/零售	客服	娱乐/休闲

　　由此可知，13 个城市招聘职位最多的类型包括："销售""餐饮""普工/技工""超市/百货/零售""物流/仓储""美容/美发""客服""娱乐/休闲"。其中，"销售"和"普工/技工"职位每个城市都包含，"餐饮"职位 12 个城市涉及，"超市/百货/零售"职位 10 个城市涉及，"物流/仓储"4 个城市涉及，"美容/美发"3 个城市涉及，"客服"2 个城市涉及，"娱乐/休闲"1 个城市涉及。"销售""普工/技工""餐饮""超市/百货/零售"这四个职位类型最多。劳动力转型选取职位时可以根据以上岗位分析进行选择，选择招聘职位数量最多的岗位，机会更多。

三、生态文明发展自然子系统重构

(一)生态治理目标与重构

　　关闭煤矿再利用必须以生态恢复为前提。良好的自然本底为资源开发利用和产业转型提供物质基础和生态资本。关闭煤矿区域生态恢复需要以生态演替理论为指导，充分认识和利用生态演替过程规律，在最大程度上发挥自然恢复力量。根据中国植被区划分区和产煤基地分布情况，可以得到以自然植被区系为最终可达到的生态恢复目标；另外，从国土空间规划视角指导关闭煤矿区域的不同定位，制定各个关闭煤矿区域相应的生态恢复规划目标，且处于生态演替进程之中，避免过度恢复。国土空间规划由"五级三类四体系"构成，因此，关闭煤矿区的生态恢复规划首先应逐级满足国家级、市级、县级、乡镇级的国土空间规划要求，结合当地煤矿区的生态恢复规划特点，统筹考虑各级开发规划要求；并基于总体规划和详细规划，从时间和空间上对煤矿区做出生态修复、保护和开发的具体安排；在此基础上，在国土空间规划指导下的煤矿区生态恢复规划运行体系中，确定编制审批体系、实施监督体系、法规政策体系、技术标准体系等 4 个子体系。

　　煤矿区域属于一类规模较小的"社会-经济-自然"复合生态系统，包含社会、经济和自然三个子系统，而煤矿区域这类复合生态系统的建立则是基于煤炭资源的发现及开采。因此，在过去很长一段时期内，矿区基础设施良好，配套设施完善，生活水平与便捷程度甚至高于附近城镇。但随着煤炭资源枯竭、市场煤炭价格波动以及供给侧结构性改革政策的落实，我国近期关闭煤矿数量持续上升，并且在未来很长一段时间内仍将有大量煤矿相继关闭。矿区的经济情况急转直下，"社会-经济-自然"复合生态系统中的经济子系统开始出现较大变化,自然环境逐步恶化,社会系统功能慢慢退化,整个矿区复合生态系统陆续出现不稳定的情况。在国土空间规划体系引导下,关闭煤矿区域需要进行生态文明发展,当地的社会、经济和自然三个子系统之间需要重新建立相互适应、相互协调的和谐生态关系,重新达到动态平衡。基于此,需要对关闭矿井进行生态恢复,治理当地生态环境,重构和谐生态关系,通过重建自然子系统,为社会子系统与经济子系统的发展提供适宜的生态系统服务功能,实现关闭煤矿区域的"社会-经济-自然"复合生态系统重建,重塑当地的社会体系与功能,重建当地的经济系统,以提升当地的人居环境质量和居民福祉,使关闭煤矿区域重新融入区域发展和生态系统的能量流、物质流和信息流之中。

1. 自然子系统现状

根据复合生态系统理论,自然子系统的构成包含水、土、气、生、矿5个元素,分别代表水环境、土环境、大气环境、生物资源、矿物元素与循环。但受煤炭开采、矸石堆积以及土地占压的影响,煤矿区域的地表、地下已经遭受不同程度的损伤,使得各生态要素均已受到较为严重的破坏,威胁关闭煤矿区域的社会、经济和自然环境。因此,自然生态系统迫切需要恢复和重构。

(1)水环境。

持续的煤炭开采活动直接影响矿区的水文情况,涉及地表水和地下水多个层面。随着煤炭开采活动的持续干扰,煤矿区域的负面水环境效应也随时间积累,水文条件逐步恶化。地下水的疏排导致煤矿区域地下水位下降,农作物减产;同时也会影响植被群落,可能造成林地和草场退化;在西部半干旱地区甚至可能诱发荒漠化等生态问题。

煤炭开采也影响地表水和地下水水质:露天矿开采对水环境的污染主要有露天煤矿排土场的淋溶水、工业场地产生的生活污水以及矿坑涌水。其中,对水环境污染比较严重的是露天煤矿排土场的淋溶水。由于排土场的煤矸石中富含碱金属、碱土金属和硫等,大气降水淋溶了煤矸石中的无机盐类,含无机盐类的淋溶水流入地表水体,会对地表水体造成污染,渗入地下含水层,也会污染地下水体。其次的是工业场地的生活污水和矿坑涌水,其主要污染因子为石油类、悬浮物和化学需氧量有机物等,绝大多数没有经过处理而直接排放，其进入土壤，将对土壤及地表植被产生一定影响，渗入地下或地表河流也会造成地表水和地下水的污染。工业废水排放导致大量悬浮物、重金属离子和放射性物质流入水体。同时，煤矿区域的生活污水则会导致地表水和地下水的总有机碳、氮和磷的比例偏高。

（2）土环境。

煤炭资源开采已经对土地资源造成严重的破坏和损毁，导致煤矿区域土地利用类型与土地覆被类型的改变。露天/井工开采对原地表和地质层均造成不同程度的破坏，如地表变形、塌陷等。废矿、废渣、煤矸石等压占大量的土地，同时挖损土地持续增加，在东部平原高潜水位矿区，井工开采导致地表下沉，所形成的采煤塌陷区和积水区已经成为矿区土地利用变化的一个显著特征。煤炭资源开采加剧了土壤生态环境问题，一方面大量的废渣、废矿、煤矸石的排放造成了土壤重金属污染；另一方面，采煤驱动下的土地利用变化显著改变了地表的径流条件，加剧了土壤侵蚀、水土流失和矿区土壤的非点源污染，引发一系列突出的生态环境问题。

煤炭资源的开采引起大面积地表塌陷，废矿、废渣、煤矸石等压占大量土地，引起当地地表景观类型发生改变。原有植被类型受到破坏，煤矿区域内部基质深受影响，景观廊道遭到截断，景观板块结构和几何形态发生改变。导致各种板块间隔离度增加、连接度降低、破碎化程度加大，景观格局变迁，景观稳定性下降，生物多样性减少，进而加剧生态风险，威胁生态安全。

（3）大气环境。

煤炭资源开采、储存、运输以及动力与热力供应等过程均产生不同程度的大气污染，威胁区域生态环境安全。煤炭资源开采的过程中，以 CH_4 为主的烷烃类的大量气体随矿井通风排出，改变对流层和平流层中的 O_3 含量；少量 CO、H_2S 和 SO_2 等有害气体也将随矿井通风排出；堆积的煤矸石自燃、坑口电站的电力供应以及锅炉等均会排放 SO_2 污染大气；此外，储煤场及运输过程所产生的扬尘等也是造成大气污染的重要原因，严重影响矿区周边环境和空气质量，当这些污染物沉降之后又会污染周边的土地资源。由于大气污染在气象、地形和景观多种因素的协同作用下，可以实现超出矿区空间边界的远距离输送，影响到更广泛区域内的人、畜、植物，甚至是大片森林。

（4）生物资源。

井工开采引起一系列煤矿区域原有生境的剧烈变化，包括地表沉陷、土壤性质变化、潜水位下降，导致地表、地层中的物种组成和生物多样性变化，进而第一性生产力也相应地产生变化。在高潜水位矿区，水体和沉积物中的生态因子也会因煤炭开采活动而发生变化，同样也会引起物种组成、生物多样性以及第一性生产力的改化。在露天开采及挖损的过程中，表层土壤被搬运至排土场，导致原生物种群受到破坏，甚至直接被摧毁，同样会造成类似上述现象的发生。

（5）矿物元素与循环。

井工开采和露天开采获取煤炭资源，造成原有地质结构的改变以及地表植被破坏，对生物地球化学循环产生较为严重的影响，对碳、氮和氧循环主要是通过植被的破坏而改变固碳、固氮和释氧的过程。另外，煤炭开采活动还可能造成一些原本被密封于地下的元素重新释放，甚至生成其他的有害物质，随地下水、地表水和大气扩散至其他区域，造成生物地球化学循环的变化，甚至是污染。

2. 生态关系需重构

关闭煤矿区域"社会-经济-自然"复合生态系统的重构关键在于生态关系恢复与重建。首先，受损的复合生态系统历经长时间胁迫，其主要的胁迫来自人类长期煤炭开采活动所造成的地表受损、地表沉陷、地质结构破坏等，以及其相应的影响，自然子系统已经受到长时间的破坏，并且破坏程度在不断累积。其次，因采煤活动停止，煤矿区域复合生态系统的经济子系统受到严重影响；社会子系统几近崩溃，复合生态系统全方面受损和退化，并且体现在时间上、空间上、数量(程度)上、构成(结构)上和秩序上均受到不同程度的损害。

基于生态学基本原理，受损的复合生态系统的各个子系统之间以及各个元素之间的生态关系需要重构，而且将经历极度复杂的时空变化过程。在煤矿开采之前，因为各个因素之间的长期相互适应，且其极少受到人类活动的干扰，所以煤矿区域原本存在一种较为和谐稳定的生态关系。在煤矿开采活动进行过程中，多种人为因素开始对原本的自然生态系统(自然子系统)进行干扰和破坏。与此同时，一种以煤炭开采的经济活动为主、其他类型的经济活动为辅的经济子系统在煤矿区域内逐步构成,另外,由于煤炭开采与矿工居住的需要,煤矿区域的小型社会功能逐步得到完善,进而形成一种规模较小但功能较为全面的社会子系统。至此,煤矿区域形成一种较为简易的复合生态系统。由于煤炭资源枯竭或者政策性原因,煤矿停产与关闭则会引发一系列复合生态系统的退化,例如煤矿区域丧失煤炭开采这一主要经济支柱,直接导致经济子系统大幅衰退;长期煤炭开采与疏于治理,导致自然子系统严重受损;另外,经济衰退和环境损伤会引发相应的社会问题,也即煤矿区域的复合生态系统变得极不稳定,甚至诱发社会动荡。为了能够使得废弃矿井得到资源化利用,恢复自然生态环境,帮助社会子系统更加稳定,需要对煤矿区域的内部及其与外部的生态关系进行恢复。

复合生态系统损坏具有一定的时间延续性,同时也具有一定的空间覆盖度,一定数量规模的破坏产生一系列结构与组成上的变化,最终导致原有生态秩序被破坏。因此,关闭煤矿区域的生态关系从时、空、量、构、序五个方面进行恢复。而对受损严重的复合生态系统恢复则同样需要一定的时间进程,覆盖一定的空间范围,在规模上达到一定程度,改善复合生态系统的结构和构成,从而达到生态关系重建、秩序重构的目的。

(1)时间上。

经过煤炭开采活动,生态系统地表、土壤和水文条件均有一定程度的改变,通过自然演替进行恢复则需要相当长的时间才能恢复为功能较为完善的群落结构。因此,应根据国土空间规划赋予关闭煤矿区域的功能定位,以及当地的自然条件来制定生态恢复目标,通过以自然生态恢复为主、人工生态恢复为辅的方式来恢复已经受损严重的自然子系统,以达到高质量生态恢复的目标,同时减少自然生态恢复所需要的时间,以达到节约时间的目的。具体做法为,处理关闭煤矿区域的地表破坏与沉陷问题,根据已经形成的立地条件,在不同的恢复时期选择本地适宜的植物(先锋物种)进行引入,并且引入与这些植物相匹配的动物用以实现进展演替,以节省物种迁移的时间,最后实现恢复。一方面保证新演化的群落可以适应当地环境,改善当地的生态系统服务功能;另一方面则是节约群落自然演替和生态系统自然恢复所需要的时间。

(2)空间上。

根据恢复生态学的基本理论,在煤矿区域地表破坏与塌陷区域达到稳定之后，根据地表破坏、塌陷程度、水文条件以及现存生物构成，判断该区域的土壤、地质、水文条件，以确定该区域内的生境条件，并且进行空间分区。在不同的空间选择适合本地先锋物种进行自然演替。在空间上，物种分布应该按照在进展演替的不同阶段中的物种组成进行排列，一方面可以适应当地的立地条件，另一方面可以方便演替过程当中物种的迁移，使演替更加容易进行，也可以减少后期人工生态恢复的投入，并且最终形成当地主导因子作用下的顶级群落，或者根据国土空间规划的需求，让演替停留在适合当地社会与经济发展的某一阶段。

(3)数量上。

根据当地的立体条件计算适合的先锋种群数量，并在群落演替过程中引入其他物种时也需要考虑当地生态的承载力问题，并不是引入的物种越多、数量越大，效果就越好，而是能够适应当地生境条件和生态承载力的数量和规模有利于推进群落的整体进展演替，能够在人工生态恢复的辅助下达到适应当地自然环境的顶级群落。

(4)构成上。

在生态恢复的过程中，尽可能选择本地物种作为先锋物种，或者选择已经经过当地自然环境驯化的物种，以适应当地的立地条件，逐步进行生态恢复。当生态恢复达到一定程度后，会伴随当地动物的迁入，继续进行生态恢复。

(5)秩序上。

通过以自然生态恢复为主、人工生态恢复为辅的方式，可以在时间上推进生态恢复的速度，在空间上因地制宜地恢复不同的种群和生态系统，在数量上达到比较适宜的程度，在构成上组成适合当地立地条件的群落结构。从而恢复竞争序、共生序、自生序、再生序和进化序的和谐生态关系。

(二)自然要素治理与重构

1. 水

根据复合生态系统理论，水是自然子系统中的一种元素，包含上水的源、下水的汇、雨水的补和空气水的润。其中，上水的源和下水的汇包含地表水和地下水部分，即取水和排水都是依靠地表水和地下水完成的过程。但是受采煤活动影响，地表会堆放大量的煤矸石，甚至形成矸石山，通过降水的淋溶，会污染地表水，甚至地下水。传统的技术一般重视对酸性废水的处理，却未从源头加以控制，忽视了对煤矸石的治理。因此，在酸性矿山废水的治理方面，应该转变思路，将治水和治石相结合，把源头控制与末端治理相结合，重视植被恢复与生态重建相结合，重建矿区生态系统，促进系统良性循环，从而达到高效、持续改善煤矿区水环境质量的目的。

2. 土

土是人类赖以生存之本，是动物栖息、植被繁衍以及微生物活动的主要场所。因矿山开采对岩土结构的破坏从而导致地表沉降，应及时进行修复加固。若沉降严重，威胁周边人民群众的生命财产安全，则需要因地制宜地治理沉降区。

煤炭开采对土地资源的破坏主要在地面塌陷和固体废弃物的堆积两个方面。矿坑的回填难度较大且成本较高，此外，随着煤炭的需求量逐年增加，对煤炭的开采力度也随之加大，采空区面积的不断增大会导致地面塌陷的情况出现，对我国的土地资源产生了很大的影响。煤炭开采过程中产生的矸石和煤粉灰等固体污染物是我国排放量最大的固体废弃物，随着科技的进步，我国对固体废弃物的综合利用水平也在不断提高，但总体而言我国的固体废弃物排放量依然是世界第一。固体废弃物的堆积不仅导致土地资源被占用，而且煤炭开采过程中的重金属、污染物等也会随着雨水输送至地下水或者河水中，造成水源污染，并改变周围地区土壤成分，对耕地农作物产生很大的影响。

(1)地表景观。

在关闭煤矿区域的生态恢复过程中，地表景观的恢复尤为重要。地表景观的生态恢复主要应该将关闭煤矿区域视作若干个景观单元，在景观单元中应该以"山水林田湖草生命共同体"这一理念为指导，重构景观安全格局，以恢复良好有序的生态过程。安全的景观生态格局具有持续调控生态过程的能力，具有良好的抗干扰能力。

关闭煤矿区域的景观生态恢复基于景观生态学和流域生态学理论，着重恢复土壤功能、维持耕地数量和质量、改善生态环境、加强生态管理与保护的发展模式，建设"山水林田湖草"体系，打造景观格局优化与生态景观效应良好的复合生态系统集群。

(2)地形地貌。

对于地形地貌破坏严重的区域可以采用物理恢复方法,即通过机械作用对这些区域进行复垦整理。对低潜水位塌陷区、积水塌陷区边坡和大规模矸石山等可以采用梯田法复垦技术。对中高潜水位和我国东部河湖水系发达地区,可以使用疏排法复垦技术进行复垦,但需要注意防洪、防涝和降渍等问题。对于局部或季节性积水的塌陷区,可以采用挖深垫浅法复垦技术,最终实现水产养殖和农业种植同时进行的格局。

(3)土壤质量。

防治煤炭开采导致的土壤污染,除了从源头上控制污水的排放之外,要对煤矸石进行有效利用,让矸石的产量和用量达到平衡,对于不能及时利用的矸石山,在堆积之前进行防渗透处理并建立排水体系,边堆积边治理。同时对于受到轻度污染的土壤,可种植对污染物有较强吸收能力的植物,吸收土壤中的重金属,使土壤中的有害物质含量逐渐降低,或者可以考虑利用生物降解来达到净化土壤的目的;使用抑制剂让污染物质在土壤中发生转化,使重金属以化合物的方式进行沉淀也是一种很好的处理方式。除此之外,增加有机肥的释放量,改变耕作制度和农作物种类及换土、深翻等手段也是很好的治理土壤污染的方式。

(4)气。

与正在运营的煤矿不同,关闭煤矿区域的大气污染主要来自未处理的矸石山自燃以及煤层气中的各种有害气体,而消除大气污染的最佳途径是从源头治理,即将矸石山进行适当的处理,消除矸石山以及封堵煤矿裂隙,使有害气体不能排出。另外,可以考虑结合关闭煤矿区域的生物物种进行恢复,选择本地物种或者适应本地气候环境的驯化物种,并且选用具有消除大气污染的植被进行生物治理。

(5)生。

煤炭开采活动造成的地表直接破坏和地表沉陷均使得当地的生态系统遭受巨大的扰动,植被由于地表塌陷、表层土壤破坏和地表压占等原因遭受严重破坏,甚至从当地生态系统中被移出。另外,由于植被遭受破坏,动物生境受损,不再适宜动物栖息,动物种群数量和多样性随之降低,甚至消失,导致当地生态系统服务受到严重影响。在煤矿区域的生态恢复过程中,植被的恢复是非常关键的一个环节,主要包括植被物种选择和植被恢复工艺。

①植被物种选择。

依据生态恢复规划的基本要求，对关闭煤矿区域进行植物物种的选择，并且这也是植被恢复的关键因素之一。植被的选择需要考虑很多因素：第一，必须遵从恢复生态学原理，按照进展演替中的每个环节进行适当的人工干扰，以促进演替的进行；第二，充分利用自然选择的结果，尽可能选择适宜的当地物种和驯化物种；第三，全面考虑生态恢复区域的土壤和水文条件，尽可能选择与土壤和水文条件相匹配的物种，在可能的前提下尽量选择速生、固氮、适应性强、根系发达、抗逆性好的植物，另外，选择植物时以植物的生态价值为导向，弱化其经济价值；第四，经过一段时间的恢复，需要植物物种组成达到一定的比例，生物多样性逐步提高，并且植物群落结构逐步趋于合理。

②植被恢复工艺。

第一，选择豆科植物以改善土壤的养分，方便之后进行农业或林业复垦。第二，充分考虑植被群落组成，配以乔、灌、草、藤组合进行多植被间种、套种、混种，并有目的地进行其他生物接种。第三，不同植物采用不同的布局方式：速生喜光植物栽植应该稀疏一些，耐阴且初期生长慢的植物在种植时应该密集一些；树冠和根系庞大的植物应当稀疏种植，而树冠和根系紧凑的植物应当密集种植。第四，需要优化植物景观格局，在进行植物恢复时应该根据景观生态学原理，建立几个大型的植被斑块组成本底，周边分散小斑块，并由廊道补充和连接。在人、财、物力方面均有节约，又为植被的自然恢复提供了空间。

(6)矿。

矿主要指矿产和参与整个生态系统生物地化循环的各种元素。但是，目前关于这部分的研究相对较少，关注点主要在水、土和大气的污染方面，即对于关闭煤矿区域生物地化循环方面的改善可以从水、土和大气方面入手，用生物的手段进行协调，最终达到健康的生物地化循环状态。

(三)生态文明发展自然子系统重构-水土环境影响与治理

1. 关闭煤矿水环境系统演变与污染

(1)关闭煤矿水环境系统演变形成机制。

矿山关闭后，由于排水和通风等功能的停止运行，井下水位逐渐抬升，改变了矿区不同充水、含水层原有的地下水补、径、排条件，导致地下水渗流场和水化学场、温度场等发生变化，对其周围水环境带来了负面影响，如对矿山周围的含水层地下水产生的污染风险和对矿井周围水生态环境的冲击。

深埋闭坑矿山一旦停止排水，原有井工矿山的采空区、老窑和废弃井巷构成了庞大的地下存储水空间，而露天矿坑则可形成"人工湖"。受区域水文地质条件控制，矿井(坑)水体的水位将随着含水层地下水或地表水补给逐渐抬升并趋于稳定，最终形成巨大的矿井(坑)水体。

矿山生产阶段形成的顶板导水裂隙带和底板扰动破坏带既是采掘时期地下水向矿井(坑)充水的通道之一，也是闭坑矿井(坑)水反向补给地下含水层的主要通道。在天然和人为充水通道控制下，劣质矿井(坑)水将通过上述通道以多种途径和方式发生串层，污染相邻含水层，甚至污染当地地下水水源地。如山东淄博矿区中奥陶统岩溶裂隙水，曾经是当地生活和工业供水的主要优质水源地，但随着大量煤矿的关闭，矿井水反向补给地下水，导致优质奥灰水被严重污染，已造成上百口供水水源井废弃。再如京西煤矿区矿井全部关闭后，闭坑矿山采空区存储的酸性矿井水也对北京市的岩溶地下水供水安全构成巨大威胁。污染矿井(坑)水或受污染的地下水一旦渗流出露地表，就会形成污浊的泉水或使清泉变污，从而污染地表水体。山西娘子关泉域岩溶地下水和地表水系统受到污染即是由于矿山污水反向补给含水层和直接地表排放以及污染矿井(坑)水自然溢出所致。

由于许多煤系矿床含有黄铁矿等含硫矿物质，氧化后易形成硫酸盐，甚至硫酸，使得矿井(坑)水发生酸化，甚至呈现出强酸性；遗弃在井下的腐蚀腐朽后的金属、木质支护材料、污泥、机油和人员生活排泄物等，往往成为矿井(坑)水的污染源。因此，闭坑矿山的矿井(坑)水的水质一般较差，常为污染性水源。

(2)关闭煤矿对地表水环境的影响。

煤矿闭坑后，井下废弃物中含有铁、锰、硫等常量元素以及铅、锡、汞、砷、铬等重金属元素，一旦与大气降水-地表径流发生联系，经冲刷和淋溶作用后，这些金属元素随地表径流进入水体，对周边地表水质造成严重污染。

煤矿闭坑后产生的地表水环境问题主要有：①煤矸石的淋滤液对地表水体的污染。从化学成分来看，煤矸石含有的重金属元素有铬、镉、汞、铅等，煤矸石堆积不仅占用土地资源，其含有的污染物质还可能经淋溶作用污染地表水体;②由于累积效应,选煤废水和生活污水虽然停止排放,但是有害物质的积累,在一段时间之后可能会对地表水形成污染;③长时间的矿坑排水造成有害物质的堆积,可能会对地表水造成污染;④部分矿井在关闭后为确保附近矿井的生产安全,还要继续向外排水,其涌水量甚至比关闭前还要大,这些活动加剧了水污染问题。

(3)关闭煤矿对地下水环境的影响。

从闭坑煤矿含水层整体结构破坏、地下水流场演化以及含水层水质恶化等方面,综合考虑含水层破坏机理、方式以及表现形式等,可将闭坑矿山含水层破坏归纳为地面塌陷型、水动力变化型和污染驱动型三种模式。

①地面塌陷型。

自然状况下,煤层上覆和下伏含水层中的地下水受区域地形地貌、地质构造、含隔水层结构等条件控制。采煤活动扰动下,矿体围岩被破坏,在地下形成采空区,出现结构上的"临空面",原有的应力场平衡被打破,覆岩和下伏含水层产生垮塌、导水裂隙、离层、地层弯曲等,形成冒落带、裂缝带和整体弯曲带,对含隔水层结构产生不同程度的破坏,将此类型含水层结构层面的破坏概化为地面塌陷驱动型含水层破坏,主要发生在黄淮海及东北平原高潜水位煤矿区,如山东济宁、江苏徐州、安徽淮南、安徽淮北、河南永城、辽宁抚顺。主要表现形式为塌陷区积水、地表水与地下水存在一定水力联系(图3-9)。

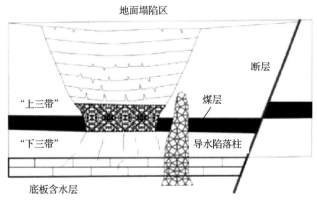

图3-9 地面塌陷型含水层破坏示意图

②水动力变化型。

煤矿开采活动打破了地下水系统在自然情况下的相对稳定平衡状态,在矿井疏排地下水强烈扰动下，地下水的流场形态被改变，含水层遭到破坏，形成以开采范围为中心的降落漏斗，地下水由天然状态下的水平运动转化为以开采影响区降落漏斗为排泄点的垂向流动，地下水流速变快，水位急剧降低。而在煤矿闭坑后，地下水水位又大幅度回升，在矿井水位持续恢复过程中，这可能会导致矿区低地被污染水淹没或沼泽化，同时威胁到相邻矿井的生产安全等问题。煤矿闭坑后含水层水位大幅回弹是水动力驱动型响应的主要表现形式。水动力变化型含水层破坏主要发生在我国西南岩溶石山、山西、内蒙古等煤矿区，特点是地表形成地裂缝、崩塌，地下含水层导通导致地下水流场明显改变，对周边地下水供水条件产生影响(图3-10)。

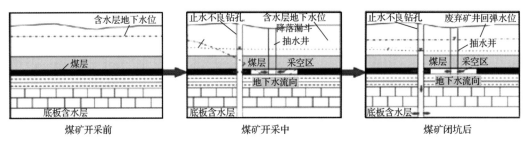

图3-10 水动力变化型含水层破坏示意图

③污染驱动型。

大量矿井的关闭，伴随而来的矿区含水层污染和破坏日趋严重。地下开采时产生的固体废弃物以及垮落在采空区内的围岩中存在大量污染物质。矿井关闭会导致地下水位回升而回灌采空区，污染物将发生一系列地球化学反应，如溶滤解吸、氧化还原、离子交换、生物化学作用等，进而在含水层中运移累积，成为地下水潜在污染源。此外，采动破坏含隔水层结构，增强了含水层之间的水力联系，使矿区容易发生串层污染。导致矿区地下水水质恶化的途径主要包括如下几种：

(a)采煤塌陷盆地污水入渗污染；

(b)地表固体废弃物入渗污染；

(c)封闭不良钻孔串层污染；

(d)顶板采动裂隙串层污染；

(e)底板采动裂隙串层污染；

(f)断层串层污染。

污染驱动型含水层破坏在各煤矿区均有发生，主要集中在煤矿及周边污染源较多的区域，突出表现是采矿造成地下水污染，严重污染环境，隐伏性强，治理难度大(图3-11)。

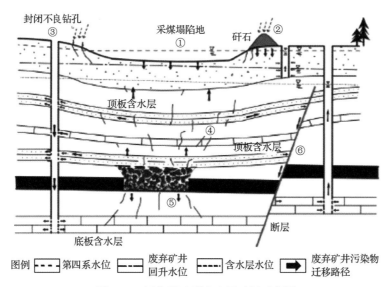

图 3-11　污染驱动型含水层破坏示意图
①采煤塌陷盆地污水入渗污染；②地表固体废弃物入渗污染；③封闭不良钻孔串层污染；④顶板采动裂隙串层污染；⑤底板采动裂隙串层污染；⑥断层串层污染

2. 关闭煤矿地下水污染源

矿井为了安全开采，必须大量疏放顶板或底板含水层中的地下水，形成了以采场为中心的一定范围的地下水降落漏斗，其波及范围远远超过矿井边界，直接改变了区域的水循环与水动力场。矿井关闭后，地下水抽排工作一般停止，地下水位将快速恢复，原有的矿区地下水运动、循环条件和赋存环境再次发生改变，开采过程中的开放系统将转变为封闭-半封闭系统，封闭矿井将成为潜在的污染源，不仅采矿活动留下的各种污染物进入地下水系统，同时，矿井、采场、含煤地层的有害物质也将进入地下水系统，严重污染和破坏地下水资源。

矿井闭坑后，井下巷道中会遗留煤矸石、废弃支架、人类排泄物以及机油等，这些遗留的物质是造成废弃矿井地下水污染的主要污染源。可以将关闭矿井地下水污染源总结为两大类型，即地表污染源和井下污染源。

地表污染源主要指遗留的固体废弃物(矸石堆、粉煤灰堆场、废弃工业场地建筑垃圾)，这些通过入渗污染地下水，尤其是对浅层地下水造成威胁。塌陷区积水也可能成为污染源。采煤塌陷造成大量的地表裂缝，污染物可通过地表裂缝污染浅层地下水。

井下污染源主要指：①煤岩水岩作用产物；②遗留在井下废弃巷道、工作面的人为排泄物和垃圾等；③废弃的木材、金属支架的腐蚀；④残留的油类及其降解产物。此外，煤矿关闭后，水文地球化学条件发生变化，由原来的氧化条件转化为还原条件，水岩作用条件变化，由此导致矿井水污染物发生转化，并可能串层污染地下水。

3. 关闭煤矿地下水污染模式

矿井关闭后，井下污染在相当长的一段时间内通过多种途径对区域地下水造成污染。依据对我国多处废弃矿井地下水污染典型案例的调查与分析，从废弃矿井地下水污染源、污染途径、目标含水层与污染源之间的水力联系等方面，将废弃矿井污染地下水的模式分为以下 6 种：

(1)废弃矿井塌陷积水入渗污染。在我国东部平原矿区，煤层开采后造成地表沉陷，形成大面积的积水，在淮南、淮北、徐州、兖州、济宁等矿区普遍存在，塌陷积水受到外来污染源的影响，水质恶化，从而造成周边浅层地下水的直接污染。塌陷盆地边缘的裂缝也会成为地下水污染的通道。

(2)废弃矿井地表固体废物淋溶污染。矿井关闭后，遗留在井田范围内的矸石山、粉煤灰堆场在降水淋溶作用下，污染物入渗污染浅层地下水。

(3)顶板导水裂隙串层污染。煤层开采对覆岩造成极大的破坏，形成导水裂隙带，开采时导水裂隙带范围内含水层地下水下泄，形成矿坑涌水，当煤矿关闭停止排水后，水位回弹至初始水位，矿井中的污染物随着地下水的运移而迁移，造成上覆含水层的串层污染，甚至顶托污染第四系松散含水层。

(4)底板采动裂隙串层污染。煤层开采造成底板岩层破坏，裂隙发育，沟通了矿坑与底板含水层的联系，当底板含水层水位低于回弹水位时，矿井水将污染底板含水层。山西阳泉等地的奥灰水位低于煤层底板，煤矿开采可导致底板破坏，矿井关闭后水位回弹，矿井水可造成下部奥灰含水层的污染；在河北、河南、山东、江苏等煤矿区，石炭—二叠系煤层下伏奥陶系或寒武系岩溶含水层，该含水层是北方地区煤炭开采的主要充水含水层和矿区居民主要的供水含水层，一般情况下其水位高于煤系含水层的水位，不会发生矿井水污染该含水层的情况，但由于大量抽取地下水，造成奥陶系水位下降，煤矿关闭后水位回弹高于该含水层的水位，从而造成污染，如淄博洪山、寨里煤矿等。

（5）封闭不良钻孔串层污染。煤田勘探和生产阶段，需要施工大量的钻孔，包括地质孔、水文地质孔、井下放水孔、瓦斯抽放孔等等，这些钻孔部分封闭不良造成不同含水层的水力联系加强，矿井污染物通过这些钻孔进入含水层，污染地下水。

（6）断层或陷落柱串层污染。采煤过程中，断层或陷落柱是煤矿突水的重要通道，煤矿关闭后水位回弹，矿井水携带污染物反补给充水含水层，从而造成地下水污染。

在我国北方地区，每年约有 40%的地下水资源处于人类各种采矿活动的影响范围之内，作为煤层底板的奥陶系或寒武系含水层，既是矿井突水的主要充水水源，同时也是当地重要的供水水源，深层地下水一旦受到污染，将直接威胁当地生产生活用水安全，如淄博、徐州、安徽北部等老矿区已经发生了不同规模的地下水污染。

4. 南北方地区关闭煤矿地下水环境变化差异性

北方地区煤矿闭坑产生的矿坑水对地下水的影响，更多的是基岩裂隙流以越流补给的方式污染地下含水层。基于北方地区煤矿的研究认为，针对采空积水区水环境变化，煤层开采之后，采空区由原来的还原环境转化成氧化环境，导致硫化物氧化，铁、锰等伴生重金属溶解，水溶液呈强酸性，硫酸盐增多。也有学者认为矿坑水水质演化，经历了从开采过程中的还原环境到氧化环境，也经历了煤矿闭坑后由氧化环境到还原环境，由于煤矿闭坑后，地下水位不断升高，积水形成封闭环境，以铁离子为例，强氧化环境下以三价铁颗粒状形式存在于水溶液中，从氧化环境到还原环境，水溶液中铁离子保持二价铁形式，溶解量大，符合高铁、高硫酸盐、强酸性矿井水特征。

南方喀斯特地区以岩溶管道流为主，地下河系发育广泛，补给、径流、排泄方式均有别于北方地区，污染的地下水，更多地以泉的形式排泄，有别于北方地区含水层串层污染。喀斯特地区由于地下水丰富，径流条件快，循环强烈，其水环境变化过程也有别于北方地区，对应的采空区酸性水形成过程和动态变化，也与北方地区采空区酸性水不同。

喀斯特地区闭坑煤矿，丰水季的采空区积水补给循环快，溶解氧相对较高，采空区水环境为氧化环境，枯水季采空积水交替速度缓慢，地下水在采空区内滞留时间长,硫化物氧化消耗大量氧气,溶解氧降低,积水为氧化-还原环境;以丰、枯水季粗略划分,煤矿闭坑后采空区水环境不断经历从丰水季的氧化环境到枯水季的氧化-还原环境、又从枯水季的氧化-还原环境逐渐转化为丰水季的氧化环境的往复循环的变化过程。

(四)关闭煤矿土壤系统退化与演变

1. 关闭煤矿的地表形变

(1)闭坑露天煤矿的滑坡与塌陷。

我国许多大型露天煤矿历经几十年的开采,形成了深度为几百米、面积达十几平方公里的深大矿坑及堆积十几亿立方米废弃矸石的庞大排土场,如抚顺西露天矿形成的矿坑东西长 6.6km、南北宽 2.1km、深 400m,面积达 10.87km²,3 个废弃矸石排土场面积达 20.2km²;阜新海州露天矿长 4km、宽 2km、深 350m,面积达 8km²,排土场面积达 14.7km²。

露天采矿形成的矿坑边坡及排土场边坡,由地质构造、边坡岩体、地表水及地下水作用及采矿工程活动等引发一系列的环境地质问题与灾变,如滑坡、塌陷、泥石流等,诱发地面变形和地裂缝等突发性或缓变性地质灾害,危及周边工业、企业与民居建筑的安全,造成人员伤亡及巨大的经济损失。

露天矿闭坑后地质环境将发生改变,环境地质灾变有进一步加剧和发展的趋势,主要体现在水文地质环境的变化。露天矿闭坑前为维持正常生产与边坡安全的全套疏干排水系统,在采矿工程结束后一旦停止,则地表水、地下水将向矿坑汇集,原来的疏干边坡将逐渐充水成为湿边坡,使边坡岩体含水量增大,岩体强度大幅下降;地下水水位上升,边坡稳定性下降,边坡失稳破坏将加速,从而发生滑坡、塌陷等地质灾害;也使周边地面变形范围扩大并加剧,使变形区内的断裂带出现空化与地裂缝。

许多露天开采的矿山,下部曾进行过地下开采,岩体受到扰动、破坏,发生沉陷,在露天开采与地下开采的复合作用下,边坡岩体被切割、再度破坏与扰动,随着终采闭坑,边坡将加陡至最终帮坡角,这样脆弱的边坡在自然与人工营力如暴雨、地震或矿震等作用下更易发生滑坡、塌陷,带来地表形变和土壤层结构破坏,例如阜新海州露天矿在闭坑后仍然存在滑坡问题。

(2)闭坑井工煤矿的塌陷沉稳。

地下的煤炭被开采出来后,岩土体内部就会产生一个空洞(采空区),其周围原有的应力平衡状态受到破坏，为了达到新的应力平衡，采空区周围的岩土体中会产生应力重新分布，在这个过程中采空区周边的岩土体在某些区域会形成应力集中，而在另一些区域会形成应力松弛。根据采空区周边岩土体性质不同，会产生不同的地压，随着矿山的开采，采空区将发生多次应力重分配，一旦应力集中超过了岩土体的极限应力强度，就会发生变形破坏，使得地表发生一系列的变形和破坏，最后在地表形成塌陷盆地。当采空区影响波及地面时会形成塌陷盆地，在地表下沉的外边缘有可能出现裂缝。若采空区上覆松散层为塑性较大的黏性土，当地表拉裂变形超过 6～10mm/m 时，地表就会产生裂缝；若上覆松散层为塑性较小的砂质黏土，地表变形值在很小的时候就会产生裂缝。

煤矿闭坑之后，尽管采矿活动已经结束，但地表变形和移动仍然会持续一段时间，逐渐趋于稳定。塌陷沉稳时间根据煤矿开采的实践经验和观测资料分析结果，长壁式全垮落采煤法采空区上方地表的移动变形是一个长期的过程，工作面停采时间越长，其残余沉降量越小。

地表移动延续时间(T)可根据下式计算：

$$T = 1.41H + 131$$

式中，H 为工作面平均采深。

以江苏省沛县龙固煤矿为例，其东部采区主要采煤深度在 290～550m，由上式计算煤层的地表移动延续时间 T 为 540～907 天，即煤矿闭坑后，区内开采煤层引起的地表常规移动仍将延续 1.48～2.48 年。

(3)闭坑煤矿二次塌陷。

闭坑矿山充水后，井工矿山采掘区域原来已经处于应力平衡状态的煤岩柱体被水浸泡后，由于强度降低，可能失稳，诱发矿区地面二次塌陷，甚至出现山体崩塌和滑坡等地质灾害。

随着我国城区持续扩张和房地产业蓬勃发展，受征用地限制，不少工业与民用建筑(甚至高层建筑)、高速铁路和公路等基础设施工程建设在矿区采空区之上或采空区附近。由于采空区历经多年沉稳演变，上覆岩层和地面已趋于稳定，且由于生产矿井连续开采排水而处于非充水状态，高层建筑物地基和基础设施等稳定性尚好，但矿山一旦闭坑，井下采空区将逐渐积水，抬升的矿井水位使建筑物地基岩土和基础设施等被水长期浸泡，破坏了岩土体地应力场与水动力场的原有平衡。如果建筑场地断裂构造或裂隙密集带发育，这些原生地质构造因被水长期浸泡，可能被二次激发活化。这些因素可能会影响采空区上方或附近高层建筑物地基和基础设施等的稳定，甚至诱发建筑场地和基础设施等地面鼓起或塌陷，导致建筑物和基础设施等破裂损毁等。

(4)闭坑煤矿岩溶塌陷。

岩溶塌陷作为岩溶区一种特殊的水土流失现象，是自然界岩、土、水、气多相平衡状态遭受破坏后，地表岩土体向下部岩溶空间流失的结果。

岩溶区煤矿闭坑后，岩溶塌陷形成条件与致塌模式不同于疏干排水过程中形成的岩溶塌陷。煤矿疏干排水过程中加速了土洞的形成，为岩溶塌陷发生奠定了基础。煤矿闭坑后，地下水位持续上升对土体形成向上的气压力(浮托力)成为产生塌陷的主要动力条件，当气压力超过土体自重压力时，土洞发生塌陷(图3-12)。这是湘中娄底地区恩口煤矿区闭坑后10年仍然发生岩溶塌陷的主要致塌模式。在水位恢复稳定后，发生岩溶塌陷的数量显著减少，表现为自然状态下较普遍的渗透-潜蚀致塌模式。

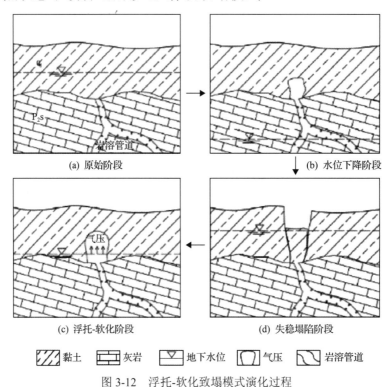

(a) 原始阶段　　　　　　　　(b) 水位下降阶段

(c) 浮托-软化阶段　　　　　　(d) 失稳塌陷阶段

黏土　灰岩　地下水位　气压　岩溶管道

图3-12　浮托-软化致塌模式演化过程

闭坑后岩溶塌陷时空特征可归纳为3种时空效应，分别为集聚效应(老坑效应)、界面效应与顶板效应。

集聚效应是指地下水水位在岩土接触面以下波动期间,新塌陷容易发生在已有塌陷区,表现出一种向老塌陷区集聚的倾向,主要形式有老塌陷坑复活、老塌陷区塌陷坑数量增多、塌陷区规模变大等。其原因主要是老塌陷区本身存在多种岩溶塌陷不利条件,如岩溶强烈发育的可溶岩、较薄的土层、不利的地质构造等,加上地表多期次塌陷形成汇水凹地,直接沟通了地下与地表的联系,地表水(大气降水)可以直接垂向补给地下水。经年累月的垂向补给,就会形成一条优势的地下水径流通道,其末端直接与大气相通、首端与地下水水体相连,类似于一个自上而下径流的地下河系统,上覆盖层区即为分水岭(汇水源头)。伴随地表水(大气降水)渗漏补给地下水过程,不断出现溯源侵蚀,造成土颗粒流失并孕育新土洞。当地面出现堆载、大气降水浸润土体增加自重或振动时,就会诱发土洞塌陷。该阶段塌陷特征主要以零星塌陷为主,局部可形成面状或线状塌陷。

界面效应是指地下水恢复至岩土接触面或可溶岩与非可溶岩接触面(以白垩系居多)附近时塌陷集中暴发的一种现象。根据现有数据分析,界面效应不是仅指界面,其有效范围垂向方向可以界定为表层岩溶带—岩土接触面—土洞顶板相应范围。界面效应主要是因为前期形成的土洞,由于自身土拱效应还能基本满足结构稳定,但在地下水水位上升时,水体浸润土拱拱周,导致土拱结构弱化、土体抗剪强度从天然状态直接过渡到饱和状态,C(土体的内聚力)、φ(土体的内摩擦角)值骤降,土拱失效触发地面塌陷。该阶段塌陷特征主要以小规模集中塌陷为主。

顶板效应是指地下水水位高于隔水顶板(土洞顶板)后,原有地下水排泄区恢复涌水,塌陷事件明显减少或趋于沉寂的现象。地下水水位高于隔水顶板后,塌陷事件趋于沉寂。该阶段地下水流向发生变化,径流区地下水基本上从垂向运动变为近水平运动、排泄区地下水流向由垂直向下转换为垂直向上,地下水系统深、中、浅流场基本恢复。一些稳定的土洞会在地面振动、加载等情况下发生塌陷,但总体上受水径流方向改变的影响,土颗粒受力达到平衡状态。土颗粒流失可能性大减,主要为地下水自然波动引起的颗粒流失,较重的土颗粒以重新充填下部基岩岩溶管道为主,较轻的土颗粒随地下水涌出地面且相应过程均较为缓慢。土洞孕育的条件基本消失,但界面效应中残存的土洞在加载、振动或局部新的人为抽排水情况下会演化发展成新的塌陷。该阶段塌陷特征以零星塌陷为主。

湖南省煤炭坝矿区地处湘中丘陵与洞庭湖泛平原的过渡地带,区内以丘陵地貌为主,是我国岩溶大水矿区之一,曾经的采矿疏排地下水诱发了区内长时间、大面积的岩溶塌陷。2014 年底,全区煤矿彻底关停闭坑,地下疏排水活动停止,随着地下水水位的上升,陆续有零星塌陷和小规模集中性塌陷事件发生。整体上,新塌陷多集中分布于老塌陷区,地下水恢复过程中,岩溶塌陷地点大体上逐渐从降落漏斗边界向降落漏斗中心迁移,与地下水降落漏斗缩小趋势及方向一致。

2. 关闭煤矿的土壤破坏与污染

(1)土地塌陷对土壤理化性质的影响。

煤炭资源开发造成的地面塌陷是煤矿开采区最严重的生态环境问题之一,地面塌陷又会对土壤的物理化学性质产生巨大的影响。

土地沉陷导致土壤结构变化,造成土壤质量下降。沉陷引起土体下沉,土壤各土层产生垮落、错动,改变土壤剖面,降低土壤的持水保肥能力、矿质养分和抗蚀能力,从而严重影响肥料的有效性发挥;同时,地表沉陷也使肥分从土壤表层向深层渗漏、流失,土壤肥力赋存特征发生明显改变,使土壤原有质量受到影响,从而不利于植物生长和植被恢复。

土地沉陷对土壤持水性和土壤水分的供给也产生显著的影响。塌陷加剧土壤水分损失,塌陷区的土壤含水量一般小于非塌陷区,主要是由于塌陷造成土壤非毛管孔隙增多,促进了土壤水分垂直蒸发;塌陷裂缝(隙)的发育,增大了土壤蒸发的表面积,促进了土壤水分的侧向蒸发;同时,塌陷错落面的形成也增大了土壤水分蒸发量。

土地沉陷对土壤化学性质的影响主要表现在土壤氮、磷等养分元素损失上。沉陷区土壤中养分一般出现下降趋势,其中全氮、全磷、速效钾的下降达到显著或极显著水平;采煤塌陷可使土壤中营养元素随裂隙流入采空区,造成土壤养分短缺。在氮的流失途径中,硝态氮可以从上层土壤剖面淋至较深的土层;水解性有机氮(一般占全氮的 50%～70%)可以通过微生物的矿化作用转化为易流失的无机态氮。在磷的流失途径中,磷可以随淋溶作用进入深层土壤,使土壤磷元素损失。有研究发现,沉陷区有机质、氮、磷等含量只有正常植被覆盖土壤平均值的 20%～30%,严重影响农作物的生长。

(2)矿区土壤的重金属污染。

煤炭资源的长期开采在开采区积累大量的土壤污染物,主要包括重金属、非重金属无机污染物、有机污染物、放射性物质等,其主要来源为煤炭开采产生的煤矸石、碳质岩、煤灰、污水灌溉等。

采矿活动是矿区土壤受到重金属污染的主要原因,矿区土壤均受到不同程度的重金属污染。煤炭开采产生的煤矸石是土壤污染物的主要来源,能对生态矿区和其周围环境产生巨大的影响。煤矸石长期堆积在一起,在空气和雨水的作用下,废弃物中的硫铁矿氧化后形成酸性废水,连同重金属元素一起对土壤造成污染。

煤矸石山的堆积对周边土壤造成了一定程度和范围的重金属污染,随着煤矸石堆放、风化淋溶时间的延长,矿区土壤中重金属含量基本呈上升趋势,表层浓度比深层浓度高;同时,重金属含量与矸石堆的距离呈非线性负相关关系,随着距煤矸石堆的距离增加而呈明显的下降趋势,距离矸石堆越远,污染程度越轻。煤矸石中重金属淋滤具有长期性,矿区土壤对重金属元素具有迁移性和富集性,风化矸石淋滤液中重金属的含量要高于未风化矸石。

露天煤矿在剥离表土、开采煤矿的过程中产生大量煤炭粉尘悬浮在空气中,在重力作用下降落地表造成土壤污染。有研究表明,土壤环境承载着约90%的环境污染物质,其中以重金属污染及危害最为严重。露天煤矿区土壤的重金属污染一方面来源于煤炭粉尘,其在风力作用下散落于矿区周围土壤,并通过降水淋溶渗滤进入土壤中;另一方面来源于采煤、运煤和存储过程中产生的废水、废渣以煤矸石堆积导致的重金属的富集。国外有研究表明,印度 Jharia 煤矿区由于采矿活动和风蚀作用,土壤中 Fe、Mn、Cu、Zn、Cr、Pb 等浓度明显超标;孟加拉国 Bogra 煤矿区由于煤炭开采及运输等活动,周边土壤中 Mn、As、Pb、Zn 等重金属的浓度已超出金属毒性极限。在神木北部矿区土壤重金属污染的评价研究中发现,由于蒸气压较低且具有高毒性,Hg 以大气 Hg 的形式扩散,在风蚀、水蚀交错区的神木矿区极易产生散落性降尘而进入到土壤中,造成土壤重度污染。抚顺露天煤矿煤矸石场周围土壤重金属污染中,煤矸石中由于风化、自燃而浸出的重金属离子通过淋溶作用进入土壤,导致土壤中 Cd 浓度超过土壤环境质量二级标准,造成土壤重金属污染。

井工开采煤矿产生的煤矸石往往是露天堆放,煤矸石经过风化作用,以扬尘的形式通过风力作用降落于周围的土壤中,或在降水和淋溶作用下微量重金属随着地表径流进入土壤中,使土壤受到煤矸石中微量重金属的间接污染;同时,煤炭开采后经过洗煤过程,会排放大量污水,污水中携带大量重金属等有害化学物质,周围农田使用污水灌溉,使得土壤被污染。国内外的研究均发现煤矸石的堆放会对周围土壤造成重金属污染。在对宿州市煤矿区附近500m内农田表层土壤和典型剖面上重金属污染特征以及其垂向迁移规律的研究中发现,只有 Zn、Cu、Pb 符合国家土壤环境质量标准(I 级),但土壤受到了 As、Cd 轻度污染,Cr 中度污染,Hg 重度污染;距离煤矿区越远,土壤重金属含量越低。在对淮南新集煤矿区土壤中的 Co、Cr、Cu、Pb、Zn 含量的长期实验研究中,发现该矿区由于气候原因,煤矸石和粉煤灰长期受到风化、淋溶作用,导致煤矿区周边土壤中的重金属呈积累性污染。

四、生态文明发展文化子系统重构

关闭煤矿蕴含着丰富的工业遗产,见证了我国近现代工业化不同寻常的发展历程。它们不仅是人们曾经生产生活的地方,也是人们的情感记忆和精神家园。目前我国对工业遗产的保护利用相对薄弱,废弃矿山在游憩化利用中,只重视经济利益驱动下的游憩功能重构,忽视地方意义延续。这无疑剥夺了当地居民在废弃矿区游憩化利用中的获得感,遮蔽了废弃矿区给人们带来的情感价值和精神意义,一定程度上也会导致地方历史文脉的丧失。

党的十九大报告明确指出要加强文物保护利用和文化遗产保护传承。习近平总书记在山西考察时指出,历史文化遗产是不可再生、不可替代的宝贵资源,要始终把保护放在第一位[①]。《推动老工业城市工业遗产保护利用实施方案》提出要让工业遗产"活"起来,延续城市历史文脉,为老工业城市高质量发展增添新的动力。如何延续工业文化基因已成为关闭煤矿游憩化利用研究亟待解决的问题。目前我国废弃矿区已进入游憩化利用加速发展时期,加强基于工业文化基因传承的废弃矿区游憩化利用研究具有重要的理论和实际应用价值。

(1)将工业文化基因延续与游憩功能重构紧密结合在一起,有利于延续

---

① 央视新闻. 央视快评:历史文化遗产要始终把保护放在第一位.(2020-05-16)[2022-12-20]. https://baijiahao.baidu.com/s?id=1666807345644247472&wfr=spider&for=pc.

工业文脉，传承工业文化精神，保护废弃矿区工业遗产，增强居民地方认同感。

(2)蕴含工业文化基因的旅游资源具有稀缺性，迥异于其他旅游资源。工业文化基因的识别，有助于将旅游资源转化成为特色鲜明、具有竞争力的旅游产品，并成为资源枯竭型城市经济发展的新"动力源"，促进资源枯竭型城市经济转型升级。

(3)结合关闭煤矿旅游开发潜力，将废弃矿区划分为不同游憩化利用类型，并针对不同类型的废弃矿区特点，构建以地方意义为核心，以旅游资源价值与外部条件评价为基础的关闭煤矿游憩化利用模式，有助于关闭煤矿针对性地选择游憩化利用模式，加快推进关闭煤矿游憩化利用。

(一)关闭煤矿工业文化基因的识别

矿业遗产旅游资源(mining heritage tourism resources)是工业遗产旅游下的一个分支概念，指的是与矿井和矿山相关的文化遗产旅游资源，包括以废弃矿业为资源本底，对旅游者有吸引力的坑道、露天矿场、选炼矿设施、矿渣废弃物、运输道路与机具及矿山行政设施、居住空间、服务空间及信仰文化等。

将废弃矿山改造为旅游目的地，其内在的资源都可以转化为旅游资源。按照废弃矿山拥有旅游资源的差异性，废弃矿山旅游资源有：矿业遗址遗迹，与矿业活动无关的自然、人文资源，作为潜在旅游开发的一般性土地资源等，见表3-16。

(1)矿业遗址遗迹。

矿业遗迹主要指矿产地质遗迹和矿业生产过程中探、采、选、冶、加工等活动的遗迹、遗址和史迹，并具备研究的价值、教育的功能，是游览观赏、科学考察的主要内容。既包括具有重要历史价值、技术价值、社会意义、科研价值的矿产地质遗迹，又包括矿业开采遗存、矿业生产及其技艺遗存、矿业产品遗存、矿山社会活动遗存等。按照《国家矿山公园申报工作指南》，将矿业遗迹分为矿业开发史迹、矿业生产遗址、矿业活动遗址、矿业制品、与矿业活动有关的人文景观和矿产地质遗址。

(2)与矿业活动无关的自然、人文资源。

它是矿业开采中保留的未被矿业活动干扰的资源，由若干具有文化和自

表 3-16   矿业旅游资源分类

类别	亚类别	基本内容
矿业遗址遗迹	矿业开发史迹	反映重要矿床发现史、开发史及矿山沿革的记载和文献
	矿业生产遗址	大型矿山采场(矿坑、矿硐)、冶炼场、加工场、工艺作坊、窑址和其他矿业生产构筑物、废弃地、典型的矿山生态环境治理工程遗址等
	矿业活动遗迹	矿业生产(探矿、采矿、选矿、冶炼、加工、运输等)及生活活动遗存的器械、设备、工具、用具等,包括探坑(孔、井)及采掘、提升、通风、照明、排水供水、半截工具、安全设施及生活用具等
	矿业制品	珍贵的矿产制品,矿石、矿物工艺品
	与矿业活动有关的人文景观	历史纪念建筑、住所、石窟、摩崖石刻、庙宇、矿政和商贸活动场所及其他具有鲜明地域特色的与矿业活动有关的人文景观
	矿产地质遗迹	典型矿床的地质剖面、地层构造遗迹、古生物遗迹、找矿标志物及提示矿物、地质地貌、水体景观、具有科学研究意义的矿山动力地质现象(地裂缝、地面塌陷、泥石流、滑坡、崩塌等)
与矿业活动无关的自然、人文资源	自然资源	高山、峡谷、森林、火山、江河、湖泊、海滩、温泉、野生动植物、气候等
	人文资源	历史文化古迹、古建筑、民族风情、饮食、购物、文化艺术和体育娱乐
土地资源	一般类土地	具备负载、养育、仓储等等功能的土地
	污染类土地	开采和选洗矿石过程中产生的废石和尾矿

资料来源:作者整理。

然要素的景观类土地资源组成。可能包括高山、峡谷、森林、火山、江河、湖泊、海滩、温泉、野生动植物、气候等自然风景旅游资源,也可能成为历史文化古迹、古建筑、民族风情、饮食、购物、文化艺术和体育娱乐等人文景观旅游资源。

(3)土地资源。

它是矿业遗产价值很低,甚至没有价值的资源。尽管矿产资源已经枯竭,生态环境可能遭到破坏,但依然是土地资源,与其他土地资源一样具有资源和资产的双重内涵,具备负载、养育、仓储、提供景观、储蓄和增值等土地的功能。它们是潜在旅游资源,可以利用技术手段为旅游开发所用。

(二)关闭煤矿旅游资源特征

废弃煤矿是曾为煤矿生产用地和与煤矿生产相关的交通、运输、仓储用地,后来废置不用的区域。煤矿按照开采方式不同主要分为两类:地下开采型煤矿和露天开采型煤矿。废弃矿山蕴含的旅游资源,因煤矿开采方式不同,工业遗产旅游资源也存在很大差异。本书着重分析地下开采型煤矿。地下开采型煤矿涉及的旅游资源包括:生产系统、矿井生产建筑、采煤系统、掘进系统、煤炭运输系统、井下辅助运输系统、通风系统和排水系统,如表 3-17

所示。

表 3-17 关闭煤矿旅游资源

生产系统	旅游资源
矿井生产建筑	包括井架、绞车井架、井口房、绞车房、通风房、空气压缩机房
采煤系统	采煤机、刮板运输机、可弯曲刮板运输机、转载机、破碎机、乳化液泵站、喷雾泵站
掘进系统	岩巷掘进机、半煤岩巷掘进机、掘进转载机、掘进胶带输运机、局部扇风机、污水泵
煤炭运输系统	带式输运机
井下辅助运输系统	提升机、蓄电池机车、架空乘人装置、固定式矿车
通风系统	通风机、压缩机、真空泵
排水系统	水泵

资料来源：根据资料整理。

我国废弃煤矿旅游资源整体而言呈现出内容丰富、种类繁多、形式多样、地质景观独特的特点。

1. 矿业开发史籍内容丰富

矿业史籍资料种类上有文件、信件、地质报告、生产计划、规章规程、合同契约、会议记录、矿藏报告和工程建筑图等档案文献和图件技术资料。内容多样，有的反映煤矿发现史、开采史以及矿山发展史；有的反映中国煤矿企业管理历史与文化；有的反映国外列强对中国侵略历史。如开滦国家矿山公园保留了 1661 本记录开滦煤矿 1901 年到 1952 年经营的"羊皮大账本"和开平矿务局发行的股票及票样。大账本是中国近代企业财会管理的重要物证。股票及票样是中国煤矿最早的股票，也是迄今中国现存的最早的股票。

2. 煤矿生产生活遗迹种类繁多

废弃煤矿遗址遗迹种类繁多，涵盖了露天坑、矿井生产建筑、选煤厂、筛选厂、原煤装储系统、运输系统、排水供水系统、通风系统、照明系统、动力设备(变电站、发动机房、泵房、压缩机房、锅炉房等)及辅助企业和设施等诸多煤矿生产、生活遗迹。

我国在煤炭露天开采过程中形成众多矿坑，体量巨大。抚顺西露天矿矿坑东西长 6.6km，南北长 2.2km，面积 $13.2km^2$，是亚洲最大、世界第六大人工矿坑；矿坑开采深度为海拔$-339m$，垂直深度 424m，是人工开凿的中国大陆最低点。阜新海州露天矿长 4km、宽 2km、垂深 350m、海拔–175m，是世界上最大人工废弃矿坑。

废弃煤矿中保留了很多由德国、英国、加拿大、苏联等国家制造的生产设备。开滦煤矿 2 号井安装使用的电力绞车为比利时、英国、加拿大制造，至今仍在使用，日提升煤炭 1 万余吨。中兴煤矿保留了德国的机车、发电机、绞车、水泵、压风机、割煤机、簸运机、电煤钻、风镐、钻机、经纬仪、水准仪、安全灯以及医疗设备等技术装备。大同煤矿的煤峪口矿双滚筒电机绞车是由美国诺德勃格厂设计、加拿大勃川木公司制造的。阜新煤矿保留了苏联产电镐、潜孔钻机、推土犁等矿山开采设备及蒸汽机车等运输设备。

废弃煤矿还遗留下来历史纪念建筑、住所、坟墓等人文景观，诸如中兴煤矿的飞机楼、东西配楼、电光楼、矿师楼、枣兴堂、吴仲刚住所、大坟子、白骨塔、电务处、机务处、义和炭厂、国际洋行、老火车站、炮楼、金库、中兴门、窑神庙遗址及窑神碑等构筑物。安源煤矿的安源路矿工人俱乐部、消费合作社、工人补习学校、盛公祠、张公祠、大罢工谈判处总平巷矿井口、抚顺煤矿万人坑、本溪湖煤铁公司肉丘坟、阜新煤矿孙家湾万人坑等。

3. 矿业制品形式多样

煤产品品种齐全。抚顺煤矿产品包括煤炭、油母页岩和页岩油等。其中煤炭主要为长焰煤和气煤，是最优质的动力煤炭。开滦煤矿有肥煤、焦煤、1/3 焦气煤等品种。除了煤矿生产能源产品外，有些煤矿还生产煤精、琥珀等工艺品。煤精雕刻是抚顺、开滦等地独有的民间手工技艺，煤精雕刻始终沿用传统手工工艺制作。"砍""铲""走""抢""磨""抛""滚""擀""剁""刨""钻""搓"等生产煤精产品的技法，已成为国家级非物质文化遗产。

4. 矿产地质遗迹独特

以安源煤矿为例。安源煤矿矿产地质遗迹主要有：安源群层型剖面、安源群植物化石、"安源运动"遗迹、"三湾运动"遗迹、地面塌陷和泥石流等地质灾害遗迹。

5. 自然与人文资源丰富

关闭煤矿存在大量没有受到干扰的自然资源，可能包括高山、峡谷、森林、火山、江河、湖泊、海滩、温泉、野生动植物等自然风景旅游资源，也可能成为历史文化古迹、古建筑、民族风情、饮食、购物、文化艺术和体育娱乐等人文景观旅游资源。京西煤矿自 2016 年至 2020 年，长沟峪、王平村、木城涧、大安山、大台五个煤矿主动退出生产，共退出煤炭产能 600 万 t，实现京西煤矿全部退出。这些煤矿蕴含丰富的自然与人文旅游资源。

京西煤矿地处门头沟，门头沟是北京唯一的一个纯山区，孕育了类型多样、极具特色的自然旅游资源，山清水秀，静谧清幽，自然风光得天独厚。有山色，有水景，有峡谷幽深。有 4000 亩亚高山草甸、5000 亩森林的灵山，有"华北天然动植物园"美誉的百花山，有"京西小三峡""小漓江"之称的珍珠湖，有"天成幽谷藏飞瀑，地造奇峡卧龙潭"的京西十八潭，有鸟语花香、野鸭戏水、青山如黛的斋堂水库，有穿山绕岭、屈曲回环的永定河大峡谷，有集峡谷、奇峰、悬崖，集雄、奇、险、幽于一体的南石洋大峡谷等。

(三)废弃煤矿工业文化基因的识别

在旅游资源禀赋的研究方面，废弃矿区旅游资源被认为是历史上在矿产勘查、开采、选冶和产品制作等过程中形成的对旅游者产生美感、吸引力的一切遗存。根据矿业活动和过程，将矿业遗迹旅游资源分为探矿遗迹、采矿遗迹、选冶遗迹、加工遗迹、人文矿业遗迹、矿产地质遗迹六大类。除了对废弃矿区物质性旅游资源关注外，一些学者还研究非物质性旅游资源。但这些研究仅是从旅游资源构成要素的角度展开的，忽视了构成旅游资源的内核——工业文化基因。

生物基因是携带特定遗传信息的基本单位，对物种的进化与延续起着控制作用，这种特性及其分析方法被广泛借鉴到社会文化等研究领域。文化基因学说对国内外学者产生了积极的影响，并被国内外学者引入到不同的研究对象中，研究了传统村落文化景观基因、古城镇聚落文化基因等。废弃矿区工业文化基因承载着矿业开采过程中工业发展的全部脉络，是区别于其他旅游资源而具有"遗传"特征的基本单位。目前废弃矿区文化基因识别的研究尚处于初始阶段：一方面缺乏对废弃矿区工业文化基因的关注和对"基因信息元-基因信息链-基因信息网"构成的识别；另一方面缺乏对废弃矿区工业文化基因价值的关注，和缺乏有效的方法对旅游资源所蕴含的工业文化基因价值进行科学评价。本部分以我国关闭煤矿旅游资源的工业文化基因作为识别重点,进行实证研究。

1. 科学技术价值:代表了中国工业化的进程和科技发展的先进性

一方面,废弃煤矿真实地记录了我国早期煤炭开采对国外先进技术的引进和依赖。废弃煤矿遗存的勘探、开采、运输、通风、给排水、照明、选洗的装备和构筑物等一定程度上留有了国外生产制造的印记。另一方面废弃煤矿完整地保留了中国人创造出的精湛煤矿开采工艺和工业设备,体现了中国在引进技术基础上的大胆创新。

中国工业遗产保护名录(第一批)所涉及的 9 个煤矿遗址都不同程度地呈现了特定时代煤炭产业科学技术的先进性。以开滦煤矿为例,1878 年开滦煤矿使用当时外国先进的金刚石钻头打钻探煤。井下巷道完全按西方近代大煤矿的采掘工艺布置,在竖井间不同深度横开运输通风大巷,各巷均与两井贯通,拱门巷道用料石筑成,十分坚固宽大,形成最早的竖井多水平阶段石门开拓方式。阜新煤矿是我国"一五"计划时期 156 个重点建设项目之一,是当时世界第二、亚洲最大的机械化露天煤矿,代表 20 世纪 50 年代中国采煤工业的最高水平,是全国第一个现代化、机械化、电气化的露天煤矿。

与此同时,这些矿业遗址也体现了关联产业技术的先进性,如唐山矿百年大道建于 1899 年,为拱形砌券式隧洞结构,采用掏挖方式开凿,净高 5.7m,宽 7.65m,全洞长 65.1m,南北洞口上方各镶有一块石碑,上写"达道光绪乙亥二十五年四月初四开平矿务局"字样。百年达道实际上是中国近代工业发展史上最早的铁路、公路立交桥;1881 年,开平矿务局建成胥各庄铁路修理厂,英籍工程师金达和该厂的中国工人,利用废旧的材料制造了一台 0-3-0 型蒸汽小火车头,起名为"中国火箭号"。由于机车两侧各焊上了一条龙的图标,因此又取名"龙号机车",这是在中国本土上制造的第一台蒸汽机车;在 1958 年 7 月 28 日设计了该煤水泵,并且该煤水泵由开滦机械制修厂制造,该煤水泵的扬程超过了设计能力(300m),达到 359m,流量为 633m³/h,效率为 48.6%,提升能力每小时约 125t,当时居世界领先水平。这些矿业遗产蕴藏的科技信息对于认识科技发展史、启迪科技发展方向具有重要的意义。

2. 美学价值：呈现出古今交融、东西合璧的艺术特征

废弃矿山建筑通常具有巨大的尺度和恢宏的气势，呈现出工业化机器美学的特征，在视觉上容易形成吸引力和冲击力。同时煤矿开采矿井等设备也具有鲜明的时代性和典型的产业风貌特征，使整个地区具有别具一格的视角特征与品质。我国一些废弃矿山在时间跨度上，经历了清代、民国和新中国三个时期，形成了不同时代特征的建筑风格。有些废弃煤矿大都经历了外国侵略者的掠夺，因而很多建筑留下了西方殖民时期和日本侵略时期的历史痕迹，建筑形式呈现出古今交融、东西合璧的艺术特征。

嘉阳国家矿山公园的芭蕉沟工业古镇有英国村落式民居建筑、苏联工业建筑和民居建筑，与川西南小青瓦建筑群落包容并存，集中展示了中国矿业发展的历史片段，较为完整地保留了那段时期的特殊历史文化，是国内不可多得的鲜活的"教科书"和博物馆，也是中西建筑文化合璧的建筑艺术瑰宝。开滦煤矿的矿务局大楼，现为天津市委办公楼，建于 1919 年至 1921 年，这栋楼房是古典主义檐饰和立柱式的代表作；赵各庄煤矿的"洋房子"是矿上外来高级员工的别墅，现为赵各庄矿党委办公室，欧式建筑风格，地下一层、地上两层，全部为木质结构。这两处建筑物至今保存完好，对于研究和学习西方建筑设计和审美具有一定的参考意义。

3. 历史价值：见证了殖民者侵略史和中国革命发展史

废弃矿山记录了人文事件、特定历史活动的发生，是历史文化信息传递的载体，具有一定的历史价值。

从洋务运动，到新中国成立，再到改革开放，经济转型，废弃矿山大都经历了一个从破茧诞生、曲折发展、创造辉煌到走向衰落。这一过程浓缩了矿区所在地乃至中国的殖民者侵略史和革命发展史，从反抗侵略者斗争到革命胜利，从国家建设高潮到理想激情消退，不同年代的工业遗产保存了相应时期的历史文化演变序列，成为不可磨灭的历史印记。

殖民者对矿产资源的掠夺史是中国矿业遗产特殊的烙印。9 家煤矿都遭到殖民者的掠夺。我国很多早期建设的煤矿，都深受帝国主义、封建主义和官僚资本主义的残酷剥削和压迫。他们对中国矿产资源进行掠夺性开采，使这些区域沦为帝国主义的殖民地。这些煤矿都见证了外国殖民者对我国矿产资源的掠夺和对矿工的剥削压迫，记录矿工进行英勇反抗的血泪史。从《马

关条约》签订到日本战败投降，在长达半个世纪的时间里，日本先后侵占了台湾、东北、华北、华中、中南等地区资源比较好的煤矿，如抚顺、本溪、淄博、开滦、焦作、门头沟等。废弃煤矿遗址遗迹是日本殖民者掠夺我国矿产资源、剥削压迫矿工的记载，更是矿工对侵略者进行英勇反抗革命精神的呈现。抚顺煤矿被日本霸占40年间造成至少25万名中国劳工死亡，它见证了中国矿业工人的血泪史，具有重要的历史文化价值。

很多煤矿又是红色革命的圣地、中国革命的纪念地，见证了中国革命的发展史。安源是以举世闻名的安源路矿工人运动和秋收起义为背景的中国工人运动策源地和中国工农革命武装诞生地，保存了各种遗迹、遗物，包括安源工人补习夜校旧址、罢工前后路矿工人俱乐部旧址、罢工部署会议旧址、路矿工人消费合作社、谈判大楼、毛泽东旧居、黄静源烈士殉难处、秋收起义前敌委员会机关旧址、秋收起义军事会议旧址、秋收起义部队出发地、安源路矿工人运动纪念馆、秋收起义广场和烈士陵园等，这些矿业遗迹见证了中国革命的成长壮大。

4. 文化价值：构筑了艰苦奋斗的工匠精神

废弃矿山见证了一座矿山或者一座城市发展的历程、寄托了时代的精神与情感。矿业活动创造了巨大的物质财富的同时，也创造了取之不尽的精神财富。这些是形成社会强烈的认同感和归属感的根本，是近现代工业历史和文化的标志，也是矿业城市文化精神的重要体现。它所承载的时代精神、企业文化和矿山工人的优秀品质是构成所处时代的重要标志。

中国矿业遗址的"奋斗"精神构筑了中国矿业遗产独特的品格。我国在矿业发展中，涌现了一系列模范人物事迹，形成了具有广泛影响力的大庆精神、铁人精神、雷锋精神、鞍钢精神等精神财富，共同构筑了中国特色的工业精神——自力更生、艰苦奋斗、无私奉献、爱国敬业。矿业遗址的"奋斗"精神是中国工业文脉中最直接、最根本的特征。"特别能战斗精神"已经成为开滦工人标志性代名词，毛泽东在1961年参观开滦煤矿时曾经同工人们进行交流并表示赞扬。这种精神，不仅是开滦矿工优秀品格的生动写照，也是煤炭产业工人高尚品质的典型代表。无论是在革命斗争时期，还是在社会主义建设时期，这种精神都在中国煤炭工业发展史上留下了不可磨灭的印记，形成了广泛性的群众认同和深远的社会影响，对推动我国矿业由大变强具有基础性、长期性、关键性的影响。

5. 社会价值：创造了计划时期"企业办社会"独有的工业文化

废弃矿山是中国特定时代的工业化产物。中国在相当长的一段时间内，以计划为导向，国家统管企业，企业也承担起政府的一些社会福利职能，如教育、医疗、公共服务等。导致大多企业往往独立于地方城市而存在，出现厂区与城市分离的空间格局，企业形成了一个自我封闭运转的社会系统，也创造出一种独特的工业文化。矿山独立封闭的运行体制极大地影响着城市肌理与空间形态，厂房、设备、建筑、服饰、音乐、绘画、戏曲、民俗等也由此带上了时代性和地域性的符号，从而形成了矿业城市特有的文化。

工业化的符号及其引发的精神、思想与情感等多重属性在煤矿空间中叠加，使中国废弃矿山旅游资源迥异于其他国家，而具有独特性和稀缺性。旅游开发在很大程度上依赖于旅游资源及其依托的环境。矿业遗产是一种特殊类型的文化遗产，也是一种宝贵的旅游资源，中国矿业遗迹的独特性和稀缺性决定了废弃地利用工业遗产在旅游开发上占据了绝对优势，更容易形成具有吸引力的旅游产品。

(四)关闭煤矿旅游开发潜力模型的构建与类型划分

1. 关闭煤矿旅游开发潜力模型的构建

近年来，随着经济增速持续放缓，煤炭需求萎缩及产能过剩，关闭煤矿数量逐年增加，对煤炭资源型城市造成了前所未有的压力。为关闭煤矿或未来将关闭煤矿寻求可替代的新兴产业，实现城市经济转型，已成为煤炭资源型城市一项紧迫而必要的任务。

利用矿山遗址进行旅游开发是资源型城市经济转型的重要渠道之一。英国曼彻斯特北部地区、德国鲁尔区、法国洛林地区等传统老工业区通过废弃矿山旅游开发，实现了区域经济可持续发展。自2004年，我国积极探索利用废弃矿山开展旅游的实践与制度建设，共批准建立了88处国家矿山公园，出台了《全国工业旅游发展纲要(2016~2025年)》《"十三五"旅游业发展规划》《自然资源部关于探索利用市场化方式推进矿山生态修复的意见》等多个政策文件，支持资源型城市旅游开发。煤炭资源型城市很多都是"因煤而兴"的城市，在历史发展中形成了形式多样、独具特色的煤矿工业旅游资源。这些旅游资源价值不同,城市的旅游开发条件也不一样,煤炭资源型城市矿山遗址旅游开发潜力存在很大差异。煤炭资源型城市矿山遗址旅游开发的适宜性与相应的开发模式也不相同。在这一情况下,加强煤炭资源型城市矿山遗址旅游开发潜力测度、开发潜力类型识别及其相应开发模式的研究具有十分重要的意义。

Gunn 提出旅游开发潜力理论,并把旅游资源和开发条件作为构建旅游目的地开发适宜性评价因素,此研究为资源型城市矿山遗址旅游开发潜力的测度、类型识别奠定了基础。然而,煤炭资源型城市矿山遗址旅游开发是依托极其特殊的旅游资源和开发环境而进行的旅游功能再造,国内外学者在工业遗产调查、分类及矿山旅游资源开发价值、开发模式等方面研究颇多,但以资源型城市为研究对象,对矿山遗址旅游开发潜力测度的研究十分有限,且存在诸多不足:

(1)目前研究仅从"资源观"视角将矿山旅游资源作为旅游开发潜力评价的重点,缺乏对旅游开发条件的理解,特别对矿山依托城市的开发环境认识不足。

(2)对矿山遗址旅游开发模式的研究增多,但很少从煤炭资源城市的视角研究煤矿工业遗址旅游开发模式,并且目前提出的开发模式没有和矿山遗址开发潜力联系在一起,无法为煤炭资源型城市矿山遗址旅游开发模式的选择提供科学依据。

本部分以 82 个煤炭资源型城市为研究对象,基于旅游开发潜力理论,从矿山旅游资源、矿山开发条件、城市开发环境等三个维度出发,构建煤炭资源型城市矿山遗址旅游开发潜力识别模型。结合重点煤矿,采用熵值法综合评价我国煤炭资源型城市矿山遗址旅游开发潜力,识别旅游开发潜力类型,在此基础上提出相应的开发模式。

煤炭资源型废弃矿山旅游开发潜力评价是对城市是否具备发展旅游条件的评判。结合研究文献,本书基于旅游开发潜力理论,构建了煤炭资源型城市矿山遗址旅游开发潜力模型,见图 3-13。

模型的核心层为工业遗产。旅游资源是煤炭资源型城市矿山遗址旅游开发的前提条件。按照矿业遗产价值等级不同,将矿山旅游资源分为三类:工业遗产、矿业生产未扰动的自然人文资源和作为潜在旅游资源的一般性土地

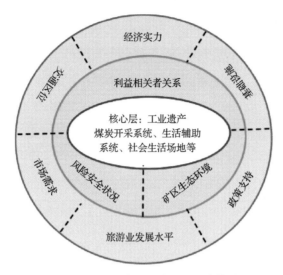

图 3-13 矿山遗址旅游开发潜力模型

资源。其中，工业遗产的旅游资源价值最高，它是在煤炭开采过程中形成的具有历史、技术、社会、建筑及科学价值的工业文化遗存，包括煤矿露天坑、矿井生产建筑、选煤厂、筛选厂、原煤装储系统、运输系统、排水供水系统、通风系统、照明系统、动力设备(变电站、发动机房、泵房、压缩机房、锅炉房等)及与煤矿相联系的社会活动场所等。工业遗产价值越高，对旅游者的吸引力越强。

模型的中间层是矿山开发条件。煤炭开采直接破坏和占用大量土地资源，对地表植物、景观、矿山岩石、土层稳定性造成一定影响。同时这些受损的土地，在外部环境的侵扰下，极易引发矿山水土流失、矿山地表塌陷、采矿边坡滑坡、泥石流等地质灾害。因此，矿山遗址旅游开发必须考虑矿山安全状况和生态环境质量。矿山生态环境及安全状况越好，开发成本越低，越有利于旅游开发。此外，企业、地方政府、公众、游客、当地居民等多个利益主体在工业遗产保护、利用与管理过程中发挥着重要作用，各利益主体关系友好度及参与度直接影响着旅游开发的可行性及经营效果。

模型的外围层是城市开发环境。旅游产业本身是关联性强、对宏观环境系统依赖和影响都很严重的产业类型，其发展依赖于客源市场，其运行涉足"吃、住、行、游、购、娱"众多部门和行业。因此，矿山遗址旅游开发需要广阔的市场，城市完善的公共基础设施、社会服务体系做支撑。

基于煤炭资源型城市矿山遗迹旅游开发潜力模型，本书本着遵循国际准则，同时体现中国特色的原则，在《关于工业遗产的下塔吉尔宪章》《都柏林准则》以及中国近年来出台的一系列准则和制度的基础上，构建煤炭资源型城市矿山遗址旅游开发潜力测度体系(表 3-18)：

表 3-18　煤炭资源型城市矿山遗址旅游开发潜力测度体系

准则层	指标层	具体指标量化标准
矿山旅游资源	历史价值	年代的久远性
	科技价值	生产工艺、流程、技术影响力
	审美精神价值	视觉冲击力、精神价值
	社会文化价值	与历史人物、事件的关联性
	观赏游憩使用价值	资源互补性，个性、特征或风格，视觉优美感受
矿山开发条件	矿区居民参与程度	参与旅游积极性与参与意识
	企业与居民关系	矿工占居民的占比
	灾害风险	地质风险、水文风险、火灾、爆炸、塌陷等可能性
	生态质量	自然资源保护度及土地污染、水污染、空气污染程度
城市开发环境	经济实力	经济发展水平
	交通区位	矿区与中心城市的距离、距离旅游目标市场的远近程度
	基础设施	市政公用工程设施和公共服务设施完善程度
	市场需求	旅游市场容量
	旅游业发展水平	旅游产业合理化与高度化水平
	政策支持	为矿山生态修复和旅游发展制定的法律及规章制度

(1)矿山旅游资源维度，选取历史价值、科技价值、审美精神价值、社会文化价值、观赏游憩使用价值等五个指标体现旅游要素价值和资源影响力；

(2)矿山开发条件维度，选取矿区居民参与程度、企业与居民关系、灾害风险、生态质量等指标反映矿山自身的开发条件；

(3)城市开发环境维度，选取经济实力、交通区位、基础设施、市场需求、旅游业发展水平及政策支持等六个指标，作为对矿山遗址旅游开发的宏观支撑条件。

2. 煤炭资源型城市旅游开发潜力类型识别

《全国资源型城市可持续发展规划(2013~2020 年)》中指出，目前我国共有资源型城市 262 个，其中成长型城市 31 个(煤炭资源型 16 个)、成熟型城市 141 个(煤炭资源型 41 个)、衰退型城市 67 个(煤炭资源型 24 个)以及再生型城市 23 个(煤炭资源型 3 个)。由于黔南布依族苗族自治州与九台市的数据不全，本书以 82 个煤炭资源型城市为研究对象，测度其矿山遗址旅游开发潜力。数据资料主要来源于《中国统计年鉴》《中国旅游统计年鉴》

《中国城市统计年鉴》及地方志等。

(1)旅游开发潜力的测度。

我国目前尚缺乏煤炭资源型城市工业遗产及矿山开发条件方面的统计数据。仅从工业遗产、城市开发环境两个维度进行测度。在工业遗产维度测度方面，考虑到煤炭资源型城市中重点煤矿开采规模大、历史悠久，其工业遗产价值较高，以城市中重点煤矿开采年代的久远性作为衡量工业遗产价值的评价标准。具体评价标准为：从中国近代煤炭工业的产生到中华人民共和国成立(1840~1949 年)赋值为 0.8~1 分；新中国煤炭工业初步发展时期(1949~1958 年)赋值为 0.6~0.8 分；煤炭工业"二五"至"三五"发展时期(1958~1970 年)赋值为 0.4~0.6 分；现代煤炭工业大发展时期(1970 年至今)。重点煤矿赋值 0.2~0.4 分。以此标准为依据，聘请 13 位业内专家，结合煤炭资源型城市重点煤矿工业遗产保存完好程度，采用专家打分法，调整煤炭资源型城市重点煤矿工业遗产价值的相应赋值。表 3-19 为煤炭资源型城市矿山遗址旅游开发所依托的重点煤矿。

表 3-19 煤炭资源型城市与重点煤矿

类型	城市(重点煤矿，建矿年份)
成长型	地级市：朔州、鄂尔多斯、六盘水(六枝矿区，1965)、毕节、黔南布依族苗族自治州、昭通、榆林； 县级市：霍林格勒、锡林浩特、永城、禹州、灵武、哈密、阜康
成熟型	地级市：张家口(下花园矿区，1949)、邢台(临城煤矿，1878)、邯郸(峰峰煤矿，1953)、大同(大同，1907)、阳泉(阳泉三矿 1907)、长治(石圪节煤矿，1920)、晋城(古书院矿，1958)、忻州(忻州窑矿，1949 年以前)、晋中(保晋煤矿，1905)、临汾、运城、吕梁、鸡西(鸡西矿区，1914)、宿州、亳州、淮南(淮南煤矿，1897)、济宁、三门峡(民生煤矿，1920)、鹤壁(时利和煤矿，1895)、平顶山(平顶山煤矿，1956)、娄底、广元(广旺煤矿，1958)、达州、安顺、渭南、平凉； 县级市：古交、调兵山、登封、新密、巩义、荥阳、绵竹
衰退型	地级市：乌海(乌达煤矿，1958)、阜新(阜新煤矿，1953)、抚顺(抚顺西露天煤矿，1901)、辽源(西安煤矿，1912)、鹤岗(鹤岗煤矿，1917)、双鸭山(富锦煤矿，1930)、七台河(勃利煤矿，1958)、淮北(相城煤矿，1958)、萍乡(安源煤矿，1898)、枣庄(中兴煤矿，1879)、焦作(中福煤矿，1902)、铜川(王石凹煤矿，1957)、石嘴山(石炭井煤矿，1957)； 县级市：霍州(霍州煤矿，1958)、北票(北票煤矿，1915)、九台(九台煤矿，1908)、新泰(新裕煤矿，1922)、耒阳、资兴、冷水江(锡矿山锑煤矿，1860)、涟源(涟邵煤矿，1958)、合山(合山煤矿，1919)、华蓥(华蓥山煤矿，1966)
再生型	地级市：通化(通化矿务局，1948)、徐州(贾汪煤矿，1898)； 县级市：孝义

资料来源：地方志、各地旅游发展规划、相关学术文献、官方旅游网站、野外实地考察等。

选取人均 GDP，公路、水运、民用航空客运量，城市道路面积，社会消费品零售总额，文化、体育、娱乐业从业人数分别作为城市的经济实力、交通区位、基础设施、市场需求、旅游业发展水平等指标的衡量变量。

采用熵值法对煤炭资源型城市旅游开发潜力各指标进行合成。首先采用"极差标准化"，将煤炭资源型城市矿山遗址旅游开发潜力各指标的数据进行标准化处理，处理后的数值区间为 $[0,1]$，计算公式为

$$X'_{ij} = \frac{X_{ij} - \min(X_{ij})}{\max(X_{ij}) - \min(X_{ij})}; \quad i = 1, 2, \cdots, n; j = 1, 2, \cdots, m$$

式中，X_{ij} 为煤炭资源型城市 i 第 j 个矿山遗址旅游开发潜力指标；X'_{ij} 为标准化后的指标。

然后，求解信息熵值 e_j 与信息效应值 d_j。其中，信息熵值 e_j 的计算公式为：$e_j = -k \sum_{i=1}^{m} x'_{ij} \ln x'_{ij}$，$k$ 主要与煤炭资源型城市数量 m 有关。在 m 个样本处于完全无序分布状态时，此时 $x'_{ij} = 1/m$。与此相对应的 k 值为 $-1/\ln m$。信息效应值 d_j 为 e_j 与 1 的差，可表示为：$d_j = 1 - e_j$，d_j 指标越大越重要。

最后，求第 j 个矿山遗址旅游开发潜力的权重 $w_j = d / \sum_{j=1}^{m} d_j$，以及资源型城市 i 矿山遗址旅游开发潜力 $s_{ij} = \sum_{j=1}^{m} w_j x'_{ij}$。

采用熵值法，分别求得城市开发环境维度的开发潜力及涵盖工业遗产价值、城市开发环境维度在内的综合开发潜力，如表 3-20 所示。

表 3-20　煤炭资源城市矿山遗址旅游开发潜力识别

城市	工业遗产	开发环境	综合潜力	城市	工业遗产	开发环境	综合潜力	城市	工业遗产	开发环境	综合潜力
朔州	0.41	0.20	0.38	吕梁	0.26	0.27	0.33	抚顺	0.99	0.35	0.74
鄂尔多斯	0.43	0.58	0.55	鸡西	0.90	0.27	0.71	辽源	0.91	0.33	0.68
六盘水	0.67	0.32	0.59	宿州	0.23	0.43	0.37	鹤岗	0.87	0.24	0.60
毕节	0.21	0.47	0.37	亳州	0.49	0.40	0.51	双鸭山	0.95	0.26	0.65
昭通	0.24	0.30	0.32	淮南	0.94	0.33	0.75	七台河	0.84	0.24	0.59
榆林	0.43	0.33	0.45	济宁	0.43	0.80	0.64	淮北	0.82	0.29	0.61
霍林郭勒	0.22	0.41	0.36	三门峡	0.80	0.37	0.68	萍乡	0.99	0.31	0.72
锡林浩特	0.22	0.18	0.26	鹤壁	0.93	0.19	0.69	枣庄	0.99	0.55	0.85
永城	0.65	0.22	0.56	平顶山	0.84	0.45	0.74	焦作	0.99	0.54	0.82
禹州	0.28	0.24	0.32	娄底	0.22	0.37	0.34	铜川	0.96	0.14	0.59
灵武	0.24	0.31	0.33	广元	0.66	0.21	0.55	石嘴山	0.82	0.17	0.56
哈密	0.24	0.25	0.29	达州	0.49	0.39	0.57	霍州	0.62	0.24	0.497

续表

城市	工业遗产	开发环境	综合潜力	城市	工业遗产	开发环境	综合潜力	城市	工业遗产	开发环境	综合潜力
阜康	0.21	0.20	0.27	安顺	0.24	0.21	0.29	北票	0.93	0.29	0.66
张家口	0.84	0.54	0.78	渭南	0.25	0.41	0.38	新泰	0.92	0.33	0.68
邢台	0.84	0.66	0.83	平凉	0.35	0.18	0.34	耒阳	0.21	0.21	0.28
邯郸	0.86	0.88	0.93	古交	0.48	0.07	0.37	资兴	0.73	0.23	0.53
大同	0.99	0.27	0.75	调兵山	0.27	0.29	0.39	冷水江	0.85	0.22	0.57
阳泉	0.99	0.17	0.73	登封	0.29	0.24	0.29	涟源	0.69	0.19	0.52
长治	0.90	0.30	0.73	新密	0.24	0.25	0.29	合山	0.96	0.14	0.64
晋城	0.85	0.24	0.67	巩义	0.21	0.26	0.30	华蓥	0.64	0.18	0.52
忻州	0.74	0.25	0.60	荥阳	0.28	0.26	0.30	通化	0.84	0.37	0.71
晋中	0.90	0.28	0.72	绵竹	0.28	0.19	0.26	徐州	0.92	0.97	0.99
临汾	0.20	0.31	0.30	乌海	0.44	0.26	0.41	孝义	0.42	0.15	0.37
运城	0.20	0.34	0.32	阜新	0.89	0.27	0.64				

表 3-20 可以看出，82 个煤炭资源型城市在工业遗产、开发环境及综合潜力三个方面存在很大差异。开发环境维度的开发潜力排名在前十的城市分别为：徐州、邯郸、济宁、邢台、鄂尔多斯、枣庄、张家口、焦作、毕节、平顶山；综合潜力排名在前十的城市分别为：徐州、邯郸、枣庄、邢台、焦作、张家口、大同、淮南、平顶山、抚顺。

(2)旅游开发潜力空间分布特征分析。

为进一步探究煤炭资源城市矿山遗址旅游开发潜力空间分布特征,本书运用 ArcGIS10.2 软件的"密度分析"功能模块对煤炭资源型城市矿山遗址旅游开发潜力进行核密度分析。核密度分析用来探究区域内要素在空间上的形态分布特征及变化,反映空间要素的分散或聚集特征。本书在计算过程中,将矿山遗址旅游开发潜力作为 population 字段根据要素的重要程度赋予某些要素比其他要素更大的权重,核密度分析法一般设定为：在某点 x 处 $f(x)$ 通常由 Rosenblatt-Parzen 核估计：

$$f_n(x) = \frac{1}{nh^a} \sum_{i=1}^{n} k\left(\frac{x - x_i}{h}\right)$$

式中, n 为样本数； a 为数据维度； h 为带参数； x_i 为样本数据点； $k()$ 为核函数。为保证效果最佳,在分析过程中多次设定搜索半径进行试验,将搜索半径设置为 200km。

在全国尺度上,煤炭资源型城市矿山遗址旅游开发潜力在空间分布上具有集聚性分布的特征,呈现出"两核三中心"的空间格局。"两核"为矿山遗址旅游开发潜力的高值区,其中一个高值区分布在华东北部,围绕枣庄、济宁、徐州、淮南、淮北等城市;另一个高值区分布在华北南部、中南北部,围绕张家口、邯郸、邢台、焦作、晋中、阳泉、大同等城市。"三中心"主要分布在东北北部、辽中南及江南中部等地。煤炭资源型城市矿山遗址旅游开发潜力空间分布呈现多中心的空间格局,为城市之间旅游协同发展,建成跨区域矿山遗址旅游功能区、旅游带提供了重要的科学依据。

(3)煤炭资源型城市旅游开发潜力类型识别。

由于各类资源型城市煤矿资源禀赋不同,旅游开发条件及适宜度也不同。为了清楚地明确煤炭资源型城市旅游开发模式,按照自然间断点分级法,分别将工业遗产价值与城市开发环境两个维度潜力划分为两个层次:高值与低值,高值与低值的分界值分别为 0.602 与 0.272,从而得到四种城市旅游开发类型,即高价值高潜力型城市、高价值低潜力型城市、低价值高潜力型城市、低价值低潜力型城市。

高价值高潜力型城市主要包括六盘水、张家口、邢台、邯郸、大同、长治、鸡西、淮南、三门峡、鹤壁、平顶山、阜新、抚顺、辽源、淮北、萍乡、枣庄、焦作、通化、徐州等。

高价值低潜力型城市主要包括永城、阳泉、晋城、忻州、晋中、广元、鹤岗、双鸭山、七台河、铜川、石嘴山、霍州、北票、新泰、资兴、冷水江、涟源、合山、华蓥等。

低价值高潜力型城市主要包括鄂尔多斯、毕节、昭通、榆林、霍林郭勒、灵武、临汾、运城、吕梁、宿州、亳州、济宁、娄底、达州、渭南等。

低价值低潜力型城市主要包括朔州、锡林浩特、禹州、哈密、阜康、安顺、平凉、古交、调兵山、登封、新密、巩义、荥阳、绵竹、乌海、耒阳、孝义等。

第三节　关闭煤矿生态文明发展政策建议

一、关闭煤矿分流劳动力政策分析

21 世纪初,不断加快的工业化进程以及煤炭行业的供需不平衡促进煤炭行业的飞速发展，煤炭在我国能源结构中占据关键地位，为加快工业化进程提供动力和保障，但随着我国经济产业的转型升级，大力鼓励开发太阳能、风能等清洁能源，传统能源的地位受到了挑战，影响力也在逐渐减弱，行业呈现出持续萧条的态势。

2016 年国务院发布《关于煤炭行业化解过剩产能实现脱困发展的意见》标志着煤炭行业供给侧结构性改革正式开始。在市场大环境的影响下，产能低、收支不能相抵的煤炭企业逐渐退出市场，其中存在的问题也集中显现出来，"去产能"工作进入攻坚阶段。职工安置就是其中突出问题之一，国家发改委及人社部联合印发的通知中对职工安置提出了明确要求，各级政府要切实负起责任，建立健全就业扶持政策体系，积极开展培训以提高就业人员自身技能，落实税收等各项优惠政策以及各种社会关系的转接工作，全方面鼓励和帮扶失业人员就业。

为化解煤炭产能过剩问题，国家、各省以及各企业都颁布了相关文件，其中最重要的一环是做好企业职工分流安置问题，职工安置是化解产能过剩的核心任务，是提高人力资源配置效率的有效手段。将政府"有形手"与市场"无形手"有效结合起来，积极发挥政府职能以及市场的资源配置作用，进一步深入分析我国关闭煤矿职工分流安置政策的有效性和可行性，从而优化煤炭行业结构，提高煤炭行业的质量和经济效益。

分析政府等部门颁布的关闭煤矿职工分流安置的相关政策，有着十分深远的意义。

第一，在经济结构的调整以及新能源的快速发展之下，煤炭作为传统行业，逐渐呈现出萧条趋势，而职工的合理分流安置是维护行业平衡中极其重要的一环。中央和地方政府对煤矿行业职工安置提供的政策支持从多方面提高分流职工的竞争力，保障了劳动者就业，对我国产业结构的转型升级有着重要的理论意义。

第二，通过回顾我国煤矿行业发展历程及现状，对我国煤矿行业中关闭煤矿职工分流安置政策进行探索，进而对关闭煤矿行业职工分流政策扶持倾向提出指导方向。

第三，从政策工具角度分析现有关于职工分流安置政策的可行性，发现现有政策的不足，提出有价值的、可供参考的建议，从而为政策进一步调整、优化奠定理论基础。

　　第四，采用文本挖掘技术，以近年来各部门发布的关于煤矿职工分流安置的政策文本为研究对象，通过构建主题模型进行深层文本挖掘，从全局角度分析政策文本的主题，从整体上把握煤矿行业在化解过剩产能的过程中职工分流安置的政策主题倾向。

　　本研究主要以中央、各省市颁布的关闭煤矿职工分流的相关政策为研究对象，从政策工具角度分析现有关于职工分流安置政策的协调性。利用文本挖掘技术对政策内容进行文本分析和挖掘，把握我国关闭煤矿职工安置政策内容的核心要点和发展趋势，从而在合理安置职工问题上提出有价值的建议，本研究包括以下三方面：

　　第一，选取近年来煤矿行业职工分流安置政策文本作为研究对象，从政策文本发布时间、发布的省份以及具体制订的部门等方面进行剖析，了解政策文本的倾向。

　　第二，从政策工具角度对政策文本内容进行分析。将政策工具分为供给型政策工具、环境型政策工具和需求型政策工具，编制出以政策工具为基础的职工分流安置文本内容分析编码表，以政策工具视角分析关闭煤矿职工分流安置政策的协调性。

　　第三，基于潜在狄利克雷分配(Latent Dirichlet Allocation，LDA)的煤矿行业职工分流政策主题演变分析。该部分以近年来国家、各省市以及企业发布的职工分流安置政策文本为主，使用 Rstudio 数据分析平台进行文本预处理后，建立 LDA 主题模型，对其进行主题挖掘，之后使用 Ucinet 工具对主题结果进行可视化，从全局角度掌握政府对煤炭职工分流安置的重点及发展趋势。

　　本书通过对关闭煤矿职工分流安置的政策文本进行分析，从政策工具角度分析政策的效用以及利用主题建模方法对政策进行全方位的解读，具体分析政府对该行业发展所制定的政策是否科学有效的执行以及是否可以为行业发展带来积极影响，并且将文本挖掘与社会网络方法相结合开展政策的量化研究，也可为该政策研究扩展思路，提供新的研究方向。

　　在国家对煤炭行业实行供给侧结构性改革以及化解过剩产能的背景下，本书主要以 2013～2019 年 50 份关闭煤矿分流职工政策文本作为分析对象，分析政策对煤矿行业企业发展和分流职工所产生的影响以及存在的不足。

　　选择政策文本的方法包括：通过对煤矿行业的背景、发展历程、相关政策和法律法规以及其他行业分流职工安置问题的相关政策进行分析,经过整体思考以及反复检索实验,最终确定检索词为"煤矿""职工安置"。为保证检索数据的完整性,在检索时选择多个方式进行搜索。本书对国务院及各部委、北大法律信息网以及中国能源网中关于煤炭的相关政策进行汇总、对比分析,发现在国务院等中央部门发布相关政策以后,各省、自治区、直辖市会根据自身情况因地制宜地制定相关政策,最终选择以国务院等中央部门以及各省份政府官网所发布的关闭煤矿分流职工安置政策为主,其他网站的政策加以补充,最终形成本书所分析的 50 份政策文本。

本节基于政策文本发布时间以及部门发布统计来整体把握政策的情况以及通过政策编码的形式对政策内容进行统计分析,从供给型、环境型、需求型三种不同的政策工具角度对政策内容倾向进行文本分析,并根据所得内容进一步分析政策协调性,明确文本内容的不足,方便在之后提出改进建议。

1. 发布时间数据分析

对收集、整理的 50 份政策文本的发布时间进行统计,结果如图 3-14 所示,即在 2015 年之前我国所发布的关于关闭煤矿分流职工政策文本的数量是极少的,但在 2015 年提出供给侧结构性改革以及化解过剩产能之后,关于职工安置的政策文本数量相较之前有了大幅度提升,尤其是 2016 年初始阶段颁布政策数量极高。

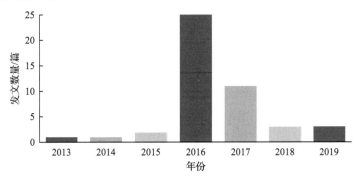

图 3-14　政策发布时间分布统计图

2. 发表省份数据分析

除国家级部门所颁布的 4 条关于关闭煤矿职工分流政策以外,各省颁布政策如图 3-15 所示,山西省作为我国煤炭大省,所颁布的关于关闭煤矿分流职工安置的政策数量是最多的,为 10 个,其次是河南,其他各省份所颁布的政策文本均在 5 个以下,整体占比都比较低。

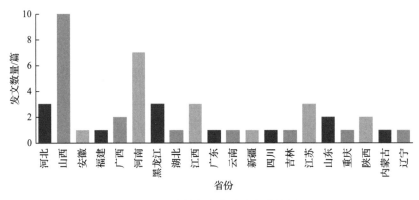

图 3-15　政策发布省份分布统计图

3. 发布部门数据分析

通过对收集到的 50 份有效的政策文本按照制定部门进行统计,其中涉及的政策主体部门有:国务院、财政部、民政部、生态环境局、国家能源局、人力资源和社会保障部、发改委、工信部、国有资产监督管理委员会、安全生产监督管理局、经济和信息化委员会、人民政府、总工会、能源局,涉及的其他部门(企业)为 15 个(表 3-21)。

表 3-21　政策文本制定部门分布情况

政策制定部门	单独发文数量/篇	联合发文数量/篇
国务院	1	0
财政部	0	10
民政部	0	5
生态环境局	0	1
国家能源局	0	1
人力资源和社会保障部	7	13
发改委	0	11
工信部	0	8
国有资产监督管理委员会	0	10
安全生产监督管理局	0	2
经济和信息化委员会	0	2
人民政府	9	0
总工会	0	6
能源局	0	1
其他	19	0

由表 3-21 中政策文本制定部门的分布情况可知,其中 19 个政策文本是

企业根据国家以及政府颁布的政策进一步单独发布的。除此之外，单独发文数量最多的是人民政府，为9个，人力资源和社会保障部门次之，为7个，然后为国务院发布文件个数为1个，其余部门均是配合人民政府等部门进行联合发文，未单独发布政策文本。

根据参与联合颁布政策的部门出现的频次排序依次为：人力资源和社会保障部、发改委、财政部、国有资产监督管理委员会、工信部、总工会、民政部、经济和信息化委员会、安全生产监督管理委员会、各省生态环境厅、各省煤炭工业厅、能源局和国务院。

如图3-16所示，在政策文本中，有36项政策是由单独部门颁布的，有3项政策是由2~3个部门发布的，有11项政策是由3个以上部门颁布。

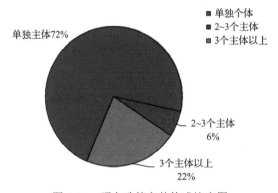

图3-16 颁布政策主体构成比率图

单独颁布政策主体构成和联合颁布政策主体构成如图3-17、图3-18所示，单独发布政策最多的是其他部门（企业），其次是人民政府，然后是人力资源和社会保障部，最后是国务院为1篇；在联合发布政策中参与最多的仍是人力资源和社会保障部，其次是发改委、财政部、国有资产监督管理委员会等部门。通过单独和联合颁布政策可知，各部门的职能性质影响着各部门对政策的参与度。

二、政策工具协调性分析

（一）基本政策工具构成

政策工具是组成公共政策体系的元素，是由政府掌握的、可以运用的并达成政策目标的手段和措施。

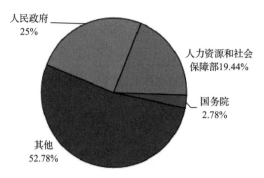

图 3-17　单独颁布政策的主体构成比率图

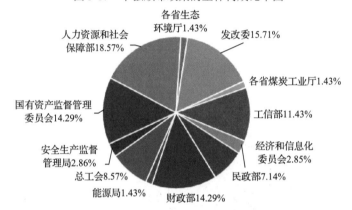

图 3-18　联合颁布政策的主体构成比率图

政策工具理论以政策的结构性为立论基础,认为政策是可以通过一系列基本的单元工具的合理组合而建构出来,并认为政策工具反映决策者的公共政策价值和理念。

政策工具可按照不同类别进行分类,本书主要结合 Rothwell 和 Zegveld 的研究成果,将政策工具分为供给型政策工具、环境型政策工具和需求型政策工具。

供给型政策工具是政府从供给和需求两个方面出台相应的措施实现以创业拉动就业的政策目标。主要包括教育培训、资金支持、技术支持、完善基本设施以及公共服务支持,具体工具含义见表 3-22。

环境型政策工具是通过优化创业环境从而间接推进创业、拉动就业的战略部署。主要包括法规管制、税收优惠、目标规划、金融支持以及策略性措施,具体工具含义见表 3-23。

需求型政策工具是政府对创业活动进行后期跟踪分析,通过积极采购创业企业产品、放松创新企业贸易管制、降低经营限制水平等方式推动创业企业健康发展。主要包括政府采购、价格补贴、对外承包、贸易管制、海外交流，具体工具含义见表 3-24。

表 3-22　供给型政策工具

工具类型	工具名称	工具含义
供给型政策工具	教育培训	一方面指政府根据职位对职工的要求，对相关人员进行培训和指导，提升职工的专业技能；另一方面指政府根据所需，培养和引进专业人才，不断完善人才培养体系
	资金支持	指政府对企业的职工安置工作提供财力上的支持，比如设立专项资金等加强和引导工作的进行
	技术支持	指政府对相关企业提供技术咨询和相关服务，为企业的技术研发提供帮助
	完善基本设施	指为企业发展打造畅通无阻的空间，加强基础设施建设，帮助企业解决困难
	公共服务支持	指为企业提供健全的配套服务措施，包括卫生、医疗等各种便民应用服务等

表 3-23　环境型政策工具

工具类型	工具名称	工具含义
环境型政策工具	法规管制	指为企业的发展和工作提出针对性的规章制度，保障企业良好的环境以及保障职工的合法权益不受损害
	税收优惠	指政府在企业或者个人选择自主创业等方面给予税收减免
	目标规划	指政府通过对企业的了解，合理制定宏观规划，对要达成的目标做总体勾勒，这既是政府期望要达成的目标，也是各个相关部门要为之努力的目标
	金融支持	指政府面向企业或者个人提供补贴、贷款、融资和投资等支持，满足职工安置过程或者个人发展过程中的资金要求
	策略性措施	指政府根据企业的不同发展，促进企业之间的合作，为分流职工提供更多选择，促进发展

表 3-24　需求型政策工具

工具类型	工具名称	工具含义
需求型政策工具	政府采购	指政府对企业生产的产品、建设的工程以及提供的服务等进行购买。在政府采购中，不仅包括具体的采购，也包括采购管理、采购流程和采购政策等
	价格补贴	指政府对企业产品进行补贴，从而减少生产过程中所消耗的成本，增加企业收益
	对外承包	指将研发方案等任务交企业负责
	贸易管制	指政府对市场中的产品进行管制，防止垄断
	海外交流	指政府对企业在海外设立的销售机构等给予直接或间接支持

(二)政策文号统计表

具体政策文号可见表 3-25。

表 3-25　实施细节政策文本表

编号	政策名称	政策文号
1	《安徽省人民政府关于在化解钢铁煤炭行业过剩产能实现脱困发展过程中做好职工安置工作的意见》	人社部发〔2016〕32号
2	《关于做好2017年化解钢铁煤炭行业过剩产能中职工安置工作的通知》	人社部发〔2017〕24号
3	《关于做好产业结构调整涉及企业职工安置分流和再就业工作的指导意见》	冀人社发〔2014〕32号
4	《关于做好化解煤炭钢铁行业过剩产能职工安置工作的实施意见》	晋政办发〔2016〕111号

编号	政策名称	政策文号
5	《安徽省人民政府关于在化解钢铁煤炭行业过剩产能中做好职工安置工作的实施意见》	皖政〔2016〕52号
6	《福建省煤炭行业化解过剩产能实施方案》	闽政办〔2016〕123号
7	《关于印发广西化解钢铁煤炭行业过剩产能实现脱困发展过程中职工安置工作方案的通知》	桂人社发〔2016〕35号
8	《国务院关于煤炭行业化解过剩产能实现脱困发展的意见》	国发（2016）7号
9	《河南省煤炭钢铁行业化解过剩产能职工安置工作实施方案》	豫政办〔2016〕155号
10	《黑龙江省关闭煤矿从业人员就业安置工作方案》	
11	《湖北省钢铁和煤炭行业化解过剩产能实施方案》	鄂政办函〔2016〕72号
12	《江西省煤炭行业化解过剩产能实现脱困发展实施方案》	赣府厅字〔2016〕81号
13	《去产能职工安置方案（参考样本）》	粤人社函〔2016〕3595号
14	《山西省煤炭供给侧结构性改革实施意见》	晋发〔2016〕16号
15	《云南省人民政府关于煤炭行业化解过剩产能实现脱困发展的实施意见》	云政发〔2016〕50号
16	《自治区2019年度煤炭行业化解过剩产能实施方案》	
17	《关于切实做好化解过剩产能中职工安置工作的通知》	冀人社发〔2019〕30号
18	《四川关于在化解钢铁煤炭行业过剩产能实现脱困发展过程中做好职工安置工作的意见》	川人社发〔2016〕29号
19	《关于做好2019重点领域化解过剩产能工作的通知》	发改运行〔2019〕785号
20	《关于做好煤炭钢铁行业化解过剩产能实现脱困发展过程中职工安置工作的实施意见》	豫人社〔2016〕53号
21	《吉林省人力资源和社会保障厅 吉林省发展和改革委员会等八部门关于做好全省化解钢铁煤炭行业过剩产能过程中职工安置工作的实施意见》	吉人社联字〔2016〕28号
22	《关于在化解过剩产能实现脱困发展过程中做好职工安置工作的实施意见》	苏人社发〔2016〕139号
23	《江西省深化2018年化解煤炭过剩产能工作实施方案》	
24	《山东省化解钢铁煤炭行业过剩产能企业职工分流安置实施意见》	鲁人社发〔2016〕25号
25	《关于在化解钢铁煤炭行业过剩产能实现脱困发展过程中做好职工安置工作的意见》	渝人社发〔2016〕119号
26	《广西罗城伟隆煤业有限公司小山煤矿2019年化解过剩产能关闭矿井职工安置方案》	
27	《河南能源化工集团化解煤炭过剩产能职工分流安置工作实施方案》	
28	《徐矿集团化解煤炭过剩产能关闭矿井人员分流安置办法》	徐矿司〔2016〕35号
29	《晋煤集团离岗休养和提前退养现行管理办法》	
30	《龙煤集团第一批组织化分流人员安置政策意见》	黑政办发〔2015〕79号
31	《龙煤集团第二批分流人员安置政策意见》	黑政办发〔2016〕98号
32	《平煤集团人员分流政策》	
33	《山东能源肥矿集团关于印发〈员工安置方案〉的通知》	肥矿集团字〔2016〕61号
34	《关于建立富余人员分流安置长效机制的意见》	陕煤化党发〔2016〕13号
35	《神华职工安置实施方案》	
36	《徐矿集团本部四对矿井关闭人员分流安置办法》	
37	《义马煤业集团股份有限公司化解煤炭过剩产能职工分流安置工作实施方案》	义煤发〔2016〕447号
38	《郑煤集团公司职工分流安置方案》	

编号	政策名称	政策文号
39	《股份公司出台化解过剩产能人员分流安置实施意见》	
40	《晋煤集团分流职工：转产不转移、转产加转移、转移不转产》	
41	《山西焦煤西山煤电马兰矿转岗分流小记：三步棋走出新天地》	
42	《神东煤炭集团员工转岗安置管理办法(试行)》	神东〔2013〕299号
43	《关于同煤集团首批职工家属区"三供一业"等分离移交暨分项移交协议》	
44	《西山煤电出台分离企业办社会职能过渡期职工安置意见》	
45	《阳煤集团职工内部提前退养及提前离岗指导意见发布》	
46	《潞安集团员工内部退养管理办法(试行)》	潞矿人力资源字〔2019〕406号
47	《跃进煤矿关于化解煤炭过剩产能职工分流安置工作实施方案》	
48	《山西省关于全力做好职工就业安置的实施细则》	
49	《江西省发展改革委等二十四部门关于印发深入推进2017年煤炭行业化解过剩产能实现脱困发展工作实施方案的通知》	赣发改能源〔2017〕626号
50	《辽宁省做好煤炭钢铁行业化解过剩产能职工安置工作的意见》	

(三)政策文本内容编码应用分析

根据对政策文号进行汇总整理分析，此处以编号和政策文号为基础(若政策没有文号，则直接用政策编号代替)，对政策文本内容进行整理，按照"政策编号-序列号"的方式展开编码，编制出以政策工具为基础的职工分流安置文本内容分析编码表，根据政策文本内容编码表进行具体分类的基本政策工具分布表如表3-26所示。

表3-26 政策文本中的基本政策工具分布表

工具类型	工具名称	政策条文编号	数量	占比
供给型政策工具	教育培训	1-2,2-2,4-4,5-4,5-5,6-3,7-2,8-5,9-3,9-4,10-1,10-2,11-3,14-2,17-1,18-2,20-2,21-5,24-2,24-8,24-9,25-2,33-9,34-6,37-4,41-4,42-2,48-3,48-6,48-8,49-2,50-2	32	
	资金支持	1-9,2-8,3-8,4-2,4-12,5-11,6-2,7-9,9-12,10-6,10-8,16-2,17-3,18-8,19-4,19-5,21-15,22-10,24-5,25-9,26-3,30-4,31-6,37-10,38-12,50-6,50-9	27	
	技术支持	NA	0	
	完善基本设施	1-4,2-3,4-10,6-5,7-4,8-6,9-5,10-5,11-5,17-5,18-4,19-3,20-4,21-3,22-4,25-4,27-5,33-6,37-6,38-7,48-8,50-5	22	43.98%
	公共服务支持	1-3,1-6,2-4,2-6,3-7,4-8,4-9,5-3,5-8,5-13,6-4,6-6,7-3,7-6,8-3,9-2,9-7,11-4,12-4,13-2,13-4,13-5,14-3,17-2,18-3,18-6,20-3,21-2,21-7,21-8,22-2,22-7,24-3,24-7,25-3,25-6,27-3,28-1,28-5,28-6,29-1,29-2,30-2,30-3,33-1,33-2,33-4,33-8,34-1,34-2,34-4,35-1,35-2,35-3,36-1,36-4,37-3,37-9,38-4,38-5,38-6,38-8,39-1,39-2,39-5,39-6,40-2,40-3,45-1,45-2,46,47-1,48-5,49-5,50-4,50-8	76	
供给型政策工具合计			157	

工具类型	工具名称	政策条文编号	数量	占比
环境型政策工具	法规管制	1-5,2-5,2-9,3-3,3-6,4-11,5-12,7-5,8-4,9-6,10-7,11-6,12-3,12-6,13-3,15,18-5,19-1,21-4,21-9,21-11,21-12,22-5,23-4,23-5,24-4,24-6,25-5,26-1,26-2,27-6,28-3,30-1,31-1,31-5,33-3,34-3,35-4,36-5,37-7,37-8,38-9,39-3,39-6,40-2,41-1,47-2,47-5,48-9,49-1,49-4	51	55.74%
	税收优惠	1-2,3-4,4-7,5-6,10-4,20-2,21-10,22-3,24-9,25-2,27-4,31-4,37-4,48-3,50-3	15	
	目标规划	1-7,1-8,2-7,3-1,3-2,3-5,4-13,5-9,5-10,6-1,7-7,7-8,8-7,9-8,9-9,9-10,9-11,11-1,12-2,12-5,14-1,14-4,16-1,17-6,17-7,18-7,21-13,21-14,22-8,22-9,23-1,23-2,24-10,25-7,25-8,32,38-10,38-11,43	39	
	金融支持	1-2,3-4,4-3,4-4,6-4,7-5,2-5,6-5,7-7,2-8,1-9,4-10,3-12-1,17-4,18-2,20-2,21-6,21-7,21-10,22-3,23-3,24-8,24-9,25-2,27-4,31-4,34-5,34-7,36-2,36-3,37-4,38-5,39-5,48-1,48-3,48-4,48-5,48-6,48-7,48-8,49-1,50-2,50-3	44	
	策略性措施	1-1,2-1,4-1,4-5,5-1,7-1,8-2,9-1,9-3,11-2,13-1,18-1,19-2,20-1,21-1,21-10,22-1,22-3,22-6,24-1,24-9,25-1,27-1,27-2,28-2,28-4,31-2,31-3,33-5,33-7,36-3,37-1,37-2,37-5,38-1,38-2,38-3,39-4,40-1,40-4,41-2,42-1,44-1,44-2,47-3,47-4,48-2,49-3,50-1,50-7	50	
环境型政策工具合计			199	
需求型政策工具	对外承包	41-3	1	0.28%
需求型政策工具合计			1	
总合计			357	

在表 3-26 的基础上，图 3-19 更加清晰地显示了各类型政策工具的使用比例。

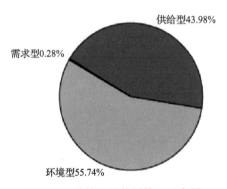

图 3-19 政策工具使用情况示意图

总体来看，我国对于关闭煤矿职工分流安置的相关政策主要倾向于供给型政策和环境型政策两个层面，占比分别为 43.98% 和 55.74%，而需求型政策层面基本没有涉及。一般来说，各种政策工具均匀使用才是最优的选择，如果某一类政策工具超过了五分之二的使用比率，也就说明该项政策工具的供大于求。从目前颁布实施的政策文本中可知政府主要是为企业职工提供良好的市场及创业环境,给予金融、资金支持和一些政策优惠等间接性的支持来保障关闭煤矿职工分流安置工作的顺利开展,这些政策可能在初期对职工安置情况有明显的改善,但是如果不能合理调动员工自身积极性,很容易造成过度依赖政府的现象。

根据政策文本中的基本政策工具分布表可知,环境型政策工具中各项政策工具的比例如图 3-20 所示。

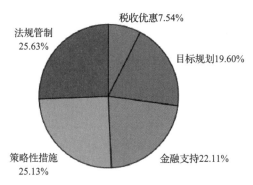

图 3-20　环境型政策工具使用情况示意图

因计算结果四舍五入,总和不等于 100%,下同

如图 3-20 所示,环境型政策工具里的各项政策使用相对平均,每个政策基本都发挥了作用,但也存在不足之处,比如税收优惠政策使用较少,占比为 7.54%,而其他四种政策使用比较平均,法规管制占比 25.63%、策略性措施占比 25.13%、金融支持占比 22.11%以及目标规划占比 19.6%。

根据政策文本的政策工具分布表可知,供给型政策工具中具体的政策工具的占比见图 3-21。

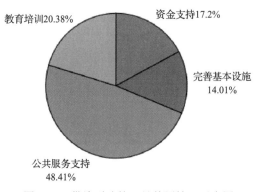

图 3-21　供给型政策工具使用情况示意图

技术支持占比为 0

如图 3-21 所示,首先公共服务支持是供给型政策工具中使用最多的,

占比高达 48.41%,可见政府对关闭煤矿职工分流安置的基本社会保障方面的重视程度很高,其次是教育培训,这说明政府也意识到职工想得到更好的分流安置,提高自身的技能是十分重要的因素,最后是资金支持和完善基础设施,通过金融支持间接为企业分担了部分资金压力,所以直接为企业提供资金支持占比相对较少,占比为 17.2%,而占比最少的为完善基础设施,仅占比 14.01%,因为企业通过策略性措施、教育培训等多种方式进行职工安置,而政府完善基本设施仅间接为安置较为困难的职工提供岗位,所以相对其他三种政策工具来说占比较低。

(四)政策的协调性分析

1. 政策冗余性

政策工具主要围绕供给型和环境型展开,其中公共服务支持在供给型政策工具中占据主要位置,而法规管制和策略性措施是环境型政策工具中最核心的部分。

通过该部分的分析可知,在整个政策工具中用来为关闭煤矿职工分流安置提供良好环境的环境型政策工具比例超过了 50%,但在职工分流安置政策中就三种政策工具占比来看,环境型政策工具的使用是过溢的。此外,供给型政策工具的占比也较高,表明政府对职工分流安置工作有积极推动的目的,但是由于企业以及职工的需求和困难都是不同的,所以政府通过提供健全的公共服务以及完善的基本设施等供给型政策工具来帮助企业更好地安置职工。

根据前文的分析,整个政策工具基本由环境型和供给型构成,而需求型政策工具基本没有使用,所以从某种角度理解,在企业的支持层面上对需求型政策工具的忽略是因为供给型和环境型政策工具的过度参与。只有将每一种政策工具的使用范围都控制在一个合理的范围内,才能通过政策的有效实施使企业以及职工得到实际收益,否则会造成畸形的发展状况,这种情况也会影响职工活力和积极性。政府政策应该与市场相结合,在不影响市场资源配置的条件下利用不同的政策工具积极发挥职能,去支持和监督相关企业合理安排职工分流安置工作。

2. 政策缺失性

根据文本分析,我国现有关闭煤矿职工分流安置政策倾向于环境型和供给型政策工具，需求型政策工具较为缺乏，在分类的所有政策文本中与需求型政策工具相关的只有 1 个。需求型政策工具可以为企业带来直接影响，其包括政府采购、价格补贴、对外承包、贸易管制以及海外交流等多种方式，这也可以解决一部分职工的安置问题，所以政府更应该调整政策工具体系，在一定程度上重视需求型政策工具，从而保证企业职工分流安置工作顺利开展和进行。

总的来看，环境型和供给型政策高频率使用并不代表着其中每一个政策工具都得到了重视和发展。比如法规管制、策略性措施以及金融支持等环境型政策的使用相对比较均衡，但却只有少部分的税收优惠政策，这也就不利于职工在分流安置过程中选择自主创业这条道路。供给型政策工具中公共服务支持占比最高，而其中完善基础设施占比较低，以及没有相关文本是关于技术支持的，这也使企业内部升级以及进行职工内部分流的能力受到一定的限制。

三、研究结论

第一，关闭煤矿职工分流安置政策工具呈现重供给型和环境型、轻需求型的分布状况。

我国对于关闭煤矿职工分流安置的相关政策主要倾向于供给型政策和环境型政策，它们占比分别为 43.98%和 55.74%，而需求型政策只占 0.28%，可见，从政策工具的角度看，供给型、环境型和需求型政策工具分布极其不均匀。一般来说，比例均衡是政策工具使用的最佳状态，若某一类政策工具使用超过了 40%，就可以得出该政策工具使用超过实际所需。供给型和环境型政策工具使用过多，不利于提高企业活力，并合理发挥市场配置的作用。目前，政府主要采取间接性政策保障关闭煤矿职工分流安置工作的顺利开展，比如提供良好的市场环境，给予金融、资金支持和一些政策优惠等，这些政策可能在初期对职工安置情况有明显改善，但是如果一直缺乏需求型政策工具的使用，就会增大政策未来预期的不确定性。

第二，关闭煤矿职工分流安置的环境型和供给型政策工具中忽略了一些重要政策工具的发展。

关闭煤矿职工分流安置政策中，环境型和供给型政策工具的使用频率较高，但是其中忽略了一些重要政策工具的发展。在环境型政策工具中，尽管法规管制、策略性措施以及金融支持等政策工具使用相对均匀,但是关于税收优惠的政策相对较少,这也就不利于职工在分流安置过程中选择自主创业这条道路。供给型政策工具中公共服务支持占比最高,而其中完善基础设施占比较低,以及没有相关文本是关于技术支持的,使企业内部升级以及进行职工内部分流的能力受到限制。

(一)关闭煤矿产业绿色转型路径选择

(1)煤炭资源型城市产业绿色转型的理论框架。

当煤炭资源型城市的某一个产业发展到成熟期时,政府必须考虑接下来即将面临的衰退期,从可持续发展角度根据其自身情况制定合理的资源型城市产业转型发展模式和路径。

新结构经济学理论认为,特定时空范围内的要素禀赋结构是相对不变的,而这种要素禀赋结构决定了其静态比较优势,进而决定其具有比较优势的产业,然而随着内外部环境的变化,要素禀赋结构会不断变迁,从而形成动态比较优势。因此,基于本地区要素禀赋结构及其变迁,积极引导并培育具有静态比较优势或动态比较优势的产业成为有为政府的应有之义。若经济体做出的产业选择和转型策略违背比较优势或动态比较优势,那么会使得经济体陷入增长缓慢的陷阱。理论框图如 3-22 所示。

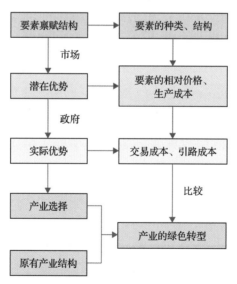

图 3-22 煤炭资源型城市产业绿色转型的理论框架图

新结构经济学整理出了一套产业选择的基本原则:增长甄别与因势利导

(GIFF)框架，该基本原则为政府制定产业政策、寻找经济增长点提供了有效依据。该框架被作为制定产业政策的基本原则，可以概括为"两轨六步法"：一方面，强调以市场为中心遴选具有比较优势的产业；另一方面，对于具有比较优势的产业，政府要消除其发展的软硬约束条件，同时还要为先驱企业提供激励。

为了重新塑造具有竞争优势的绿色产业体系，需要从煤炭资源型城市的发展阶段、自然资源、劳动力供给、历史遗留下来的人力资本和物质资本的积累等禀赋结构所决定的潜在比较优势出发，运用增长甄别与因势利导方法迅速提升各城市经济结构转型升级的"短"，并对追赶型产业、领先型产业、转进型产业、弯道超车型产业、战略型产业5种类型产业给予因势利导，发扬各城市经济结构转型升级的"长"。

(2)煤炭资源型城市优势产业选择——基于增长甄别与因势利导方法。

新结构经济学认为，一个经济体的经济结构内生于它的要素禀赋结构，持续的经济发展是由要素禀赋的变化和持续的技术创新推动的。增长甄别和因势利导框架是一种循序渐进的产业发展方法，提供一种如何甄别符合某一地区比较优势的新产业的方法。应用该方法进行产业选择，是因为采取遵循比较优势的转型战略，转型效果更好、转型成本更低。

灵活运用增长甄别和因势利导方法的六个步骤可以帮助地方政策制定者识别哪些产业拥有潜在的比较优势，并促进有竞争力的民营企业的发展。

第一，收集数据，将与本地区具有相似要素禀赋结构、人均收入高于本地区约一倍的、经济高速发展的地区中已经发展成熟的产业列出清单。

第二，在以上清单中，优先发展那些在本地已有私人企业进入的产业，并且设法为这些企业消除障碍，提供支持。

第三，若清单中的一些适合发展的产业本地区尚未有企业进入，政府可以鼓励示范地区的企业进入，并给予相应的优惠政策。

第四，除了清单上已有的产业，如果在本地区有已经成功实现自我发展的新产业，政府也应该为发展这些产业的企业提供大规模的帮助。

第五，在基础设施落后的地区，政府应投资建设工业园区、开发区，实现聚集效应，以吸引外部资金进入本地区，促进当地经济发展。

第六，对先驱企业进行激励，以补偿他们所提供的信息资源。当然这种激励应该避免垄断租金、高关税等。尽量避免寻租的风险，保证市场竞争的公平性。

(3)煤炭资源型城市五种类型产业选择。

在煤炭资源型城市现有产业之长基础上,可以运用新结构经济学提出的,根据一个地区的产业与全世界或全国的技术前沿的差别划分的五类特性不同的产业,分别针对其瓶颈限制给予因势利导。这五种类型的产业分别为:追赶型产业、领先型产业、转进型产业、弯道超车型产业、战略型产业。

第一种,追赶型产业。通过企业并购和技术引进,使原有的产业的技术提升到发达国家或地区的水平。

第二种,领先型产业。需要企业自己研发新产品、新技术,形成新的产业,进而处于行业领先地位。

第三种,转进型产业。把原有的已经失去优势的产业转移到别的行业中去。

第四种,弯道超车型产业。弯道超车型产业就是与发达国家或地区在一个起点上,可以直接竞争的产业。

第五种,战略型产业。这类产业研发周期长,需要更高的人力资本,也意味着金融和物质资本的投入会非常大,包括两种类型,即战略性新兴产业和国防安全产业。

(二)煤炭资源型城市关闭煤矿旅游开发路径选择

不同类型煤炭资源型城市,矿山遗址旅游开发模式不同。旅游开发模式涉及盈利方式、市场服务范围、旅游产品等诸多方面的选择:

(1)要明确旅游开发的目标,明确开发是公共福利性质的还是以盈利为目的经营性项目,开发的目标是追求经济效应还是社会、生态效应;

(2)要明确旅游服务群体,是立足于服务当地居民还是服务于游客;

(3)要确定旅游产品开发模式,旅游开发所依托的废弃矿山旅游资源类型及价值水平不同,开发产品的主题也不同,明确所依托的旅游资源是工业遗产、自然人文旅游资源还是人工主题景观。

1. 高价值、高潜力城市关闭煤矿旅游开发路径

高价值、高潜力城市工业遗产资源价值高、外部开发环境好。这类城市可以利用煤矿工业遗址打造以工业遗产为依托、以追求经济和社会效应为目

标的旅游产品。具体开发模式为国家矿山公园、博物馆等。矿山公园是以展示人类矿业遗迹景观为主体，体现矿业发展历史内涵，具备研究价值和教育功能，是集游览观赏、科学考察与科学知识普及为一体的空间地域。将矿业遗址开发成为博物馆，来展示矿山的科技、历史和艺术价值，是目前国际上废弃矿山工业遗产开发最为普遍运用的方式。根据工业遗产的价值、规模、空间分布，博物馆呈现方式主要有两种：露天博物馆和展示型博物馆。其服务群体以游客为主，当地居民为辅。国家矿山公园模式是在保护工业遗产的前提下，以展示矿业遗迹景观为主题，形成的集游览观光、工业忆旧、科学考察与科学知识普及于一体的地域空间。以波兰、德国、美国、英国为代表的欧美国家都有具体的开发实例。

2. 高价值、低潜力城市关闭煤矿旅游开发路径

高价值、低潜力城市工业遗产资源价值高，外部开发环境差。这类城市可以利用煤矿工业遗址打造以工业遗产为依托、以追求社会效应为目标的旅游产品。具体开发模式为博物馆、公共游憩空间等。其服务群体以当地居民为主，游客为辅。公共游憩空间模式是以工业遗产保护为前提，以废弃矿山生态恢复与重建为基础，根据场地的具体环境条件，对功能布局进行优化、对场地风貌进行景观设计，使废弃矿山修复后的场地与自然、人文景观以及现代旅游相结合，形成当地居民休闲、娱乐的场所。

3. 低价值、高潜力城市关闭煤矿旅游开发路径

低价值、高潜力城市工业遗产资源价值低，外部开发环境好。这类城市可以利用煤矿工业遗址，打造以人工主题景观为依托、以追求经济效应为目标的旅游产品。具体开发模式为文化创意园区、商业服务中心等。服务群体以游客为主，以当地居民为辅。文化创意园区模式利用矿山遗址的工厂建筑物、生产设施等，充分引入"创意、艺术、时尚、高科技"等元素对周边环境整治与改造，赋予工业遗产新的文化内涵，生产出高附加值的产品。商业开发模式是指矿业遗迹在生态治理的基础上，对其进行商业开发，将其改造为商业用地，具体包括主题酒店开发、房地产开发等类型。上海佘山世茂深坑酒店开发充分利用矿场和矿坑开敞的空间、错落的地形等条件，将废弃矿区打造为主题酒店。

4. 低价值、低潜力城市关闭煤矿旅游开发路径

低价值、低潜力城市工业遗产资源价值低、外部开发条件差。这类城市可以利用煤矿工业遗址打造以自然人文景观为依托,以追求社会效应和生态效应为目标的旅游产品。具体开发模式为矿山遗址+产业等,其服务群体以当地居民为主、游客为辅。矿山遗址+产业模式是在废弃矿山生态修复治理基础上,将农业、林业、渔业、畜牧业、体育文化业等产业与现代旅游业相结合,形成不同发展业态,如矿山遗址+体育文化业,依托废弃矿山形成的特殊地形地貌,开发出不同运动强度的户外体育运动项目——攀岩、蹦极、登山、滑雪、潜水、冲浪、滑翔、跑酷、骑游、赛车、越野、巷道野战、矿山探险、矿难逃生等,形成功能休闲化、娱乐化、多元化的体育旅游业态。

5. 跨城市矿山遗址旅游开发路径

依据中国煤炭资源城市矿山遗址旅游开发潜力空间格局呈现"两核、三中心"的特点,以工业遗产文化完整性、集聚性和产业关联性的原则,契合不同城市的煤炭开采发展历史和条件,打破区域壁垒,串联煤炭资源型城市,形成华东北部、华北南部与中南北部、东北北部、辽中南及江南中部等五大煤矿工业遗址旅游集聚区。

形成"两核"煤炭资源型城市矿山旅游集聚区。以枣庄、徐州、淮北等城市为中心形成华北南部地区矿山遗址集聚区;以焦作、大同、阳泉等城市为中心形成华北北部、中南北部煤矿工业遗址集聚区。

形成东北北部、辽中南及江南中部等"三个中心"煤炭资源型城市矿山旅游集聚区。以抚顺、阜新、辽源、北票等城市为中心,以中东铁路为主线,长吉铁路、哈伊铁路等铁路线为支线,形成辽中南煤炭资源城市煤矿工业遗址旅游集聚区;以鸡西、鹤岗、双鸭山、七台河等城市为中心,以滨绥线、牡佳线为主线,形成东北北部煤矿工业遗址旅游集聚区;以萍乡、冷水山、涟源、资兴等城市为中心,以京广线、湘桂线为架构,形成江南中部煤矿工业遗址旅游集聚区。

(三) 关闭煤矿生态文明发展的政策建议

以中央"五位一体"总体布局为指导,以实现生态文明发展为中心,在国家"供给侧"改革深化、资源型城市产业转型及"美丽中国"建设的背景下,按照统筹开发、因地制宜、利益共享、绿色生态的原则,推动制度创新,构建国家层面的关闭煤矿生态文明发展组织架构;构建关闭煤矿大数据信息平台,推进资源再利用潜力评价与标准体系建设;制定关闭煤矿资源再利用总体规划,建设一批示范工程和精品工程;探索资源再利用创新模式,深入开展关闭煤矿生态文明发展相关研究,构建关闭煤矿生态文明发展的保障机制。

1. 推动制度创新,构建国家层面的关闭煤矿生态文明发展组织架构

关闭煤矿生态文明发展涉及煤矿企业与地区政府的关系、关闭煤矿所在地发展战略以及资源枯竭城市的产业转型战略等多层次关系,需要协调矿山企业与地方政府、矿山企业与中央政府管理部门及矿山企业与周边社区居民等多主体关系。

关闭煤矿生态文明发展需要对整个经济-社会-自然复合系统进行重建,需要多个部门协同参与。目前我国尚无国家层面的关闭煤矿生态文明发展统一领导机构。为了全盘统筹关闭煤矿生态文明发展工作,迫切需要建立相应的组织机构,来解决关闭煤矿生态文明发展中的制度设计、组织实施、政策保障等重大问题。

国家层面的关闭煤矿生态文明发展领导小组,应由发改委、自然资源部、住建部、农业农村部、科技部、工信部、商务部、人力资源和社会保障部等部门联动响应,共同研究制定相关政策,提供制度和资金支持,协调关闭煤矿生态文明发展中的重大问题,以实现总体协调、统筹兼顾的目标。

充分发挥各级领导小组在关闭煤矿生态文明发展中的引导、扶持与公共服务的作用。在废弃煤矿相对集中的资源枯竭型城市及周边地区设立专门的部门和专职人员,其职能为在资源调查、规划编制、企业筛选、资源整合、质量促进、教育培训、信息咨询、日常管理等方面进行规范和服务。

2. 构建关闭煤矿大数据信息平台,推进资源潜力评价与标准体系建设

要全面掌握关闭煤矿基本情况和空间分布情况,开展全国范围的关闭煤矿资源和地质环境调查工作,摸清可利用资源类型、分布、空间容量,和地质环境现状及其动态变化,收集关闭煤矿所在地经济、社会、文化及生态相关数据,构建关闭煤矿大数据信息平台,为未来推进关闭煤矿生态文明发展提供全面而翔实的数据信息支撑。

对不同地区、不同煤系、不同地层的关闭煤矿资源再利用潜力进行分析，因地制宜地建立关闭煤矿资源开发潜力的评价指标体系以及开展经济技术可行性研究。推进关闭煤矿资源再利用标准体系建设，强化基础性、关键技术标准和管理标准的制定，重点研发关闭煤矿设备回撤阶段、开发过渡阶段、综合利用阶段的建设与安全管理等标准体系。

3. 制定关闭煤矿资源再利用总体规划，建设一批示范工程和精品工程

以人与自然和谐发展为指导，站在"矿城一体化"的高度，综合考虑关闭煤矿资源禀赋及其所在地经济社会需求，明确关闭煤矿再利用的总体功能定位，制定全国关闭煤矿资源再利用总体规划，并有序衔接国家产业发展规划、土地利用总体规划、城乡总体发展规划等。各地区要结合自身实际情况，编制专项规划和细化方案，使关闭煤矿再利用与区域经济可持续发展、社会和谐共生、工业文化传承及生态环境保持维系紧密结合起来。

借鉴国内外关闭煤矿资源再利用的成功经验，筛选、建设一批经济、社会、文化、生态效应突出的关闭煤矿资源再利用示范工程和精品工程，强化典型带动作用，以点带面、示范引领，推动关闭煤矿资源再利用的顺利进行。

4. 探索资源再利用创新模式，深入开展关闭煤矿生态文明发展相关研究

以追求经济、社会、文化、生态综合效应为目标，以绿色、循环、低碳发展为原则，因地制宜地选择生态文明发展的方法、路径，积极探索特色鲜明、切实可行的关闭煤矿资源再利用创新模式。推动关闭煤矿产品产业延伸、产业融合和产业转移，在环保经济、低碳经济、绿色经济、循环经济体系中大做文章，从而形成新产品、新业态和新模式，促进关闭煤矿实现高质量经济发展。

加快组织实施国家重大科技攻关工程，对关闭煤矿生态文明发展过程中的重大技术方向和关键科技问题开展科技攻关和技术创新，组建国家重点实验室、国家科技研发中心、产业技术创新战略联盟等创新平台，促进产学研用的紧密结合。加大对关闭煤矿生态文明发展相关领域所需的基础研究、关键共性技术的支持力度。将关闭煤矿生态文明研究项目纳入国家重点研发计划和"十四五"国家重点支持科技项目，并配套系列措施，推动政产学研各方面的积极性，致力于该项目的推进工作。

5. 加大生态文明发展政策扶持力度，促进多元化资金筹措渠道的形成

出台支持政策和管理办法，简化审批程序，在核准指标配置和备案手续政策上向去产能矿井开发利用项目倾斜。开展去产能矿井地下空间资源开发利用产业财政补贴、减免税、专项基金等多种扶持政策的研究。出台关闭矿井地下空间开发与利用的相关政策，全面提升技术、人才、资金的供给水平；给予项目建设优先审批、财政补贴等相关支持，加大资本市场的支持力度。

建立与市场经济相适应的政府保护资金投入体系和生态文明发展专项基金。同时，积极发挥市场机制的资源配置作用，鼓励外部资本尤其是民营资本的进入，探索政府和社会资本合作模式，形成多元化的关闭煤矿生态文明发展资金筹措渠道。

第四章

基于抽水蓄能的气油水光互补能源战略研究

本章描述了我国抽水蓄能电站的发展现状及其存在的问题,提出了废弃矿井抽水蓄能电站发展的战略意义,并结合建设废弃矿井抽水蓄能电站的可行性设计方案,将其与汽、油、水、光互补能源相结合进行战略研究,对其效益进行评价分析,并提出了我国废弃矿井抽水蓄能电站建设的发展建议。

第一节　国内外抽水蓄能电站发展现状

一、调研抽水蓄能电站的发展现状

(一)抽水蓄能电站简介

新中国成立以来,我国的经济社会快速发展,人民生活水平不断提高,能源消耗急剧增加,电网规模越来越大,对电力系统要求也明显提高。随着经济社会发展和人民生活水平的不断提高,全国电力需求还将持续增长,这也对电力系统的安全可靠运行提出更高的要求,特别是随着风电和太阳能发电等间歇性发电的快速发展和大规模并网,电源运行的随机性对电网的冲击也将越来越大。抽水蓄能电站作为一种以水力带动电力发展的清洁发电方式,具有启动快、负荷跟踪迅速和反应快速的特点,它既是一个电站,又是一个电网管理的工具,具有发电、调峰、填谷、调频、调相、旋转备用、事故备用和黑启动等多种功能,同时有节能减排和保护环境的特点,这些年来得到快速的发展,并成为电力系统的一个重要组成部分。

我国抽水蓄能电站建设起步较晚,伴随经济社会发展不同阶段,电站功能不断拓展和完善。抽水蓄能产业用 50 年的时间实现了从起步、完善到蓬勃发展的历史性跨越。

产业起步期(1968～1983 年):1968 年,河北省岗南混合式抽水蓄能电站在华北电网投入商业运营,承担电网调峰和储能调节功能,拉开了我国抽水蓄能电站建设的序幕。

探索发展期(1984～2003 年):20 世纪 80 年代中后期,我国经济社会快速发展,电力供需和电网调峰矛盾突出。以 1984 年潘家口电站开工建设为标志,我国抽水蓄能建设进入探索发展期,也是抽水蓄能发展第一个建设高峰期。到 2003 年底,潘家口、广州、十三陵和天荒坪等地 4 座大型抽水蓄能电站建成投运,泰山、琅琊山和宜兴等地 5 座电站开工建设,抽水蓄能发展理论探索逐渐深入,工程建设实践经验不断丰富,奠定了我国抽水蓄能完善发展的基础。

完善发展期(2004~2014年):以2004年明确电网企业为主的建设管理体制为标志,我国抽水蓄能建设进入完善发展期。经过10年的发展,到2014年底,我国抽水蓄能产业规模跃居世界第三,发展规划、产业政策和技术标准基本完善,设备制造实现完全国产化,抽水蓄能产业呈现健康有序发展的良好局面。

蓬勃发展期(2015年以来):2015年以来,以国家完善抽水蓄能投资体制、建设目标和"十三五"重点建设项目规划为标志,我国抽水蓄能建设进入蓬勃发展期。2015~2017年,全国新开工22座抽水蓄能电站,开工容量3085万kW,建成投产抽水蓄能机组22台,共658万kW。"十三五"后期和"十四五"期间,抽水蓄能发展仍然面临刚性需求。

截至2017年底,全国抽水蓄能运行装机容量2869万kW,在建容量3835万kW,运行和在建规模均居世界第一。抽水蓄能发展适应了我国大电网安全稳定和新能源发展的需要,同时也为世界抽水蓄能行业发展提供了良好的借鉴

(二)废弃矿井抽水蓄能电站应用现状

1. 国内外概况

废弃矿井抽水蓄能技术得到了国际上的高度关注。目前德国、澳大利亚已经进入了废弃矿井抽水蓄能电站工程启动阶段,美国、加拿大、爱尔兰处于工程论证阶段,英国和我国水平接近,处于技术论证和研发阶段。

德国煤炭巨头鲁尔集团(RAG)联合杜伊斯堡-艾森大学已经开始了Prosper-Haniel硬质煤矿200MW废弃矿井抽水蓄能电站的工程。该工程2014年进入详细论证,采用"半开放式"废弃矿井抽水蓄能模式。该工程旨在为地表矿业迹地修建的风电和光伏电站提供储能服务,除了抽水蓄能,储能带出的井下地热能也被回收利用。

澳大利亚Genex Power公司基于昆士兰州Kidston的废弃露天金矿(2001年关闭),提出基于废弃矿坑的新能源改建工程,该工程是国际上第一个太阳能光伏电站与抽水蓄能电站共建工程。工程分为两期,第一期建造50MW光伏电站,目前已经完成。第二期构建270MW光伏电站和一座

250MW 抽水蓄能电站，已于 2018 年 9 月获得开发批准。

美国对废弃矿井抽水蓄能问题进行了大量深入研究，多个废弃矿井抽水蓄能项目在规划中。目前最接近工程化的项目是纽约州 Mineville 铁矿 260MW 抽水蓄能工程。该项目 2013 年开始筹建，采用"封闭式"抽水蓄能模式。2018 年美国联邦能源管理委员会已经接受了该项目的申请，该项目仍需进行环境研究和委员会最后表决。

加拿大安大略省已经开始了废弃 Bethlehem 铁矿改建 400MW 抽水蓄能电站的工程评估，该矿位于多伦多和渥太华之间，筹建的抽水蓄能电站为地表露天模式。

爱尔兰中部的 Nenagh 正在筹划将一座银矿改建为 360MW 抽水蓄能电站；英国政府已经投资 65 万英镑用于废弃矿井抽水蓄能技术的开发。

西班牙 Asturian 煤矿在 2018 年关闭后，将改造为一个半地下抽水蓄能电站。煤矿深 300～600m，具有多个不同水平的巷道，据估算煤矿巷道长约 6000m，截面为 30m²，将利用矿涌水作为水源。

南非约翰内斯堡计划利用 Fast West Rand 区废弃的深井金矿建设一个大型纯地下抽水蓄能电站。目前正从地质构造、水源、工程布置、经济政策机制、社会环境效益等方面开展详细的可行性分析，该金矿工作面分布于地下 500～4000m，由于深度较深，将采用两级式抽蓄布置，水头分别为 1200m 和 1500m，以提高效率。

综上所述，在废弃矿井抽水蓄能领域，国际废弃矿井资源丰富的发达国家已经处于工程化初始阶段或工程详细规划阶段。我国废弃矿井资源非常丰富，但在这个领域目前发展相对落后，离工程化尚有距离。

2. 技术特点及分类

抽水蓄能技术的原理为：在用电低谷时，利用电网过剩的电力驱动水泵，将水从位置低的水库(下水库)抽到位置高的水库(上水库)，电能转换为重力势能储存；在用电高峰时，上水库规律性放水，水借助地势差冲向下水库，推动水轮机转动，水的重力势能重新转换成电能，实现机组并网发电。

废弃矿井开采过程中地上、地下的巨大落差及巨大空间及矿井开采过程中伴随涌出的大量矿井水，可以实现建设抽水蓄能电站的基础条件。即分别利用废弃矿井不同水平面的地下巷道群和采空区作为上、下水库，利用上水库和下水库之间的位能差实现能量的存储。

根据上水库布置的位置不同,废弃矿井的抽水蓄能电站建立可以分为半地下式抽水蓄能电站和全地下式抽水蓄能电站(图 4-1)。上水库的建设地点选在地表,利用地表沉陷区或者重新开挖的电站属于半地下式抽水蓄能电站;利用矿井附近另一口深度较浅的矿井空间或矿井内不同高度差的地下空间区域如巷道、采空区或硐室等作为上水库的电站称为全地下式抽水蓄能电站。国外也有上下水库都利用废弃的露天矿坑建成的案例,如澳大利亚北昆士兰州 Kidston 矿抽水蓄能电站项目,此类项目较为少见,与传统的抽水蓄能电站也无特别大的技术差别。

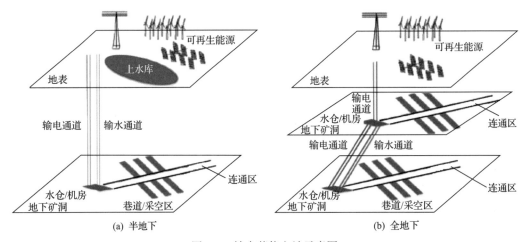

(a) 半地下　　　　　　　　　　　(b) 全地下

图 4-1　抽水蓄能电站示意图

抽水蓄能发电技术具有如下特点:一是容量大、技术成熟,装机规模一般都在 100MW 以上,最大可达到 1000MW,平均的单机规模在 300MW 左右,是目前规模最大、应用最广泛的电力储能技术。全球的抽水蓄能发电站以每年大于 5GW 的速度增长,根据美国能源部全球储能数据库的信息显示,目前全球有 353 个抽水蓄能发电项目,发电容量共计 184.2GW。二是使用寿命长、能源效率高。世界上第一台抽水蓄能电站始建于 1893 年,目前该电站仍然处于运营状态。抽水蓄能发电的能量转化率能达到 60%～70%,能量转换率较高。三是需要建立上下具有位能差的两个水库,且初次蓄水需要大量的水资源。总体来看,抽水蓄能技术是目前解决太阳能、风能利用中弃光弃风的电力系统最可靠、最经济、寿命最长、容量最大的储能方式,可以实现将大规模不稳定的可再生能源电力转变成可控可调的友好电力。

3. 技术发展及应用

与常规的抽水蓄能设施相比,开展废弃矿井抽水蓄能发电项目的优势在于:一是废弃矿井的巷道等蓄水空间已经存在且比较稳定,只需要做相应的改造,建造和改造费相对较低。二是不消耗地表的土地资源和破坏地表的环境。三是从生态环境的角度,利用废弃矿井可以促进矿区自然生态环境的修复,带动周边相关产业的发展,变废为宝,实现资源、环境、经济、社会效益等多重效益的耦合和协调发展。国外很多国家在利用废弃矿井建设抽水蓄能电站方面开展了相关理论和设计研究,提出了建立抽水蓄能电站的项目开发布局计划(表 4-1),但由于种种原因至今并未发现实际的工程应用案例。

表 4-1 国外部分废弃矿井抽水蓄能电站项目计划情况

矿井名称	国别	发电容量/MW	电站类型
Prosper-Haniel	德国	200	全地下
Grund	德国	100	全地下
Fast West Rand	南非	955	全地下
Mount Hope	美国	2040	半地下
Mineville	美国	260	半地下
Asturian	西班牙	23.52	半地下
Kidston	澳大利亚	250	全地上

(1)德国鲁尔 Prosper-Haniel 废弃煤矿抽水蓄能项目规划。

位于德国北威州的鲁尔集团 Prosper-Haniel 煤矿计划于 2018 年矿井关闭后,将其改建成 200MW 的抽水蓄能水电站。改造工程将通过在煤矿上下层建设蓄水池实现。下层蓄水池长约 25km、深达 1.2km,可存储超过 100 万 m^3 的水,抽水蓄能电站将作为储能设施参与调峰,以弥补生物质能、太阳能和风力发电等可再生能源发电的波动性缺陷。项目技术研发团队主要来自杜伊斯堡-埃森大学,目前已经完成项目运行成本和收益分析、废弃矿区断层地质条件分析验证等工作。据估算,只建造地下水库,每米隧道就需要花费 1 万~2.5 万欧元,整个项目需要 5 亿欧元左右。

(2)西班牙 Asturian 废弃煤矿抽水蓄能项目规划。

西班牙 Asturian 煤矿位于西班牙北部,已经具有 200 多年的开采历史,既有露天开采,也有井工开采,其中井工开采的采深可达 300~600m,计划在 2018 年矿井关闭后建立一个发电容量为 23.52MW 的半地下抽水蓄能电站(图 4-2)。利用现有的立井和不同水平的巷道等基础设施作为下水库,采用井工开采过程中涌出的矿井水作为蓄水水源。下水库预计长约 5.7km,截面为 30m²,存储水量为 17 万 m³,项目总造价约 4000 万欧元,每千瓦造价约 1701 欧元。

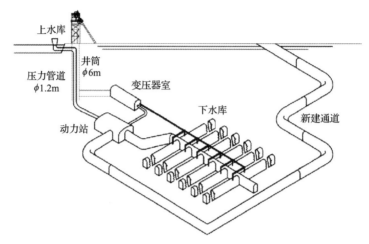

图 4-2　西班牙 Asturian 煤矿井下抽水蓄能系统示意图

二、抽水蓄能电站的关键技术发展现状

目前国内解决电力系统调峰的手段——抽水蓄能电站,全部是定速抽水蓄能机组,只能采取"开机—满负荷—停机"控制方式,不能调节输入功率。随着电网中核电等稳定供电电源和风电、光伏发电等间歇性可再生能源所占比例日益增大,电网稳定运行,尤其是夜间频率控制变得更为困难。当出现频率波动情况时,定速抽水蓄能机组无法满足电网快速、准确进行频率调节的要求。为此,连续可调抽水蓄能变速机组成为优选方案之一。

(1)水轮机具有较大的运行范围调节空间,可在不同的工况下运行。可逆式水泵水轮机两种工况的最高效率区不重合,通常以水泵工况为基础进行水力设计,以水轮机工况的要求来校核,因此一般水轮机工况不能在最优运行区运行。相比定速机组,可变速机组可在满足相应水头和要求的出力下,调节转速、导叶开度,保持最高效率,即使在水轮机工况出力固定的情况下需要的水也最少,或者在水量相同的条件下可变速机组能够发出更大的功率。

(2)水泵工况可以快速地调节机组入力(轴功率)等。定速抽蓄机组水泵工况额定转速运行时，根据水泵特性曲线，对应某个扬程的输入功率值限定在一个点，不能调节。由于可变速机组的水泵转速可调，对应某个扬程调整转速，从而调节输入功率。水泵的入力与转速的三次方成正比，当转速升高10%或降低10%时，相应的水泵入力增大33.1%或减小27.1%。因此水泵工况电网频率变化时，变速机组具有自动调整输入功率的能力，为电力系统提供频率自动控制容量。

(3)实现有功、无功的快速调节。定速机组的励磁调节大多数采用直流励磁，通过调节励磁电流来调节同步发电机的无功功率，达到电网的要求。变速电机的励磁电流幅度可调，因此机组吸收或发出无功分量可以调节，功率因数也可调整，还可实现深吸无功稳定运行。变速机组的励磁电流相位可调，可使得发电状态的电磁调节过程快速完成，从而可快速调节发电机电压或无功。

(4)具有一定程度的异步运行能力，有利于电网稳定性。变速机组具有一定程度的异步运行能力，它通过相位控制可获得快速有功功率响应，因为比常规同步电机具有更好的稳定运行性能，有利于电力系统稳定性的提高。即使机组失步以后，变速机组也较易再同步。

(5)在水泵工况下可实现自启动。定速抽水蓄能机组的启动方式通常为：以定子外接变频器变频启动方式为主，背靠背作为备用方式。而变速机组则能实现自启动，具体启动方式为在水泵工况启动前，先通过隔离开关短路定子回路，并通过定子回路中串联电阻提高启动转矩。启动过程中，交流励磁系统的输出频率逐渐变化，故变速机组能实现平滑启动。

(一)国际关键技术发展现状

日本从20世纪90年代开始应用可变速抽水蓄能技术实现电网频率控制。近年来，随大量风力发电的接入，欧洲也开始引入可变速抽水蓄能进行电网功率平衡控制。

目前，全世界变速抽水蓄能机组应用台数最多的是日本，如额定转速600r/min的小丸川电站机组、容量为460MW的葛野川电站机组、投运时间超过20年的大河内电站机组和奥清津电站二期机组(1996年投运)。欧洲也是可变速机组的集中应用之地，如德国Goldisthal抽水蓄能电站、斯洛文尼亚的AVCE抽水蓄能电站，分别安装了2台331MVA、1台195MVA的可变速机组。抽水蓄能变速机组运行优越性显著,对提高电网电能品质作用明显。

在葡萄牙西北部,新建的抽水蓄能电站 FradesII 从 2017 年 4 月开始投入运营。福伊特为该电站提供了额定输出功率均为 390MW 的可变转速水泵水轮机、单机容量为 440MVA 的异步发电电动机、变频器和控制系统,以及液压金属结构件。该发电机组的体积和功率堪称欧洲之最。该发电站的运营商为葡萄牙公共事业公司,该电站的关键是配备了一个独特的异步发电电动机——双馈异步发电机。传统异步发电机的旋转速度锁定在 50Hz 的电网频率上,而这款新型双馈异步发电机的机械速度不受电网频率的限制,因而速度可变。该新系统拥有两大优势:一方面,电站可以更快、更灵活地对电网的主动和被动需求做出响应。另一方面,该机组可提供额外的低电压穿越时的稳定性,降低电力故障的可能,并在断电时能够快速重启。

目前世界上已投运及在建的可变速抽水蓄能机组如表 4-2 所示。

表 4-2　世界上已投运及在建的可变速抽水蓄能机组统计表

国家	容量/MW	转速范围/(r/min)	投运年份
日本	337	330~390	1993
日本	105	208~254	1993
日本	82	130~405	1990
日本	341	345~405	1995
日本	340	405~450	1996
日本	31.8	423~477	1999
日本	304	576~624	2007
日本	230	475~525	2020
日本	460	480~520	2017
日本	26.5	510~690	1996
德国	265	300~347	2004
瑞士	255	46~530	2015
斯洛文尼亚	195	576~626	2009
葡萄牙	382	350~383	2017

(二)国内关键技术发展现状

1. 传统抽水蓄能

随着浙江仙居抽水蓄能电站 1 号机组成功并网发电,国内完全自主化的抽蓄装备最大单机容量达到 37.5 万 kW,标志着我国已完整掌握大型抽水蓄能电站核心技术。项目在国家 973 计划支持下,历经十年攻关,系统突破技术瓶颈,成功研制出具有完全自主知识产权的大型抽蓄机组及成套设备,并实现大面积工程应用,应用和推广应用机组已达 40 台,市场占有率由零跃升至 78%

2. 变速机组

目前,大多数国内已经投产的抽水蓄能电站中可逆式机组采用的是同步电机,但该电机在机组运行时有明显的不足,电机的转速不变,只能在额定转速下运行;另外,常规抽水蓄能机组的运行模式一般都为负荷高峰发电,负荷低谷抽水,而机组在水泵工况运行时,由于机组的转速不能调节,机组的运行工况很容易偏离最优工况,导致机组的抽水效率降低,效率降低的同时还会伴随着气蚀和振动的增加,对机组的运行也有一定的影响,同时也缩短了机组的运行寿命。机组只能开停整台机组,不能实现机组输入功率的连续变化,又因导叶开关时,电力损失与机械振动均较大,无法对电网的频率变化进行调节,而且在新能源发电并入大电网后,对电网的需求也不能随时做出响应,其运行特性具有不可调节的单一性。

为了克服这些缺点,交流励磁电机被应用于抽水蓄能机组。变速机组与定速机组在工作原理上只有励磁控制方面有所不同,常规的定速电机的励磁电流频率只能根据电机转速来变化,而定速电机的转速不变,因此其频率也不能调节,而这些在可变速机组中都可以得到充分的解决。

近年来,我国常规抽水蓄能机组发展很快,但定速抽蓄机组在抽水情况下,负荷不可调节,难以满足新能源并网调节以及核电大规模利用等对智能电网调节充裕度和精度的要求。变流励磁变速抽水蓄能机组抽水运行时可调整发电电动机的输入功率 ±80MW,发电时调节范围可由 50%~100% 增大至 30%~100%。机组效率可达 80% 以上;变速机组水泵工况功率调节可达 80MW/0.2s,机组容量范围可在 50~400MW,机组检修期可延长一倍左右。变速机组可通过放宽选点水头变幅要求,来增加电站选址范围,优化设计容量,提高抽水蓄能电站的综合效益。变速机组目前尚处于研制阶段,调度方式还需进一步研究。

(三)废弃矿井抽水蓄能电站发展的战略意义

构建废弃矿井抽水蓄能电站,在获得传统抽水蓄能电站移峰填谷、提高电网运行稳定性和经济性的同时,原有的矿业废弃迹地还可以获得变废为宝、生态化转型的收益。除了这些局部收益,在我国发展废弃矿井抽水蓄能技术还具有下列战略意义。

(1)有助于我国中东部地区矿业资源枯竭城市的转型。

我国东北、华北、苏鲁豫皖等中东部地区废弃矿井资源丰富,也是我国矿业资源枯竭型城市的主要分布地区。在这些资源枯竭型城市建设废弃矿井抽水蓄能电站,有助于这些城市的矿业机电装备产业向电力储能产业转型(建设矿井储能电站的工程技术和装备与传统矿业体系重合度很高)、矿业人口向电力建设人口转型、矿业迹地向新能源景观型电站转型。此外有了大规模储能的支持,这些城市的光伏产业、智能电网、分布式能源产业也可以趁势而起,闯出一条具有矿业特色的资源枯竭型城市转型之路。

(2)有助于我国沿海核电和东海风电能源带的建设。

未来随着我国能源结构调整,必将在东部沿海地区自北向南建设大量核电厂,形成我国沿海核电能源带;此外东海大陆架沿线也是我国建设海上风电的首选场地,形成东海风电能源带。但是核电机组调峰能力不足,风力发电稳定性差,建设上述两条能源带迫切需要大规模的储能服务作依托。若延山东—江苏—安徽这一条自北向南的废弃矿井带大规模建设各种规模的废弃矿井抽水储能电站,正好与我国核电能源带和海上风电能源带相平行,为我国华东地区提供城市级储能服务。

(3)有助于我国"三北"地区①"弃风弃光"问题的缓解。

"三北"地区是我国太阳能、风能资源丰富的地区,但受限于没有有效的储能服务支持,加之"三北"地区自身消纳能力不足,造成普遍的"弃风弃光"现象。我国华北、山西、内蒙古至新疆一线废弃矿井资源丰富,发展地下分布式抽水蓄能电站将有效缓解我国"三北"地区"弃风弃光"问题,进一步促进我国新能源产业的发展以及能源结构的战略性调整。

---

① "三北"地区是指中国北方三个干旱、半干旱地区,分别为华北北部、东北北部和西北北部。

（4）有助于我国东部地区智能电网的建设。

废弃矿井分布式抽水蓄能技术的推广可以形成我国自东北到皖北的东部储能服务带，该储能服务带恰好可为我国未来京津冀、长三角等东部发达地区的智能电网建设提供储能支持。而智能电网、分布式能源一旦有了储能服务的依托就可以大幅度提高新能源电力的占比，大幅度降低电力系统的碳排放。从世界角度看，智能电网若率先在我国实现实用化，不仅具有巨大的经济意义，也是重要的政治性标志。

表 4-3 给出了我国煤矿井下抽水蓄能发电量的预测，数据统计了已废弃的矿井和目前正在运行的国有煤矿，可以看出利用废弃煤矿和矿井水库实现的蓄能发电量是极为惊人的，废弃矿井（煤矿）蓄水发电量约为 2014 年我国全年发电总量的 1.5 倍。这项新技术将为我国废旧矿井重复利用、可再生能源利用和电力调蓄、矿区生态保护、西部地区煤炭绿色开采等开拓崭新的道路。

表 4-3　煤矿井下抽水蓄能发电量预测

储水位置	储水体积/m³	落差/m	流量峰值/(m³/s)	发电功率/MW	可储存能量/MWh
德国鲁尔区废弃矿井	60	580	40	215	880
中国一典型煤矿	130	550	50	237	1711
中国所有已废弃煤矿	913.5	300	40	120	768.5
中国现有国有煤矿	577.5	400	45	180	647.66

抽水蓄能电站项目的重点开发区域要依据国家和地方各级的规划来选择，根据《水电发展"十二五"规划》等规划文件，2015 年东部、中部和西部地区抽水蓄能电站装机容量要达到全国总装机容量的 69%、27% 和 4%。从规划导向来看，未来抽水蓄能电站的开发重点区域首选东部地区，其次为中部地区。

从全国范围来看，应重点开展火电核电比重高、新能源开发规模大、外调电力份额大地区的开发工作，在浙江、江苏、山东、辽宁、安徽中部、湖南、湖北、重庆西部、陕西、新疆、甘肃、内蒙古等地优选储备一批规模适宜、布局合理、建设条件优良、经济指标优越的抽水蓄能站址。

在东部地区，江苏、浙江、广东等地外送电比重高、火电核电比重大，海南、福建等地核电发展较快，吉林、河北等地是风电大规模开发的地区，可根据电网调峰要求，开发布局一批经济指标优越的抽水蓄能电站。

在中部地区，重点选择水火分布不均、水电基本开发完毕，以及受"三北"地区风电影响较大的受端电网区域，开发建设条件较为成熟的抽水蓄能电站。

在西部地区，选择远离负荷中心的大型风电、太阳能基地附近，配套建设一定规模的抽水蓄能电站，可满足清洁能源基地大规模开发需要。

第二节　废弃矿井气油水光互补能源工程关键技术

一、废弃矿井建设抽水蓄能电站的可行性及设计方案

（一）废弃矿井抽水蓄能建设的必要性

"贫油、富煤、少气"的能源资源赋存决定了煤炭是我国当前以及今后一段时期内的主体能源，截至 2017 年底，我国共有煤矿 7662 座，总产能 53.08 亿 t。

随着煤炭资源持续开发和国家能源结构调整，部分资源枯竭、不符合安全生产要求的落后矿井已经或即将关停。据统计，"十二五"期间关停煤矿 7100 处、淘汰落后产能 5.5 亿 t。2016 年 2 月 5 日国务院发布《国务院关于煤炭行业化解过剩产能实现脱困发展的意见》，明确从 2016 年开始，用 3～5 年的时间，煤炭行业再退出产能 5 亿 t 左右，减量重组 5 亿 t 左右，加大幅度压缩煤炭产能，适度减少煤矿数量。2016～2017 年度关停的矿井约 2000 处。矿井关停后形成巨大的地下空间资源，项目组前期调研结果表明，每百万吨煤炭采出后形成的地下空间约为 350 万 m^3，其中包括开拓巷道约 40 万 m^3、采准巷道空间约 60 万 m^3、采空区空间约 250 万 m^3，全国因煤炭开发而产生的地下空间上百亿立方米。同时，煤矿废弃地下空间具有地面地下设施齐全、长期稳定性良好、空间分布多水平（高差 300～500m）和空间独立、密闭性好等开发利用优势。由于废弃矿井二次开发利用意识淡薄，多数矿井直接关闭，不仅造成巨大的地下空间资源浪费，还时常诱发安全和环境问题。因此，废弃矿井地下空间资源开发利用是我国煤炭行业长期面临的重要问题。

　　我国的风能、太阳能等可再生能源资源十分丰富，近年来，以风电、太阳能发电为代表的新能源迅猛发展，截至 2017 年底，我国风电、太阳能发电装机容量分别为 163.7GW 和 130.3GW，风电、太阳能发电装机总量超过全球的 1/4，约占我国总容量的 17%。风电、太阳能发电具有随机波动性，其高比例接入电力系统后，会对电力系统的实时平衡和安全运行形成巨大挑战，电网对灵活调峰电源和储能装置的需求在增加。

　　当前主要的储能技术有化学储能、飞轮储能、空气压缩储能和抽水蓄能电站等。其中，抽水蓄能电站作为调峰电源，启动迅速、爬坡卸荷速度快、运行灵活可靠，既能削峰又可填谷，并能很好地适应电力系统负荷变化，改善火电、核电机组运行条件，而且可为电网提供更多的调峰填谷容量和调频、调相、紧急事故备用服务，提高供电可靠性和经济效益。当前与未来一个时期我国将处在抽水蓄能电站蓬勃发展的阶段。然而，随着前几轮大规模抽水蓄能选点以及推荐站点的开工建设，开发条件优良的抽水蓄能站点越来越少，尤其随着各省份生态保护红线陆续出台，抽水蓄能站点的选择开始变得困难，站点建设条件也在不断变差。因此，寻求适合我国电网分布及需求的新型抽水蓄能电站建设方式及配套关键技术已势在必行。

　　抽水蓄能电站是利用上下水库高差形成的水的势能来实现储能发电。而地下矿产资源开发，特别是煤炭资源开发过程中形成的不同高差的废弃矿井，则具备开展抽水蓄能技术应用的可行性。废弃矿井抽水蓄能电站建设研究为我国废弃矿井地下空间开发利用提供重要途径。

　　利用废弃矿井改建抽水蓄能电站对于废弃矿井的再利用具有很大的生态和经济意义，既是恢复矿区生态的有效方法，也是绿色的废弃矿井再利用方式、经济的抽水蓄能电站建设方案。

　　从电网需求来看，考虑到我国抽水蓄能电站的建设进程，随着前几轮大规模抽水蓄能选点以及推荐站点的开工建设，具备优良站址条件的抽水蓄能站点越来越少，利用矿井建设抽水蓄能电站不仅有利于拓宽抽水蓄能选点范围，使站址向负荷中心、新能源基地、特高压线路交集处靠近，也有利于满足电网安全稳定运行需求，并可根据矿区能源开发情况，构成新能源微电网系统，使矿区从工业耗水、耗电大户转变为新能源电源输出地。

从经济性来看,利用废弃矿井建设抽水蓄能电站可以减少筑坝工程量和征地费用,节约项目投资。抽水蓄能电站的土石开挖量与地质条件有关,覆盖层厚度直接影响库盆开挖量,如呼和浩特抽水蓄能下游河槽深覆盖的建设条件,使该电站的土石开挖量约占电站建设投资的10%,可见,废弃矿井可以减少电站上、下水库开发的建设投资,具有明显的经济效益,特别是一般抽水蓄能电站的水源蒸发量较大,而如果利用矿井内部的地下水资源,蒸发问题可能得到有效缓解。

从生态环境来看,利用废弃矿井可促进矿区自然生态环境的恢复,带动周边相关产业发展,实现变废为宝和资源、环境、经济综合效益最大化的目标,是构建资源节约型社会和环境友好型社会的一种新探索。

从社会影响来看,利用废弃矿井建设抽水蓄能电站,不受山谷等特定地形条件的限制,耕地、移民问题较小,而且还会改善矿区的生态环境,消除地质灾害的影响,工程完建后形成的水面景观和深大矿坑景观又会成为独特的旅游景点,对于废弃矿井所在矿区的经济、人文、环境的可持续发展优势明显,具有突出的社会效益。

(二)废弃矿井抽水蓄能电站典型模式

根据废弃矿井空间特征和抽水蓄能电站布置要求,废弃矿井抽水蓄能电站建设有三种典型模式:全地上废弃矿井抽水蓄能电站建设模式、半地下废弃矿井抽水蓄能电站建设模式和全地下废弃矿井抽水蓄能电站建设模式。其中全地上模式的上、下水库均位于地表,与常规抽水蓄能电站相同,这里不再详细论述。本节主要说明半地下废弃矿井抽水蓄能电站建设模式和全地下废弃矿井抽水蓄能电站建设模式,其中半地下废弃矿井抽水蓄能电站建设模式包含了梯级开发废弃矿井抽水蓄能电站建设模式和露井(半露天废弃矿井与井下空间)联合废弃矿井抽水蓄能电站建设模式。

1. 半地下废弃矿井抽水蓄能电站建设模式

利用上部塌陷区与废弃矿井进行抽水蓄能是通过上部塌陷区与下部稳定空间水势能与电能转换实现抽水蓄能,如图4-3所示。太阳能与风能发电时,井下机组将矿井下部洞室水抽出至上部塌陷区实现将电能转换为水的势能;上部塌陷区的水通过管道流入下部洞室,通过发电机组实现水的势能向电能转换,电能通过输电线路并入电网。具体如下:

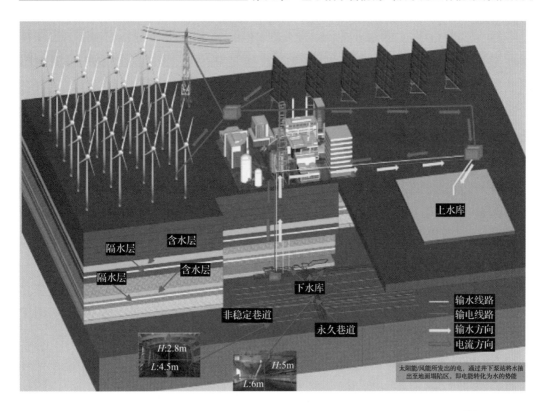

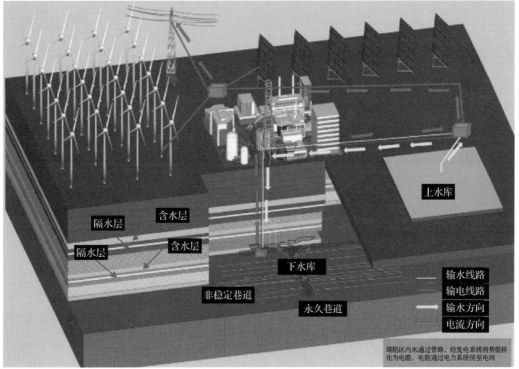

图 4-3　半地下废弃矿井抽水蓄能电站建设模式

(1)通过地球遥感技术对采矿引起的塌陷区范围、水源体量等进行计算；建立长期地面与卫星联合观测体系，对塌陷区形成的水库水的演化规律进行分析，确定水源补给时间节点、沉陷区运动规律。

(2)通过钻孔、声波探测以及同位素测定等方式对含水层、隔水层、水流场分布进行测定；获得含水岩层及隔水岩层分布情况，根据现场观测及理论分析得到含水层影响下的水库风险因素与管控措施。

(3)根据上述步骤所得数据进一步测定矿井围岩性质，选择围岩稳定储水空间作为半地下废弃矿井抽水蓄能电站的下水库；废弃矿井下部空间主要包括稳定巷道、采空区、回采巷道等，能作为抽水蓄能下部利用空间的是不受采动影响且围岩条件较好的巷道。

(4)根据步骤(1)所得数据加固上部塌陷区作为半地下废弃矿井抽水蓄能电站的上水库；塌陷区加固主要包括边坡加固、防渗设计，保证上部塌陷区所形成的上水库的安全及水源体量稳定。

(5)封堵废弃矿井储水隧洞与不稳定空间的联系，采用钢筋混凝土封堵不稳定巷道与储水空间联系，封堵措施与技术与现有方法相同。

(6)建立储水空间与上部含水岩层可调节通道。

(7)优化封堵墙，建立封堵墙阀门，保证储水空间与采空区(含水区)之间联系可控，保障在蓄能过程中水源补给。

(8)风能、太阳能产生的电流通过布置在井筒内的电缆传至机组，水源从储水洞室流入井底水仓，在机组作用下经管道抽出至地面塌陷区。井下机组应布置在井底水仓附近，一般情况下原矿井设计中矿井巷道及洞室所含水有自流入水仓特性。因此，抽水蓄能过程中机组仅通过水仓内的入水口吸出水源即可。

(9)水流利用管道从地面塌陷区经过机组流入下部储水空间，产生电流，电流通过电缆并入电网。

2. 梯级式废弃矿井抽水蓄能电站模式

充分利用塌陷区和地下废弃矿井进行水库及机组的布置，地面塌陷区和废弃矿井各水平高差呈梯级分布，将机组布置在矿井各水平面，利用不同水平高差进行抽水蓄能，提高了抽水蓄能的稳定性；废弃矿井抽水蓄能电站与传统抽蓄电站有所不同，受地质、环境、设备影响，废弃矿井水库的选址以及电站的布局方式影响着整个电站的稳定性和经济效益。

利用地面塌陷区和矿井各水平产生的梯级高差进行势能与电能转换，实现抽水蓄能，如图 4-4 所示。太阳能与风能发电时，井下机组将矿井下水库的水抽出至中水库，中水库的水抽出至地面塌陷区，实现电能转换为水的势能；地面塌陷区的水通过管道流入中水库，中水库的水通过管道流入下水库，通过发电机组实现水的势能向电能转换，电能通过输电线路并入电网。

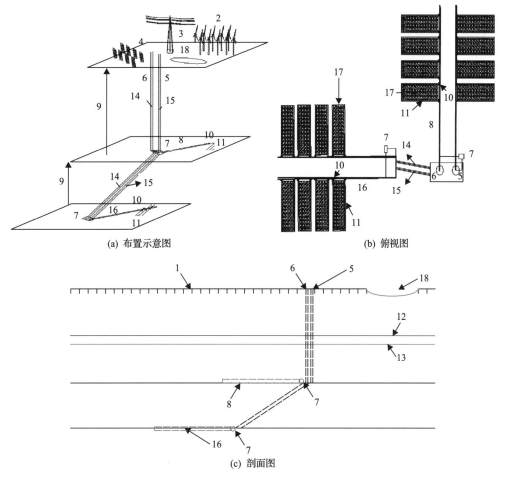

图 4-4　梯级开发废弃矿井抽水蓄能电站模式

1-地表；2-太阳能发电；3-电网；4-风能发电；5-输水管路井(原矿井井筒)；6-行人及输电井(原矿井井筒)；7-水仓及泵站；
8-中水库储水空间(井下稳定巷道)；9-岩层；10-封堵墙；11-回采巷道；12-含水层；13-隔水层；14-行人及输电线路；
15-输水管线路；16-下水库储水空间(井下稳定巷道)；17-采空区；18-地面塌陷区(上水库储水空间)

3. 露天-井工联合废弃矿井抽水蓄能电站模式

我国露天煤矿主要分布在内蒙古、山西、陕西、新疆、青海等地区。根据 2014 年数据显示，我国露天煤矿总数达 405 座，2Mt 以上 72 座，20Mt 以上 40 座。露天煤矿开采对生态环境造成很大影响，并且留下了巨大的地表空间。露天-井工联合开采技术是指在煤层资源多水平赋存时，第一水平进行露天开采，但经济上深部煤层不适合露天开采时，采用井工法进行继续开采，一般是在露天矿坑底部打斜井至深部煤层，露天开采与井工开采同时进行，即露天-井工联合开采。这种矿井废弃后，会产生大量地面与地下空间，并且具有不同高差，是建设抽水蓄能电站的有利条件。

本书提出露天-井工联合废弃矿井抽水蓄能电站布局方法。利用水源势能与电能转换过程中上部采空区与下部废弃矿井洞室作用及关键设备布置方式，实现通过上部塌陷区与废弃矿井进行抽水蓄能。

上部露天矿坑与下部稳定空间水势能与电能转换实现抽水蓄能原理如图 4-5 所示。太阳能与风能发电时，井下机组将矿井下部洞室水抽出至上部

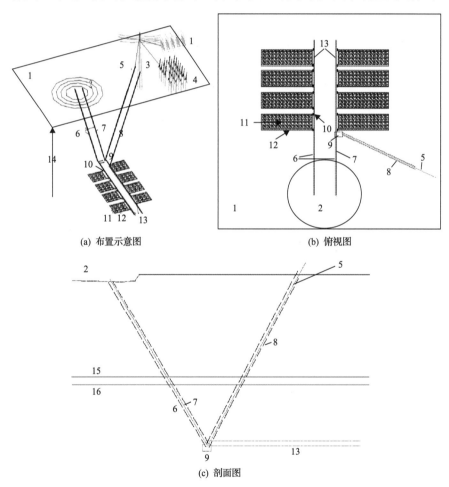

(a) 布置示意图 (b) 俯视图

(c) 剖面图

图 4-5 露天-井工联合废弃矿井抽水蓄能电站模式

1-地表；2-上水库储水空间(露天矿坑)；3-电网；4-风能发电；5-行人及输电线路；6-输水管路井(原斜井井筒)；7-输水管道；8-行人及输电井(新开挖导洞)；9-井底水仓及机组；10-封堵墙；11-采空区；12-回采巷道；13-下水库储水空间(下部稳定矿井及巷道)；14-岩层；15-含水层；16-隔水层

露天矿坑实现电能转换为水的势能;上部露天矿坑的水通过管道流入下部洞室,通过发电机组实现水的势能向电能转换,电能通过新开挖导洞内的输电线路并入电网。

4. 全地下废弃矿井抽水蓄能电站模式

针对井下有两个开采水平空间的废弃矿井,本书提出了全地下废弃矿井抽水蓄能电站模式,如图4-6所示,利用废弃矿井不同水平高差以及通过上部水平与下部水平空间水势能与电能转换实现抽水蓄能。太阳能与风能发电时,井下机组将矿井下水平硐室水抽出至上水平硐室实现电能转换为水的势能;上水平的水通过管道流入下水平,通过发电机组实现水的势能向电能转换,电能通过输电线路并入电网。具体如下:

(1)通过钻孔、声波探测以及同位素测定等方法对含水层、隔水层、水流场分布进行测定;获得含水层及隔水层分布情况,根据现场观测及理论分析,得到上下水库风险因素与管控措施。

(2)根据步骤(1)所得数据进一步测定矿井围岩性质,选择围岩稳定储水空间作为全地下废弃矿井抽水蓄能电站的上水库;废弃矿井下部空间主要包括:稳定巷道、采空区、回采巷道等。能作为抽水蓄能上部利用空间的是不受采动影响且围岩条件较好的巷道。

(3)根据步骤(1)所得数据进一步测定矿井围岩性质,选择围岩稳定储水

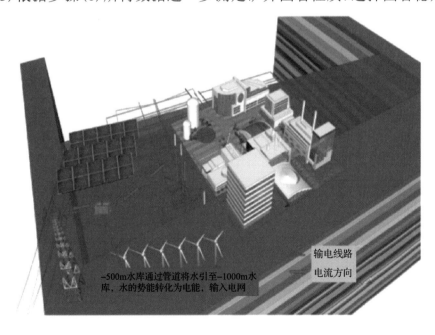

输电线路
电流方向

-500m水库通过管道将水引至-1000m水库,水的势能转化为电能,输入电网

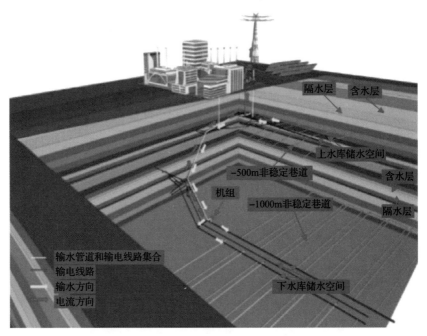

图 4-6　全地下废弃矿井抽水蓄能电站模式

空间作为全地下废弃矿井抽水蓄能电站的下水库;废弃矿井下部空间主要包括:稳定巷道、采空区、回采巷道等。能作为抽水蓄能下部利用空间的是不受采动影响且围岩条件较好的巷道。

(4)封堵废弃矿井储水隧洞与不稳定空间的联系,同时建立储水空间与上部含水岩层可调节通道。

(5)风能、太阳能产生的电流,通过布置在井筒内的电缆传至机组,水源从储水洞室流入水仓,在机组作用下经管道抽出至上水平储水硐室。

(6)水流利用管道从上水平储水硐室经过机组流入下部储水空间,产生电流,电流通过电缆并入电网。

(三)废弃矿井地下空间

1.废弃矿井地下空间分类

井工开采煤矿开采过程中由于生产采掘形成巨量的地下空间,如图 4-7所示,主要的空间类别有:①竖井,一般包括主井、副井和回风井;②井下生产用巷道,主要包括井下排水系统的水仓、泵房,交通运输的井底车场、运输大巷以及联通各个采区的交通巷道;③采区开采过程中的采准巷道,主要包括各采区主要通风交通巷道、工作面上下顺槽巷道；④工作面煤炭开采顶板垮落形成的巨量采空区。按照我国目前井工开采技术情况，估算每百万吨煤炭开采约形成 350 万 m³ 的地下空间，2017 年井工开采煤炭产量约为 26 亿 t，能产生约 91 亿 m³ 地下空间。

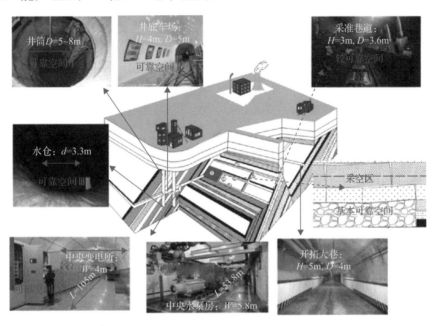

图 4-7　废弃矿井内主要的地下空间

2. 废弃矿井地下空间特征

废弃矿井内有竖井、巷道等多种地下空间，每种空间主要特征如下：

（1）竖井。

竖井主要为主井、副井和回风井，煤炭开采期间主井是主要用来提升煤炭和进风，副井是用来运输生产材料和行人以及进风，回风井主要是用来通风。主井和副井都具有完整的提升系统，井筒内均有完整的电路和排水系统。竖井由于是煤矿的永久建筑，支护结构非常稳定，很少有变形产生，在废弃矿井抽水蓄能电站建设和运行期间可以继续作为井下施工和运行维护的主要通道及通风口。

（2）巷道。

巷道是服务于地下开采、在岩体或矿层中开凿的不直通地面的水平或倾斜通道（图 4-8）。矿井巷道按其作用和服务范围可分为开拓巷道、准备巷道和回采巷道。

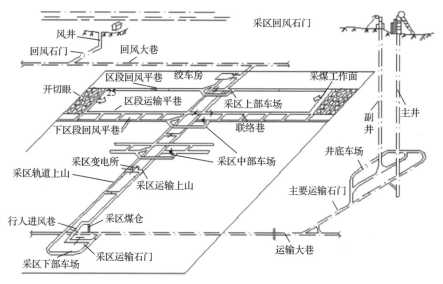

图 4-8　矿井主要巷道分类

开拓巷道是为全矿井、一个或多个采区提供服务的巷道,如图 4-9 所示,主要包括以下几种:平硐、斜井、立井、井底车场、石门、运输大巷。平硐是直接与地面相通的水平巷道;斜井是直接与地面相通的倾斜巷道;立井是直接与地面相通的直立巷道;井底车场是井下主要运输巷道和井筒连接处的

(a) 平硐

(b) 斜井

(c) 立井

(d) 井底车场

(e) 石门

(f) 运输大巷

图 4-9 主要开拓巷道

一组巷道和硐室的总称；石门是穿过各岩层掘进并与煤层走向垂直或斜交的水平巷道；运输大巷是沿走向掘进，供全矿井或某一个水平运输、回风用的水平巷道，多数开掘在岩层内，也可开掘在煤层内。

采准巷道是为一个采区服务的巷道，主要有采区上山、采区下山、联络巷和溜煤眼等几种类型。而回采巷道也是为一个采区服务的巷道，主要有采区上山、采区下山、联络巷和溜煤眼等几种类型。其中，联络巷是贯通大巷和顺槽或贯通两个顺槽的巷道。

3. 废弃矿井地下空间稳定性分类

废弃矿井改建抽水蓄能电站对地下空间的稳定性有很高的要求，而废弃矿井地下空间的稳定性又是研究的重点问题。废弃矿井地下空间稳定性问题有着不同的研究尺度，对此本书提出地下空间稳定性判定的三大判据，即大稳定、中稳定和小稳定判据。

大稳定主要研究的是区域构造对所处废弃矿井地下空间的影响因素，区域构造稳定性指地下空间所在的一定范围、一定时段内，内动力地质作用可能对地下空间稳定性的影响。对地下空间稳定性起决定作用的是现代地应力场引起的活动断裂带的位置范围、运动状况和烈度等因素，构造运动对不同地区的影响程度有很大差异，有的地区受影响小，地质构造简单，为相对稳定的地带；有的地区受影响大，褶皱断裂复杂，为相对活动的造山地带，不同地区都有特定的区域构造特征。

地下空间的大稳定可根据区域构造影响因素划分为稳定区域构造和不稳定区域构造，对于地下空间为不稳定区域构造的废弃矿井，不适合作为改建抽水蓄能电站开发利用，当改建废弃矿井地下空间为稳定区域构造时，可在该划分等级下继续进行中稳定划分(表 4-4)。

表 4-4 地下空间大稳定的分级指标

	稳定区域构造	不稳定区域构造
活动断裂带烈度	<8 级	≥8 级
活动断裂带范围	地下空间 5km 范围内无活动断裂带	地下空间 5km 范围有活动断裂带
活动断裂带运动	地下空间 25km 范围内无活动断裂带运动	地下空间 25km 范围内存在活动断裂带

中稳定所研究的是废弃矿井地下空间是否受煤层开采过程的扰动影响,采动影响是指地下采煤工程中煤层大面积开采引起的围岩位移和变形及其造成的种种损害。对于处于稳定构造区域的地下空间可根据中稳定划分依据继续分类时,可将其划分为可靠空间、较可靠空间和基本可靠空间。基本稳定空间受采动影响剧烈,可靠空间和较可靠空间基本不受采动影响或受采动影响轻微,这类空间在矿井完成开采使命后仍能保持稳定或较稳定,继而可以作为抽水蓄能电站地下空间使用。较可靠和可靠地下空间在改建蓄能电站使用时,可以在小稳定的评价指标影响因素上继续划分。

小稳定主要是根据地下空间的围岩稳定性对可靠和较可靠抽水蓄能空间进一步划分(表 4-5)。空间围岩的局部稳定性主要取决于多个因素,因此,必须找出对围岩稳定起关键作用的因素。根据现场情况以及查阅国内外文献资料,提出安全评估的三个指标:地下空间围岩埋深情况、地下空间围岩节理裂隙发育程度、地下空间围岩整体变形量。地下空间围岩埋深是影响地下空间稳定性的最重要因素,随着围岩埋深增大,深部围岩所属的力学系统不再是浅部围岩所属的线性力学系统,而是非线性力学系统,围岩由脆性转化为延性。同时,在深部高应力环境下,围岩具有很强的流变和蠕变特性。地下空间围岩节理裂隙发育程度是影响地下空间稳定性的影响因素之一,围岩节理裂隙越发育,地下空间发生垮落冒顶的危险性越大。地下空间整体变形量是影响巷道稳定性的又一重要因素。当地下空间发生较大变形时,顶板

表 4-5 地下空间小稳定的分级指标

项目	可靠空间	较可靠空间	基本可靠空间
围岩埋深	浅埋深	中埋深	大埋深
围岩节理裂隙发育程度	不发育	较发育	发育
围岩整体变形量/mm	<10	10～50	>50

岩层内部易产生离层，导致锚杆、锚索失效。因此，地下空间变形量越大，潜在的威胁越大。

综合三大判据，废弃矿井地下空间稳定性划分为可靠空间、较可靠空间和基本可靠空间(图 4-10)。其中，可靠空间处于稳定区域构造内、不受采动影响且巷道硐室围岩稳定，这一类空间主要由地下硐室及开拓巷道形成的地下空间组成(图 4-11)，该空间无区域构造，在煤层开采过程中基本不受开采扰动影响，在矿井完成开采使命后仍能保持稳定，主要包括井筒、马头门、井底车场、吸水泵房、开拓巷道以及变电所等井下硐室群，该部分空间占废弃矿井地下总空间的 10%左右，是优先利用的空间，可以改造为井下水库、发电厂房等。废弃矿井较可靠空间由开采准备巷道形成的地下空间组成，该空间区域构造稳定、部分地下空间受煤层开采影响且地下空间围岩较稳定，在工作面开采后，基本保持稳定，主要包括采区运输、通风巷道、采准巷道等，该部分空间占废弃矿井地下总空间的 20%左右，该部分空间加以修复加固后可以作为废弃矿井抽水蓄能电站井下水库使用。

废弃矿井基本可靠空间主要为煤层采出后形成的地下空间，该空间受煤层开采影响强烈，在工作面回采一段时间后，随着上覆岩层沉降逐渐趋于稳定且空间围岩稳定。该部分空间占废弃矿井地下总空间的 70%左右，对于这一部分地下空间需要根据需求改造，可以改造为地下裂隙储水空间，作为抽水蓄能电站的水源补给。

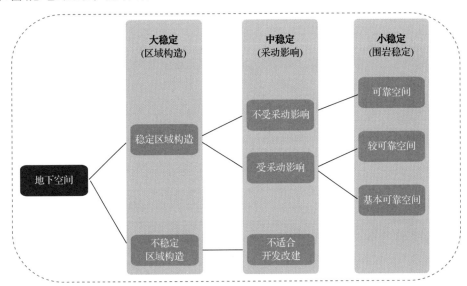

图 4-10　废弃矿井地下空间划分

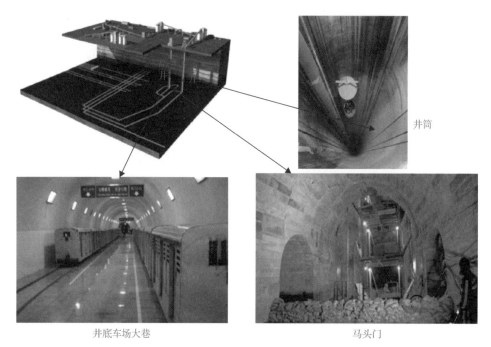

井筒

井底车场大巷

马头门

图 4-11　可靠空间

二、利用废弃矿井建设抽水蓄能电站的工程地质问题研究

（一）区域地质及构造稳定性

1. 区域地质

在工程区 150km 范围内，运用现代地质科学理论和技术方法，在充分研究和运用已有资料的基础上，进行系统的区域地质调查和综合研究，阐明区域内的地形地貌、地层、构造、水文、工程地质等基本地质特征及其相互关系。

2. 地形地貌

对区域内的地貌格架进行分析，阐述区域的地形地貌形态。

3. 地层岩性

收集区域内各地层的岩性资料，分析区域内沉积岩、岩浆岩和变质岩的分布范围、形成时代和岩性、岩相等特点，查明第四纪沉积物的组成物质和成因类型。

（二）区域构造稳定性

区域构造稳定性是指工程区地壳的稳定程度，即该地区有无活断层和地震等现代构造活动的迹象、活动的强度及其对工程的可能影响等情况。区域构造稳定性评价主要包括下列四个方面。

1. 构造稳定性分区

根据区域地质、人造卫星、航空摄影图片、航空磁测、重力和人工地震探测资料以及历史地震和地震台网观测记录，研究区域内的沉积构造、岩浆活动、变质作用、区域性隆起、凹陷、褶皱、断裂、现代构造和地震活动等特征，分析建设地区所属的大地构造单元、主要的深大断裂和活动断裂带，分析水利工程地区的地壳稳定性，并根据其地区性差异，将研究区划分成若干Ⅱ级、Ⅲ级大地构造单元，作为判定潜在震源区和废弃矿井建设抽水蓄能电站规划选点及可行性研究时选择方案的依据。

2. 活断层研究

野外鉴定是否为活断层需要综合采用各种方法。根据地貌、地质构造、地层切盖关系、地震、测年资料、地壳形变以及地球物理和地球化学特征等，综合分析断层的活动性。通常可通过野外地质地貌观察、对断层两侧的地层和地貌单元的对比，对断层物质和断层两侧或其上覆的第四纪沉积物进行微体古生物鉴定，以确定其地质年代，或用放射性C14、热释光等方法测定其绝对年龄，判定断层的最新活动年代。对活动断层的最新活动年龄、活动性质以及完成全新世滑动速率、位移量和现今活动强度等的判定。利用地震台、网观测资料和重复大地测量或短水准测量资料，可以确定活断层的最新活动情况和相对位移量，预测其今后活动趋势。

3. 地震危险性分析

根据区域构造和历史地震分布情况判定潜在震源区，再根据历史地震和地震台网观测资料分析各震源区的震级-频度关系、可能最大震级和地区的烈度衰减规律，结合地震地质条件确定工程区在建筑物使用期间可能遭遇的最大地震烈度，即地震基本烈度。或按工程重要性和潜在震源区的实际情况给出工程区在超越一定概率水平下可能遭受的地震烈度和工程区岩土层的峰值加速度及反应谱等地震参数。

(三)区域构造环境分析与评价

1. 强震的发震构造分析

根据目前国内对地震活动的研究成果和已有认识,认为中强地震的发生与断裂构造有着极为密切的关系。7 级以上的强震一般都发生在规模较大、活动强烈的断裂带上,特别是那些切割深度到达上地幔的大型断裂上;而6~7 级的较强地震又多发生在那些规模次之、活动强度及年代都较低一级的断裂上;相比之下,5~6 级的中强地震,发生地点的随机性稍大,但它们仍与断裂活动和盆地构造有极为显著的关系。

强震发生在活动断裂几何结构复杂部位或与其他方向断裂交汇区,它们是断裂运动的闭锁区,易应力集中并发生地震。

现今地壳形变是现代地壳运动的表征。地壳垂直形变等值线密集,升降起伏变化比较大的地带,等值线转折、畸变部位,地壳水平形变位移方向、位移量有别的异常区,块体间的形变带往往是强震发生部位。

2. 强震发生的地震构造标志

(1)大于 7.5 级地震构造标志。

大于 7.5 级地震都发生在新生代大型活动块体边界断裂带或新生代具有强烈活动的基底断裂上,这些地震的发震断层均为全新世活断层,发生于新构造单元及地貌分区的结合部位,发生于现代地壳形变带上,常发生于地球物理场的正负异常交界带、梯度带或扭曲畸变部位以及地壳厚度变异带上。

(2)7.0~7.5 级地震构造标志。

7.0~7.5 级地震都发生在新生代大型活动块体边界断裂带或新生代具有强烈活动的基底断裂上,它们往往是挤压走滑的深大断裂带,这类地震的发震断层均为全新世活动断层。发生于新构造单元及地貌分区的结合部位,发生于现代地壳形变带上,常常位于地球物理场的正负异常交界带、梯度带或扭曲畸变部位以及地壳厚度变异带上,往往是大型断裂的交汇部位。

(3)6.0~6.9 级地震构造标志。

6.0~6.9 级地震往往发生于新生代活动块体边界断裂带、隆起与拗陷的分界断裂或新生代具有强烈活动的基底断裂上。这些地震的发震断层主要为更新世中、晚期活断层或全新世活动断层，常发生于构造块体内部次级隆起与拗陷的接合部位，发生于断裂交汇部位。

(4) 5.0～5.9级地震构造标志。

5.0～5.9级地震的发生往往与断裂活动及盆地构造特征具有一定的关系。它的空间分布在区域范围内与新构造活动不强烈的块体边界及内部的早、中更新世活动断裂及晚更新世早期活动断裂有相关性。

3. 区域地震构造综合评价

综合区域新构造运动及分区、活动断裂、断陷盆地、地壳形变等方面的特征，研究它们与地震活动的关系，总结归纳出强震发生的地震构造标志，综合评价区域地震构造环境。

(四)近场区地质背景和矿井涌水

1. 近场区地质背景

在工程区25km范围内，收集近场区的前人资料，重点对近场区内的断裂构造进行调查，对主要断裂的活动性进行评价，并充分考虑进场区有影响的地震和地震构造环境，对近场区地质构造环境进行评价。

(1)地形地貌。

对近场区内的地貌格架进行分析，阐明近场区的地形地貌形态。

(2)地层岩性。

收集近场区内各地层的岩性资料，分析近场区地层分布范围、形成时代和岩性、岩相特点，查明第四纪沉积物的组成物质和成因类型。

(3)地质构造概况。

对近场区大地构造进行分级，并对区内大地构造进行详细的描述；论述近场区历史时期经历过的构造活动及新生代以来近场区构造情况。

(4)新构造特征。

根据新构造运动发育历史、类型、幅度的大小和地貌形态对新构造运动进行论述。

(5)主要断裂活动性。

根据收集的区域地质资料，对近场区主控断裂的走向和活动特征以及地震活动性进行描述；对断层物质和断层两侧或其上覆的第四纪沉积物进行微体古生物鉴定，以确定其地质年代，或用放射性 C14、热释光等方法测定其绝对年龄，判定断层的最新活动年代；计算近场区各条断裂距工程区的距离并分析其对工程区产生的地震构造影响程度。

2. 矿井涌水

对废弃矿井所在区域的水系分布进行分析，查明其主要含水层、隔水层、岩溶的分布情况等水文地质特征。

分析废弃矿井的地表水与地下水的补、径、排关系，分析各层洞室之间地下水存在沿陡倾角断层、陡倾角裂隙等通道产生连通的程度。

收集矿井历史水文地质资料，以废弃矿井每一层单一水平年涌水量及岩石巷道长度为依据，采用水文地质比拟法，进行涌水量分析。

3. 地下洞室围岩渗漏及渗透稳定性

地下洞室地下水主要为基岩裂隙水，主要受大气降水补给，赋存于断层、裂隙密集带等构造部位。地下洞室一般埋层较深，岩体属弱透水～微透水，断层、裂隙密集带等部位主要为中等～强透水岩体。

地下洞室各洞段作用在隧洞衬砌上地下水的压力并不完全是各洞段地下水水头，外水压力与基岩的完整程度密切相关。Ⅰ、Ⅱ类围岩洞段岩体完整，外水压力折减系数建议采用 0.2～0.3；Ⅲ类围岩洞段裂隙较发育，岩体完整程度较差，外水压力折减系数建议采用 0.4～0.6；Ⅳ、Ⅴ类围岩洞段主要是断层带或裂隙密集带发育，岩体破碎，外水压力折减系数建议采用 0.7～1.0。

地下洞室一般埋层较深，地下水水头较高，对围岩质量要求较高。完整性较好的围岩裂隙不易与周边裂隙贯通，具有较好的抗渗透性；裂隙较发育或断层发育部位围岩总体本身抗劈裂能力相对较差。围岩的衬砌类型需根据具体围岩岩体情况进行支护。

4. 地下水对混凝土的腐蚀性分析

(1)地下水对混凝土腐蚀程度分级。

地下水对混凝土腐蚀性分为四级，分别为无腐蚀、弱腐蚀、中等腐蚀和强腐蚀，如表 4-6 所示。

(2)地下水对混凝土腐蚀性的判定标准。

地下水对混凝土腐蚀性的判定标准应符合表 4-7 的要求。

表 4-6　腐蚀性分级表

腐蚀程度	一年内腐蚀区混凝土的强度降低 F/%	腐蚀的表面特征
无腐蚀	0	—
弱腐蚀	$F<5$	材料表面略有损坏
中等腐蚀	$5{\leqslant}F<20$	侧壁表面有明显隆起、剥落
强腐蚀	$F{\geqslant}20$	材料有明显的破坏（严重裂开、掉小块）

表 4-7　地下水腐蚀判定标准表

腐蚀性类型		腐蚀性特征判定依据	腐蚀程度	界限指标	
分解类	溶出型	HCO_3^-含量/(mmol/L)	无腐蚀	$HCO_3^->1.07$	
			弱腐蚀	$1.07{\geqslant}HCO_3^->0.70$	
			中等腐蚀	$HCO_3^-{\leqslant}0.70$	
			强腐蚀	—	
	一般酸性型	pH 值	无腐蚀	$pH>6.5$	
			弱腐蚀	$6<pH{\leqslant}6.5$	
			中等腐蚀	$5.5<pH{\leqslant}6$	
			强腐蚀	$pH{\leqslant}5.5$	
	碳酸型	侵蚀性 CO_2含量/(mg/L)	无腐蚀	$15<CO_2$	
			弱腐蚀	$15{\leqslant}CO_2<30$	
			中等腐蚀	$30{\leqslant}CO_2<60$	
			强腐蚀	$CO_2{\leqslant}60$	
分解结晶复合类	硫酸镁型	Mg^{2+}含量/(mg/L)	无腐蚀	$Mg^{2+}<1000$	
			弱腐蚀	$1000{\leqslant}Mg^{2+}<1500$	
			中等腐蚀	$1500{\leqslant}Mg^{2+}<2000$	
			强腐蚀	$Mg^{2+}{\geqslant}2000$	
结晶类	溶出型	SO_4^{2-}含量/(mg/L)		普通水泥	抗硫酸水泥
			无腐蚀	$SO_4^{2-}<250$	$SO_4^{2-}<3000$
			弱腐蚀	$250{\leqslant}SO_4^{2-}<400$	$3000{\leqslant}SO_4^{2-}<4000$
			中等腐蚀	$400{\leqslant}SO_4^{2-}<500$	$4000{\leqslant}SO_4^{2-}<5000$
			强腐蚀	$SO_4^{2-}{\geqslant}500$	$SO_4^{2-}{\geqslant}5000$

搜集并综合分析工程场地的气候条件、冰冻资料、海拔高程、岩体性质、地下水的补给、排泄、循环和滞留条件及污染情况等资料，评价废弃矿井地下水水质对混凝土的腐蚀性。

5. 地下洞室有害气体及放射性研究

地下洞室深埋于地下，是施工及运行期间人员日常生产活动的场所，因此应对地下洞室进行有害气体及放射性检测,从而进行评价并提出防护措施是必要的。

对地下洞室有害气体及放射性进行检测和监测,把测试结果与相应的国家规范或行业规定相对照,当超出国家规定范围的值时,应采取相应的防护措施。

空气流通是降低有害气体浓度的最有效方法之一。因此应加强洞室的空气流通,使洞内的有害气体浓度降低到规定范围内,保证工作人员的安全。

地下洞室放射性强度超过国家标准,建议对地下洞室尽快采取衬砌,减少辐射;减少施工人员在地下洞室停留时间,采取短班制。

定期对洞内开展有害气体和放射性的复查工作,以便及时做好有害气体及放射性的防护措施。

6. 天然建筑材料分析

天然建筑材料开采应遵守以下原则:

(1)技术上可行、经济上合理、尽量减少对环境产生不利影响的原则,先近后远;

(2)应避免因料场的开挖而影响建筑物布置及安全,以避免对工程施工产生干扰;

(3)当废弃矿井开挖产生的渣料质量符合要求时,宜优先利用渣料;

(4)不占或少占耕地、林地,确需占用时,应保留还田、还林土层。

利用废弃矿井进行抽水蓄能建设所需的主要建筑材料为混凝土骨料。根据废弃矿井工程地质条件判断矿井内的岩体饱和抗压强度、冻融损失率、硫酸盐及硫化物含量是否符合要求以及岩体中碱活性骨料成分是否满足要求等。

当矿井内的岩体满足天然建筑材料要求,应根据建材需用量合理规划开采范围、分布储量和运输条件。

7. 典型废弃矿井地下空间围岩加固及防渗技术

废弃矿井改建蓄能电站的地下空间围岩加固及防渗技术可在地下空间三大分类的基础上进行。对于不同稳定性的地下空间,围岩的加固防渗技术不同。抽水蓄能电站地下空间建设一般可以利用可靠和较可靠空间,这部分空间占总地下空间的30%左右,围岩加固一般在这两类空间中进行。可靠空间是废弃矿井地下空间的优先利用空间，可以改造为井下水库、发电厂房，在改建过程中采用锚网索-桁架耦合技术进行加固并配合围岩防渗灌浆技术。在改建蓄能电站时常选用较可靠空间作为地下水库使用,该空间在煤层回采时受到轻微的采动影响，围岩稳定性一般，因此较可靠空间的围岩加固在使用锚网索-桁架耦合技术的基础上，将原有普通锚索更换为恒阻大变形锚索，利用恒阻锚索的支护特性加固围岩。对于可靠和较可靠空间使用到的围岩加固技术具体如下。

(1)恒阻大变形锚杆(索)支护技术。

在恒阻大变形材料防冲控制理念的指导下，受"以柔克刚、刚柔并济"哲学思想的启迪,中国矿业大学(北京)深部岩土力学与地下工程国家重点实验室的何满潮院士首次在岩石力学领域 10～20m 的宏观尺度上提出了负泊松比结构的概念与力学行为的科学问题，研发了具有负泊松比效应的 NPR 锚杆，并应用于深部动力灾害与滑坡的控制、监测与预测。该锚杆在实现大变形和大伸长量的前提下,可最大限度地吸收围岩变形能并保持阻值基本稳定。该新型支护材料主要由螺母、托盘、恒阻套管和杆管组成，如图 4-12所示。其中，恒阻套管和杆体共同组成 NPR 锚杆的恒阻装置，恒阻套管尾部套装有螺母和托盘，螺母和恒阻装置通过螺纹连接。

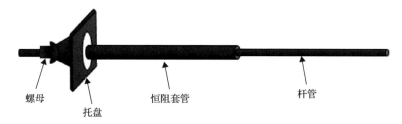

螺母　　托盘　　恒阻套管　　杆管

图 4-12　NPR 锚杆示意图

由图可知，当深部围岩发生蠕变或者受到大变形冲击时，依据冲击能量的不同，NPR 锚杆的恒阻装置可自动调节并产生滑移变形来抵御岩体变形并保持支护力恒定。因此，恒阻锚杆可依靠恒阻体的摩擦滑移变形，在吸收围岩大变形冲击能量的同时，保持恒定支护阻力进而确保巷道的稳定。

① 围岩变形前——安装 NPR 锚杆。

煤巷工程开挖后，破坏了原有稳定的岩体。一方面基于应力重构，因岩体自身的力学属性承受不了而出现应力集中，产生拉力区或塑性区；另一方面由于施工引起围岩松动，加之地质构造影响，从而降低了围岩稳定程度。

因此应类似于传统预应力锚杆施工工艺,在深部岩体未变形破坏前根据支护设计要求,在 NPR 锚杆安装时添加树脂或水泥砂浆锚固剂锚固。

② 围岩变形中——吸收冲击变形能。

围岩扰动失稳、蠕变或大变形过程中,当其变形能大小达到或超过锚杆设计恒阻范围后,NPR 锚杆内部恒阻体通过摩擦作用产生滑移,即 NPR 锚杆随着围岩变形而发生轴向拉伸和径向膨胀的大变形来吸收变形能量,进而避免瞬时冲击时出现因锚杆破断而导致支护失效。

③ 围岩变形后——巷道稳定。

围岩发生冲击大变形之后,围岩内部应力达到新的平衡,冲击能量得到释放,围岩的变形能小于 NPR 锚杆的设计恒阻力 P_0。即 NPR 锚杆轴向受力小于恒阻装置中的摩擦阻力,此时围岩在锚杆支护作用下再次回归稳定状态。

综上所述,NPR 锚杆在锚杆轴力大于恒阻力后,仍有一定的抵抗变形能力,因而不会出现突然断裂失效的破坏现象。在以该新型锚杆作为支护材料的地下巷道中,当围岩产生一定形变时,NPR 锚杆随之拉伸变形,围岩变形能得以缓解释放;当围岩重新稳定后,NPR 锚杆在拉伸变形之后仍保持稳定变形,并且变形区域逐渐扩大,最终导致整个支护系统失稳。

(2)大跨度硐室桁架支护技术。

对于废弃矿井抽水蓄能电站建设过程中的大跨度硐室支护可采用锚网索-桁架耦合支护技术,特点可归纳如下:

① 该技术适用于高应力、强膨胀、大变形的深部复杂条件下的软岩工程;

② 最大限度地利用和发挥围岩的自承能力,通过锚网索耦合支护充分加大深部围岩强度,使锚网-浅部围岩-锚索-深部围岩-桁架达到完全耦合,实现变形协调;

③ 充分转化了围岩中膨胀性塑性能,释放了围岩中的高应力变形能;

④ 支护体有足够的强度和刚度限制差异性、有害变形的产生,适时支护;

⑤ 不仅进行支护材料的强度设计,使支护体间、支护体与围岩间达到强度耦合,还注重刚度设计,使支护体间达到刚度耦合。

综上所述,锚网索-桁架耦合支护的特点可以总结为:大断面、锚网索、封闭式、小支架、预留量。锚网主动支护浅部围岩,使浅部围岩与锚网共同形成"承载圈"，锚索二次支护调动深部岩体强度，使锚索-深部围岩-锚网-浅部围岩变形协调，通过立体桁架的作用，最终使锚网索-桁架-围岩耦合作用，保持围岩稳定。

(3)交叉点双控锚索技术。

煤矿井下巷道多有交叉，交叉点往往是矿井运输、通风、行人等的咽喉部位，一般具有跨度大、围岩破坏程度高、服务年限长、支护强度要求高等特点。在以前的交叉点支护技术中，多用料石砌碹支护、锚网索喷浆支护、U 型钢或工字钢棚加固支护或锚网索+架棚+喷浆双层支护等。但煤矿井下地质条件不确定，原有的支护方式已经不能满足抽水蓄能条件下的巷道支护需求，巷道交叉点容易出现浆皮开裂、顶帮变形、脱皮掉矸等现象，局部地段甚至严重影响巷道的抽水蓄能功能。

锚网喷支护的半圆拱巷道中，每根锚杆通过锚固剂的作用在锚杆杆体两端形成圆锥形分布的应力区，沿巷道周边安装锚杆时，各个锚杆形成的应力圆锥体相互交错，在岩体中形成承压拱，理论上说，只要锚杆间距足够小，在岩体中形成的承压拱的厚度将达到最大，且形成一个绝对的半圆拱支护体，共同承受其顶部的竖向载荷和帮部的横向载荷。在承压拱内支护体的径向及切向均匀受压，处于三向应力状态，其围岩强度得到提高，当支护体支护能力大于或等于三向应力要求时，达到一个应力平衡状态，巷道处于稳定状态。

实际使用的锚杆长度为 2000mm，对围岩加固范围有限，形成的承压拱厚度有限，承压拱的厚度也难以提高。在断面过大的巷道，会造成承压拱的支撑面积与厚度比值过大，出现支撑能力不足的现象，从而导致巷道支护体开裂、顶板下沉。"牛鼻子"作为交叉点大断面的中间支柱，将主巷和支巷隔开形成两个承压拱，起到增强大断面承压拱支护的作用。如果中间岩柱支护强度不足，主巷和支巷连成一个更大断面的巷道，则可能造成更大巷道的承压拱面积远超过厚度，从而陷入顶板下沉，"牛鼻子"受压破坏，顶板下沉加剧这一恶性循环中。

交叉点双控锚索支护技术的基本原理：巷道交叉点由于断面跨度大、围岩破坏程度高、应力集中程度高，中部压力几乎全部集中在"牛鼻子"(中间支护体)上，对"牛鼻子"支护强度要求高。但在施工过程中由于中间岩体多次受放炮破坏，岩体内部产生裂隙，且两边分别施工锚杆，缺乏整体性，造成支护强度低，在各向应力作用下"牛鼻子"破坏变形，顶板破坏下沉。在交叉点"牛鼻子"两侧对穿锚索，两端通过锚索托盘同时施加预紧力，经过围岩与锚索及托盘的相互作用，将中间破碎岩体联合成一个整体，提高中间岩体的竖向支撑强度。同时"牛鼻子"一侧的变形相当于对另一侧拉力的增加，将中间岩体的横向位移控制在一个很小的范围，形成一个双向相互控制的平衡状态，提高中间岩体的横向支撑强度。最终使交叉点"牛鼻子"达到应力平衡状态，顶板承压拱达到应力平衡状态，即交叉点实现整体稳定。

(4) 双控锚索载荷设计。

巷道交叉点双控锚索支护技术的关键是确定双控锚索的载荷设计，若施加载荷过大，中间岩柱反而遭到再次破坏，且因中间岩柱的刚性过大而直接造成对顶板围岩的破坏，不能与顶板承压拱连成一个整体；若施加载荷过小，中间岩柱不能联合成一个整体，且因预留了足够大的横向位移空间而造成横向约束不够，不能阻止中间岩柱的横向位移，从而导致整个中间支护体的支护强度的降低，甚至遭到破坏。双控锚索载荷设计示意图如图 4-13 所示。

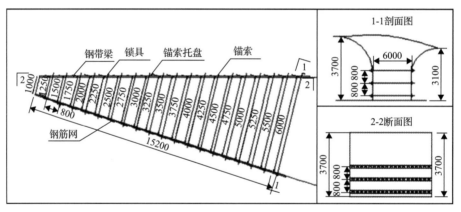

图 4-13　双控锚索载荷设计示意图(单位：mm)

(5) 灌浆防渗技术。

灌浆防渗是为了增强各种岩土体的抗渗能力而被广泛采用的一种围岩处理方法，它是在具有合理孔距的成排钻孔中，注入浆液，使各孔中灌浆体相互搭接以形成一道类似帷幕的混凝土防渗墙，以此截断渗流，从而达到防渗堵漏的目的。因此，工程上又称其为帷幕灌浆。矿井巷道分布广、随机性大、透水性强、地质条件复杂，在这种地区修建抽水蓄能水库，必须有完整而可靠的防渗设施，才能保证水库的施工安全与运行安全。帷幕灌浆是水工建筑岩体处理中常用且重要的一种工程措施。

① 无机系注浆材料。

(a) 水泥浆材。

在无侵蚀的地下水环境中，通常采用普通硅酸盐水泥。普通硅酸盐水泥浆液是一种悬浊液，它能够形成较高强度和较小渗透性的结石体。并且其取材容易、配置简单、价格低廉、环境污染小，既适用于岩土加固，也适用于地下防渗。缺点是可注性较差，浆液结石率低，稳定性较差，浆液凝固时间较长，容易流失造成浆液的浪费。普通硅酸盐水泥浆的水灰比变化范围一般为 0.5～2.0，通常采用 1∶1 的水灰比。某些条件下为了调节水泥性能，加入速凝剂或缓凝剂等附加材料。经常用的添加材料有水玻璃和氯化钙，用量约占水泥浆的 1%～2%，目前常用的缓凝剂有磺酸钙、木质素、酒石酸等，其用量约为水泥浆的 0.2%～0.5%。

(b) 黏土水泥浆。

黏土为含水铝硅酸盐，它的主要为高岭石、蒙脱石及伊利石三种基本成分，其中以蒙脱石为主的土叫膨润土，膨润土是一种水化能力极强、高膨胀性和高分散性的黏性土，在注浆工程中被广泛运用。由于黏土的高分散度和较好的亲水性，黏土浆液沉淀析水性较小，在水泥浆液中加入适当比例黏土后，可以大大提高浆液的稳定性。在水泥浆液中加入膨润土后，大大提高了浆液的稳定性且增加了浆液流动性，但加入黏土(掺量一般为 5%～15%)后影响了水泥的水化反应，延长了浆液的凝结时间，降低了结石体的强度且耐久性较差。因此，黏土水泥浆一般不宜作为加固灌浆材料，而作为充填材料。

(c) 粉煤灰水泥浆。

将粉煤灰掺入普通硅酸盐水泥浆液中作为注浆材料使用，作用在于减少水泥用量，降低浆液成本和消化"三废"材料，具有较大经济效益和社会意义，近几年粉煤灰水泥浆已在国内一些大中型工程中推广使用并获得成功。

对于水下建筑物来说，粉煤灰水泥浆材的最大优点在于其中粉煤灰能使浆液中酸性物质含量增加，与水泥水化过程中析出的氢氧化钙发生反应，进而生成水化硅酸钙和水化铝酸钙等这些较稳定的低钙水化物，能够提高浆液结石体的抗溶蚀性能和防渗帷幕的耐久性。在灌浆过程中使用粉煤灰应注意几点：烧失量宜较低，一般不宜大于 4%～8%；粉煤灰的颗粒比水泥要粗一些，但水泥粉煤灰浆材一般是在孔隙较大的地层中为了节约水泥才使用，粉煤灰不用磨细或分选，可直接掺入浆中，随着粉煤灰的用量增加，浆液结石强度会大大降低，因此，进行注浆前应根据具体条件进行较为详细的粉煤灰水泥浆液配方实验。

(d)超细水泥。

普通的水泥浆很难注入宽度小于 0.2mm 的岩体裂缝中，随着超细水泥的出现，解决了水泥浆可注性差的问题。它既有化学浆液良好的可注性，同时又有水泥浆液结石体的力学性能，对地下水和环境无污染，而且价格较低。超细水泥是由极细的水泥颗粒组成的无机材料。

(e)水泥水玻璃浆液。

水泥水玻璃浆液是以水泥和水玻璃作为浆液主剂，将两主剂按照一定的比例采用双液方式注入，需要时加入特定添加剂组成的注浆材料。因此水泥水玻璃浆液根据工程的需要一般可分为加固和堵水两方面。对于堵水，特别是水压较大、水流速度较快或充填岩土的大孔隙，要求浆液的凝结时间短且具有一定的抗压强度。在水泥原浆中加入水玻璃溶液有两个作用，一是可以作为速凝剂使用，掺入量较少，一般情况下占水泥重量的 3%～5%；另一种是将其作为注浆主材使用，掺入量较多。结合各地注浆施工经验，水泥水玻璃浆液的适宜配方大体为：水泥浆液的水灰比为 0.8：1～1：1；水泥浆液与水玻璃溶液的体积比为 1：0.6～1：0.8。其中水玻璃的模数为 2.4～2.8，波美度 30°～45°。

② 有机注浆材料。

(a)聚氨酯类。

聚氨酯类浆液灌入地层后，一旦遇水立即反应生成聚氨酯泡沫体，进而起到加固地基和地下水堵漏防渗的作用，其具有以下特点：

i.浆液黏度低，可灌性好，结石有较高的强度，可与水泥灌浆相结合，建立高标准防渗帷幕；

ii.浆液遇水反应，可用于动水条件下堵漏，封堵各种形式的地下、地面及管道漏水，封堵牢固，止水见效快；

iii.安全可靠，不污染环境；

iv.耐久性好；

v.操作简便，经济效益高。

(b)丙烯酰胺类。

由主剂丙烯酰胺、引发剂过硫酸铵等组成，其主要特点为：

i.浆液属于真溶液，可灌性远比目前所有的灌浆材料都好；

ii.浆液从制备到凝结所需的时间可在几秒钟至几小时内精确控制，而其凝结过程不受水和空气的干扰或很少被干扰；

iii.浆液的黏度在凝结前维持不变，这就能使浆液在灌浆过程中维持同样的渗入性，而且浆液的凝结是立即发生的，凝结后的几分钟内就能达到极限强度，这对加快施工进度和提高灌浆质量都是有利的；

iv.浆液凝结后，凝胶本身基本不透水，耐久性和稳定性都好，用于永久性灌浆；

v.浆液能在很低的浓度下凝结，因此，灌浆的成本相对较低；

vi.浆液能用一次注入法灌浆，因而施工操作比较简单。

丙烯酰胺类的主要缺点是浆材有一定的毒性，反复和丙凝酰胺粉接触会影响中枢神经系统，对空气和水也有一定的影响。

(c)木质素类。

木质素类注浆材料是以造纸过程中废液为主剂，在其中加入一定量的固化剂而组成的注浆浆液，其来源广泛、价格低廉、是一种比较有发展前途的灌浆材料。

目前木质素浆材主要包括铬木素浆材和硫木素浆材，其中，铬木素浆材可能对地下水造成污染，因此，国内有关部门进行了研究，逐步从有毒到低毒，从低毒到无毒，后出现了硫木素浆材。

(d)丙烯酸盐类。

丙烯酸盐类是一种性能指标与丙烯酰胺相似的注浆材料，但其毒性远比丙烯酰胺低得多。水溶液型丙烯酸盐浆液黏度低、低毒、凝固点低、凝胶时间可调，凝胶体具有一定的强度和弹性，可用于岩体、土层和混凝土等的细微裂隙注浆止水和防渗。

(e)脲醛树脂类。

脲醛树脂是由尿素和甲醛缩合而成的一种高分子聚合物。以它为主剂的注浆材料黏度不大，强度较高，具有一定的抗渗能力，价格较低，特性如下：

i.由于脲醛树脂是水溶性的，浆液可用水稀释。在满足聚合体的强度和其他要求的基础上，可合理地稀释浆液以达到降低黏度和成本的目的。

ⅱ.固结体强度与浆液浓度及催化剂的品种有关，当浆液浓度为 40%～50%时，用硫酸作为催化剂的固结体强度为 0.8～0.4MPa。

ⅲ.改变催化剂的用量，可以使浆液的凝结时间在几十秒到几十分钟内调整。

③工艺流程。

根据相关技术要求和拟定的工艺流程，制定每一施工步骤的具体工艺如下：

(a)造孔采用 xy-2 型钻机，开孔孔径为 110mm，终孔孔径为 75mm。

(b)护壁套管孔口管埋设：在第一段(基岩内 2.0m)灌浆结束后，立即在孔内埋设孔口管(上端有丝扣)，埋设时在孔口缠绕麻丝并接上两用接头，下入射浆管，将 0.5∶1 的水泥浆灌入孔底，待孔口管与孔壁之间返出 0.5∶1 的浓水泥浆后，卸掉射浆管及两用接头，导正孔口管后，再用 0.5∶1 浓浆补满孔口管与孔壁间隙。孔口管选用长 2.5m，直径 108mm、89mm 的地质无缝钢管，埋设后露出孔口 10cm。埋设时随时用地质罗盘仪严格校正护壁套管，达到垂直后再注入浓浆，待凝 48h 后才能进入下步工序。

(c)洗孔帷幕灌浆每段钻孔结束后，立即用大流量清水对孔内的残留岩粉等进行敞开式冲洗。冲洗至回水清澈后 10min 为止，其孔底残留物厚度不大于 20cm。帷幕灌浆前的裂隙冲洗是采用高低压脉动冲洗工艺，其高低压脉动冲洗的时间间隔为 5min。岩石破碎段则采用压力水冲洗，冲洗压力为帷幕灌浆压力的80%，帷幕灌浆压力为0.3MPa，因此冲洗压力为0.24MPa。

(d)测斜钻孔过程中，每 15～20m 孔深，测试钻孔偏斜度，发现偏斜，立即采取纠偏措施，终达到规定值。

(e)压水试验采用自上而下分段压水试验的方法进行，是在钻孔裂隙冲洗结束 24h 之内进行。灌浆工程先导孔和质量检查孔的压水试验采用五点法，Ⅰ序孔采用单点法，Ⅱ、Ⅲ序孔采用简易压水试验法。五点法和单点法压水试验标准：在稳定压力下，每 5min 测读一次压入流量，连续四次读数中的大值与小值之差小于终值的 10%，或大值与小值之差小于 1L/min 时，即可结束，取终值作为透水率 q 的计算值。简易压水试验稳定标准：在稳定压力下，压水 20min，每 5min 测读一次压入流量，取终值作为透水率 q 的计算值。

(f)灌浆采用 3SNS 型注浆泵、ZJ-400 型高速搅拌机,由 LG-1 型灌浆全自动记录仪记录灌浆过程注浆。帷幕灌浆采用"自上而下、小孔径钻进、孔口封闭、不待凝、孔内循环"的高压灌浆工艺。严格按分序加密的原则:先下游排、后上游排、同排按Ⅰ序—Ⅱ序—Ⅲ序的顺序施工。按技术和规范要求逐级变换浆液配合比。

(g)封孔全孔灌浆结束后,经监理工程师验收合格,采用"置换法和压力灌浆封孔法"进行封孔,封孔灌浆水灰比为 0.5 : 1,灌浆压力为该孔大灌浆压力。

(五)利用废弃矿井建设抽水蓄能电站的工程布置研究

1. 废弃矿井抽水蓄能电站水库位置选择

抽水蓄能电站是通过把低处的水抽到高处来蓄积能量,待电力系统需要时再发电的水电站。它把电网负荷低谷时多余的电能转化为水的势能储存起来,在负荷高峰时将水的势能转化为电能。

既然是利用水的势能,就要有足够的水,并且要形成足够大的落差。所以,抽水蓄能电站通常由具有一定落差的上、下水库和输水发电系统组成。原则上来说,水量和落差越大,储能就越多。因此抽水蓄能电站涉及上、下两个水库。

(1)抽水蓄能电站的上、下水库位置组合形式。

与常规抽水蓄能电站水库位置选择相同,废弃矿井抽水蓄能电站水库位置也需要选择上、下两个水库。不同的是废弃矿井抽水蓄能的上、下水库是全部或部分利用废弃矿井,必须紧密结合废弃矿井的空间形态,考虑抽水蓄能电站的枢纽建筑物布置要求、可逆式水泵水轮机组的制造技术要求等条件综合选定。

利用废弃矿井建设抽水蓄能电站,上、下水库中的一个甚至两个都可能位于地下。抽水蓄能电站水库位置分类见表 4-8。

表 4-8　抽水蓄能电站水库位置分类

方案	上水库位置	下水库位置	备注
方案 1	地表	地表	全地表
方案 2	地表	地下	半地下
方案 3	地下	地表	半地下
方案 4	地下	地下	全地下

方案 1 上、下水库均位于地表,形式与常规抽水蓄能电站相同。适合于用一个露天矿坑建设下水库,在矿坑周围选择上水库,或者上、下水库都利用露天矿坑,这种布置形式与常规抽水蓄能相同。

方案 2 上水库位于地表、下水库位于地下,是一种半地下抽水蓄能电站布置形式。该布置形式是利用废弃矿井建设抽水蓄能电站常见的布置之一。在地形条件不适合建设常规抽水蓄能电站的地区,例如靠近负荷中心的平原和缓坡丘陵地区,可以考虑利用废弃的地下矿井空间建设下水库,在地面选址建设上水库。

方案 3 上水库位于地下,下水库位于地表,是一种半地下抽水蓄能电站布置形式。该布置形式较特殊,实际工作中较少遇到。

方案 4 是上、下水库均位于地下的一种全地下抽水蓄能电站布置形式,较为常见。结合矿井的特点,对于具有多水平地下空间的矿井均可以考虑采用全地下抽水蓄能电站的布置形式(图 4-14)。

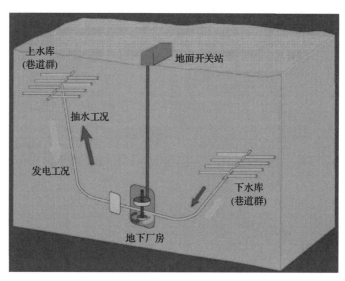

图 4-14　典型全地下抽水蓄能电站示意图

上述四种抽水蓄能电站上、下水库布置形式从难易程度上来分,方案 1 与常规抽水蓄能电站相同,最为简单;方案 2 和方案 3 为半地下抽水蓄能电站,只有一个水库位于地下,较难;方案 4 上、下水库都在地下,布置形式面临的问题最复杂,难度最大。

(2)废弃矿井抽水蓄能电站的选址策略。

首先根据电网的需要考虑在什么地方建抽水蓄能电站,例如京津电网及冀北电网,电源结构单一,电力系统峰谷差大,风电、光伏等新能源电力并网消纳问题突出,电网的安全稳定运行迫切需要建设抽水蓄能电站。扣除目前已建和在建的 4670MW 抽水蓄能电站,2030 年仍需新增 5000～6500MW 抽水蓄能电站才能满足调峰需求。珠三角地区用电量大,负荷变化大,发电厂基本都是燃煤电厂与核电厂,只适于基荷运行,调峰非常重要,仅靠燃机电厂调峰非常不够,建抽水蓄能电站非常必要,目前已建成广州抽水蓄能电站、惠州抽水蓄能电站和清远抽水蓄能电站。

对于有抽水蓄能电站需求空间的区域,如果缺乏常规抽水蓄能站点资源,同时区域内有一定数量的废弃矿井资源。这时应重点考虑利用废弃矿井建设抽水蓄能电站,搜集区域内废弃矿井资料,研究废弃矿井的基本情况和抽水蓄能电站工程建设条件,选择合适的废弃矿井。

(3)利用废弃矿井建设抽水蓄能电站水库位置选择的要求。

废弃矿井是否具有建设抽水蓄能电站的条件、水库位置如何选择需要满足以下几个方面的要求。

①废弃矿井应有充足的水源补给供抽水蓄能电站使用。

②废弃矿井应有适宜的地质条件。近场区无活动性断裂发育、无区域性断裂穿越拟布置建筑物的矿井、各建筑物宜布置于基岩岩体内、水道系统高压管道及大跨度地下洞室宜布置于中硬岩或坚硬岩岩体内、地下洞室围岩类别宜不低于Ⅲ类、水道系统高压管道及大跨度地下洞室宜避免穿越Ⅴ类围岩。

③上、下水库平面上应有一定距离,以满足水道系统、地下厂房等建筑物的布置。200m 水头的抽水蓄能电站,上、下水库的平面距离不宜小于800m;500m 水头的抽水蓄能电站,上、下水库的平面距离不宜小于2000m。如果上、下水库竖视处于交叠状态或者水平距离较近,就会增加水道系统及厂房系统的布置难度。

④因地下厂房整体高程须低于下水库,在下水库最低蓄水位以下须有适宜建设大跨度地下洞室的条件。

⑤上、下水库的落差在 200～500m 范围为宜。废弃矿井抽水蓄能电站考虑到尽可能利用现有交通设施以及地下空间,采用小型化机组为宜,而机组容量越小,转轮直径就越小。以 50MW 机组来说,如果利用水头超过 500m,机组加工制造难度较大;如果实际利用水头为 100m,从机组制造上来说不

存在问题，但水头过低，就需要更多的库容，发电流量也会增大。

⑥上、下水库应有足够的、有效的容积。上、下水库的库容与电站的水头、装机容量有着直接的关系，反过来，上、下水库如果具有较大的空间，就可以采用较大的装机容量方案。如果建设一个 50MW 的废弃矿井抽水蓄能电站，利用水头分别为 200m、300m、400m、500m 时，上、下水库均应具备的库容分别约为 66.84 万 m³、44.18 万 m³、33.00 万 m³、26.33 万 m³。如果装机容量为 100MW，在相同利用水头下，上、下水库均需具备的库容在 50MW 装机容量方案库容的基础上增加一倍。利用矿井空间建设上、下水库，矿井空间不能有反坡，用于建设上水库的空间区域内部不能独立而应有较强的联系，下水库亦然。

⑦上、下水库的总消落水深受到限制。抽水蓄能电站采用可逆式水泵水轮机组，机组安全稳定运行的要求使得最大抽水扬程与最小发电水头比值受到限制，对上、下水库的总消落深度有要求。根据经验，上、下水库的总消落深度一般不宜超过 50m，对具体工况应进行验算。

⑧地下水库的空间布局应具备一定条件。由于抽水蓄能电站的上、下水库除了容积要求，还要满足发电汇水流速、流量的要求。建议推荐断面面积大、有集中汇聚空间的地下空间建设水库。当利用矿井巷道建设水库时，巷道之间联系不强，为了满足发电汇水流速流量的要求，需要增加巷道间的联系。地下水库尽量选择"太空舱"式的空间，避免"蜘蛛网"式的空间。

(4)废弃矿井抽水蓄能电站水库位置选择。

废弃矿井抽水蓄能电站水库位置的选择根据废弃矿井的结构来进行，分为以下三种情况：

①利用露天矿坑建设抽水蓄能电站，下水库利用废弃矿坑建设，上水库在矿坑周围选择。如阜新海州露天矿抽水蓄能电站、河北滦平抽水蓄能电站等。利用露天矿坑建设抽水蓄能电站的水库选择路线较清晰，下水库利用废弃矿坑，仅需结合矿坑周围地形条件选择上水库。

②利用地下单一水平矿井建设抽水蓄能电站，这种情况水库位置选择也较简单，上、下水库之一选择废弃地下矿井建设，另一个水库在地表选址。最常见的是下水库采用矿井建在地下，上水库在地表。例如美国霍普山抽水蓄能电站下水库就是利用了已经废弃的地下矿井，而上水库在霍普山台地上开挖而成。

③对于具有多水平空间的废弃矿井，抽水蓄能电站上、下水库的选择可以有多种组合形式，较为复杂。形式1：利用废弃矿井建设下水库，在地表建设上水库。形式2：上、下水库均利用废弃矿井建设。形式2选择不同高程的矿井又可能组合出许多方案，此时就需要开展上、下水库选择的方案比选，众中选优。例如利用大安山煤矿废弃矿井建设抽水蓄能电站就需要在多层平硐中选择合适的上、下水库位置。

2. 水道系统布置及机组供水方式研究

(1)废弃矿井抽水蓄能水道系统典型布置。

水道系统是沟通连接上水库、地下厂房、下水库的枢纽建筑物，包括引水系统和尾水系统。无论何种布置形式的抽水蓄能电站，水道系统一般均布置在地表以下。水道系统的布置形式包括竖井式和斜井式，如图4-15和图4-16所示。

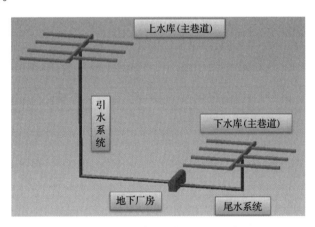

图4-15 水道系统竖井式布置示意图

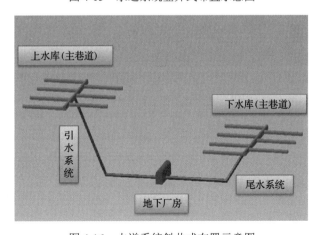

图4-16 水道系统斜井式布置示意图

(2)上、下库进/出水口的选择。

上、下库进/出水口结合巷道布置一般情况下会对原有巷道进行扩挖，工程量相对常规地面进/出水口会增加。进/出水口巷道水流问题需要关注，对于流量不大的蓄能电站，例如大安山流量为 $16.6m^3/s$，进/出水口处巷道的水流汇集流速为 $1\sim2.5m/s$，可以满足水流稳定要求；但对于流量较大的蓄能电站，进/出水口处巷道水流汇集流速将会相应增加，水流稳定性需要进行专门分析，采用水力学数值模拟或者水工模型试验等进行模拟，确保此处水流流态平稳，不产生对巷道有破坏的紊流。

(3)隧洞衬砌类型选择。

隧洞衬砌类型的确定对工程投资有着举足轻重的作用，对于高压管道，衬砌类型的选择尤为重要。水道系统隧洞常见的衬砌类型有钢筋混凝土衬砌和钢板衬砌。一般在水头不高的引水隧洞段采用钢筋混凝土衬砌，对于高压管道段衬砌，要通过综合考虑挪威准则验算、最小地应力和渗漏量等计算结果来确定衬砌类型。

(4)机组供水方式选择。

机组供水方式根据机组台数可采用一管一机、一管两机、一管三机、一管四机等的供水方式。如果额定流量不大，压力管道主管管径具备施工可行性，一管多机是工程量和投资最优方案，但从方便运行管理、维护考虑，一管一机、一管两机相对灵活，因此供水方式需要根据工程实际的情况综合考虑确定。

(5)水道系统结合煤矿现有巷道的可能性及利弊。

水道系统布置研究了利用现有矿井进行布置，主要存在以下问题：

① 现有矿井的实际布置与水道系统主轴线一般偏离较多，采用废旧巷道会导致整个水道系统的长度增加，考虑到机组运行稳定时的水道系统 TW 值(水流惯性时间常数)，水道系统可能需要增设引水调压井或者尾水调压井。以上的不利因素均会导致水道系统工程量和投资增加。

② 因巷道的围岩相对较差，因此施工期需要增加临时支护、灌浆等措施确保施工期安全，施工完成后巷道需要做回填混凝土处理，如果巷道断面大于实际需要断面，则回填混凝土量会增加很多。

综上所述，利用现有巷道布置水道系统具备可行性，但是其工程量和投资相对重新开挖的布置方式反而可能增加较多。

3. 发电厂房布置研究

抽水蓄能电站地下厂房的主要洞室和厂区建筑物一般包括地下厂房、主变洞、开关站以及出线洞、交通洞、通风洞、排水廊道等。

根据矿井的空间分布情况，综合考虑矿井各高程平洞布置、水文地质条件、机电设备布置要求等确定地下厂房的轴线方向和位置，地下厂房由主机间、安装间和副厂房组成，呈"一"字形布置。主机间内安装立轴定转速混流可逆式水泵水轮机组。根据机组尺寸、机电设备布置、运输、检修及水工结构等要求，确定厂房开挖尺寸。结合地下矿井布置条件，合理布置出线洞、交通洞等附属洞室。

利用矿井布置地下厂房需要解决如下几个关键技术问题：

(1)地下厂房位置选择及轴线方向选择。

根据地质条件，结合水道、厂房系统建筑物布置要求，在选定的输水线路上选择合适的地下厂房的位置；地下厂房洞室位置宜避开较大断层、节理裂隙发育区、破碎带及高地应力区；厂房洞室的纵轴线走向，宜与围岩的主要构造弱面(断层、节理、裂隙、层面等)呈较大的夹角，与主地应力方向呈小角度相交。

(2)地下厂房的围岩稳定分析及支护设计。

选定地下厂房位置后，根据工程地质条件、洞室规模等，根据工程地质条件规范，并参照类似工程的建设经验初拟支护类型和参数，并通过三维有限元计算验证其合理性和有效性，对特殊部位提出专门的加强支护处理措施。

矿井区域地质条件较为复杂，应充分发挥围岩本身的自承能力，支护与围岩共同作用维持洞室稳定。对围岩条件较好、达到Ⅲ类以上的地下厂房可采用锚杆、锚索、喷混凝土等柔性支护措施；对围岩条件较差、Ⅳ类以下的地下厂房可采用混凝土衬砌+锚杆、锚索等联合支护措施，确保地下厂房围岩稳定。

地下厂房洞室的形状对围岩稳定和围岩应力分布有较大的影响。在岩石较完整、地应力不太高的情况下，普遍采用圆拱直墙式断面；当水平地应力较大或厂房围岩软弱破碎、侧向释放荷载相对较大、洞室边墙稳定难以保持时，可选用卵形断面，改善围岩的应力状态和围岩的稳定性。矿井抽水蓄能地下厂房设计，可根据机电设备布置要求、围岩条件、施工难度等方面综合考虑地下厂房洞室的断面形状。

(3)地下洞室群区域防排水设计。

地下洞室群区域防排水设计一般采用以排为主、防水为辅的设计原则，对矿井区域设置地下厂房可根据引排地下水有无影响分两种情况进行防排水设计。

① 引排地下水无影响。

若地下厂房区域引排地下水对矿井周边及地表无影响，可在地下洞室群周边设置 2～3 层排水廊道，并在主要洞室顶拱、周边设置排水帷幕，将围岩渗水引至地下集水井，并使用水泵抽排至厂外，达到降低地下洞室区域地下水位的目的，保证机组运行环境要求。地形允许的条件下，也可设置自流排水洞，将地下洞室群的围岩渗水引至自流排水洞排出。

② 引排地下水有影响。

若地下厂房区域引排地下水对矿井周边及地表影响较大时，可在地下洞室群周边设置 2~3 层灌浆廊道，进行帷幕灌浆，将地下水阻止在帷幕外侧，洞室周圈围岩采用系统排水孔降低地下水位，达到降低地下洞室区域地下水位的目的，保证机组运行环境要求。

4. 机电设备适应性研究

(1)机组适应性。

常规抽水蓄能机组类型发展经历了早期的四机式机组、三机式机组，直到目前的可逆式机组。四机式机组是水泵-电动机与水轮机-发电机分别分开设置，三机式机组是将水泵和水轮机通过一根轴连接到一台发电电动机，这两种机型是抽水蓄能发展早期、水力研发能力较差时的产物。一般情况下的纯抽水蓄能电站，发电和抽水利用水量是平衡的，也就是说发电用的水量和抽水用的水量是相等的，因此分开设置的水泵机组和水轮机组大小也近似。显然，水泵和水轮机分开设置的四机式机组、三机式机组布置空间较大，不适用于地下空间狭小的矿井蓄能，并且这两种机型机电设备投资较高。

影响蓄能机组水力研发难度的特性参数众多，比如水头、出力、转速和比转速等，其中比转速是一个综合性参数，由水头、转速和出力换算得到。由公式可看出转速越大，出力越大，水头越小，则比转速越大；反之，则比转速越小。受流体力学规律制约，不同比转速转轮形状有一定的变化规律，目前可逆式抽水蓄能电站的比转速比常规电站偏小，但是又不能太小。比转速太小的转轮叶道狭窄、叶轮扁平、流态较差，因此需要保证比转速在一个合理的区间。对于矿坑蓄能，由于出力偏小，需要提高转速才能将比转速维持在合理水平。目前已建成的回龙电站水力特征参数与矿坑蓄能类似，转速达 750r/min，是目前已建蓄能电站的最高转速。

$$\mathrm{ns} = \frac{n\sqrt{p}}{H^{1.25}} \tag{4-1}$$

式中，ns 为输送浓度；n 为输送管道数量；p 为泥沙密度；H 为水头。决定机组尺寸大小的主要参数是转轮直径，而转轮直径与转速、水头等参数的关系如式(4-2)所示，由公式可知，在外特性参数如转速、水头和出力不变的情况下，转轮大小基本上是确定的。

$$D = (0.45\mathrm{ns} + 75.75)H^{\frac{1}{2}} / n \tag{4-2}$$

另外，目前常规蓄能机组发展方向是大容量、高水头、高转速。国外已投运的葛野川电站单级混流可逆式水泵水轮机扬程已达到 778m、单机容量400MW；神流川电站单级混流可逆式水泵水轮机扬程已达到 728m、单机出力已突破 480MW；国内已开展前期工作的吉林敦化抽水蓄能电站、广东阳江抽水蓄能电站、浙江乌龙山抽水蓄能电站、浙江长龙山抽水蓄能电站水头均超过 700m，广东阳江抽水蓄能电站和浙江乌龙山抽水蓄能电站单机容量为 400MW，吉林敦化抽水蓄能电站敦化和浙江长龙山抽水蓄能电站单机容量为 350MW。在转速方面，受材料及制造水平等方面的制约，并未大幅提高，国外已有日本的小丸川和茶拉电站转速达到 600r/min，国内在建的浙江长龙山抽水蓄能电站转速 600r/min，已建成的回龙电站转速 750r/min。

(2)电气适应性。

电站的电气方案设计与机组台数、单机容量和具体的接入系统方式有直接关系，基于各专业对矿井抽水蓄能电站的综合分析，电站总装机容量一般都不会太大，因此，暂考虑以 220kV 电压等级接入系统。

如果矿井抽水蓄能电站装机台数为 1～2 台，单机容量不超过 150MW，则发电机与主变压器的连接采用单元接线或扩大单元接线，设置一台主变压器，一个 GIS 断路器出线间隔，以一回 220kV 线路送出，其中发电机电压回路设备布置在主厂房洞内,主变压器和 GIS 设备布置在主厂房洞端部,通过高压电缆经地面出线场设备与系统连接。

如果电站装机台数为 3 台及以上,且单机容量为 150MW 及以上,则发电机与变压器的连接采用单元接线或联合单元接线方式,220kV 高压侧采用角形、桥型、单母线、双母线等接线型式,以两回线路接入系统,其中发电机电压回路设备布置在单独的母线洞内,主变压器及其附属设备布置在主变压器洞内,通过高压电缆与布置在地面户内的 GIS 设备连接,并经地面出线场设备接入系统。

5. 开关站类型及位置

开关站类型一般包括地面敞开式 AIS 方案、地面 H-GIS 方案、地面户内 GIS 方案、地下 GIS 方案 4 种。其中地面敞开式 AIS 方案、地面 H-GIS 方案占地面积大,土建工程量较大,而且受环境影响大,特别是北方高寒地区不建议采用。地下 GIS 方案,根据电站装机台数和单机容量不同主要有两种布置方式,如果机组台数 1~2 台,单机容量不超过 150MW,则可以采用地下 GIS 设备,将其与主变压器一起布置在主厂房洞的端部;如果电站机组台数为 3 台及以上,且单机容量大于 150MW,则宜将 GIS 设备和主变压器布置在另外的单独洞室内,这会使得洞室工程量增大,边墙高度增加。地面户内 GIS 方案运行可靠性高,占地面积少,土建工程量适中。如果电站机组台数为 1~2 台,宜采用地下 GIS 方案;如果机组台数多,单机容量大,宜采用地面户内 GIS 方案。

6. 出线洞及排风洞布置研究

出线洞布置一般包括出线斜洞方案、出线平洞+竖井方案两种。其中出线斜洞方案开挖断面小、结构简单、易于施工;出线平洞+竖井方案,竖井开挖断面大,结构复杂,且需设置电梯,施工较为困难。对矿井地下厂房,推荐采用出线斜洞方案,出线洞还可与通风洞兼用,减少洞室开挖。

排风洞一般采用排风平洞+排风竖井方案,对矿井蓄能,可考虑采用各高程矿井兼做排风洞的可行性研究。

7. 废弃矿井抽水蓄能电站水源分析

矿井涌水水量的大小取决于矿区地质条件和生产方式,其水量主要有四个补给来源：大气降水入渗补给、地表水入渗补给、地下水直接补给、老窑积水补给。

(1)大气降水入渗补给：随着煤炭的大量开发，井下采空面积逐渐增大，围岩应力场也发生变化，煤层回采后顶板开始沉陷，地表出现裂缝和塌陷，大气降水有的直接通过裂缝灌入坑道，有的则沿有利于入渗的构造、裂隙及土壤等补给矿床含水层，因此大气降水入渗补给是一种发生在流域面上的补给水源。废弃矿井涌水量的变化主要受大气降水的影响，大气降水部分水量渗入地下补给含水层转变为地下水，再进入矿井中，属于间接充水水源，对矿井浅部水平造成影响，对深部水平影响不大。大雨过后矿井涌水量短时间内无明显变化，极少出现短时间渗入的现象，滞后一段时间后矿井涌水量明显增加。

(2)地表水入渗补给：由于采煤进一步沟通原始构造，同时又产生新裂隙与裂缝等次生构造，当矿区有河流、水库、水池、积水洼地等地表水体存在时，地表水就有可能沿河床沉积层、构造破碎带或产状有利于水体入渗的岩层层面补给浅层地下水，再补给煤系地层中的含水层，或通过采煤产生的裂隙直接补给矿井。地表水入渗补给量的大小与地表水体存量密切相关，当地表水体存量大且矿区地质条件利于下渗时，地表水入渗补给量较大，当地表水体存量变小或干涸时，其补给量减小或停止补给。

(3)地下水直接补给：地下水是大部分矿床的直接补给水源，主要指煤层顶板和底板含水层中的水。当矿井揭露或通过含水层时，赋存于含水层中的水就涌向坑道，成为矿井的充水水源。地下水补给受外界条件影响小，是矿井涌水比较稳定的补给来源。

(4)老窑积水补给：开采历史悠久的矿区的浅部分布有许多废弃的矿窑，赋存了大量积水，它们像一座座小"水库"分布于采区上方及附近，一旦与矿井连通，短时间内有大量水涌入矿井，其危害性很大。

矿井涌水来自地下水系，由于生产的开凿从岩层中涌出，在未经污染前是清洁的水。一般情况下，采矿过程中产生的矿井涌水经排水设施直接排出，未与矿坑洞内杂质混合，水质相对较好。废弃矿井内部排水设施停用或废弃，矿井涌水无法直接排出，致使矿井内水位回弹升高，矿井涌水和生产过程中产生的污染物混合后色泽浑浊、悬浮物含量高、沉积量大，经裂隙、巷道、煤层渗出后，携带大量污染物质排至他处，若处理不当会引发水污染事件，具备一定的风险。

利用废弃矿井作为蓄能电站时，尤为需要重视对上、下库进行防渗处理，需要保证上、下水库在运行过程中既不产生库水外漏，同时也不发生矿井内涌水从而影响上、下库的渗透稳定和侵占调节库容。针对矿坑涌水，需要从矿井的稳定和防渗两方面进行工程处理：

(1)矿井发生涌水时，矿井的外水涌入到上、下库内，外水压力和渗透压力会影响矿井的顶拱和边墙的稳定问题，因此需要对矿井采取相应的喷射混凝土、打设锚杆以及固结灌浆等支护措施，以保证上、下库的稳定。

(2)矿坑发生涌水后，涌水会侵占调节库容，因此需要增设排水措施，通往下水库旁地面或地下设置集水坑，用于排出库内涌水。

(六)废弃矿井开发抽水蓄能发电项目的关键技术要求

1. 电站选址

从能源需求的角度，国家鼓励峰谷用电、实行峰谷电价差异化政策，抽水蓄能电站的建立可以实现常规电力"削峰填谷"，并能够解决规模越来越大的可再生能源的不稳定性和间歇性的难题，有助于实现能源节约和电力系统的安全稳定，满足当地用电需求。因而在进行废弃矿井抽水蓄能电站项目选址时，应考虑与邻近矿区传统火电和风电等的现状和规划以及矿井废弃之后的实际用电需要相结合，进行综合评价。

从技术适用性的角度来看，抽水蓄能电站的选址也需遵循垂直空间和水平空间相结合的原则。首先上、下水库的选择要满足较大的高差要求，其次要对合适的电站储水空间进行筛选评价，例如回采巷道、开拓巷道和准备巷道等较为稳定，可将其改造为抽水蓄能电站的储水空间，而采空区则可能存在大量连续或间断的松散空间，连贯性较差、后期进行工程改造如加固和防渗等难度较高，不建议用作抽水蓄能空间。

2. 地质稳定性

利用废弃矿井进行抽水蓄能发电的关键点之一是作为上、下水库的地下空间岩体长期强度的保持。采动岩体在多相多场耦合作用下的强度衰减规律、长期流变特性、裂隙扩展特性、渗流特性以及气体逸出特性等都关系到抽水蓄能电站的安全运行。因此，需要对废弃矿井地质稳定性进行研究，确定稳定边界条件。

3. 矿井水文地质条件

废弃矿井抽水蓄能电站的建立会显著影响含水层。另外由于矿井水被用于蓄水的水源，矿井水的性质也会对发电机组和抽水设备的选型、运维产生显著影响，因而应对废弃矿井的水文地质条件进行综合分析，确定矿井水的类型、水量及分布，明确可利用地下空间与地层中含水层、隔水层的空间位置关系，满足抽水蓄能电站初期蓄水和运行期补水的相关要求。

4. 抽水蓄能发电机组

受限于废弃矿井的井筒尺寸和地下空间的容积，应考虑对抽水蓄能的发电机组进行小型化分布式布置，要研究矿井抽水蓄能水库、输水管道空间构造与布置，开发适合地下小规模空间的发电机组与抽水设备一体化技术。

(七)废弃矿井改建抽水蓄能电站技术路线图

废弃矿井改建抽水蓄能电站可按照"现场调研→调研资料分析→地质力学条件→蓄能电站机组及配套技术研发→空间分类→典型矿井→稳定性控制对策→监控体系→设计施工"的实施路线展开研究，形成利用废弃矿井建设抽水蓄能电站的基础理论体系框架，其技术路线如图4-17所示。

(八)我国废弃矿井抽水蓄能电站建设应用技术

利用废弃矿井开展抽蓄电站建设应用技术主要涉及四个方面：
(1)废弃矿井地质条件和地下空间利用技术；
(2)废弃矿井抽水蓄能电站主厂房及上、下水库稳定性控制技术；
(3)废弃矿井地下空间改造及地下工程布置技术；
(4)可逆式水轮机组小型化技术，以适应废弃矿井地下空间电站设计规模。

此外由于我国大部分煤矿属于井工开采，积累了大量设计、施工等工程技术，在地下工程围岩稳定性控制、防渗处理等方面取得长足进展，可以为废弃矿井地下空间的稳定性控制及防渗、密闭等提供技术保障；同时，我国实施大量的常规抽水蓄能电站建设，积累大量的设计、施工、设备研发等技术经验，可以满足废弃矿井抽水蓄能电站建设中的设计、布置、施工和安装等技术要求。

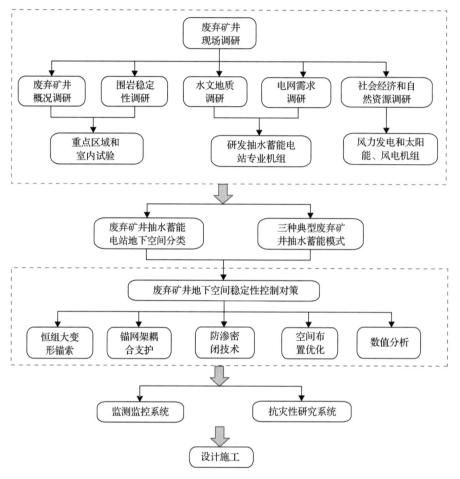

图 4-17　技术路线图

综上所述，我国是全球井工开采量最大的国家，同时，我国又是全球抽水蓄能电站总装机容量最大的国家，在矿井地下工程稳定性控制和抽水蓄能电站建设方面积累了大量的技术储备和工程经验，可以保障废弃矿井复杂条件下建设抽水蓄能电站的工程技术需求。

(九)典型案例——张双楼煤矿抽水蓄能电站

1. 张双楼煤矿情况介绍

张双楼煤矿属于全国重要煤矿之一，探明煤炭储量约 2 亿 t。坐落在江苏省沛县，东临徐沛铁路，西傍徐济高速，距徐州市区 78km，距离沛县县城 15km。东有沛屯铁路和陇海线相连，矿区的徐沛公路北上山东，南达上海，交通便利。张双楼矿井交通位置如图 4-18 所示。

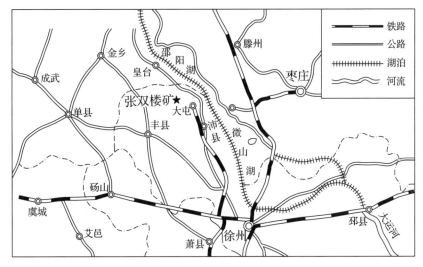

图 4-18　张双楼矿井交通位置图

张双楼煤矿井田地表属黄泛冲积平原，地面平坦，地面标高+35～+39m，地势西高东低，地表水系不发育，区内东缘微山湖，西有徐沛河，南有丰沛河经京杭大运河注入微山湖。

井田走向(东西)长平均约 8.23km，倾向(南北)长平均约 3.88km，井田水平面积为 31.93km²。矿井正常涌水量为 320m³/h，最大涌水量为 340m³/h。开拓方案为立井三水平开采，暗斜井延伸至–1000m 水平。主井直径为 6.5m，副井井筒直径为 7.5m，风井井筒直径为 5m。张双楼煤矿地下形成了–1000m 与–500m 两个高程的稳定巷道群，具备建设利用水头 500m 级抽水蓄能电站的落差条件。经估算，–1000m 水平储水稳定巷道体量为 25 万 m³ 左右，–500m 水平储水稳定巷道体量为 26 万 m³ 左右。地下空间基本具备了建设装机容量 50MW、利用水头 500m 抽水蓄能电站的条件。

2. 可利用地下空间

张双楼煤矿采用多水平开采，其地下空间形成了–1000m、–500m 两个水平的稳定巷道群。其中–1000m 稳定巷道容积为 25 万 m³ 左右，–500m 稳定巷道容积为 26 万 m³ 左右。张双楼煤矿井下分布有四个高程等级的水仓，分别是：–1150m 水平水仓，容量 1080m³；–1000m 水平水仓，容量 3570m³；–750m 水平水仓，容量 5450m³；–500m 水平水仓，容量 7167m³。四个水仓的容积较小，远远无法满足抽水蓄能电站的库容需求。

地下-500m 巷道空间与-1000m 巷道空间之间 500m 的高差是目前抽水蓄能电站可逆式水泵水轮机较为适宜的落差水平。初步选择以张双楼煤矿地下-500m 水平的稳定巷道群作为抽水蓄能电站上水库，以地下-1000m 水平的稳定巷道群作为抽水蓄能电站下水库。

3. 工程地质条件

(1)井田的地形、勘探程度。

该区位于华北陆台之东南部，在大地构造上处于鲁西穹折带（鲁西台凸）的西侧，与徐蚌凹折带（徐州台凹）相邻。区域内地形平坦，出露地层极少，仅在局部地区有前震旦系、寒武系、奥陶系等零星出露。

区域地层在前震旦纪的结晶基底上沉积了震旦系、寒武系、奥陶系、石炭—二叠系、侏罗—白垩系及新生代地层。

在区域构造上位于两个不同的构造单元联结处（鲁西穹折带与徐蚌凹折带之间），前者以一系列接近经向和纬向的断裂为主，间有宽缓的短轴褶皱，后者以一系列北东向的紧密向斜、背斜相间而成。

该区的岩浆岩活动自老至新大致分为三期：即吕梁期花岗岩、燕山期中基性岩侵入以及喜马拉雅期的玄武岩流，在煤系中以燕山期侵入体为主。综合地质柱状如图 4-19 所示。

(2)井田的地质构造、最主要的地质变动。

井田内地层走向、倾向、倾角、褶曲、断层的总体发育规律如下：区内呈单斜构造，局部发育有次级背向斜，地层倾角变化不大，大致有一条正断层，局部遭受岩浆侵入的影响，属中等。

地层属华北型，煤系地层为石炭系、二叠系，均为第四系或侏罗—白垩系所覆盖。区内揭露的地层有奥陶系下统萧县组（未揭穿）、马家沟组，奥陶系中统阁庄组、八陡组，石炭系中统本溪组，石炭系上统太原组，二叠系下统山西组和下石盒子组，二叠系上统上石盒子组，侏罗—白垩系，第四系。

构造：张双楼井田是一个完整的地质构造单元，为一倾向 NW、走向略有变化的单斜构造，地层倾角在 7°～12°。

张双楼井田隶属丰沛煤田，地质构造特征被区域构造运动所控制，丰沛煤田构造特征（模式）是在特定环境中，不同时期、不同方向张力的相继作用

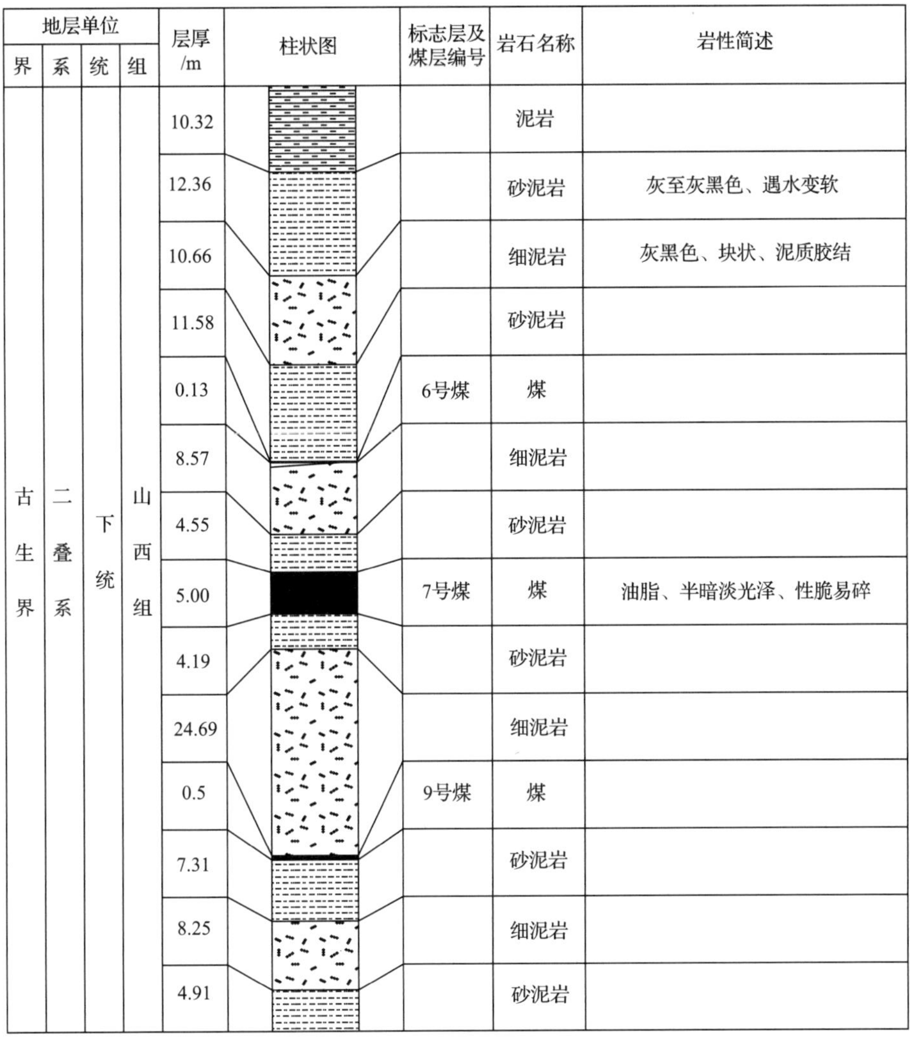

地层单位				层厚 /m	柱状图	标志层及 煤层编号	岩石名称	岩性简述
界	系	统	组					
古生界	二叠系	下统	山西组	10.32			泥岩	
				12.36			砂泥岩	灰至灰黑色、遇水变软
				10.66			细泥岩	灰黑色、块状、泥质胶结
				11.58			砂泥岩	
				0.13		6号煤	煤	
				8.57			细泥岩	
				4.55			砂泥岩	
				5.00		7号煤	煤	油脂、半暗淡光泽、性脆易碎
				4.19			砂泥岩	
				24.69			细泥岩	
				0.5		9号煤	煤	
				7.31			砂泥岩	
				8.25			细泥岩	
				4.91			砂泥岩	

图 4-19 综合地质柱状图

造成他们既继承又转化、既断陷又隆升的伸展构造格局。F1 正断层，走向近 EW 向，倾向 NS，倾角 45°～60°，落差 40～60m，延展 9800m，西部落差较大为 60m，东部落差较小为 40m，被 F1 断层切割，控制可靠。

(3)井田的水文地质特征。

张双楼地区基岩含水层包括煤系地层含水层和奥陶系灰岩水层，均有隐伏露头，被第四系直接覆盖。虽然各含水层是来自大气降水入渗，且第四系第一段砂岩层含水量较大，但第四系下部有一层厚达 14.4m 的黏土隔水层段，底砾层多为砂泥质充填，含水性小，故其顶部可视为弱水边界。

矿井历年涌水量的变化范围为 20～340m³/h，水文地质属于简单型，全井田最大涌水量为 340m³/h，正常涌水量为 320m³/h。

（4）地震。

自公元 462 年以来，据不完全统计，该区共记载有感地震 30 余次，其中影响较大的有 1968 年 7 月 25 日山东莒县郯城 8.5 级地震、1937 年 8 月 1 日山东菏泽 7 级地震等。

该区属于华北地震区，距郯庐断裂 100 余公里，该断裂为一长期活动的断裂带，亦为强地震带，郯城至新沂一带具有发生强地震的地质构造背景。

4. 水利与动能

（1）水库特征水位。

① 上水库。

利用张双楼煤矿地下–500m 的稳定巷道群建设抽水蓄能电站上水库。张双楼煤矿地下–500m 巷道高程变化幅度相对较小。考虑到抽水蓄能电站可逆式水泵水轮机组对 H_{pmax}/H_{tmin}（水蓄能电站可逆式水泵水轮机组的最大扬程与最小吸水深度之比）的限制要求，在 500m 水头的条件下，H_{pmax}/H_{tmin} 宜控制在 1.15 以内，因此，推算电站的总消落深度不宜超过 50m。初拟张双楼抽水蓄能电站上水库消落深度为 20m，上水库最高蓄水位–490m，最低蓄水位–510m。最高蓄水位、最低蓄水位可以把张双楼煤矿–500m 的稳定巷道空间包括在内。

② 下水库。

利用张双楼煤矿地下–1000m 的稳定巷道群建设抽水蓄能电站下水库。与–500m 水平的巷道有所不同，–1000m 水平巷道高程变化范围较大，巷道最低高程接近–1000m，但巷道最高处高程超过–800m。200m 以上的变化幅度远远超出了可逆式水泵水轮机组的安全稳定运行范围。为了利用大部分的稳定巷道空间，并结合抽水蓄能电站的利用水头选择。初拟电站最低蓄水位–1000m，最高蓄水位为–970m，下水库消落深度为 30m。上、下水库消落深度之和为 50m，基本能满足机组稳定运行的需求。

（2）装机容量选择。

① 连续满发小时数。

抽水蓄能电站的连续满发小时数取决于电力系统的负荷特性和调峰填

谷需求，以及电站本身的自然条件，以保证蓄能电站满足电网在最优工况下运行。

我国目前的工作生活作息制度造成了电网负荷具有一些显著的特征，无论冬季和夏季，日负荷曲线均分别有早晚两个负荷高峰。其中夏季早高峰相对突出，一般出现在 9:00～12:00，持续时间 3～4h。晚高峰不突出，一般发生在 19:00～21:00，持续时间 2h。冬季早高峰发生在上午 8:00～12:00，持续时间 4h；晚高峰较为突出，发生在 16:00～21:00，持续时间 5h。从电网负荷曲线早晚高峰需求来看，张双楼煤矿抽水蓄能电站的日连续工作小时数不宜低于 5h。

从电网典型日负荷特性来看，夏季、冬季负荷低谷一般从午夜 0:00 持续到凌晨 7:00、8:00，抽水蓄能电站在电网负荷低谷时段抽水，相应抽水时长可达 7～8h，考虑逐月间的不均衡性，年平均抽水小时数均能达到 7h，对应的连续发电时间为 5.25h。

从电力系统备用的角度分析，蓄能电站反应迅速，是目前较优的保安电源，备用时间越长对于系统越安全。当系统某些机组发生故障，蓄能机组能及时投入运行，保障电力系统安全。因此，张双楼抽水蓄能电站还应考虑具有一定的备用发电能力，参照其他工程及考虑满足系统要求，备用发电按 1h 考虑。

根据《抽水蓄能电站水能规划设计规范》（NB/T 35071-2015），日调节抽水蓄能电站的连续满发时间一般为 4～6h。而我国目前已经建成的抽水蓄能电站连续满发小时数一般均在 5～6h。

综上所述，从电网调峰、蓄能电站抽水时间、备用需求、规范要求及其他项目经验分析，张双楼煤矿抽水蓄能电站连续满发小时数为 6h，其中包含 1h 备用发电是比较合适的。

② 电站装机规模与动能指标。

根据张双楼煤矿抽水蓄能电站建设条件及拟定的上、下水库特征水位和地下空间体量等指标，拟定张双楼煤矿抽水蓄能电站装机容量为 50MW。电站最大水头 506m，最小水头 449m，初拟额定水头 475m，电站连续满发时间按 6h（含 1h 备用）。张双楼煤矿抽水蓄能电站主要指标如表 4-9 表示。

表 4-9　张双楼煤矿抽水蓄能电站主要动能技术指标

项目		单位	指标
装机容量		MW	50
上水库	最高蓄水位	m	−490
	最低蓄水位	m	−510
	消落深度	m	20
	发电库容	万 m³	27.44
	调节库容	万 m³	27.44
下水库	最高蓄水位	m	−970
	最低蓄水位	m	−1000
	消落深度	m	30
	发电库容	万 m³	27.44
	调节库容	万 m³	27.44
电站	连续满发小时数	h	6
	最大水头	m	506
	最小水头	m	449
	最大扬程	m	517
	最小扬程	m	467
	额定水头	m	475
	额定流量	m³/s	12.1
	H_{pmax}/H_{tmin}		1.151

（3）初期蓄水与正常运行期补水分析。

张双楼煤矿抽水蓄能电站装机 50MW，额定水头 475m，连续满发小时数 6h。相应电站所需调节库容为 27.44 万 m³，张双楼煤矿抽水蓄能电站的初期蓄水水量即为 27.44 万 m³。在当前掌握资料情况下，暂认为电站初期水源全部来源于矿坑涌水，不需利用其他水源。张双楼煤矿矿井正常涌水量为 320m³/h，计算电站蓄够 27.44 万 m³ 水量需要 35.7 天。

常规抽水蓄能电站上、下水库建在地表，蒸发、渗漏造成了一部分水量损失，在正常运行期，为不影响电站运行，每年都要考虑及时补充蓄回损失掉的水量。张双楼煤矿抽水蓄能电站上、下水库均建在地下，可以认为电站运行期不存在显著的蒸发损失。渗漏损失应是存在的，暂时难以对其进行量化。但依靠矿井稳定的用水量补充运行期的水量损失是没有问题的。电站建在地下，不只要考虑补水，还要兼顾相应的排水措施。这些问题有待进一步研究。

5. 工程布置

枢纽建筑物布置尽可能考虑利用废弃矿井空间作为上、下水库，尽量利用已有的竖井（斜井）作为引水（尾水）系统，尽量利用已有的竖井作为交通、出线、通风等厂房附属洞室。枢纽建筑物包括上水库、下水库、水道系统、厂房及附属建筑物等。

（1）上、下水库。

① 地形、地质条件。

张双楼煤矿巷道质量相对较好，可以作为蓄能电站的储水空间，初期暂不考虑采用采空区作为地下抽蓄电站的蓄水空间，故上水库采用–500m 高程的水平巷道群，下水库采用–1000m 高程的水平巷道群，可利用水头约 500m。不同时期、不同方向张力的相继作用造成他们既继承又转化、既断陷又隆升的伸展构造格局。F1 正断层，走向近 EW 向，倾向 NS，倾角 45°～60°，落差 40～60m，延展 9800m，西部落差较大，为 60m，而东部落差较小，为 40m，被 F1 断层切割，控制可靠。

② 上、下水库的布置。

上水库最高蓄水位为–490m，最低蓄水位–510m，可利用库容 27.44 万 m³。下水库最高蓄水位为–970m，最低蓄水位–1000m，可利用库容 27.44 万 m³。

（2）水道系统。

水道系统分为引水、尾水系统两部分。水道线路总长约 3346m，相对高差 480m。引水、尾水系统均采用"一洞一机"的布置方式。引水系统包括上水库进/出水口、引水事故闸门井、引水隧洞、引水调压井、高压管道，尾水系统包括尾水隧洞、尾水检修闸门井、下水库进/出水口等建筑物。

① 上水库进/出水口。

上水库采用岸边侧式进/出水口，布置在上水库库区内。进/出水口由防涡梁段、调整段、扩散段及渐变段组成。进/出水口设拦污栅，底板高程–519m。

② 引水事故闸门井。

引水事故闸门井平台高程为 –485m，总高度 35m。闸门井开挖直径为 4.1m，采用钢筋混凝土衬砌，衬砌厚度为 0.8m。引水事故闸门井孔口尺寸为 1.8m×1.5m。

③ 引水隧洞。

引水隧洞长 2010m，底坡为 3%，洞径 2.1m，采用钢筋混凝土衬砌，衬砌厚度 0.6m。

④ 引水调压井。

引水调压井布置于引水隧洞末端的山体内，顶部平台高程为−490m，井身断面为圆形，内径 6m，底板高程为−578.9m。

⑤ 高压管道。

高压管道设置一条主洞，采用钢板衬砌。主洞采用单斜井布置，斜井角度 55°。高压管道主管长 758.48m，内径 1.8m，回填混凝土厚度 0.6m，最大开挖直径 3.2m。厂房上游侧约 25m 长范围内的高压支管段按明管设计，其余高压管道按钢板、混凝土和围岩联合受力设计，最大厚度为 28mm。在高压管道主洞上平段、下平段衬砌断面顶部进行回填灌浆。根据高压管道沿线围岩情况，进行固结灌浆。

⑥ 尾水隧洞。

尾水系统设置一条尾水主洞，长 504m，内径 2.1m。由于尾水支管与厂房和主变室间岩体的水力坡降较大，为避免尾水支管渗水影响厂房和主变室，从尾水管出口至主变室下游 393.0m 范围内的尾水支管采用钢板衬砌，回填混凝土厚度 60cm，其余采用钢筋混凝土衬砌，混凝土衬砌厚度 60cm。最大开挖直径 3.5m。尾水隧洞顶部进行回填灌浆，视围岩情况进行固结灌浆。

⑦ 尾水检修闸门井。

尾水检修闸门井平台高程为−965m，总高度 45.0m。闸门井开挖直径为 4.4m，采用钢筋混凝土衬砌，衬砌厚度为 0.8m。引水事故闸门井孔口尺寸为 2.1m×1.7m。

⑧ 下水库进/出水口。

下水库采用岸边侧式进/出水口，布置在上水库库区内。进/出水口由防涡梁段、调整段、扩散段及渐变段组成。进/出水口设拦污栅，底板高程−1010m。

(3)地下厂房及附属洞室。

厂房系统由地下厂房、主变室、出线平洞、出线竖井、交通及通风竖井、排水廊道和地面出线场等组成。

① 地下厂房。

根据水道系统布置，地下厂房布置在水道系统中部。区域地层在前震旦纪的结晶基底上沉积了震旦系、寒武系、奥陶系、石炭—二叠系、侏罗—白垩系及新生代地层。初步判断基本具备开挖地下洞室的工程地质条件。

主厂房内安装一台单机容量 50MW 的立轴单级可逆混流式水泵水轮机组，机组段长度为 23.5m，安装高程为-1075.0m，吸出高度 H_s=-75m。地下厂房开挖尺寸：55.5m×18.5m×34.5m(长×宽×高)，包括主机间、安装场和副厂房(含主变室)，采用一字形布置。其中安装场位于主机间右侧，长 21.0m，副厂房(含主变室)位于主机间左侧，长 11.0m。初步考虑地下厂房采用加强支护的方式。

② 附属洞室。

附属洞室尽量利用已有的巷道、通道等。地下厂房开挖、设备运输及后期运行管理采用竖向交通的方式，交通及通风均采用竖井的布置方式。出线型式初步考虑采用竖井出线、地面出线场的布置方式。环绕地下厂房形成封闭环形的上、下层排水廊道，下层排水廊道布置在厂房上游和两端，并与检修排水廊道相连，最后通向厂房集水井。

6. 机电

(1)水力机械。

张双楼煤矿抽水蓄能电站水轮机工况水头变化范围为 449～506m，水泵工况动态扬程变化范围为 467～517m。根据电站水头及扬程变化范围，初拟水泵水轮机类型为单级定转速可逆式水泵水轮机。

张双楼煤矿抽水蓄能电站总装机容量为 50MW，设置 1 台单级定转速可逆式水泵水轮机。

① 水泵水轮机参数。

根据装机规模、机组台数和特征水头/扬程，采用经验公式估算，并参考国内外同一水头段已建或在建的抽水蓄能电站的参数，拟定本电站的水泵水轮机主要技术参数如表 4-10 所示。

② 水力机械主要电气设备。

水力机械主要电气设备清单见表 4-11。

表 4-10 张双楼抽水蓄能电站电气设备参数汇总表

项目		数值
装机容量/MW		50
机组台数/台		1
额定转速/(r/min)		750
转轮直径/m		2.4
水轮机工况	最大净水头/m	506
	额定水头/m	475
	最小净水头/m	449
	额定出力/MW	51
	额定流量/(m³/s)	12.2
水泵工况	最大扬程/m	517
	最小扬程/m	467
	最大入力/MW	53.6
	最小扬程流量/(m³/s)	10.6
	吸出高度/m	−75
水泵水轮机重量+发电动机重量/t		146+190
进水球阀直径(m)/重量(t)		1.0/100

表 4-11 水力机械主要电气设备清单

序号	设备名称	描述	单位	数量	备注
1	水泵水轮机	立轴单级可逆式 额定水头 475m,转轮高压侧直径 2.4m, 水轮机额定出力 51MW,额定转速 750r/min, 水轮机额定流量 12.2m³/s	台	1	单台重约 146t
2	调速器	PID 型微机电调	套	1	
3	调速器油压装置	额定工作压力 6.3MPa,总容积 5m³	套	1	
4	球阀	D=1.0m	套	1	单台重约 100t
5	球阀油压装置	额定工作压力 6.3MPa,总容积 5m³	套	1	
6	主厂房桥机	QD125/50t/10t-17.5A3 单小车,变频调速	台	1	单台重约 106t

(2)电气设备。

① 电站接入系统方案。

根据张双楼抽水蓄能电站的装机规模和对周边电网现况和规划的初步分析,该阶段按一回 220kV 线路接入系统设计。

② 主接线方案。

根据设想的接入系统方案和机组台数,初拟采用发变组单元接线+线路组接线方案。电动工况起动采用 SFC 静止变频起动装置。电气主接线如图 4-20 所示。

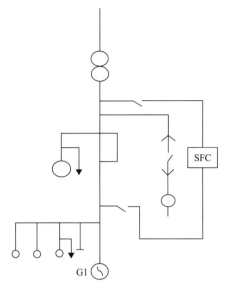

图 4-20　张双楼抽水蓄能电站电气主接线简图

③ 主要电气设备布置。

发电电动机布置在地下主厂房内,发电机层机组段间布置发电机电压回路开关柜。主厂房端头布置主变压器和 GIS 设备,安装场下布置 SFC 变频起动装置及厂用电设备等。出线场布置在地面户外平台上,净面积估计为 30m×20m。电站引出线采用 220kV 交联聚乙烯绝缘电力电缆,通过出线洞连接地下 GIS。主要电气设备见表 4-12。

表 4-12　电气设备清单

序号	设备名称	描述	单位	数量	备注
1	发电/电动机	58.8MVA/55.9MW, 10.5kV,750r/min,0.85/1	台	1	
2	主变压器	SSP-63000/220,63MVA 242±2×2.5%/10.5kV,双绕组,无励磁调压	台	1	
3	发电电动机断路器柜	12kV,4000A,50kA	面	1	
4	换相断路器柜	12kV,4000A,50kA	面	2	
5	起动断路器柜	12kV,4000A,50kA	面	2	
6	PT 及 PT 避雷器柜	12kV,4000A,50kA/4s	面	4	
7	分支断路器柜	12kV,1250A,50kA	面	2	
8	共箱封闭母线	12kV,4000A,50kA/4s	米	75	
9	SF6 封闭组合电器	GIS-252kV,2500A,40kA	间隔	1	
10	SFC 变频启动装置	10.5kV,4MVA	套	1	含输入、输出变压器等
11	高压电缆	XLPE-220kV-单芯-800mm²	m		下阶段根据枢纽布置确定
12	厂用变压器	2500kVA,10.5/0.4kV,三相、环氧浇铸干式	台	2	

7. 问题及建议

(1) 从张双楼煤矿矿井布置图来看，–1000m 级的矿井最低点高程为 –1000m，最高点高程超过–800m，高程变化范围达 200m，远远超出了抽水蓄能机组安全稳定运行的允许水头变化范围。说明地下巷道空间–1000m 级别并不都可作为抽水蓄能电站的有效空间。为了满足抽水蓄能机组稳定运行的要求，在允许的水位变幅范围内选择容积较大的矿井建设水库的同时，可能仍需进行一定开挖以满足抽水蓄能电站上、下水库的调节库容需求。

(2) 矿井的地下巷道服务于整个矿井的生产，其巷道分布在平面内，占据的面积非常大。虽然某一群巷道属于同一高程水平，但其平面分布面积很大，可能涉及数平方公里或者几十平方公里。这些矿井之间的连接不强，导致利用这些巷道建设水库后，进出水口的选址变成一个难题。进出水口的选址关系到水库的汇水问题。张双楼煤矿抽水蓄能在 500m 水头级仅 50MW 装机情况下的额定流量就达到 12.1m³/s。地下巷道向电站进出水口的汇水能力是否能达到要求需进行深入研究。在进出水口向巷道群中心点、向低高程点布置的基础上，还需要通过人工增加巷道之间的连接来满足汇水要求。

(3) 由于蓄能机组本身存在一定的研发生产难度，现阶段国内外仅几家大型主机厂家具备蓄能机组研发及生产能力。张双楼煤矿抽水蓄能电站机组转速高、容量小、台数少，存在一定的研发及生产难度。

三、废弃矿井气油水光能源互补与稳定调节提质作用

(一)废弃矿井抽水蓄能电站的工作特性

1. 常规抽水蓄能电站

废弃矿井抽水蓄能电站与常规抽水蓄能电站的区别在于上、下水库不同，其他与常规抽水蓄能电站没有本质差别，所以废弃矿井抽水蓄能电站与常规抽水蓄能电站有相似的特性。

抽水蓄能电站对调节电网电压、频率，保持有功功率、无功功率平衡，削峰填谷，事故备用和抑制可再生能源波动起重要作用，在系统中配备一定装机容量的抽水蓄能电站和新能源联合运行，可在负荷低谷时将新能源发电功率转化为机械能存储，在负荷高峰时将机械能转化为电能输入电网，可解决新能源接入配电网络对电能质量产生影响的问题，可减少远距离电能输送

损耗，提高系统稳定性。抽水蓄能机组对电力系统有功和无功起重要支撑作用，在电力系统故障时，可帮助电网快速恢复至额定电压和频率运行，降低电力系统故障风险。当电力系统发生事故停运时，抽水蓄能发电也可以作为事故备用，以满足电力系统"N-1"运行。抽水蓄能电站工作原理如图4-21所示。

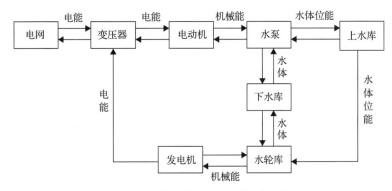

图 4-21 抽水蓄能电站工作原理图

抽水蓄能电站系统实质上是一个能量存储转换装置，它以水为介质，通过实时调节负荷和电源端功率差来平衡两边的系统，当发电系统剩余时，作为水资源储存起来，以备电网高峰时，补充电力系统的不足，将水能再转化为电能，使能源在时间上和空间上进行转移和再分配。

抽水蓄能电站在电网运行中的作用是由其自身的特点决定的。抽水蓄能电站主要有以下3个特点：

(1)机组启停速度快，运行可靠。抽水蓄能电站从满载抽水至满载发电仅需要360s，而在紧急情况下，最低仅需要220s。根据调度运行的经验，以北京十三陵抽水蓄能机组为例，从调度下令机组由停机状态开机发电，至发电机并网带100%出力，一般均在4min以内，这是常规火电机组无法相比的。绝大多数火电机组的调节速率约为每分钟变化额定容量的2%，在电网发生较为紧急的事故，如功率缺额或者元件过热极限时，抽水蓄能机组的作用可以说是立竿见影。

抽水蓄能机组非常可靠。仍以北京十三陵抽水蓄能机组为例，日均机组启停为5~6次，年启停次数在2000次左右，几乎没有发生过机组未及时并网的情况。相比之下，常规火电机组由于受煤质、气温、辅机缺陷等因素影响，常常出现增减出力不及时，甚至锅炉灭火等现象，给电网安全带来不确定因素。可以说，抽水蓄能电站是电网运行的"快速反应部队"，且"招之即来，来之能战"，是保证电网安全的可靠后盾。

(2)装机容量占比很小。截至 2015 年 6 月底，华北电网调装机容量27528 万 kW，其中火电装机容量 22932 万 kW，风电装机容量 3386 万 kW，光伏装机容量 524 万 kW，抽水蓄能装机占比仅为 1.9%。国内几个主要区域电网的抽水蓄能装机占比情况大致如此。因此，抽水蓄能电站只能在电网发生事故或频率调整等情况下使用，不能解决电网结构性缺电的问题。

(3)发电能力只与蓄水池容量有关，不受季节等因素影响。与常规水电机组不同，抽水蓄能机组一般依托水库、湖泊等地形，将小部分存水抽到上部蓄水池来发电，不利用江河的径流发电，因此不受丰水期和枯水期的影响，上池的水量一年四季均有保障。因此，任何季节、任何时段都能保证稳定的发电能力。

由于抽水蓄能电站的上池大多为人工开挖，受地形等客观因素制约，容量相对较小，不能支持长时间持续发电。以北京十三陵抽水蓄能电站为例，若所有机组满发，从最高发电水位至发电死水位，仅需 6～7h。因此，抽水蓄能机组的运用不能够随意，只有在电网需要的时候才可以使用。

2. 变速抽水蓄能电站

从 20 世纪 60 年代开始，国外水电行业就开始了可变速抽水蓄能机组的研究及试验工作，日本、欧洲在变速抽蓄机组的应用方面均进行了深入的研究，其中日本是研发、制造和应用连续可变速交流励磁蓄能机组最早且最多的国家。日本已投运的可变速抽水蓄能电站较多，如矢木泽、高见、大河内、盐源、奥清津、冲绳、小丸川等电站，德国和斯洛文尼亚也有可变速抽蓄电站投产运行，可变速蓄能的各项技术也在不断优化和发展。

变速机组的关键设备变频器经历了从 CYC(cycloconvertor，可控硅)到GTO(gate turn off thyristor，门极可关断晶闸管)或 GCT(gate commutated turn off thyristor，换流晶闸管)再到 IEGT(injection enhanced gate transistor，电子注入增强型晶闸管)的发展阶段。IEGT 在电力电子设备中应用时可使驱动电路、缓冲电路得到简化，从而提高整个电力电子设备的效率，并且设备尺寸较小，较适用于抽水蓄能电站的地下厂房，已得到了广泛应用。另外，大容量、三相分布绕组的隐极转子的线圈端部固定方式也经历了长足的研发、应用和改进，目前如东芝公司的 U 型螺栓支撑系统已在实际运行中得到了高可靠性的验证，并已成功应用于额定容量 460MW、额定转速 500rpm、世界最高扬程 782m 的葛野川电站 3#、4#变速机组上，且 3#机组已于 2014 年 6 月 9 日顺利投运。

从发达国家的产品研发和电站建设来看，变速蓄能机组的各项技术发展已日趋成熟，且在国际上也逐步形成较为成熟的变速机组的建设、运行和维护经验。变速机组比定速机组能够更好地服务于电网，能够使整个电力系统更经济地运行，可变速抽水蓄能机组已成为重要的电网调节与控制手段，而且从以往电站的部分机组为变速机组已逐步演变成为电站全部机组均采用变速机组的方式，说明电网的需求和多方面的建设必要性也日益加强，同时变速机组在其他国家和地区也得到了越来越广泛的重视。

目前国内抽水蓄能电站机组全部是定速机组，在国外尤其是日本、德国等国家从 20 世纪 90 年代开始大量建设交流励磁机组抽水蓄能电站。日本已经投运的可变速机组容量达到 2746.5MVA，占全世界可变速机组容量的 76.26%。德国已经投运的可变速机组容量为 660MVA，占全世界可变速机组装机容量的 18.33%。另外欧洲一些国家也投运可变速抽水蓄能电站，如斯洛文尼亚于 2009 年在阿夫切抽水蓄能电站投运了一台 195MVA 的可变速抽水蓄能机组，到 2020 年，要投运的可变速机组，日本和欧洲还是占主要部分，其中日本为 1985MVA、德国为 1680MVA。

变速抽水蓄能机组技术是国际前沿技术，是抽水蓄能领域重大技术变革，可实现抽水工况大范围自动调荷调频；水泵工况柔性并网，极大改善传统定速机组阶跃型出力对电网的冲击；自动跟踪负荷特性极大地提升电网接纳新能源的能力和电网安全稳定运行的能力。

融合了变速储能技术的新型抽水蓄能电站将极大提升传统抽水蓄能电站柔性控制运行水平，具体表现在：

(1)稳定性能更好。定速抽水蓄能电站属于阶跃型出力，以仙游抽水蓄能电站为例，出力从–50MW 到–300MW 仅 16s 左右，出力从–300MW 到 0MW 仅 14s，相当于 300MW 级别的机组每天跳闸多次，对福建省网冲击很大。与定速机组采用 SFC(静态，频率变换器)泵工况启动相比，变速机组利用交流励磁系统实现机组平滑自启动，能减少抽水或发电工况机组启动对电网的冲击,同时利用变频器控制相位角,更好地适应电力系统扰动,以保证电网安全。

(2)调节性能更好。变速机组在响应时间、调节速度方面明显优于定速机组。大河内抽水蓄能电站 400MW 变速机组 0.2s 内可改变输出功率 32MW 或输入功率 80MW。而北京十三陵储能电厂机组在自动发电控制下的调节速率约为 100MW/min。从启动时间来看,变速机组约为 2.5min,定速机组约为 5min。当电力系统发生扰动时,变速机组可实现有功功率高速调节,更好地抑制电力系统有功功率波动。

(3)调节范围更大。变速机组可在更宽水头(扬程)范围提高运行效率,在较大范围内调节,配合电力系统频率自动控制。根据大河内变速机组与传统抽水蓄能机组的综合比较,传统抽水蓄能机组在 60%~100%范围内抽水时便不可调节,且在 60%以下范围内调节时电力损耗较多,而变速机组在发电时调节范围可由 50%~100%扩大到 30%~100%,且电力损耗比传统定速机组要少。

(4)具有较好的调节系统无功和深度吸收无功的能力。根据俄罗斯研究表明,在 750kV 电力系统中,变速机组深度吸收无功后可稳定运行,并可显著减少并联电抗器的数量。变速机组无功可连续调节,因此可为高压电网各种运行状态下电压水平的稳定提供重要支撑,降低电网电能损耗。

3. 抽水蓄能电站的作用

(1)保障电网安全稳定运行。

抽水蓄能机组作为电网性能最优良的事故备用容量,是调度员事故处理的有效手段,其在华北电网以火电机组占绝对比例的电网中作用尤其突出,在多次重大、复杂的事故中担当了重要的角色。2015 年 6 月,华北电网发生一起线路多重事故,某重要送出断面的同名 500kV 三回线路在 11min 内相继掉闸,安全自动装置动作切机,线路潮流发生大规模转移,事故造成系统频率下降 0.06Hz,该断面中其他 500kV 线路重载。值班调度员紧急降低送端机组出力,同时下令开启北京十三陵抽水蓄能电厂机组发电,在短短的十几分钟内,4 台机组发电带满负荷,稳住了电网的频率,同时有效控制了断面潮流,防止电网发生次生事故。与此事故类似,2008 年 8 月,华北电网另一重要送电断面的 500kV 三回线路由于微气候影响,短时间内相继掉闸，值班调度员紧急降低送端机组出力，同时下令开启北京十三陵抽水蓄能电厂机组发电，最终圆满地处理了该事故。北京十三陵抽水蓄能电厂自1995 年投运以来，经历了无数次的大小事故，在相当一部分事故中发挥了重要作用。

抽水蓄能电站总是"临危受命"，并且每次都出色地完成了任务。可以说，电网的安全稳定运行，抽水蓄能电站功不可没。

(2) 保证电能质量。

抽水蓄能电站在保证电能质量方面的作用，体现在以下三点：

第一，减轻或抵消负荷波动的影响。电网中有很多冲击负荷，如电气化铁路、高耗能企业等。这些负荷的投入和退出都是随机的，而且容量很大，电气化铁路的冲击一般可以达到数万千瓦，成规模的高耗能生产线的冲击甚至能够达到 20 万 kW 以上，相当于一台普通发电机的容量。这些冲击负荷在整个社会总用电负荷较平稳的时段对频率的影响还不明显，在总用电负荷大幅度变化的时段，冲击负荷叠加上其他社会用电波动，影响就比较大了。在这样的时段内，电网调度往往会开启抽水蓄能机组，当本网的区域控制偏差超范围时，及时调整抽水蓄能机组出力，将其控制在合格范围内。

第二，良好的调峰电源。在各类型的电源中，抽水蓄能机组的性能是最优良的。火电机组的调峰能力大约为 50%，如果再进行深度调峰，会影响机组的燃烧稳定，增加煤耗等；核电机组的原理以及运行工况决定了核电机组最经济的运行方式为带基荷运行，不参与调峰。风电等新能源的随机性决定了其无调峰能力。抽水蓄能机组在发电与抽水工况间转换，调峰能力为额定容量的 200%，调峰主力的角色自然由抽水蓄能电站来担当。

第三，调整电网电压。抽水蓄能机组运行在调相工况时，可以根据电网实际调整无功出力，保证电压水平符合电压曲线的要求。特别是在春节等大的节假日，用电负荷急剧下降时，抽水蓄能机组调相运行对系统的电压稳定发挥了巨大作用。

(3) 提升常规机组的经济性。

抽水蓄能电站能够提升常规机组的经济性集中体现在其调峰作用中。火电、核电等传统电源都有其最佳的经济运行曲线，在不同的运行工况下，能耗有较大差距。火电机组的在 50%负荷率以上运行时，能耗较低，当进入

50%以下深度调峰时，煤耗显著增加，同时会降低设备的寿命，而且火电机组深度调峰的范围裕度很小，一般只能下调至 40%额定功率，既浪费了一次能源，又起不到显著的调峰效果。以 30 万 kW 机组为例，一台机组由 50%深度调峰至 40%，功率下降只有 3 万 kW，相对地，1 台 20 万 kW 的抽水蓄能机组调峰，相当于 7 台 30 万 kW 火电机组深度调峰的效果。抽水蓄能机组的显著调峰作用，避免了大量常规机组深度调峰造成的资源浪费，对整个电力系统都有重要的意义。

(4)提供黑启动电源。

抽水蓄能机组启动迅速，调整性能优良，在不依靠外界电源的情况下可以实现自启动，并通过输电线路给其他的电厂提供启动电源，从而逐步恢复电网的运行方式。当电网发生崩溃或大面积停电事故时，抽水蓄能电站是电网恢复供电的"星星之火"。

(5)调频。

目前大型抽水蓄能机组调速器一般采用 PID(比例-积分-微分)调节规律微机调速器，有频率调节模式、功率调节模式和开度调节模式三种常用的控制模式。频率调节模式只有频率闭环调节，适合机组并网前空载运行、孤网(黑启动)运行和甩负荷工况，采用 PID 调节，响应快。开度调节模式由导叶(或中间接力器)行程闭环和频率闭环调节共同起作用。功率调节模式由功率闭环和频率闭环调节共同起作用。机组发电并网后可先进入开度调节模式至某一功率然后切至功率调节模式，也可直接进入功率调节模式。

4. 抽水蓄能促进新能源消纳作用分析

电力系统自身安全稳定运行是促进新能源大规模发展的基础和前提条件。新能源发电将对电力系统的安全稳定运行带来新的挑战。废弃矿井抽水蓄能促进新能源大规模发展，首先体现在其保障电网安全稳定运行，保证电能质量，保证电力用户的用电可靠性。其次，废弃矿井抽水蓄能电站具备大容量储能功能，能够削峰填谷，促进新能源消纳，减少弃电率和弃电量。废弃矿井抽水蓄能在促进新能源消纳方面具有突出的作用和优势。

(1)应对新能源并网冲击。

废弃矿井抽水蓄能机组应对新能源并网冲击、保证电力系统安全稳定运行、提高供电质量的作用体现在以下几点：

①废弃矿井抽水蓄能机组具有快速响应能力，可作为系统的事故备用电源。当机组运行在抽水工况时，一旦电网出现事故、系统频率过低时，机组可在秒级时间内迅速调整负荷，在电网频率变化惯性时间内，使电网频率回归正常范围。低频切泵第一轮动作频率为 49.9Hz，以 0.5s 动作时间切除一半抽水蓄能机组，第二轮动作频率为 49.85Hz，以 2s 动作时间切除全部抽水蓄能机组。抽蓄电站凭借着低频切泵、低频快速自启动和高频切机功能，成为维持电网频率稳定和防范电力系统被破坏方案的重要组成部分。

②废弃矿井抽水蓄能电站跟踪负荷迅速，能适应负荷的急剧变化，从静止到发电满载仅需 2min 左右，负荷爬升速度快，大大高于燃煤机组热态爬荷的速度，是电力系统中灵活可靠地调节频率和稳定电压的电源，可有效保证和提高电网运行频率、电压的稳定性，更好地满足广大电力用户对供电质量和可靠性的更高要求。

③废弃矿井抽水蓄能电站具有调压(调相)作用，电力系统无功功率不足或过剩会造成电网电压下降或上升，影响供电质量。而抽水蓄能电站无论在抽水运行时还是在发电运行时，都可以调相运行，并且抽蓄电站一般都建在负荷中心，可以根据电网需要，及时提供或吸收无功功率，平衡电网无功、稳定电网电压，提高供电质量，维护电网安全稳定运行。

各类电站运行特性比较如表 4-13 所示。

表 4-13　电站运行特性比较

项目		抽蓄电站	燃煤电站	燃气电站
所承担负荷位置		峰荷	基荷、腰荷	峰荷
调峰能力/%		200	30~50	100
启动频率	静止~满载	120~150s	6~8h	45min
	空载~满载	30~35s	2%~3%额定容量/min	6~8min
爬坡速率		50%~100%额定容量/min	2%~3%额定容量/min	12%~15%额定容量/min
填谷		√	×	×
快速负荷调整		√	×	√
黑启动		√	×	√

注：在电站运行特性比较的表格中，√通常表示符合或支持该特性，而×则表示不符合或不支持该特性。

(2)发挥储能功能。

有功平衡是电力系统调节的重要准则，因为电能的生产、输送、分配和使用是同时进行的,所以从整体上讲,发电负荷必须随着用电负荷的变化及时地做出调整。

不同的用电设备呈现出不同的负荷特性,但是总体上呈现较为稳定的规律。根据分析周期的不同,用电负荷分别呈现典型的日内负荷变化规律、周内负荷变化规律和年内负荷变化规律,其中又以日内负荷变化最为关键。

峰、谷两个典型时间点的发电容量平衡是系统容量平衡的关键。快速有效地解决系统峰、谷两个极端平衡容量,对保证电力系统全过程的容量平衡具有非常重要的意义。

随着电源技术的发展,系统内解决低谷调峰的手段逐渐增加,各种方式有不同的低谷调峰贡献效率,技术上相互替代、互为补充,其中,可参与低谷调峰的火电机组的基准以高峰时段的真实出力为上限。

当前技术条件下,纯凝火电机组最低负荷率已低于 50%,系统最低负荷率约为 60%。这种情况下,忽略其他电源的影响,为了弥补低谷调峰缺口、充分发挥新能源功能,及时运行具备调节功能的抽水蓄能电站是必要的。

随着火电机组灵活改造不断推进,火电机组最低负荷率有望持续下降。届时,抽水蓄能低谷调峰优势将更加明显,每增加 100 万 kW 抽水蓄能,可望避免 3 倍甚至更多火电机组停机调峰。

随着新能源在电源结构中的占比越来越大,传统的峰谷矛盾将进一步发生质的变化。如果新能源比重接近或超过低谷时段的负荷,火电机组等传统化石电源参与调峰的效果将越来越差。此时,抽水蓄能等储能设施将发挥重要作用,也只有抽水蓄能等储能设施能有效改善此问题。

新能源在电源中的比例过高会导致系统对旋转备用容量的缺乏。间歇性、随机性较强的新能源逐渐大规模开发,导致装机容量中多以提供电量为主,但不能提供备用容量,特别是旋转备用容量。可用容量、足够旋转备用容量是衡量电量系统内装机容量能否满足用电需求和系统安全保障水平的重要标志。

为了维持电网正常运行,系统可用容量应不小于系统最高负荷与备用容量之和。新能源主要发挥电量价值,而电力价值相对较低。为了支持新能源发电,系统需要配备必要的备用容量。电力系统的可用容量可由多种电源类型承担,如火电、水电、核电和抽水蓄能等。

（二）光伏发电工作特性

太阳能是可再生能源的重要组成部分,地球上有大量的太阳能可以利用。在任何阳光充足的地方,太阳能都可以进行发电,它在所有可再生能源中生产率最高。太阳能光伏的工作原理是通过将单个光伏电池相互连接来发电。太阳能光伏电站可以帮助许多地方降低电力成本,但是太阳能是不稳定的,例如在白天,太阳能辐射强度大,光伏电站可以生成持续和稳定的电能,但到了晚上,太阳光照强度很弱,光伏电站几乎没有电能产出。所以为了使系统仍有稳定的电力供应,则需要安装电池或者其他能源存储系统组件,以确保供电的连续性。

光伏电池出力一般是通过电压和电流进行确定。随着光照强度和温度的升高,光伏电池的电压和电流都在缓慢增加,也就是说光伏电池的出力随着电压和电流的增加一直增大。当光伏电池的出力达到额定功率时,若电压继续升高,将会导致电流很快为 0,导致光伏电池出力下降很快或者直接为 0（图 4-22）。

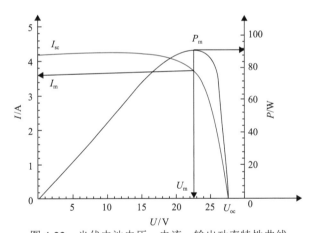

图 4-22　光伏电池电压、电流、输出功率特性曲线

I_{sc}-短路电流；I_m-最大电流；U_m-最大电压；P_m-最大输出功率；U_{oc}-开路电压

光伏电池出力主要取决于光照强度和温度变化。在保持温度在 25℃不变的情况下,随着光照强度的增加,光伏出力也在增加,相应的输出电压和电流也在增加,如图 4-23 所示。

相对于光照强度而言,光伏电池出力对温度的敏感程度不如对辐射强度的反应明显。在辐射强度保持不变的情况下,图 4-24 中给出 0℃、25℃、

50℃时光伏电池的出力曲线。在低温条件下，光伏输出功率更容易达到额定值。

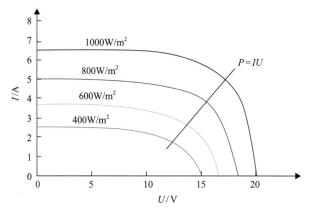

图4-23　不同辐射强度下光伏电池电压、电流特性曲线

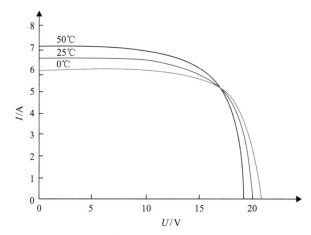

图4-24　不同温度下光伏电池电压、电流特性曲线

在典型日中，我们同样给出典型日当天的负荷预测，在夜晚 2:00～5:00，预测负荷相对较低，最低点出现在 3:00，大概是 20MW，但是此时光伏电厂的出力为 0，同样的，在 12:00～14:00，光伏电厂的出力也达到了最大，最大时为 25MW，同时中午是一个用电的高峰，预测负荷较大。由此可见，单独的光伏发电在白天太阳光充足的时候可以向电网输出电能，但是在夜晚没有太阳光的时候，无法为电网供电(图4-25)。

(三)燃气轮机发电工作特性

燃气轮机具有较快的启动特性。单循环燃气轮机一般从启动到全速仅十几分钟，到额定负荷约需要 20min，而火电机组需要几小时。表 4-14 列出了单循环燃气轮机、联合循环机组和火电机组的启动时间。从表中可见，单循环燃气轮机的启动时间明显少于联合循环机组和火电机组。联合循环机组由于余热锅炉和蒸汽轮机的加入，启动时间比单循环燃气轮机有所延长，但仍然比火电机组快，特别是冷态启动中具有较大的优势。因此燃气轮机及其联合循环在电网负荷调节中具有较强的快速响应能力，特别是单循环燃气轮机常常被用于承担电网尖峰负荷调节，使其在 15min 左右达到机组满负荷运行。

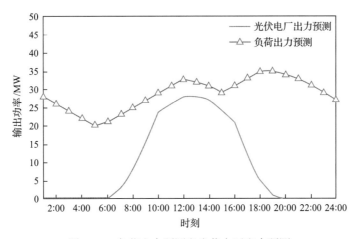

图 4-25 负荷出力预测和光伏电厂出力预测

表 4-14 机组启动时间对比表　　　　　　　　　（单位：min）

机组状态	单循环燃气轮机	联合循环机组	火电机组
冷态启动	12～18	180	360～480
稳态启动	<12	90	180
热态启动	9	60	90

燃气轮机部件处于高温运行状态，它们参与电网调峰运行后，机组负荷的频繁变化对热通道部件的寿命会有较大影响。根据对 100MW 燃气轮机启动寿命的评估计算发现，1 次大负荷波动对寿命的影响与 1 次机组启停过程的应力对寿命的损耗并无较大差异，2～3 次负荷波动的影响就相当于机组 1 次启停对寿命的影响，而且大幅度的负荷波动对寿命的影响大于小幅度波动的影响，因此燃气轮机在 AGC 的投运中也应该避免频繁的大幅度变动，以减少机组的寿命损耗。

先进燃机具有较快的启动特性和较好的负荷调节性能，有利于电网负荷的调峰。特别是单循环燃机具有的快速启动功能能够很好地满足电网负荷调度的要求。例如 100MW 等级的 PG9001E 燃机能够在 15min 左右从启动达到满负荷运行。

联合循环机组负荷能适应动态特性在于它具有较短的时间常数和负荷快速变化能力。燃气轮机的功率调节是利用燃料供应量的改变，一般采用调节燃气轮机透平进口温度来实现负荷的变化，但这样将在负荷剧烈变化时增加燃气轮机透平的寿命损耗。

由于燃机不但具有很好的调峰性能，而且也有良好的经济性能，因此在发达国家燃气轮机联合循环已经不仅仅作为调峰机组运行，而且主要是作为中间负荷和基本负荷机组运行。在我国目前情况下，简单循环燃机和部分联合循环机组主要承担调峰负荷机组运行。

燃气轮机发电是一种高效率、低排放的成熟发电技术。目前在国际上已经得到了广泛应用，在我国也得到了较好的发展，并且将迅速成为我国发电机组中不可忽视的组成部分。

燃机及其联合循环机组具有很好的启动特性和调峰特性，只要注意燃机负荷控制和限值等特点的合理应用，燃机联合循环将会在今后电网调峰中发挥较大的作用。

根据不同发电要求，联合循环机组可以采用不同的运行方式。燃机电厂的建设应该考虑机组今后在电网中运行模式的变化，配置多台机组以便能够既满足电网调峰需要，又能够使电厂运行具有较高的经济性，从而提高电厂在电力市场中的竞争力。

（四）柴油发电工作特性

在柴油机汽缸内，经过空气滤清器过滤后的洁净空气与喷油嘴喷射出的高压雾化柴油充分混合，在活塞上行的挤压下，体积缩小，温度迅速升高，达到柴油的燃点。柴油被点燃，混合气体剧烈燃烧，体积迅速膨胀，推动活塞下行，称为"做功"。

汽油机驱动发电机运转，将汽油的能量转化为电能。在汽油机汽缸内，混合气体剧烈燃烧，体积迅速膨胀，推动活塞下行做功。

无论是柴油发电机还是汽油发电机，都是各汽缸按一定顺序依次做功，作用在活塞上的推力经过连杆变成推动曲轴转动的力量，从而带动曲轴旋转。将无刷同步交流发电机与动力机曲轴同轴安装，就可以利用动力机的旋转带动发电机的转子，利用"电磁感应"原理，发电机输出感应电动势，经闭合的负载回路产生电流。

柴油发电机组工作特性：表征同步发电机性能的主要是空载特性和负载运行特性，这些特性是用户选用发电机的重要依据。

1. 柴油发电机组空载特性

发电机不接负载时，电枢电流为零，称为空载运行。此时电机定子的三相绕组只有励磁电流 I_f 感生出的空载电动势 E_0（三相对称），其大小随 I_f 的增大而增大。但是，由于电机磁路铁心有饱和现象，所以两者不成正比。反映空载电动势 E_0 与励磁电流 I_f 关系的曲线称为同步发电机的空载特性。

2. 柴油发电机组电枢反应

当发电机接上对称负载后，电枢绕组中的三相电流会产生另一个旋转磁场，称为电枢反应磁场，其转速正好与转子的转速相等，两者同步旋转。

同步发电机的电枢反应磁场与转子励磁磁场均可近似地认为按正弦规律分布。它们之间的空间相位差取决于空载电动势与电枢电流之间的时间相位差。电枢反应磁场还与负载情况有关。当发电机的负载为电感性时，电枢反应磁场起去磁作用，会导致发电机的电压降低；当负载呈电容性时，电枢反应磁场起助磁作用，会使发电机的输出电压升高。

3. 柴油发电机组负载运行特性

主要指外特性和调整特性。外特性是当转速为额定值、励磁电流和负载功率因数为常数时，发电机端电压 U 与负载电流 I 之间的关系。调整特性是转速和端电压为额定值、负载功率因数为常数时，励磁电流 I_f 与负载电流 I 之间的关系。

同步发电机的电压变化率为 20%～40%。一般工业和家用负载都要求电压保持基本不变。为此，随着负载电流的增大，相应地调整励磁电流。虽然调整特性的变化趋势与外特性正好相反，对于感性和纯电阻性负载，它是上升的，而在容性负载下，一般是下降的。

(五)结合电化学储能的灵敏型储能

抽水蓄能电站与化学储能联合运行可以较好地解决抽水蓄能机组功率

响应速度无法达到秒级和电站安全可靠性不足的问题。

1. 化学储能技术发展现状

化学储能技术发展到今天,已经可以满足电网对功率型储能和能量型储能的应用需求,电池存储能量可以从数秒延伸至数小时,输出功率在额定功率范围内可调,且部分电池技术已商业化,或者正走在商业化的道路上。

化学储能中,锂电池的项目数、装机容量占比最大,其增长速度也最快,已成为发展最快的化学储能技术。其充放电倍率可达 1C~3C,工作温度范围宽,可达–20~60℃,循环寿命长。综合比较响应时间、能量密度、功率密度、能量效率、循环次数以及典型应用等主要性能指标,锂电池服务电网性能最佳。

近年来,储能电池不断发展,性价比逐年提升,当前锂电池投入成本 1500 元/kWh,综合运营成本约 7000 元/kWh。按照锂电池经济与性能的发展速度,预计 2025 年投入成本可降到 800 元/kWh,综合运营成本约 4000 元/kWh。若新能源汽车储能电池可在电网中二次利用,综合成本又可降低很多。

2. 抽水蓄能电站响应速度大幅提升

以某一常规抽水蓄能电站为例,抽水蓄能电站静止转发电满载,转换时间为 200s;一台 300MW 抽水蓄能机组,紧急工况下满载抽水转满载发电需 150s,而电池实现"负荷"向"电源"转化只需几十毫秒,事故响应速度大幅提升。化学储能可以快速平抑风、光等新能源波动,满足新能源并网时间响应要求。加装逆变器的化学储能系统可以独立输出有功和无功,满足电网功率和电压补偿需求。

常规抽蓄电站与储能电池协同运行,可使传统抽水蓄能电站响应更迅捷,提升电网应对故障能力,实现电网功率多时间尺度协调控制,极大地提升常规抽水蓄能电站的综合性能。

3. 化学储能联合运行关键技术

针对抽水蓄能电站综合性能和化学储能特性,构建变速机组、定速机组和化学储能联合运行的优化配置方案;研究调峰、调频、调相等综合调节能力提升技术,构建联合运行功率控制策略;建立联合运行可靠性综合评估模型，提出可靠性评估指标和方法；建立联合运行综合效益量化分析模型，提出多工况下的综合效益优化措施，建立抽水蓄能电站与储能电池联合运行系统的应用方案等。

(六)水电与光电互补性

1. 调整系统频率

在光伏-抽水蓄能电站联合运行系统中，光伏发电的输出是不稳定的，在光伏-抽水蓄能电站联合运行系统中难免会发生负荷计划外的输出增减，引起电力系统的功率不平衡，造成系统频率波动。为了防止系统频率的进一步恶化，抽水蓄能电站机组必须承担光伏-抽水蓄能电站联合运行系统中的调频任务，尽快恢复系统功率的平衡。在系统的频率开始波动时，一般要求从频率开始波动到系统频率恢复到额定值的时间不能超过一定时间，这就要求担任旋转备用的机组必须能快速响应。对于需要频繁进行调频的电厂来说，如果让火电厂担任调频的任务，那么火电厂的成本将会大大增加。因此抽水蓄能电站来担任调频任务是在光伏-抽水蓄能电站联合运行系统中必不可少的。

2. 调整系统电压

电力系统在正常运行中，如果系统中的无功不足，系统电压将会下降，无功过多，系统电压将会上升。因此正常运行的电力系统需要增加或者减少无功，以维持电力系统中的无功平衡，保持电力系统电压的稳定。在电力系统中，无功电源可以由系统中的同步发电机、同步调相机以及静止补偿器等无功电源提供。在电力系统中，最主要的无功电源是同步发电机，并且同步发电机也是各种无功补偿电源中最经济的一种。因此，在光伏-抽水蓄能电站联合运行系统中抽水蓄能电站作为无功电源是合适的，在调节系统无功负荷上十分便利，抽水蓄能电站运行迅速可靠，很适于进行调相运行，补偿系统无功不足或增加无功负荷。

3. 跟踪负荷变化

在光伏-抽水蓄能电站联合运行系统中，光伏发电的出力随一天中日照强度的变化而变化，夜晚没有输出，而中午输出达到最大，因此光伏发电的出力极不稳定。并且电力系统中的负荷也不是恒定的，电力系统的日负荷曲线通常具有高峰和低谷。日负荷曲线在从低谷向高峰变化或者高峰向低谷变化时,曲线的坡度较陡,表明单位时间内负荷的增减数量较大。这就要求在陡坡段工作的机组必须具有相应的增负荷和卸负荷能力,并且能在一日之内做反复2~3次的快速增负荷和减负荷运行。所以如果只用光伏发电来满足负荷要求是不可能的。

对于火电厂来说,一天之中快速增负荷或者减负荷是困难的。抽水蓄能电站机组增负荷、减负荷速度快,跟踪负荷变化能力强,与其他传统的发电方式相比,抽水蓄能电站有着不可替代的优势。抽水蓄能电站在光伏-抽水蓄能电站联合运行系统中担任跟踪负荷的任务,来保证光伏-抽水蓄能电站联合运行系统和整个电力系统的安全可靠。

光伏储能系统控制灵活、响应速度快、可靠性高,抽水蓄能电站通常有较好的太阳能资源和场地资源,将光储系统接入大型抽水蓄能电站,对提升其综合性能是一个不错的选择。

(七)光储系统与柴油机组互为备用

1. 光储系统联合抽水蓄能运行优势

光储系统可以和柴油机组互为备用,作为厂用电事故备用或黑启动电源,提升抽水蓄能电站保安电源可靠性;容量足够的光储系统与抽水蓄能电站联合运行,可以提升抽水蓄能电站调峰、调频、调相的响应速度,使功率速度达到毫秒级,极大地提升大型抽水蓄能电站的安全可靠性和综合调节能力。

太阳光和水资源都是绿色清洁能源,如能在抽水蓄能电站联合开发利用,可以充分利用抽水蓄能电站站址资源,提升电站综合性能,提升电站开发效益。

2. 光伏储能系统联合抽水蓄能电站运行关键技术

光伏储能系统联合抽水蓄能电站运行关键技术主要包括光储系统提升大型抽水蓄能电站综合调节能力时间尺度控制与运行策略、光储和抽水蓄能联合系统运行稳定性与优化策略、光储系统提升大型抽水蓄能电站可靠性评估方法与优化策略、光储系统接入大型抽水蓄能电站综合效益与改进措施、光储系统作为备用电源接入大型抽水蓄能电站整体应用方案等。

四、气油水光互补的分布式新能源智能电网建设方案

(一)气油水光互补系统方案

联合系统一般由具有波动性的风电和光伏、具有储能作用的抽水蓄能电站等组成,一般还将柴油发电机、燃气轮机组作为旋转备用,具体系统方案如图 4-26 所示。

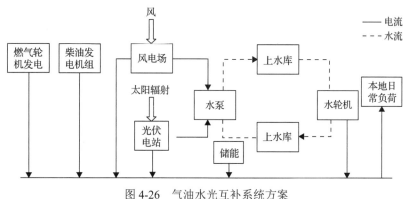

图 4-26　气油水光互补系统方案

为了解决风光互补系统存在的波动性,一般可以采取增加蓄电池等储能设备达到稳定。将抽水蓄能电站用作风电和光伏电站的储能,联合使用,向电网持续可靠地供电。

(1)风电、光伏出力充足,在满足电网负荷的情况下,将多余的电量通过抽水蓄能电站水泵水轮机抽水工况,将多余的电能转换为水的势能,进行储存。

(2)当风电光伏出力不足以满足电网负荷时,将储存在上水库中水的势能通过抽水蓄能电站水泵水轮机发电工况,水的势能转换为电能,进行发电。

(二)新型抽水蓄能电站选址策略

根据电网特点,融合了光伏、化学储能、变速机组柔性技术、信息高度互联的新型抽水蓄能电站,选点开发建设主要应具有以下三方面特点:

1. 新能源集中区域

风和太阳能等清洁可再生能源大规模并网,给电力系统的实时平衡以及稳定运行带来了巨大挑战。从提高资源利用率、提高系统运行稳定性和经济

性等方面考虑，需要提升抽水蓄能电站响应速度和调节范围，需要提高新能源和抽水蓄能电站的契合度。

在太阳能、风能等新能源富集地区，可以利用西北、内蒙古等地区抽水蓄能电站附近空地，实现太阳能、风能、储能系统联合运行，构建新型抽水蓄能电站。

新型抽水蓄能电站具有自动跟踪电网频率变化和有功高速调节的优势，化学储能可以提升功率补偿响应速度，变速抽水蓄能机组可以实现频率实时自动跟踪，抽水蓄能电站本身可以实现大容量、长时间存储。新型抽水蓄能电站在保证电网安全稳定运行的前提下，可提高新能源并网率；此外电站启动响应和调节速率同时提高，可更好地跟踪风电等随机波动电源的出力过程，减小新能源并网对系统带来的冲击。

为应对可再生能源快速增长对电网的冲击，日本小丸川抽水蓄能电站共安装 4 台变速抽水蓄能机组，运行经验表明，变速抽水蓄能机组很好地弥补了传统定速机组的不足。根据日本电网的运行经验，当电力系统配备一定规模的可变速机组后，再结合功率型储能电池，可以完全实现全时段功率调节，降低可再生能源并网冲击，提高资源利用率，提高电网与可再生能源电源的契合度。

2. 特高压落端集中区域

以特高压为支撑的骨干电网，在实现资源远距离、大容量配置的同时，也使电力系统稳定性和电压跌落无功补偿等问题越来越突出。

由于变速机组采用交流励磁，能有效解决传统抽水蓄能机组固有的调速和水轮机无法变速运行的问题，从根本上消除谐波等对电机运行性能的影响，更好地应对特高压事故。容量适当的化学储能系统也可提供快速的无功补偿；抽水蓄能机组固有的调相运行可以提供足量的无功需求。变速抽水蓄能机组可实现无功和有功解耦，有效应对特高压无功不足或无功过剩问题，为系统电压稳定提供很好的帮助。

新型抽水蓄能电站可以提供充足的无功，应对特高压事故电压跌落对系统无功需求，可以配合调相机一起为系统提供大容量无功补偿和转动惯量。在特高压落端集中区域，建设新型抽水蓄能电站，可为电网负荷集中区域电压提供大容量无功备用支撑。

3. 负荷中心区域

因为拥有变速机组、光储、化学储能，新型抽水蓄能电站可以向电网提供足量独立的无功和有功，如选址在负荷中心，可确保频率和电压稳定，为用户侧电网安全提供重要保障。

变速抽水蓄能机组通过调节励磁电流，可以调节机组发出或吸收的无功分量，调整功率因数，特别是可以吸收无功稳定运行。调节励磁电流的相位，可以快速完成发电状态电磁调节，从而保证发电机电压或无功的快速调节。有功、无功的独立调节，可以显著提高电力系统静态和暂态稳定性。当负荷变动时，交流励磁调速电机可以通过改变频率来迅速改变转速，充分利用转子动能，释放和吸收负荷，使电网扰动比常规电机小，从而提高电网的稳定性。变速机组可提高抽水蓄能电站自身的调节特性，更好地保障电网安全稳定运行。更宽的调节范围，可以更好地响应电力系统功率变化要求。结合化学储能电池有功和无功的解列支撑能力，可以在毫秒级和秒级时间窗口，实现调节速度和调节精度、调节范围和响应范围最佳响应，稳定负荷中心电网运行。

结合当前电网发展趋势，新能源集中区域、特高压集中区域以及负荷中心区域，都是新型抽水蓄能站址优先考虑的区域。

(三)废弃矿井抽水蓄能电站的分布式新能源智能电网方案

根据对废弃矿井抽水蓄能电站的研究成果，废弃矿井抽水蓄能电站根据容量大小分为小型电站(10kW～10MW)和大型电站(10～3000MW)两种。大型废弃矿井抽水蓄能电站和传统地表抽水蓄能电站的作用和效果具有相似性，应用场合多集中于电力系统的输配电网，系统容量较大，电站用以支撑城市变化的负荷、平抑大规模风光发电集群系统的功率波动和充当系统备用。

小型废弃矿井抽水蓄能电站并不局限于大容量输配电网，既可以满足区域性配电网系统如大型工业、商业用户等，也可以联合风光电站运行。

废弃矿井抽水蓄能电站运行时需要接入电力系统，所接入的系统可以包含传统电源、风光电源和用户负荷等，负荷情况及可再生能源规模和出力特性会对配电网有较大的影响，包括可靠性、潮流、电压质量、线损、故障特性等，具体影响与分布式新能源的容量大小、接入位置有很大关系。

废弃矿井抽水蓄能电站接入电网规划是为寻求一种最优的电站并网拓扑方案,使得单个或多个废弃矿井抽水蓄能电站能够安全、经济地接入电网,其主要研究内容包括废弃矿井抽水蓄能电站的接入电压等级、接入点和接线形式。

1. 并网电压等级选择

在接入电压等级方面,常规抽水蓄能电站接入系统方式比较简单,一般选择直接接入高压电网。废弃矿井抽水蓄能电站由于规模大小不等,因此接入系统比较灵活。根据《电力系统设计技术规程》和《配电网规划设计技术导则》等有关规程,拟定了废弃矿井抽水蓄能电站并网电压等级,如表 4-15 所示。

表 4-15　废弃矿井抽水蓄能电站并网电压等级

电站总容量范围	并网电压等级
10kW～8MW	10kV、20kV
8～50MW	35kV、66kV、110kV
50～300MW	110kV、220kV
>300MW	500kV

2. 接入电网方案

结合废弃矿井抽水蓄能电站规模的大小和城市电网的特性,拟定了 4 种废弃矿井抽水蓄能电站接入城市电网方案。

(1)方案一。

适用于并网容量较大电站,抽水蓄能电站以输送电能为主,直接参与主网的调峰。500kV 母线短路容量较大,且 500kV 输电线路输送容量大,适用于废弃矿井抽水蓄能电站所发电能就地消纳困难、需要远距离输送到负荷中心、宜升压到超高压电压等级以减少线路电能损耗等情况。110kV/220kV 母线适用于废弃矿井抽水蓄能电站建在负荷中心、参与城市电网调峰、发出的电能宜就地消纳,无须大规模外送的情况。具体接线形式如图 4-27 所示。

(2)方案二。

适用于并网容量较小的电站,发出的电能宜就地消纳、无须大规模外送、无须建额外的变电站,可降低附加的输配电成本,增加配电网的输电裕度,减轻配电网过负荷压力,提高末端电压和系统对电压的调节性能,减少线路损耗。具体接线形式如图 4-28 所示。

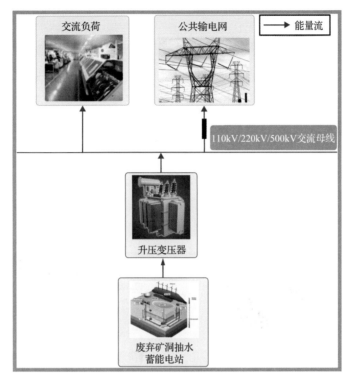

图 4-27 方案一接线形式

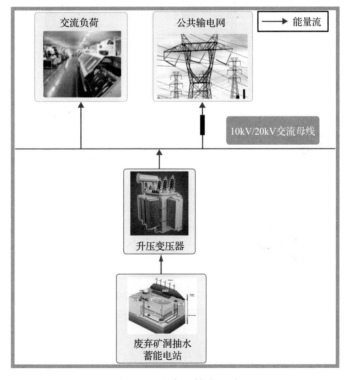

图 4-28 方案二接线形式

（3）方案三。

废弃矿井抽水蓄能电站和光伏电站配合使用，适用于并网容量较小的电站，在太阳能、风能等新能源富集地区，可以利用煤矿开采后的塌陷区、废弃煤矿的工业广场等空地，建设光伏电站，实现水光系统联合运行，构建新型抽水蓄能电站。光伏电站通过升压变压器就近接入变电站的 10kV/20kV 母线。废弃矿井抽水蓄能电站用以支撑城市变化的负荷、平抑光伏发电出力变化引起的母线电压波动和充当系统备用。该方案不仅可以满足系统安全稳定的需要，还便于受端系统就地消纳，且发出电能直接在配电网络中传输，减少了二次变压产生的损耗。具体接线形式如图 4-29 所示。

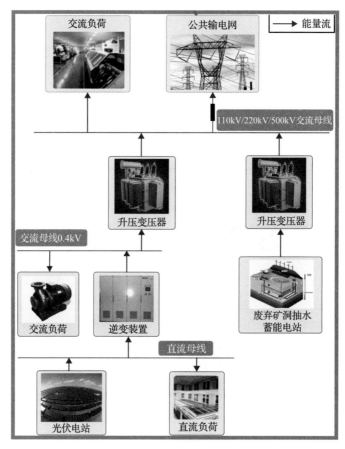

图 4-29　方案三接线形式

（4）方案四。

废弃矿井抽水蓄能电站作为集中式储能和光伏电站以及光伏逆变器侧电化学储能配合使用，光伏发电采用 0.4kV 升压至 10kV，抽水蓄能并入

110kV 母线。电化学储能的作用一是为实现电网调节，平抑不稳定间歇性分布式电源的功率波动，通过快速调节，防止电网频率、电压跌落和其他外界干扰引起的电网波动；二是在废弃矿井抽水蓄能电站发电单元出力大于负荷需求时，吸收储存多余电量，在光资源缺乏期间，为负荷供电，降低电网供电负担。废弃矿井抽水蓄能电站与化学储能联合运行可以较好地解决抽水蓄能机组功率响应速度无法达到秒级和电站安全可靠性不足的问题。具体接线形式如图 4-30 所示。

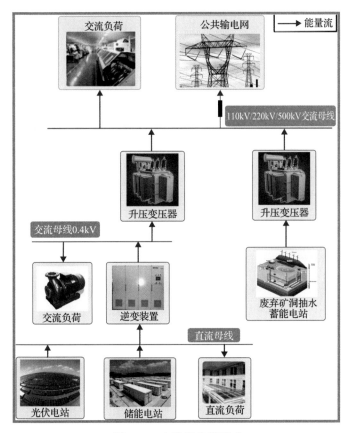

图 4-30 方案四接线形式

3. 接线方式分析

受废弃矿井抽水蓄能电站自身条件的限制(为地下厂房电站)，为减少洞室开挖的工程量，其配电装置采用全封闭组合电器(GIS)方案。

当有多台发电机组时，发电机与主变压器组合可采用单元接线和扩大单元接线两种方式。推荐采用扩大单元接线，理由如下：

(1)当一台发电机检修或故障退出运行时，不会影响另一台发电机与主

变压器继续运行;

(2)扩大单元接线减少了主变压器及断路器数量,简化了接线,不仅能减少投资和运行费用,而且便于高压配电装置的布置。尤其是减少主变压器的台数,为变压器能布置在电站厂房附近创造条件。

4. 废弃矿井抽水蓄能电站并网接入点分析

废弃矿井抽水蓄能电站普遍接入所在城市的 220kV 及以下电网,且抽水蓄能机组在频繁并网发电或抽水时将会对网络其他用户供电电压产生冲击,从而引起并网接入的公共连接点(point of common coupling,PCC)处的电压波动。

废弃矿井抽水蓄能电站并网系统简化如图 4-31 所示。在废弃矿井抽水蓄能电站接入点处将系统简化,保留并网接入 PCC 点和系统等值电源节点,同时假设各 PCC 点之间没有直接相连的支路。

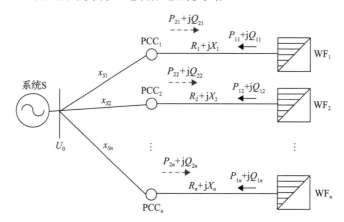

图 4-31 废弃矿井抽水蓄能电站并网简化图

图 4-31 中,n 个废弃矿井抽水蓄能电站经架空线路接入各自的并网 PCC 节点。若有多个废弃矿井抽水蓄能电站接入同一个 PCC 点则等效为 1 个等值电站接入。R_n、X_n 表示第 n 座废弃矿井抽水蓄能电站升压变压器和架空线路的电阻和电抗,x_{Sn} 为系统等值电源点和 PCC 点之间的电抗。由于机组可以工作在发电状态,也可以工作在抽水状态,则系统的潮流分布可分为两种情况:

(1)机组工作在发电状态,节点 PCC_n 相当于一个向系统供电的电源节点,其输送功率表示为 $P_{1n}+jQ_{1n}$;

(2)抽水蓄能机组工作在抽水状态，节点 PCC_n 相当于一个功率为 $P_{2n}+jQ_{2n}$ 的负荷节点。

首先对节点 PCC_n 电压进行分析。PCC_n 电压主要由电网母线电压 U_0 及废弃矿井抽水蓄能电站送出电压降落决定。计算变压器和输电线路无功损耗，在其功率因数为 $\cos\varphi$ 的条件下，在发电和抽水状态下 PCC_n 处的电压分别为

$$U_{\mathrm{PCC}} = U_0 + \left(\frac{P_{1n}R + Q_{1n}X}{U_{0N}} + \mathrm{j}\frac{P_{1n}X - Q_{1n}R}{U_{0N}} \right) \tag{4-3}$$

$$U_{\mathrm{PCC}} = U_0 - \left(\frac{P_{2n}R + Q_{2n}X}{U_{0N}} + \mathrm{j}\frac{P_{2n}X - Q_{2n}R}{U_{0N}} \right) \tag{4-4}$$

式中，U_{PCC} 为并网点 PCC 处母线的电压；U_0 为系统母线电压；U_{0N} 为系统母线额定电压。

由于废弃矿井抽水蓄能电站的有功出力往往远大于无功出力，因此需计算有功出力波动对 PCC 电压的影响。根据式(4-3)和式(4-4)，可分别得出在发电和抽水状态下 PCC_n 处电压的变化规律：

$$\frac{\partial U_{\mathrm{PCC}}}{\partial P_{1n}} = \frac{R_{1n} + Q_{1n}\tan\varphi}{U_{0N}} + \mathrm{j}\frac{X_{1n} - R_{1n}\tan\varphi}{U_{0N}} \tag{4-5}$$

$$\frac{\partial U_{\mathrm{PCC}}}{\partial P_{2n}} = -\frac{R_{1n} + Q_{2n}\tan\varphi}{U_{0N}} - \mathrm{j}\frac{X_{1n} - R_{1n}\tan\varphi}{U_{0N}} \tag{4-6}$$

从式(4-5)和式(4-6)可以归纳出以下结论：

(1)任一废弃矿井抽水蓄能电站的功率波动对 PCC 电压波动的影响和 PCC 点与机组之间的阻抗成正比。

(2)在发电状态时，随着电站无功输出增加，并网点 PCC 电压也会相应提高，而在抽水状态，当机组吸收无功功率时，PCC 电压会有所下降。

(3)在多个废弃矿井抽水蓄能电站接入同一区域电网的情况下，接入废弃矿井抽水蓄能电站越多，接入容量越大，电网各 PCC 点电压波动幅度也越大。

(4)废弃矿井抽水蓄能电站接入点位置不同对 PCC 点电压波动影响也不同。抽水蓄能电站接入点电压等级较高时，PCC 点电压波动较小，接入

点电压等级较低时，PCC 点电压波动较大。

根据上述分析结果，可以对废弃矿井抽水蓄能电站群接入城市电网的 PCC 点选择提出以下规划原则：

(1)PCC 点应优先选择短路容量大的电网节点。PCC 点短路容量越大，废弃矿井抽水蓄能电站功率波动引起的节点电压波动幅度越小。

(2)在同一个城市的多个废弃矿井抽水蓄能电站不宜接入同一 PCC 点。PCC 点的注入功率越小，节点电压波动越小。

5. 信息高度互联的智能型抽水蓄能网络建设

"大云物移智链"等先进信息、通信技术，可以促进电站生产运营、发展建设水平全面提升。未来的抽水蓄能电站在万物互联、人机交互、自动采集、动态感知、灵活应用等方面，将越来越具有智能型属性。加快泛在物联基础支撑建设，需要重点关注如下。

(1)感知层建设。

感知层是电站智能化的基础，针对抽水蓄能电站特点，除原有机组监控外，需要进一步扩大可监控范围和对象，增设电站人员智能化装备、各区域视频监控、安全防护监控、环境监控等物联网感知基础。对电站进行全面体检，除提高设备本体智能化水平外，还需提高传感器智能化水平，扩大传感器设备的安装范围，由感知点逐步转变成感知面，最后形成全感知抽水蓄能电站。

(2)网络层建设。

网络是信息传递的通道，覆盖面要广，传输要更安全，速度要更流畅。抽水蓄能电站地下洞室多，上下库落差大，地下厂房电磁、噪声、震动干扰大。网络基础建设宜分区进行，光纤和无线网络相结合。必须高度重视电站网络接入总部网络通道的可靠性和安全性，保证集团化管理的抽水蓄能电站群调度在控可控能控，中心数据可在总部汇集分析处理。

(3)平台层建设。

信息平台未来将是人机交互信息传递命令下达的重要窗口。信息平台的迭代优化将永远不会停止，并将伴随用户需求不断完善提升。抽水蓄能电站数据信息平台建设，需结合电站建设运营特点和需求，不断升级组件，加强应用集成，整合业务流程，运用最先进、最合适的平台技术，开展电站物联网平台一站式建设和探索。

(4)信息融合建设。

基于抽水蓄能电站自身建设运营管理特点，未来智能型电站将打通各业务信息系统壁垒，规范业务流程，提高数据质量和标准，完成业务系统消重，实现数据无障碍共享，提高业务流和管理流信息应用深度和广度，加强大数据处理和分析能力，最终实现站内设备全连网、信息全感知、人机互动无障碍的新型智能电站。

五、气油水光互补能源工程的关键技术与核心装备发展战略

(一)废弃矿井抽水蓄能电站基础建设装备分析

1. 概述

目前，国内外三类典型的废弃矿井抽水蓄能电站有：地表塌陷区+地下巷道、地下巷道+地下巨型水库、地表露天矿坑+地下巷道。其中，对于地表塌陷区和地表露天矿坑的基础建设装备，可依据工业生产中(特种设备)的基础建设要求和标准进行选购煤矿机械及水力机械施工装备，已有大量的成功案例可供参考，施行起来并无太大的难度。然而，对于地下巷道，结合到地下废弃矿井的特殊工作环境，以及抽水蓄能作业过程中交变应力-冲击应力-热应力的多应力场影响，亟须自主研发一些特殊装备，因地制宜，解决废弃矿井抽水蓄能电站在施工、运行以及修缮过程中可能遇到的一些问题。

2. 存在问题的概述

(1)水道系统的防渗、支护和加固。

水道系统是废弃矿井空间抽水储能的基础建设装备。在抽水蓄能过程中，水道系统内部周期性注水，为达到高效发电的功效，注水时的流速往往较大，湍动现象剧烈。另外，水道系统中发电机(室)周围的内壁承受较大的冲击应力，甚至由于汽蚀产生超高压的水锤效应，将直接影响到矿井抽水蓄能的效率和持久性。如何防止水道系统内部的水渗入岩层，消除湍流对矿井的冲击危害，将是水道系统建设首要解决的难点问题。

(2)地下厂房和发电室等防渗、支护和加固。

与地表露天矿坑抽水蓄能电站不同的是,基于废弃矿井抽水蓄能电站的发电机、储能装备和一些探测设备都安装在地下,承受地下水和水道系统内部水的渗透,为了确保这些装备的安全性和有效性,需要对地下厂房、发电室进行防渗、支护和加固。

(3)多巷道之间的引流和节流。

废弃矿井的地下巷道错综复杂、高低不平,抽水或者注水时在多巷道交接的局部区域会产生涡流,对于巷道内壁产生间断的水锤作用,甚至会威胁到整个水道系统的稳定。因此在多巷道交接点处应设置引流和节流装置,另外对于位置偏深的巷道也要设置专门的水泵、引流和导流装置。

(4)人员和大型设备下井的安全保护。

在矿井施工或者后期检查维修中,需要将一些大型设备和检查维修人员送到井下,为确保设备或者人员在输送过程中的安全,也需要针对矿井的特殊环境设计专门的输送装备。

3. 技术难点及拟解决方案

(1)水道系统的高压管道安装,管道外部与岩层之间的支护处理。

拟解决途径:根据矿井的具体形貌,拟采用拼接的方式安装其内部的高压管道;由于抽水蓄能用的矿井与普通采煤用的矿井不同,不能采用目前常用的锚杆支护,拟采用以护网支护为主要支护方式,抗震耐磨。

(2)多段高压管道之间的焊接工艺能否达到耐腐蚀和耐磨损的要求。

拟解决途径:抽水蓄能用的高压管道主要破坏形式为管道焊接位置处的腐蚀疲劳断裂,根据高压管道的失效形式和失效位置,拟采用智能机器人对高压管道的钢片进行焊接,并采用高能脉冲协同多向旋转滚压设备进行表面处理,增强其表面的耐磨性和耐腐蚀性。

(3)节流的格栅装置和可调控鱼鳞状扇片引流装置的使用寿命评估。

拟解决途径:根据交变应力-冲击应力-热应力的多应力场耦合以及流固耦合的力学模型,采用疲劳寿命评估模型,结合疲劳损伤评估算法以及相关仿真软件,对抽水蓄能用的格栅装置和可调控鱼鳞扇片的引流装置进行数值分析,根据评估结果,加强维护管理,及时更换相关部件,确保整个水道系统的稳定运行。

4. 特殊设备的研发

(1) 水道系统的防渗、支护和加固。

为确保水道系统的防渗、支护和加固的有效性和安全性，拟采用高压管道作为主要输流装置，管道内部采用高能脉冲协同多向旋转滚压技术进行表面处理和强化，尽可能降低其表面粗糙度，增强其表层及亚表层的硬度和强度。管道内部设置移动拦污栅清理机，通过该拦污栅可定期自主清理水道内部的杂质，并起到一定的导流和节流作用。

在矿井下发电室的周围(四周+底部)，建设保护层。保护层外壁依靠于岩壁，保护层内部充满水，并处于静压状态。水的压力大小由内部传感器和压缩机控制。发电室周边产生的超高冲击波可在该水层进行耗散和衰减，从而对水道系统进行防渗和柔性加固。

(2) 地下厂房、发电室等的防渗、支护和加固。

地下厂房和发电室等不仅受到岩层压力作用，还会受到水道产生的振动效应的影响，为了确保地下厂房和发电室的安全，均采用高强度钢板衬砌，并自主研发柔性液压支架抵抗岩层的横向振动。

(3) 多巷道之间的引流和节流。

基于地下多巷道的特殊性，开发一种可调控鱼鳞状扇片引流装置，安装在多巷道的交接点处。根据水流方向调整鱼鳞状扇片的方向，在巷道之间进行引流。在发电机周边安装容积较大的格栅装置进行节流，降低湍流程度，抽水时可保证稳定的流速，还能对(涡轮)发电机(泵)起到一定的保护作用。

(4) 人员和大型设备下井的安全保护。

由于抽水蓄能电站的矿井内部同时含有瓦斯和水，为了确保下井设备和人员的安全，设计一种用于矿井升降输送的专用压力容器，密封性能较好，并具有很好的防爆性能。

5. 特殊技术装备展望

根据调研得到主要基础建设装备及功能特点如表 4-16 所示。

(1) 掘进砌衬装备。

① 竖(斜)井盾构(顶管机)。

应用场合：竖井、交通洞、调压井、管路通道的掘支护。

结构和功能：盾体、刀盘、刀盘驱动、双室气闸、管片拼装机、排土机构、后配套装置、电气系统和辅助设备。能实现竖井、交通洞、调压井、管路通道等掘支护一体化作业，如图4-32所示。

表4-16 主要基础建设装备及功能特点

基础建设装备	主要功能特点
大直径立井全液压伞钻	电站调压井等竖直井的扩建、改造和修复
竖(斜)井盾构(顶管机)	调压井、交通洞、风洞、引水隧道等管路、洞室掘进支护
废弃矿井掘锚探支一体机	地下巷道快速扩建作业，蓄能电站的地下空间快速构筑
废弃矿井锚杆锚索钻车	上、下水库地下巷道和地下厂房矿井的支护锚固作业
废弃矿井全液压坑道钻机	地质勘探孔、抽放瓦斯孔、探放水孔、注水孔等工程用孔
废弃矿井地下巷道修复机	成型巷道、煤巷、半煤岩巷及岩巷扩帮、起底、扩修作业
地下挖掘装载机(扒渣机)	掘进及引水洞、隧道施工装载作业；断面排险、水沟清理
地下铲运工程车	工作场地和道路的修整平整、材料运输等辅助作业
地下混凝土湿喷台车	上、下水库地下巷道、连通区、隧道和矿井的混凝土喷射
地下混凝土装载搅拌布料机	通过车载皮带机摆动布料到需要铺设的巷道底面
地下混凝土摊铺机	地下通道、厂房路面摊铺、布料、振实、提浆、找平
超高压水力割缝装置	地下巷道穿层钻孔水力割缝增透和顺层长钻孔大面积增透
地下液压接管机器人	巷隧道、水管、风管、瓦斯抽放管、钻杆装卸等施工作业
地下混凝土喷射机器人	巷道复杂作业区域喷浆，实现井下巷道喷浆支护自动作业
辅助运输机器人	目标物自动识别、抓取、搬运和码放，路径规划、自主移动、安全避障及远程干预等，按时、按需搬运
管道安装机器人	地下空间风、水管路的自动安装
全自动砌衬一体机	巷道、洞室、隧道的砌衬加固
巷道清理机器人	刷帮、起底、破碎、铲装、变形巷道修复及评测等
探水、防突、防冲机器人	集探水、防突、防冲、钻孔于一体的智能化遥控机器人
安防机器人	地下空间、地下厂房的消防、救援、破障等机器人

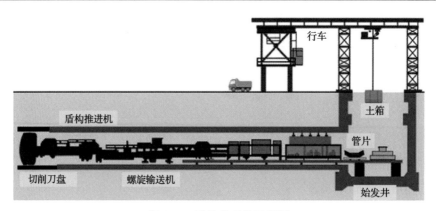

图4-32 盾构机工作示意图

② 废弃矿井立井全液压凿岩钻机。

应用场合：交通、出线、通风等厂房附属洞室和引水（尾水）系统的竖井的扩建、改造和修复。

结构和功能：立井全液压凿岩钻机采用模块化设计，主要由伞形钻架、液压泵站、电气柜及维护用液压站四大部分组成，伞形钻架又由钻机平台、支撑臂、中央立柱、钻臂、动臂、推进器、钻孔装置、控制装置等部件组成。采用立井深孔掏槽爆破技术，配合采用新型液压伞钻、装岩机和迈步式液压模块，构建了超大直径深立井快速掘进工艺，可对废弃矿井已有的竖井扩建成交通洞，方便后续工程建设装备进入井下作业，如图 4-33 所示。

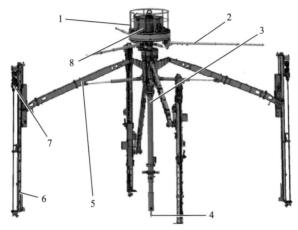

图 4-33　立井全液压凿岩钻机钻架结构

1-操作室（钻机平台）；2-伸缩式张紧杆（支撑臂）；3-中央立柱；4-固定芯轴；5-悬臂（动臂）；
6-推进器；7-钻孔装置；8-控制装置

③ 废弃矿井掘锚探一体机。

应用场合：用于上、下水库的地下巷道现有设施的扩建、改造和修复。

结构和功能：该机是一款集掘进、运输、钻锚、探孔、临时支护等多功能于一身的一体化设备，主要是在掘进机平台上集成两部液压锚杆钻机、一部液压坑道钻机和机载临时支护装置。掘锚机司机位置位于本体架上部方便观察两帮底脚截割情况，液压锚杆钻机及坑道钻机布置在左右行走部上方，并通过纵移滑轨移动至截割部前方，进行锚杆支护、探访孔作业。临时支护采用新型结构，支撑力可达 30kN，并具备顶板来压监测功能。可扩建错综复杂的多条地下巷道，使之相互连通，形成连通区，满足蓄能电站储水空间的要求，如图 4-34、图 4-35 所示。

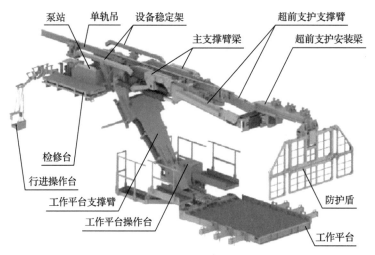

图 4-34　支锚平台结构示意图

图 4-35　支锚平台工作示意图

④ 掘进机器人。

应用场合：复杂危险的地下巷道和矿井的扩建及改造。

结构和功能：对于一些复杂危险的地下矿井和巷道，结合成熟的人工掘进工艺，能够自主决策、智能控制的掘进机器人，采用自除尘高清摄像仪进行作业对象的监控，利用先进的工程控制器结合无线通信技术进行距离工作面 50～2000m 掘进机遥控操作，可实现超视距操控，实现无人化掘进。同时具备定位导航、纠偏、多参数感知、状态监测与故障预判、远程干预等功能，实现掘进机高精度定向、位置调整、自适应截割及掘进环境可视化，如图 4-36 所示。

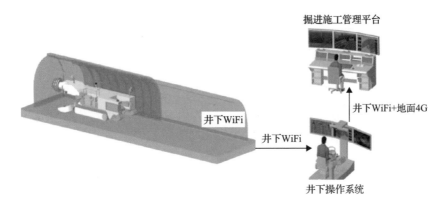

图 4-36　废弃矿井智能掘进机器人

⑤ 废弃矿井双臂锚杆锚索钻车。

应用场合：作为上、下水库地下巷道和地下厂房矿井的支护作业。

结构和功能：传统锚杆孔的钻孔方式需要工人近距离操作，安全性极差，工作效率极低，有很大的制约性及安全隐患。该机属于多种钻孔作业的综合性设备，集传统的锚杆锚索支护作业、探测孔及炮孔钻孔作业等为一体，大大改进了传统的作业方式。这种新型的巷道支护机械主要适用于煤矿支护作业，如图 4-37 所示。

图 4-37　废弃矿井双臂锚杆锚索钻车

⑥ 废弃矿井履带式全液压坑道钻机。

应用场合：所有土方工程用孔满足各种用途钻孔的需要。

结构和功能：这是一种动力头式全方位型钻机，该钻机转速范围宽、扭矩大、起拔能力强，适合水平 360°，竖直-90°～+90°的钻孔作业，能够满足各种用途钻孔的需要，如地质勘探孔、抽放瓦斯孔、探放水孔、注水孔及其他工程用孔，钻机体积小，在履带的驱动下通过性好，适应能力强，如图 4-38 所示。

图 4-38　废弃矿井履带式全液压坑道钻机

（2）土方作业装备。

① 废弃矿井地下巷道修复机。

应用场合：适用于矿山成型巷道、煤巷、半煤岩巷及岩巷扩帮、起底、扩修等工作面作业。

结构和功能：该设备可以实现挖掘、侧掏、翻转、破岩、装车、起吊等各项技术动作，具备挖掘毛水沟、卧底、破岩、清理皮带机底部、平整巷道及小型配件吊装等多种功能。设备可配备破碎锤、锚杆机及锚杆切断器，可以实现破岩、钻锚杆孔、锚杆（索）切断及装配特有的架梁装置，可以辅助装卸 U 形梁，一机即可完成巷道修护全作业。另外配备有矿用隔爆型电缆卷筒，能实现设备进退场灵活自动收放电缆，节省人力物力，提高安全性，自动化程度更高，使装载机进退场更灵活，如图 4-39 所示。

图 4-39　废弃矿井地下巷道修复机

② 履带式挖掘装载机（扒渣机）。

应用场合：主要用于煤矿岩巷、半煤岩巷、矿山主巷掘进及引水洞、隧道施工和国防洞施工中的装载作业。

结构和功能：该设备是一种连续生产的高效率出矿设备，本机靠推进铲取岩石并通过铲斗将石料扒进自身的刮板输送机，输送机从尾部岩石卸入侧卸式矿车、箕斗、皮带机、梭式矿车、自卸汽车等其他转载设备。同时可利用反铲挖掘臂扒取远处的岩石，也可以用铲斗在工作面和断面进行排险、掘水沟等工作，如图 4-40 所示。

图 4-40　履带式挖掘装载机（扒渣机）

③ 废弃矿井地下铲运车。

应用场合：适用于阶段崩落法、空场法、房柱法、留矿法和分层充填法等采矿方法的回采出矿和巷道掘进出碴，以及工作场地和道路的修筑平整、材料运输等辅助作业。

结构和功能：采用耐切割光面橡胶轮胎行走，前后桥同时驱动，中间铰接转向，前置铲斗和前卸式的井下巷道装运矿石设备，该机可进行铲、装、运、卸一体作业，具有结构紧凑、操作方便、作业功效高和尾气排放污染低等优点，如图 4-41 所示。

图 4-41　废弃矿井地下铲运车

④ 废弃矿井矿用自卸卡车。

应用场合：矿用自卸卡车是一款 20t 的地下矿用卡车，适用于中小规模地下作业和快速开拓，运输掘进开采的矿石和需要的设备材料，有利于地下矿井、地下巷道和采空区的扩建，如图4-42所示。

图4-42 废弃矿井矿用自卸卡车

(3)混凝土作业装备。

① 废弃矿井混凝土湿喷台车。

应用场合：上下水库地下巷道、连通区、隧道和矿井的混凝土喷射，起到支撑保护的作用。

结构和功能：该机解决了传统小型湿喷机不能满足长大隧道混凝土喷射的不足，大幅度改善隧道内混凝土喷射施工人员的工作环境，提高了施工效率，减少了混凝土消耗量，切实保障施工质量。双动力工作系统，低碳排放，更切合环保理念，是水利水电、铁路、公路等隧道施工的最佳选择，如图4-43所示。

图4-43 废弃矿井混凝土湿喷台车

② 废弃矿井混凝土装载搅拌布料一体机。

应用场合：上下水库地下巷道全部土方作业。

结构和功能：该机通过铲斗铲装干料(石子、沙子)配水泥、加水搅拌，搅拌均匀后罐身旋转180°将混凝土料运输并卸至需要摊铺的地点，通过车载皮带机摆动布料到需要铺设的巷道底面，如图4-44所示。

图 4-44 废弃矿井混凝土装载搅拌布料一体机

③ 废弃矿井混凝土激光找平摊铺机。

应用场合：上下水库地下巷道、交通洞、地下厂房和隧道的路面摊铺、布料、振实、提浆、找平。

结构和功能：该机集混凝土摊铺、布料、振实、提浆、找平、整平等功能于一体。采用液压驱动行走，机械控制纠偏，一人驾驶控制整机有效地完成摊铺整平作业，在提浆轴前部增加一条螺旋状的搅龙轴，起到刮平分料布料及减轻轴负担的作用，使摊铺效果更为明显，摊铺行进的后侧配置有混凝土激光找平系统，该系统可显著提高路面的平整度、使路面更加平整、密实均匀，这种机械化摊铺，可以大幅度减少施工人员数量，提高铺路速度，如图 4-45 所示。

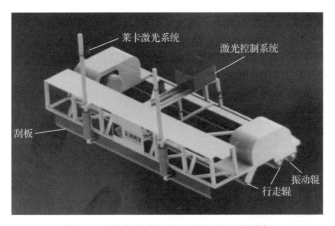

图 4-45 废弃矿井混凝土激光找平摊铺机

④ 混凝土喷射机器人。

应用场合：适用于巷道复杂作业区域的喷浆，实现井下巷道喷浆支护自动化作业。

结构和功能：智能化喷浆系统深度结合成熟的人工喷浆工艺，采用三维激光扫描仪进行作业对象的自动定位、自动扫描、自动提取、自动识别，利用先进的串联多关节臂架控制策略和轨迹规划算法，自动驱动臂架按照工艺流程进行自主喷浆而无须人工干预，同时该系统兼容现有的手动操作模式，如图 4-46、图 4-47 所示。

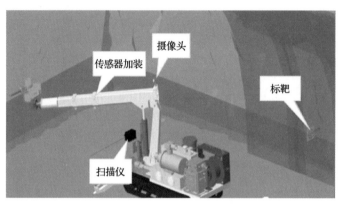

图 4-46　混凝土喷射机器人

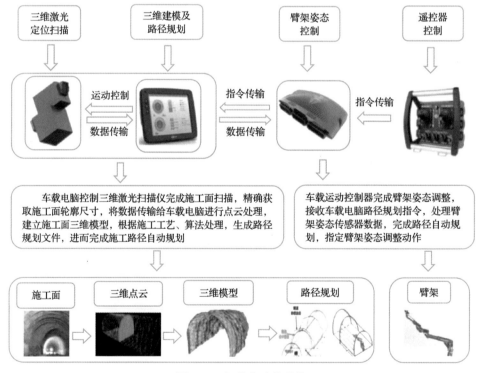

图 4-47　智能化喷浆系统

（4）辅助作业装备。

① 废弃矿井履带式矿用液压起重机。

应用场合：全部土方工程设备的起重设备，对各种工作面设备的整机或部件进行安装与回撤。

结构和功能：矿用液压起重机（履带式）是煤矿巷道中通用的起重设备。可以完成转载机、采煤机、综掘机、破碎机、带式输送机等安装及拆卸时的起重、移位工作，如图4-48所示。

② 废弃矿井矿用液压框架式起吊装置。

应用场合：地下厂房系统各种工作面设备的整机或部件进行安装与回撤。

图4-48　废弃矿井履带式矿用液压起重机

结构和功能：液压支架起重装置采用模块化设计，是对液压支架进行组装与分解的专用组合起重装置。设备借用乳化液泵站的动力，通过液压缸的动作实现吊钩的升降，达到起吊重物的目的。该设备设有升降台，升降台上设有销轴托架。可以将操作人员和销轴一同升到要求的高度进行组装操作，大大降低操作人员的劳动强度，如图4-49所示。

图4-49　废弃矿井矿用液压框架式起吊装置

③ 废弃矿井双梁桥式起重机。

应用场合：地下厂房系统大型设备的安装、调试和维修。

结构和功能：废弃矿井地下厂房系统有很多大型设备需要安装，比如发电机转子、水泵水轮机、大型的球阀或蝶阀和其他一些配套设备,在地下主厂房内安装一个双梁桥式起重机,对这些大型设备的安装、调试和维修有着重要作用,如图 4-50 所示。

图 4-50　废弃矿井双梁桥式起重机

(5)工具装备。

① 废弃矿井超高压水力割缝装置。

应用场合:上下水库地下巷道穿层钻孔水力割缝增透和顺层长钻孔大面积增透。

结构和功能:该装置主要由金刚石复合片钻头、高低压转换割缝器、水力割缝浅螺旋整体钻杆、超高压旋转水尾、超高压清水泵、超高压液压软管、高压远程操作台、超高压三通装置等组成。可实现钻进、切割一体化,缩短工艺流程时间,在高压水射流的切割作用下,使钻孔煤层段产生人为再造裂缝,增大煤体的暴露面积,改变煤体的原应力,使得煤体得到充分卸压,有效改善煤层中的瓦斯流动状态,提高煤层的透气性和瓦斯释放能力。该装备不仅能解决穿层钻孔水力割缝增透的问题,还能较好地解决顺层长钻孔大面积增透的难题,如图 4-51 所示。

② 废弃矿井液压接管机械臂。

应用场合:主要适用于煤矿巷道和隧道水管、风管、瓦斯抽放管、钻杆装卸等工程施工作业。

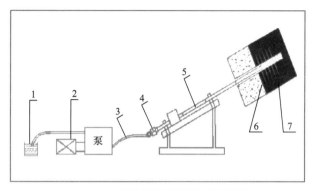

ZGF-100(A)型超高压水力割缝工艺示意图

图 4-51　废弃矿井超高压水力割缝装置

1-清水箱；2-超高压清水泵；3-超高压液压软管；4-超高压旋转水尾；5-水力割缝浅螺旋整体钻杆；
6-高低压转换割缝器；7-金刚石复合片钻头

结构和功能：液压接管机械臂是为便于隧道和煤矿井下巷道管路安装、钻杆装卸等作业而研发的一款设备，具有功率大、卸载高度高等特点。接管机械臂选用进口大功率马达，具有通过性好、牵引力大、动力强劲、油耗低、可靠性高、操作灵活等特点；采用进口液压元件，工作状态时，有支腿稳定装置，且配有内错式夹钳，还适用于较小管径或较少管路的夹取，如图 4-52 所示。

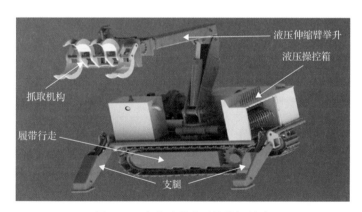

图 4-52　废弃矿井液压接管机械臂

（6）其他装备。

① 临时支护机器人。

应用场合：复杂危险地下空间的扩建和支撑。

结构和功能：掘进巷道围岩状态智能感知、自主移动定位临时支护机器人，履带式重载车搭载液压支护手臂，适用于复杂危险地下空间的扩建，具备支撑力自适应控制、支护姿态自适应调控、多架协同及远程干预等功能，确保掘进巷道临时支护及时可靠，提高掘进效率及安全性，如图 4-53 所示。

图 4-53　临时支护机器人

② 探水、防突、防冲机器人。

应用场合：上下水库的地下巷道现有设施的扩建、改造和修复。

结构和功能：废弃矿井探水、防突、防冲机器人是一款集探水、防突、防冲、钻孔于一体的智能化遥控机器人，采用模块化布局，整体由主机、底盘总成、机架、操纵台、泵站、遥控系统、智能系统等部件组成。具有感知钻头处地质条件功能、感知钻头走向功能、自主分析采集数据功能、自动连续钻进功能。可以自动调整站姿、钻进力、回转速度、推进力参数，实现自适应钻进，同时还配备智能实时监测系统，可以实时监测地压，如图 4-54 所示。

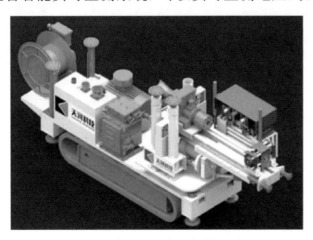

图 4-54　探水、防突、防冲机器人

③ 搬运机器人。

应用场合：全部矿用物料的搬运作业。

结构和功能：该机器人采用磷酸铁锂电池动力系统，解决了柴油机、铅酸电池污染的问题，使用多级、多维度机械臂机构，灵活性强，满足复杂巷道使用要求，用于矿用物料的自动识别、抓取、搬运和码放，具备物料识别定位、路径规划、自主移动、安全避障及远程干预等功能，实现生产物料的按时、按需搬运，提高搬运效率，如图 4-55 所示。

图 4-55　搬运机器人

④ 管道安装机器人。

应用场合：井下风、水管路的自动安装。

结构和功能：管道安装机器人选用进口大功率马达，具有通过性好、牵引力大、动力强劲、油耗低、可靠性高、操作灵活等特点；采用进口液压元件，工作状态时，有支腿稳定装置，且配有内错式夹钳，适用于较小管径或较少管路的夹取。具备手动与遥控两种操作方式，远程操作可保证工人安全性，并可全方位观察设备在接管过程中的巷道情况和管路配合情况，替代人工实现井下风、水管路的自动安装，如图 4-56 所示。

⑤ 巷道清理机器人。

应用场合：具有刷帮、起底、破碎、铲装功能的巷道清理机器人，实现自主或遥控移机、巷道变形快速检测、精确定位作业位置、变形巷道修复及评测等功能，提升巷道清理工作效率。

⑥ 废弃矿井无人驾驶运输车。

应用场合：具备精确定位、安全探测、自主感知、主动避障、自动错车、风门联动等功能，实现井下运输车无人化驾驶。

图 4-56　管道安装机器人

⑦ 密闭砌筑机器人。

应用场合：研发井下巷道密闭砌筑机器人，具备自动或遥控行走，精确定位，快速掏槽，自动砌筑、填充与抹面，作业环境监测等功能，替代人工实现井下掏槽及砌筑施工。

(二)抽水蓄能电站运行参数及灾害监测技术

1. 监测系统设计

废弃矿井抽水蓄能电站建设运行后需要对整个库区环境实施远程监控，在地质灾害易发地区开展实时监测，因此，在深部岩土力学与地下工程国家重点实验室原有地质灾害远程监控技术基础上设计废弃矿井抽水蓄能电站运行参数及地质灾害监测系统，具体如下：

(1)监测方案。

废弃矿井抽水蓄能电站是集合多种类型、结构复杂、位置分散的水工建筑物集群，尤其是在所有建筑均在废弃矿井复杂的地质环境中建设，其复杂性和灾害源均比一般的抽水蓄能电站要多，需要配备完整的监测系统。

监测参数有可逆式水轮机组运行参数、输送水系统、上下水库水位变化情况以及建筑物、废弃矿井周边的地下水位变化情况、废弃矿井地下采空区的围岩稳定、蓄能电站地面沉陷量、蓄能电站厂房的稳定运行、重点需要监测的上下水库围岩的稳定性情况、构造区的稳定性、地下硐室群结构稳定性，分析抽蓄水对废弃矿井水库区围岩稳定性和构造富集区域的地质灾害，如图 4-57 所示。

基于北斗卫星通信平台搭建抽水蓄能电站运行参数及地质灾害远程监测预警系统，该系统主要由现场和室内两部分构成，现场部分包括数据的实

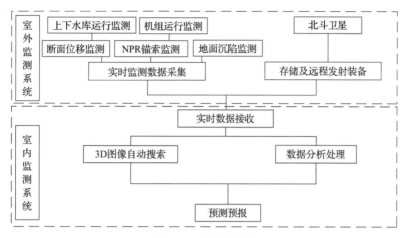

图 4-57　监测流程图

时采集、存储及远程发射装备，室内部分包括数据实时接收、分析与预测预报以及 3D 图像自动搜索系统。该系统不仅可以实时监测现场抽水蓄能电站上下水库及机组运行情况，而且数据分析处理实现网络化，用户可以通过 Internet 访问监控中心服务器获取预报信息。

（2）远程监测预警系统现场部分构成。

滑动力变化的现场感知、采集、储存和发射系统构成：力学传感器，力学信号采集、存储和发射模块，点-面状信息集中采集和传输设备，北斗卫星数据发射装置和数据传输平台，恒阻大变形缆索，太阳能供电系统等（图 4-58）。

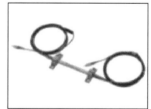

(a) 围岩变形位移计、巷道移近量测架和应力计

(b) NPR锚索测力计、光栅温度计和光栅液位计

图 4-58　现场监测设备

装备系统现场设备完成边坡滑动信息的传感、自动采集，实时无线发射到北斗卫星，然后由北斗卫星通信平台发送到监测预警中心。

(3)远程监测预警系统室内部分构成。

室内数据接收、分析和预测预报系统构成如图 4-59 所示，室内设备接收北斗卫星数据，并输入到计算机第一数据库内存储，然后通过分析软件基于力学模型对第一数据库进行自动处理，形成第二数据库，并动态绘制监测曲线，根据预警模式和预警准则给出边坡稳定状态提示信息。数据接收处理系统引入了基于 3S 技术的 3D 工程图像搜索显示系统，可搜索并显示所有监测工程的 3D 影像。

图 4-59　室内接收、分析和预测预报系统

2. 监测及应急预警指标体系

预警是指在灾害或灾难以及其他需要提防的危险发生之前，根据以往总结的规律或观测得到的可能性前兆，向相关部门发出紧急信号，报告危险情况，以避免危害在不知情或准备不足的情况下发生，从而最大限度地减少危害所造成损失的行为。

在建设废弃矿井抽水蓄能电站之前，专门研究废弃矿井所处区域洪涝灾害及地震灾害发生历史，其中洪涝灾害和地质灾害均可以参照废弃矿井废弃前生产期间的设计标准和参数，重点分析抽水蓄能电站建成各时期的围岩稳定状况，结合抽水蓄能电站和煤矿建设防洪抗震标准，对不满足标准要求的区域需要整改。同时，结合历史资料，需要监测地表水位变化情况和主要断层活动情况，确定地质灾害易发区重点监控，确保废弃矿井抽水蓄能电站运行期间的稳定性。

（1）预警指标。

根据抽水蓄能电站监测布置建立预警指标体系及时预警，抽水蓄能电站要设专人预警值班，收集预警信息，出现下列情况之一要立即向电站发出预警信号：

① 采空区、巷道、硐室围岩变形量预计达到 100mm 以上，或者已达到 50mm 左右且变形仍在继续；

② 蓄能电站整体漏水量大于 100L/s；

③ 废弃矿井抽水蓄能电站地面塌陷沉降累计达到 200mm；

④ 供电系统、蓄能机组、发电机组发生故障；

⑤ 极端自然灾害发生，并可能造成其他较大的危害。

抽水蓄能电站预警指标如图 4-60 所示。

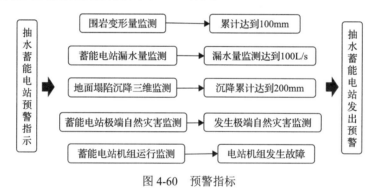

图 4-60　预警指标

（2）预警机制。

① 抽水蓄能电站与气象、水利、地震、防汛抗旱等部门建立预警协调联动机制，随时通报台风、暴雨、暴雪、寒潮、震情、河流水库水位等橙色、红色预警信息或警报、紧急警报等地质灾害气象等级预报；建立“自然灾害预警信息”联系专用电话，加强信息沟通。

② 抽水蓄能电站根据预警信息和警报以及预警发出通知。及时发出预警通知或紧急预警通知，必须对预警做出响应，立即启动相关应急预案，采取有针对性的防范应对措施，做好防范应对工作，并在 24h 内制定并采取安全措施，派出人员赴上下水库、厂房硐室，检查、协调、指导防范以及抢险救援工作。

③ 接到预警信息和上级指令后，必须立即启动相关应急救援预案，采取有针对性的防范应对措施，做好防范应对工作。由通信室迅速发出警报，

按预案中的避灾路线撤出井下所有施工地点全部人员。要积极做好应急预警的物资准备工作。提前将编织袋、铁丝、铁锹、应急照明灯、水泥、沙子、排水管、快速接头、发电机组、备用水泵、劳动防护用品等应急物资建立专用仓库储备到位。

④ 各有关单位必须组织全体职工学习相关自然灾害预警知识及相应救援预案情况，使全体职工做到心中有数、责任明确，要求每位职工都掌握相关救灾程序，都熟悉避灾撤人路线，确保险情发生时能及时汇报、撤离，把灾情减少到最低程度。

⑤ 所有施工地点都必须悬挂避灾路线图，沿途揭示避灾标志牌，使所有人员都熟悉避灾撤人路线，人员撤离时，严格按标志路线撤退。

⑥ 预警结束后，应对预警工作进行总结评估，不断积累预警工作经验，完善预报、预警、预防工作机制，切实提高防范和处置各类事故灾难的工作能力，严防各类事故灾难。

⑦ 严格执行"雨季三防"事故应急救援预案及灾害性天气应急处置方案，保证每年组织不少于一次停产撤人应急演习，确保应急预警撤人迅速，万无一失。

⑧ 引入保险机制，发挥保险机制防损减灾、经济补偿的特点，最大限度地减少或弥补自然灾害造成的损失。

(3)抽水蓄能电站抗灾性研究。

近年来我国对水利工程投资给予高度关注，兴建水利是扩大水资源调度范围的有力保障，并且能够按照地方资源规划要求执行分配体制。抽水蓄能电站凭借其内部主要结构设施，能够很好地完成抽水蓄能工作，同时可以加快地下水的分配，全面提高水资源的总体利用率。抽水蓄能电站有着容量增幅大、发展速度快的趋势，并且随着在电网系统中发挥着调峰、填谷、调频、调相及事故备用等越来越重要的作用，其安全性和稳定性也备受关注。其中，上、下水库是抽水蓄能电站进行水资源调配的重要工程设施，其安全稳定性是整个枢纽能够正常运行的基本保证。对于大多数的抽水蓄能电站来说，上、下水库难免要建造雍水建筑物，诸如土石坝、混凝土坝等。随着抽水蓄能电站建设规模的扩大也出现许多百米高的高墙，并不逊于常规水电站。因此，这些大坝的稳定性不仅关乎抽水蓄能电站本身的安全运行，同时也影响着下游城镇、人民的生命财产安全。

但是抽水蓄能电站在服务中也会存在一系列的潜在危险,存在问题不及时处理将会造成更大的危害。因此,废弃矿井抽水蓄能电站建成后,根据监测进行抗灾性研究,提出防洪抗震措施以及预警方案,建立一套完整的抽水蓄能电站防洪抗震性管理措施。

(4)抗震措施。

地震是自然界常见的地球物理现象,目前科学认知水平还不能准确地预测地震的发生和规模。而地震灾害的事实证明,合适的工程选址和抗震设防,能够有效防范地震破坏及其次生灾害的风险,从而达到防震减灾的目的。我国是一个多地震的国家,地震形势严峻,防震减灾任务十分繁重和艰巨。近三十年,我国水电工程建设取得巨大成就的同时,水电工程技术也取得长足进步,防震抗震研究设计的理念、方法都有了较大提升,防震抗震工程措施和应急预案不断丰富,为制定防震抗震设计规范奠定了良好条件。

从我国最近几次地震中可以看出,对已建工程的抗震加固是十分必要的,无论是新建工程项目还是抗震加固项目,都应充分重视工程勘测、设计以及施工,在每一个环节中坚持科学的态度。因此,必须对抽水蓄能电站进行加强防范,严格执行抗震设防标准,精心设计、精心施工,同时,也要积极研究各种抗震加固技术方法。抽水蓄能电站的上、下水库大坝设计中,参照类似工程经验,采取一系列的工程措施,以增强钢筋混凝土面板堆石坝的抗震性能。

① 抽水蓄能电站上水库适当加宽坝顶,这样既兼顾了坝体施工和坝顶交通的要求,又可以提高大坝的抗震性能。坝顶多留附加超高,考虑地震涌浪高度和坝体、地基在地震作用下的附加沉陷量,确保发生地震条件下,不致发生库水漫过坝顶。

② 上水库坝体采用低防浪墙结构,一般情况下,防浪墙是受害比较严重的部位。防浪墙底部高程均高于正常蓄水位,适当加强面板配筋。面板距坝顶高约 1/3 的范围内采用双层配筋,以限制地震时面板裂缝的扩展,提高防渗面板的抗震性能。

③ 废弃矿井下水库硐室以及巷道新建设严格按照地震烈度标准进行抗震设计、施工,避开断裂带,施工在稳定围岩之中,同时提高相应抗震能力,对于已存在巷道的使用,应该采取避震加固措施,对其进行抗震改造工作,提高抗震能力。

④ 坝址选择过程中，应特别重视研究区域构造稳定性、活动断层分布及工程地质条件，并遵守下列原则：坝址不应该选择在 7 级及以上的震中区或地震烈度为 9 级烈度以上的强区；大坝、建筑物和发电厂房等主要建筑物不应修建在已知的活动断层上。

(5)防洪措施。

汛期是河流水流旺盛的时期，这一阶段水流量比平时多出 30%以上，也是对抽水蓄能电站结构性能的考验。这时需要对整个库区环境实施远程监控，根据汛期监测情况，评估电站结构的稳定性。全面查清废弃矿井及其附近地面水流系统的汇水、渗漏、疏水能力情况，掌握当地历年降水量和最高洪水位资料，建立疏水、防水和排水系统。

① 确保防汛物资运输道路畅通，配备专用施工机械设备和人员对上、下水库进行维护，观测边坡稳定情况，使排水沟畅通、路面良好，保证设备撤退和防洪度汛物资调配迅速到位。

② 地下洞室内各个工作面出口、交界面处防汛监护人员、防汛设备、材料以及交通通道运转正常。

③ 对蓄能电站内设施，汛前须检查落实好防洪、排水及边坡防护措施，检查、维护电源及供电线路，保证汛期安全运行。

④ 根据水情预报，汛期遇超标暴雨、洪水时，应按照年度度汛措施中的紧急撤退预案，组织人员、机械设备、材料的撤离。做到先人后机、有条不紊、撤退有序，确保人身和机械设备的安全。对于无法在短时间内撤离的设备、材料，在转移到较为安全的地方后，进行适当加固。汛情过后再根据水情安排抽水清淤继而恢复生产。

⑤ 如果井下人员来不及撤出，要向高处转移。如被堵在巷道内，要保持镇定，尽量避免体力消耗，并敲打水管、道轨等发出求救信号，等待救援。大部分人员撤到地面或安全地点后，应立即清点人数，发现有人被堵在灾区，应及时组织营救。

(三)废弃矿井深部空间水下传感及大数据系统

1. 背景和意义

抽水储能是目前电力系统中应用最为广泛、寿命周期最长、容量最大、技术最成熟的一种储能技术。抽水储能的低吸高发功能，实现了电能的有效存储，有效调节了电力系统中电能生产、供应和使用的动态平衡。利用废弃矿井建设抽水蓄能电站除了可以获得传统抽水蓄能电站移峰填谷外，还可以提高电网运行的稳定性和经济性，以及为电网提供调频、调相、事故备用等服务，具有重要意义。

随着我国新能源行业的迅猛发展，抽水蓄能电站装机容量越来越大，在整个电网中发挥作用也越来越大。抽水蓄能电站是一个受多方面因素共同作用的、随时间不断变化的、对安全系数要求高的系统，但是其复杂性和动态性容易导致事故发生。矿井抽水蓄能电站的安全稳定运行不但关系到与之相连的电力系统安全运行，而且直接影响到整个矿井乃至矿井周围人民的生命财产安全。因此，对整个电站进行状态监测，并且对监测结果做出准确预测并预警显得极其重要。

目前，地面抽水蓄能电站的安全监测监控主要沿用小型水电站的监控技术，基本上能满足电站安全生产的需要。但是对于废弃矿井群抽水蓄能电站，由于其水库地质条件、设备运行环境、人员运维便利性等方面存在很大差异。因此，在大数据及先进科学技术迅速发展的今天，急需对矿井水库群的感知检测、矿井与电站关键设备健康状态评估与预警，以及大数据传输的网络结构进行研究，设计和开发基于大数据的抽水储能电站的监控系统，充分掌握井上、下水库及关键设备的运行状态，从而确保抽水蓄能电站和电网安全、稳定运行，提高整个系统的运行效率，避免重大经济损失和人员伤亡。

目前，国内外针对废弃矿井群抽水蓄能电站大数据监控技术的研究仍存在一些关键科学和技术问题尚未解决：

（1）目前尚无满足要求的地下矿井群围岩状态参数检测传感器，特别是高可靠、大承力、多向围岩应力检测传感装置；

（2）适用于井下水库稳定、安全性监测的传感器优化布置还没有专门开展研究，相关研究也缺乏系统性；

（3）现有基于数据的机电设备健康状态预测与评估方法大多借助于专门传感器的故障特征信号，而基于常规实时监测的时间序列数据的机电设备健康状态评估方法研究还较少，特别是针对抽水蓄能电站的机电设备。

鉴于上述存在的问题，本书针对废弃矿井群抽水蓄能电站监控大数据平台构建与开发问题，围绕"地下巷道围岩三向应力传感监测系统装备""井下水库稳定性监测传感器优化布置及大数据网络结构设计""基于数据驱动的关键设备健康状态评估"开展系统研究,最终形成一套适用废弃矿井抽水蓄能电站的大数据监控平台。

2. 难点分析及克服技术手段预研的范围

该技术难点如下:

(1)地下矿井群围岩多轴向内应力感测关键技术。

地下矿井群围岩状态感知关键在于应力监测,围岩内部各向应力存在较大差异,目前各种应力测量装置仅能实现单向应力测量,与围岩体耦合性差、初承力较低,不能满足高落差抽水蓄能电站下水库深部围岩体各向应力的长期监测,开发满足深部围岩高初承力、可长期监测围岩体多轴向应力,同时与围岩体具有良好的耦合特性的多轴向应力感测技术及装置,对揭示矿井地压分布规律、实现围岩动力灾害的防治和预测十分关键。

(2)基于时序数据的矿井群健康状态评估技术。

传感器稳定性监测数据直接反映矿井水库状态,一旦参数异常,极有可能产生事故,导致巨大的经济损失,鉴于此,基于多源时序监测数据,从海量数据中挖掘出隐含规律/知识,提出相应的健康状态评估与预警方法,从而提前预知未来可能的设备故障,实现精准的状态运维。这是保障矿井抽水储能电站安全、可靠、稳定运行的关键技术之一。

克服技术手段预研的范围如下:

(1)地下矿井群围岩状态参数检测技术。

研究地下矿井群围岩多轴向内应力、变形、渗流等状态参数检测技术,研发围岩状态监测系列装备,重点研究实现具有高承力、自耦合、多轴向围岩内应力监测传感装置,为揭示周期性储放水对复杂地矿环境下围岩动力破坏机理、提出围岩状态评价方法与稳定策略提供基础监测数据。

(2)井下水库稳定性监测传感器优化布置及大数据网络结构设计。

建立井下水库三维动力模型,研究深水、深地及水气交变对水库岩壁的影响,揭示井下水库稳定性变化的基本规律,确定水库岩壁应力、变形和渗流的敏感点,优化传感器的安装数量和位置;设计适应井上与井下矿井群的空间环境特点的多种通信方式和多空间尺度的大数据网络结构,构建矿井群监测大数据网络和井上下混合通信网络。

（3）基于数据驱动的矿井群及关键设备健康状态评估与预警。

基于在线实时监测数据，开展井下矿井群与水泵水轮机、发电电动机和四象限变频器等关键设备的健康状态评估方法研究，建立多维状态数据向量，构建数据优化表征模型，提出面向健康状态的高维数据特征子集优化方法；分析实时监测数据，建立矿井群与关键设备健康状态参数预测模型；分析预测和实测数据的偏离度与健康状态的关系，提出状态评估的准则，形成矿井群与关键设备健康状态评估与预警的方法。

3. 路线规划

采用理论分析、数学推导、模型建立、模拟测试与实验相结合的研究手段，对地下矿井围岩状态参数检测、井下水库稳定性监测传感器优化布置、大数据通信网络结构、矿井群及关键设备健康状态评估与预警等展开深入研究，具体技术路线如图 4-61 所示。

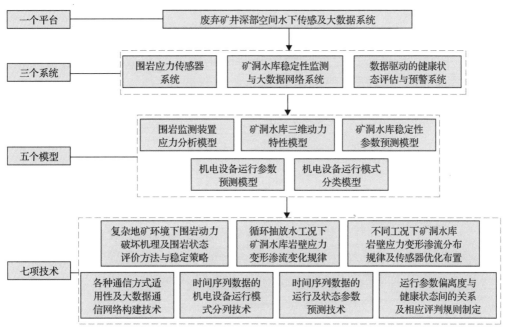

图 4-61　技术路线图

（1）矿井群围岩状态监测传感系列装备。

采用理论分析、实验室实验、计算机数值模拟和现场试验等相结合的方法进行研究。通过分析钻孔应力及与岩体耦合接触的条件，融合目前应力计监测原理和方法，设计满足初始应力高、变形量大、可实现多向应力测量的光纤应力传感器。在实验室加工混凝土试件和钢质模型，通过对比试验和计算机数值模拟分析，确定钻孔周围弹性松动圈对围岩各向应力的影响。开发一套围岩应力监测分析软件，能够对实时采集的围岩应力监测数据进行分析与处理，研究矿井空间围岩应力随电站运行影响的分布及演化规律，提出基于采动空间围岩应力分布的预警技术。具体研究思路及技术路线如图 4-62 所示。

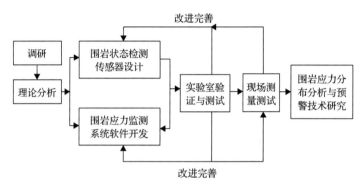

图 4-62　围岩三向应力传感器技术路线

（2）井下矿井水库稳定性监测传感器优化布置及大数据网络结构设计。

对于稳定性监测传感器的数量与布局进行优化，采取数值模拟与理论分析相结合的方案开展研究。具体方案如图 4-63 所示。

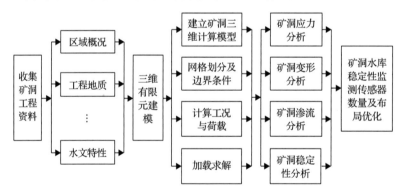

图 4-63　传感器数量与布局技术方案

首先，尽可能收集充足的矿井工程技术资料，比如矿井所在区域地质、水文等概况；然后，借助 ANSYS 等软件建立矿井三维计算模型，进行网格划分，确定边界条件，计算矿井储水和排干时的工况与载荷，并进行加载求解，在三维模型的基础上，分析矿井在不同工况下的应力、变形、渗流和稳定性；最后，以模型分析结果确定并优化稳定性监测传感器的数量和布局。

针对井上下、多矿井的空间环境特点，设计构建多种通信方式和多空间尺度的大数据网络结构。

多矿井大数据网络结构设计：矿井群中的各个矿井虽然在地理位置上相对比较集中，但是仍然有数公里或几十公里的距离。为了支持矿井群数据的共享和矿井之间的协调控制，采用以云平台为中心、以 4G/5G 作为主要通信形式的网络架构，具体如图 4-64 所示。

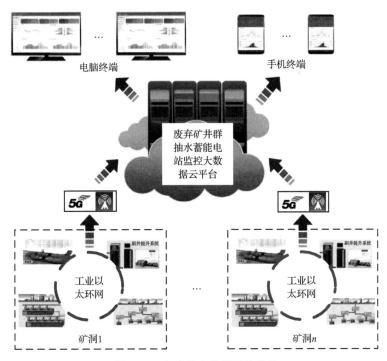

图 4-64　多矿井大数据网络结构

在该方案中，云平台可以选用目前比较成熟的商用云服务器，比如阿里云、百度云等，也可以在集团公司建立自己的企业云平台。由于每个矿井涉及大量的设备、自动化系统，以及安全监测监控系统，数据量大，通常选用千兆工业以太环网。为了能够将环网中的大量数据流畅地接入云平台，可选用 5G 无线通信方式，满足实时监测监控的要求。同时，通过 4G/5G 移动通信，在电脑或手机终端随时随地监控所关心的设备/系统，不但提高了便利性，同时大大减少了计算机、服务器等资源的投入。

井上下混合通信网络结构设计：鉴于矿井对通信速率、安全等方面的要求，此部分通信网络拟以千/万兆光纤环形工业以太网为主体，实现井上下的大数据通信，具体如图 4-65 所示。

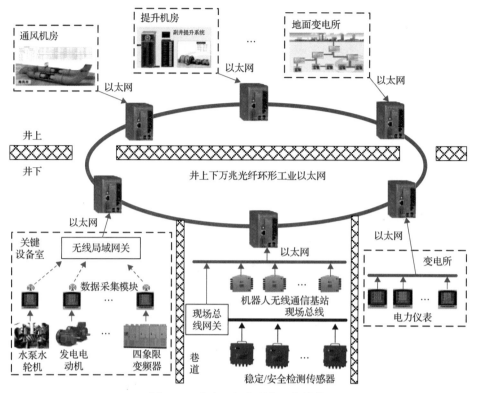

图 4-65　井上下混合通信网络结构

　　针对数据相对集中的设备室/房，在小范围内可根据不同需求，在保证安全可靠的前提下，选择多种通信方式，比如拟在关键设备室里采用短距离无线通信(Lora、Zigbef 等)方式，并通过相应网管接入千/万兆以太环网；对于相对比较分散的水库的稳定/安全检测传感器，由于需要长期工作，因此拟选用现场总线(Modbus、AS-i 等)的方式进行数据交换；此外对于像电力仪表这类通信个体自身的数据量比较大的设备，则拟采用以太网形式的现场总线，保证数据通信的流畅性。

　　(3)基于数据驱动的矿井群及关键设备健康状态评估与预警。

　　针对矿井群水库与井下关键设备(水泵水轮机、发电电动机和四象限变频器等)，基于在线监测数据，开展健康状态评估方法研究。鉴于矿井群水库与关键设备异常/故障样本数据少或不完备，本书利用水库与关键设备正常运行时监测的大量数据进行建模，然后将他们的实际运行状态与预测模型的输出进行对比，利用两者的偏离程度判断设备的健康状态。具体方案如图 4-66 所示，整个技术方案主要包括两部分：离线和在线。

离线部分主要借助历史数据样本进行机电设备运行模式辨识模型、矿洞水库稳定性参数预测模型和设备运行参数预测模型的训练。其中的数据预处理主要包括四部分：数据清洗、集成、变换和特征约简。数据清洗主要指，对于数据缺失值的填充，对于离群数据的识别，同时对夹带噪声的、表征不明确的一类数据，根据具体情况进行相应的清洗过程。数据集成主要解决数据类型和平台等条件不一样会造成数据差异的问题。数据变换主要完成数据类型的转换，根据具体业务需求进行数据的离散化、连续化。数据特征约简主要是完成数据向量的降维。由于在数据挖掘领域，数据一般表现为高维形式，但是数据维度过高可能造成维度灾难，筛选出更好的特征，获取更好的训练数据对于计算和确定模型都有重要意义。初始数据维度过大或者数量较大时，本书拟引入集成算法 GBDT(gradient boosting decision tree)用于数据特征子集的选择，降低参数之间错综复杂的影响关系。

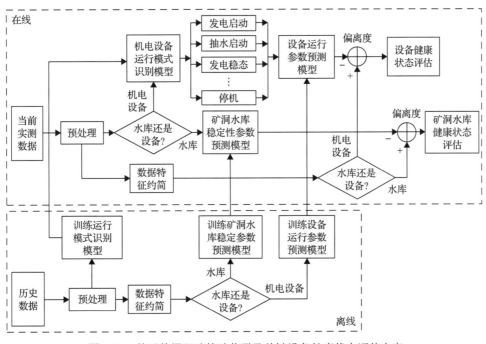

图 4-66　基于数据驱动的矿井群及关键设备健康状态评估方案

在线部分主要利用实时在线数据，完成机电设备运行模态的辨识、运行参数的预测、矿井水库稳定性参数预测，以及根据实测参数与预测参数的残差，作为表征矿井水库与机电设备偏离正常状况的基础数据，用以评估设备的健康程度。本书的分类和预测模型拟采用深度学习中的 LSTM(长短期记忆网络)进行预测建模。最后在预测模型的基础上提出设备状态评估与异常预警机制,建立了完整的设备异常预警算法系统。

六、气油水光互补能源工程空间规划及技术经济性分析

(一)废弃矿井建设抽水蓄能电站的多场景利用模式

从废弃矿井所处的状态情景,可以分为三种不同的场景及利用模式。第一种为露天矿坑全地表利用模式,对于废弃的露天矿坑,可以将其作为抽水蓄能电站的上水库或下水库加以利用,在露天矿坑周边地势较低洼或较高的地方修建下水库或上水库。机电硐室设置在上水库和下水库之间的洞室内;机电硐室内设置有可逆式抽水蓄能机组;调压室可以安置在引水隧洞上游或下游的机电硐室内;分别在引水隧道的上、下水库接口处设置拦污栅;引水隧洞一端连通下水库,另一端连通下水库;尾水隧洞一端连通机电硐室,另一端连通下水库;通风和运输系统一端与节点硐室连通,另一端与地面连通,用于机电硐室与地面的通风以及行人和设备的输运。第二种为塌陷矿井半地表利用模式,对于具有多层地下结构的废弃矿井,靠近地表部分的结构出现塌陷,露天地表形成矿坑,但其余矿井地下工程结构保存完好,具有地下采空区为储水空间的煤矿地下水库,以及完备的库间水道系统。可以利用暴露于地表的塌陷地形作为上水库,地下保存完好的巷道作为下水库。第三种为废弃矿井全地下利用模式,对于未出现坍塌、地下空间充足、支护条件良好的废弃矿井,可以利用其不同高程的巷道空间作为上、下水库。

从不同废弃矿井所处状态情景来看,世界各国在废弃矿井不同的利用模式上,发展水平存在差别。

第一种露天矿坑全地表利用模式,我国在这个方面的研究探索较为深入。如辽宁阜新海州露天矿、河北滦平露天矿坑等均已完成规划设计。并且这类矿坑的利用包含煤矿及各类金属矿,其中金属矿的地质条件相对于煤矿和传统抽水蓄能电站更加优越,煤矿矿坑内部支护条件较好,如加以合理利用则更具经济性。

对于第二种和第三种利用模式,中国和欧美国家均做出了探索,美国准备在纽约 Moriah 镇的废弃矿井中建造一个全地下的抽水蓄能电站。德国北威州鲁尔区在一座即将废弃的煤矿中开展了半地下抽水蓄能利用可行性研

究。中国国家能源集团在神东煤矿首创了全地下水库技术体系，累计建成了 32 间地下水库，储水量 3100 万 m^3。

(二)废弃矿井建设抽水蓄能多场景利用技术可行性分析

1. 全地表废弃矿坑抽水蓄能利用可行性

对于全地表露天矿坑的利用方式是将其作为抽水蓄能电站的上水库或下水库，其是否能够进行抽水蓄能利用取决于露天废弃矿坑周边是否具有与其蓄水容积相匹配的水库或湖泊作为相应的下水库或上水库加以利用，或者附近地质和空间条件是否能够建设蓄水池。其建设模式与常规抽水蓄能电站差异不大，但依赖于工程环境，需要不同的矿坑之间具有足够的高低差，并且在地理距离上相近。地形条件方面，利用煤矿采空区塌陷而构成的露天矿坑，不同矿坑间具有数十米到几百米的垂直距离，从而具备地形落差条件。

2. 半地表和全地下的废弃矿井抽水蓄能利用可行性

对于没有出现地表塌陷以及地表出现塌陷的废弃矿井，只要地下巷道空间保存完好，可以将其作为下水库加以利用，但具体在技术上是否可行需要考虑到以下几个方面：

(1)废弃矿井地下是否具备足够大的可利用空间。地下空间不存在裂隙带，密闭性和稳定性良好。矿井内部作为上、下水库利用的巷道容积充足，另外对于影响矿井水流动的反坡和不通畅的空间不应计入水库容积中。

(2)同一高度水平的不同巷道高低差较小。对于利用多个巷道作为上水库或下水库进行分布式储水的情况，若同作为上水库或下水库的多个巷道间高低差较大则会影响水流的速度，而水流的速度是带动水轮机组放电的重要驱动要素。

(3)同一高度的不同巷道连通性良好。作为分布式储水的地下巷道，其同一高度不同巷道间的连通性也影响地下汇水能力，最终影响地下水流量和流速能否达到发电机组流量要求。

(4)上、下水库间的高低差不应太大。抽水蓄能电站进行工作的关键取决于可逆式水泵水轮机组的性能水平能否达到适宜的工作条件。若上、下水库间高程太大，超过水头限制，将导致水泵工作效率下降、震动强烈、稳定性降低，甚至无法抽水等情况。另外，设计水头过高会导致机组生产和研发能力增加。

(5)上、下水库间的高低差不应太小。若废弃矿井内部作为上、下水库巷道的高低差太小,相应所需的水头会降低,但对蓄水空间的要求就越大,这对地下空间有限的废弃矿井来说是限制条件。

(三)废弃矿井抽水蓄能多场景利用效益评价分析

对于抽水蓄能电站效益的评价,美国电力研究院、麻省理工学院、中国水力发电工程学会和清华大学等国内外机构与高校的学者,将抽水蓄能效益区分为静态效益和动态效益两个维度。而这在总体上也适用于分析废弃矿井抽水蓄能利用所带来的价值,但在具体评价细节上仍存在差异。

1. 废弃矿井抽水蓄能利用的静态效益

对于静态效益的评价可以进一步分为容量效益、调峰填谷效益、排放效益和建设成本节约效益。

(1)容量效益,是指建设抽水蓄能电站的运行和建设费用低于建设同等规模的替代性火电机组的运行和建设费用的节约所产生的效益。可见,通过利用废弃矿井改建抽水蓄能电站相比火力发电机组在建设和运行费用上均具有显著优势,其效益公式如下:

$$B_c = [O_t + C_t] - [O_{am} + C_{am}] \tag{4-7}$$

式中, B_c 代表废弃矿井进行抽蓄改造后每年的容量效益,万元; O_t 代表同等规模火电机组的运行费用; C_t 代表同等规模火电机组的建设费用; O_{am} 代表废弃矿井抽蓄改造后的机组运行费用; C_{am} 代表废弃矿井抽蓄改造后的建设费用。

(2)调峰填谷效益,是指抽水蓄能电站低成本调峰填谷的经济效益。与传统抽蓄电站功能相同,废弃矿井改建抽蓄电站替代原有火电机组进行调峰填谷会减少能源消耗产生效益。由于电力消费市场需求多变,但电力生产供应需要高效,因此要求发电厂维持均衡生产。而抽蓄电站可调节市场动荡变化与火电发电机组均衡发电工作之间的矛盾,使火电机组运行保持在高负荷的高效区域,保持燃料资源的高利用率。因此,抽蓄电站的电量效益表现在调峰和填谷两个方面:调峰效益表现在抽水蓄能电站替代火电机组后,减少火电机组调峰燃料消耗所得到的效益;填谷效益表现在抽蓄电站避免火电机组降负荷运行所损失的燃料利用率，利用时间差将填谷低价电力换取市场需求良好时的高价电，产生效益。综合公式如下：

$$B_{\mathrm{pc}} = \sum_{1}^{365} \left(C_{\mathrm{pi}} - C_{\mathrm{pi}}' + C_{\mathrm{vi}}' - C_{\mathrm{vi}} \right) p_{\mathrm{c}} \tag{4-8}$$

式中，B_{pc} 为废弃矿井抽水蓄能改造后每年调峰填谷所产生的效益，万元；C_{pi} 为参与调峰火电机组在调峰时段的燃料消耗量；C_{pi}' 为参与调峰火电机组在非调峰时段的燃料消耗量；C_{vi}' 为参与填谷火电机组在非填谷时段的燃料消耗量；C_{vi} 为参与填谷火电机组在填谷时段的燃料消耗量；p_{c} 为煤炭市场的实时价格。

(3)排放效益，不同于传统的火电站在发电过程中会产生二氧化碳、二氧化硫及氮氧化物，抽水蓄能电站几乎是零排放，因此其排放效益表现在抽水蓄能发电量替代同等发电规模火电站所减少的有害气体排放量。

(4)建设成本节约效益，表现在利用废弃矿井进行改建利用所节约的建设成本。对于废弃矿井抽水蓄能建设的成本效益，可以从相同规模的抽水蓄能电站建设的筑坝工程量、征地费用、土石开挖量和水资源投入等建设成本的支出减去废弃矿井改建抽水蓄能电站的成本支出得到。

废弃矿井抽水蓄能利用所产生的建设成本节约及排放效益方面，以辽宁阜新海州露天矿进行抽水蓄能改造为例。经过半个世纪的开采，海州矿区形成了一个长 4km、宽 2km、深 350m 的矿坑。项目计划利用废弃矿坑作为下水库，而在地表建设一座上水库，计划投资 142 亿元，分三期建设 360 万 kWh 的发电机组。从工程建设上来看，可节省约 800 万 m² 的项目征地费用及土石开挖量。项目在减少污染物排放方面，利用废弃露天矿坑改造为抽水蓄能电站，其 360 万 kWh 的发电量能够减少约 1440t 标准煤的消耗，3589t 二氧化碳、108t 二氧化硫以及 54t 氮氧化物的排放。具有显著的排放效益。

2. 废弃矿井抽水蓄能利用的动态效益

(1)调频效益，主要指电网供电负荷变化与消费端不匹配所产生的平衡需求，传统的调频方法是通过负荷调节快的小型火电机组参与调频。而利用抽水蓄能电站的替代小型火力发电机组进行调频，能够减少能源损耗表达式如下：

$$B_{fm} = \sum_1^{365} \left[\sum_{i=1}^m (c_{1i} \cdot n_i + c_{2i} \cdot T_i \cdot N_i) \cdot f_m \right] - \sum_1^{365} \left(\frac{V \cdot H \cdot \eta}{365} \cdot n_H \cdot m_H \cdot f_{ps} \right) \quad (4\text{-}9)$$

式中，B_{fm} 为抽水蓄能电站的调频效益；c_{1i} 为第 i 台调峰火电机组启停时煤炭的消耗量，g；n_i 为第 i 台火电机组每天启动次数，次；c_{2i} 为第 i 台机组进行调频的耗煤量，g/kWh；T_i 为第 i 台机组参与调频的总时间，h；N_i 为第 i 台机组的机组容量，万 kW；f_m 为市场的实时煤炭价格；V 为机组启动时消耗的水量，m^3/s；H 为机组的平均工作水头，m；η 为水轮机的效率；n_H 为抽水蓄能电站日启动台次，次；m_H 为抽水蓄能机组的数量，台；f_{ps} 为当前电价，元/kWh。

(2)调相效益，是指系统中驱动电动机和变压器的无功电源和无功负荷，其稳定性会影响系统中电压的高低，进而对电力质量和电力设备产生影响。抽水蓄能电站在空闲时可参与电力系统调相，从而减少其他调相设备建设投资成本和调相燃料耗费成本。

(3)事故备用效益，指的是电网系统中部分发电机组发生故障而无法供电，对电网电力正常运营产生影响，而抽水蓄能电站通过启动水电机组放电可以补充因事故而产生的电力负荷损失。

(4)黑启动效益，指的是当供电系统崩溃而出现停电，供电系统短时间内无法恢复正常的情况下，抽水蓄能电站能够进行正常的供电工作，放水启动水轮机组，逐步恢复电网供电。

通过对统计资料的收集和综合分析，改造一座与泰安抽水蓄能电站一期规模相同的废弃矿井，即上水库库容 1168.1 万 m^3，下水库库容 2993 万 m^3，装配 4 台额定容量 250MW 的可逆发电机组，总装机容量为 1000MW，年发电量 13.38 亿 kWh，年抽水用电量 17.84 亿 kWh。可产生不小于 22900 万元的容量效益、约 12563.33 万元的调峰填谷效益、9394.54 万元的调频效益、6453.33 万元的调相效益、7930 万元的事故备用效益、2395.3 万元的系统黑启动效益。

(四)我国废弃矿井抽水蓄能电站建设的经济效益

1. 废弃矿井抽水蓄能的建设成本研究及优化

(1)废弃矿井抽水蓄能电站的工程造价。

废弃矿井抽水蓄能电站工程造价的计算方法与一般抽水蓄能电站一致，

根据废弃矿井抽水蓄能电站的工程布置设计方案,提出工程建设的各项工程量及其他各项费用,依据国家现行对抽水蓄能电站的各项价费政策、价格定额,并根据某一时间的价格水平进行计算。

我国目前尚无利用废弃矿井建设抽水蓄能电站的工程实例,利用京西大安山煤矿废弃矿井建设抽水蓄能电站的工程布置匡算了工程投资。根据国家现行水电工程投资匡算编制规定,结合工程具体情况,按 2018 年第二季度价格水平编制工程投资匡算。利用大安山煤矿废弃矿井建设抽水蓄能电站工程的静态总投资为 89796 万元,单位千瓦投资为 17959 元。与目前常规抽水蓄能电站 5000~6000 元/kW 的投资水平相比,利用大安山煤矿废弃矿井建设抽水蓄能电站工程的单位千瓦投资较高。一方面大安山煤矿+920m、+550m 平硐巷道虽然岩体完整,裂隙中等发育,围岩较稳,但将巷道改造为抽水蓄能电站储水库后,在电站运行期面临着水位频繁升降的影响,对洞室的稳定极为不利,必须对巷道进行喷锚支护加固处理。对于Ⅳ～Ⅴ类围岩还需增加固结灌浆措施。从分项工程量及投资来看,用于巷道加固支护的投资占比较高。另一方面本电站装机容量仅 50MW,装机规模小导致了单位千瓦投资偏高。如果对利用大安山煤矿废弃矿井建设抽水蓄能电站的工程布置方案进行深入优化,也存在着投资降低的可能。仅从电站的建设成本方面来说,利用某煤矿废弃矿井建设抽水蓄能电站与常规抽水蓄能电站相比的确没有优势。

(2)废弃矿井抽水蓄能电站建设方案优化。

抽水蓄能电站蓄能量、连续满发小时数、装机容量之间的关系如式 4-10 所示。

$$E = N \cdot t \tag{4-10}$$

式中, E 为抽水蓄能电站的蓄能量; N 为抽水蓄能电站的装机容量; t 为抽水蓄能电站的连续满发小时数。

由此可见,在确定了抽水蓄能电站的蓄能量之后,装机容量与连续满发小时数成反比。如果适当降低连续满发小时数,相应增加电站装机容量,电站的单位千瓦建设成本就会降低。

根据《抽水蓄能电站水能规划设计规范》(NB/T 35071-2015),日调节抽水蓄能电站的连续满发时间一般为 4~6h。连续满发小时数的确定应根据电力系统需求特性设计电站自身的建设条件。

目前我国已建的日调节抽水蓄能电站连续满发小时数基本都在 5h 以上，大部分为 6h。根据有关研究成果，华北电网抽水蓄能电站的年满发小时数为 1000h，折合日平均满发小时数 2.74h 较为合适；华东电网抽水蓄能电站的年满发小时数为 1100h，折合日平均满发小时数 3.01h 较为合适。按照这种需求，日调节抽水蓄能电站连续满发小时数降低到 4~5h 也能满足系统对抽水蓄能电站连续满发小时数的要求，并且不会损失抽水蓄能电站担负紧急事故备用的能力。

截至 2018 年 10 月底，我国已建抽水蓄能电站 34 座(不含中国台湾)，建成投产装机规模 29990MW；在建抽水蓄能电站 26 座，在建装机规模 37050MW。我国已建、在建抽水蓄能电站容量主要集中在东部、中部地区。截至 2017 年底，东部、中部负荷中心各省区基本都有一座以上已经投运的抽水蓄能电站，还有一座甚至几座正在开展前期工作的抽水蓄能电站。在后续抽水蓄能电站建设中，具备了对各抽水蓄能电站功能定位进行分配的条件，使电站之间形成互补，共同为电网安全、稳定运行服务。在已建抽水蓄能电站连续满发小时数较高的情况下，后续建设抽水蓄能电站可适当降低连续满发小时数，通过在日负荷高峰时段，安排连续满发小时数高的电站在高峰负荷偏下位置运行，连续满发小时数低的电站在高峰负荷偏上位置运行，高峰负荷偏下位置持续时间更长，高峰负荷偏上位置则持续时间较短，通过合理搭配共同满足电网调峰需求。当前我国电网抽水蓄能电站装机容量比例较低，电网对抽水蓄能电站的需求空间较大，对装机容量的需求更为迫切。

根据利用大安山煤矿废弃矿井建设抽水蓄能电站的研究成果，大安山抽水蓄能电站连续满发小时数为 6h，装机容量为 50MW，电站蓄能量为 300MWh，电站静态总投资 89795.72 万元，单位千瓦投资 17959 元/kW。在电站蓄能量不变的情况下分析连续满发小时数变化对电站单位容量建设成本的影响，成果见表 4-17。

由表可见，大安山抽水蓄能电站蓄能量不变，连续满发小时数由 6h 降低为 5h，相应装机容量由 50MW 增大为 60MW，增大幅度 20%，单位千瓦投资由 17959 元/kW 降低为 14966 元/kW，降低幅度 16.7%。若连续满

表 4-17 大安山抽水蓄能电站连续满发小时数对单位容量建设成本的影响

蓄能量/MWh	连续满发小时数/h	装机容量/MW	静态总投资/万元	单位千瓦投资/(元/kW)
300	6	50	89795.72	17959
300	5.5	54.55	89795.72	16463
300	5	60	89795.72	14966
300	4.5	66.67	89795.72	13469
300	4	75	89795.72	11973

注：蓄能量不变，连续满发小时数降低，装机容量增大。相应机电设备购置与安装费用有小幅上涨，其余项目投资不变。大安山抽水蓄能电站机电设备购置与安装投资仅占静态总投资的 9.9%，本次忽略机电设备购置与安装费用的变化。

发小时数由 6h 降低为 4h，相应装机容量由 50MW 增大为 75MW，增大幅度 50%，单位千瓦投资由 17959 元/kW 降低为 11973 元/kW，降低幅度 33.3%。

抽水蓄能电站的建设条件决定了电站蓄能量的大小，确定了电站的蓄能量，连续满发小时数的降低可增加电站的装机容量，这样仅会带来机电设备购置与安装工程费用的小幅增加，其余项目投资几乎不变，能够显著降低电站单位容量的建设成本。对于建设条件差、装机容量小的抽水蓄能电站，连续满发小时数的降低可明显使电站单位容量建设成本下降。

2. 土建工程对投资的影响

(1)投资构成分析。

从投资构成来看，利用废弃矿井建设抽水蓄能电站与常规抽水蓄能电站静态投资均包含枢纽工程、建设征地和移民安置补偿费用、独立费用、基本预备费等四个大项。其中独立费用、基本预备费是由计费标准决定的。对于相同规模的电站来讲，利用废弃矿井建设抽水蓄能电站因利用了废弃的矿井空间，其建设征地和移民安置补偿费用较常规抽水蓄能电站会低一些。枢纽工程投资包括施工辅助工程、建筑工程、环境保护和水土保持专项工程、机电设备及安装工程、金属结构设备及安装工程五项。造成利用废弃矿井建设抽水蓄能电站与常规抽水蓄能电站投资差别的主要是建筑工程。

从大安山煤矿废弃矿井建设抽水蓄能电站的投资匡算成果来看，枢纽工程投资占工程静态总投资的 70%，建筑工程投资占枢纽工程投资的 70%。常规抽水蓄能电站的枢纽工程投资占工程静态总投资同样为 70%左右，建筑工程投资一般占枢纽工程投资的 45%左右。这说明利用废弃矿井建设抽水蓄能电站建筑工程在总投资中占比较大，对电站静态总投资的影响也较大。

(2)巷道衬护与防渗的优化设计。

利用废弃矿井建设抽水蓄能电站节约了开挖电站上、下水库库容投资。现有的废弃矿井巷道在现状条件下尽管是稳定的,但将巷道改造为抽水蓄能电站储水库后,在电站运行期间面临着水位频繁升降的影响,对洞室的稳定极为不利,必须对巷道进行喷锚支护加固处理。而且建设水库后为了保证水库不渗漏,还必须对巷道进行防渗处理。利用大安山废弃矿井建设抽水蓄能电站的巷道衬护防渗方案为:对Ⅲ类围岩进行支护,隧洞边墙及顶拱设置$\phi20@150cm\times150cm$、$L=3m$的锚杆喷混凝土,喷10cm厚混凝土,加挂网钢筋$\phi6.5@20cm\times20cm$,Ⅳ~Ⅴ类围岩隧洞边墙及顶拱设置$\phi20@150cm\times150cm$、$L=3m$的锚杆喷混凝土,并喷10cm厚混凝土,加挂网钢筋$\phi6.5@20cm\times20cm$,并对围岩进行固结灌浆处理,固结灌浆的孔、排距均为3m,孔深4m,梅花形布置。

根据利用大安山废弃矿井建设抽水蓄能电站的投资匡算成果,用于巷道衬护防渗的投资占建筑工程投资的比例高达48%。由此可见,利用废弃矿井建设抽水蓄能电站中巷道衬护及防渗的投资费用相当高。优化巷道衬护及防渗方案可有效降低电站的建设成本。一方面在废弃矿井水库位置选择时,选择巷道断面面积大的巷道能够增大水库的库容,还可减少巷道的表面积,进而减少巷道衬砌与防渗的工程量投资。另一方面可以优化巷道衬护及防渗方案,一般来说,对于Ⅰ类和Ⅱ类围岩条件较好的,且隧洞直径不大于5m的,可以不进行支护,直径6~8m时宜采用喷混凝土加锚杆进行支护;对于Ⅲ、Ⅳ类围岩,可采用喷锚、挂网或钢排架等联合支护;对于Ⅳ、Ⅴ类围岩,必要时应进行衬砌支护,提高围岩防渗能力的同时,加固围岩,使其能够与围岩和第一次支护联合承担荷载。衬砌厚度也是根据地质条件、构造要求,并且结合施工方法确定。

(3)利用现有通道改建水道系统与新开挖水道系统的经济对比。

抽水蓄能电站的水道系统若能利用矿井内部现有通道改建,存在节约开挖工程量实现节省投资的目的。通过研究大安山利用+920m与+550m之间溜煤斜坡改建水道系统的案例发现,主要存在以下问题:

① 现有矿井的实际布置与水道系统主轴线一般偏离较多,采用废旧巷

道会导致整个水道系统的长度增加，考虑到水道系统 TW 值（机组运行稳定时），水道系统可能需要增设引水调压井或者尾水调压井。以上的不利因素均会导致水道系统工程量和投资增加。

② 因巷道的围岩相对较差，因此施工期需要增加临时支护、灌浆等措施确保施工期安全，施工完成后巷道需要做回填混凝土处理，如果巷道断面大于实际需要断面，则回填混凝土量会增加很多。

③ 上、下库进/出水口结合巷道布置一般情况下会对原有巷道进行扩挖，工程量相对常规地面进/出水口会增加。进/出水口出巷道水流问题需要专门关注，对于流量不大的蓄能电站，例如大安山流量为 16.6m³/s，进/出水口处巷道的水流汇集流速为 1～2.5m/s，可以满足水流稳定要求；但对于流量较大的蓄能电站，进/出水口处巷道水流汇集流速将会相应增加，水流稳定性需要进行专门分析，采用水力学数值模拟或者水工模型试验等方法进行模拟，确保此处水流流态平稳，不产生对巷道有破坏的紊流。

综上所述，利用现有巷道布置水道系统具备可行性，但其工程量和投资相对重新开挖的布置方式反而可能增加较多。针对废弃矿井建设抽水蓄能电站项目，需进行具体的方案技术经济对比，以决定采用何种水道布置方案。

3. 机电设备对投资的影响

机电设备对电站投资的影响主要在于机型选择及机组台数选择。

(1)机型选择。

根据《抽水蓄能电站设计导则》（DL/T 5208-2005），抽水蓄能电站水头/扬程为100～800m 时，宜选择单级混流式水泵水轮机。单级混流式水泵水轮机适应范围宽、结构简单、运行方便、造价低，被国内外绝大部分电站广泛采用，技术成熟。因此，机组机型选择单级混流式水泵水轮机是较优方案。

(2)机组台数选择。

在电站的装机容量确定以后，可进行机组台数比选，拟定不同的机组台数方案，进行综合技术经济比选，兼顾电站运行需求、工程投资等因素进行选择。机组台数选择不仅是机电设备独立的选择，机组台数不一样，涉及的单机尺寸、地下厂房尺寸均有差异，需要综合考虑。

4. 废弃矿井资源再利用的综合社会效益分析

利用废弃矿井建设抽水蓄能不只是取得了抽水蓄能电站的效益，其在废弃矿井资源化利用、改善生态环境、发展循环经济方面均有着不可忽视的巨大效益。

从利用大安山废弃矿井建设抽水蓄能电站的初步工程布置及投资匡算成果来看，其建设投资确实高于常规抽水蓄能电站。不过常规抽水蓄能电站要新增占用较多土地，而且往往受到自然地形条件、水源条件的制约，面临的环境制约因素也越来越突出。利用废弃矿井建设抽水蓄能电站则会丰富抽水蓄能选址范围，使电站更靠近负荷中心、新能源基地、特高压汇集处。除此之外，利用废弃矿井建设抽水蓄能电站还会带来多方面的综合社会效益。

(1) 废弃矿井资源利用的有益探索。

伴随着采矿活动的结束，原来采矿形成的大量的矿井被封闭或遗弃，很多采矿设备设施也被遗弃，造成了土地闲置及各种资源的浪费，不但得不到回收利用，甚至还会带来环境污染等新生问题。大量的原有矿业工人也面临着失业或者另谋职业的窘境。实际上废弃矿井可以有许多不同的用途，国内外开展了大量的有益探索。如利用废弃矿井储存液体燃料、农副产品、武器，堆存有毒的或放射性废料，改造成博物馆、研究中心、档案馆，进行旅游开发、坑塘养殖、矿坑(场)土地复垦再利用等。这样因"资源再利用"创造了新的经济效益，而使矿坑(场)这一原本废弃的资源地重获价值。随着社会经济的发展，废弃矿井的再利用，无论从环境保护的角度还是资源综合利用角度都是十分有益和必要的。当前我国电网具有巨大的抽水蓄能电站建设空间，利用废弃矿井建设抽水蓄能电站拓展了抽水蓄能站点资源的选择范围，也增加了废弃矿井资源再生利用的形式，两者具有很高的契合度。

(2) 节约土地、节约水源、增加就业、促进城镇转型发展。

利用废弃矿井建设抽水蓄能电站避免了像常规抽水蓄能电站那样征用大量土地，而且还可利用矿井涌水作为水源，因水库建在地下还能减少水源的蒸发损失，节约了水资源。电站建设期和运行期能提供数量可观的工作岗位，部分原来因矿井退出生产而失业的工人经过培训可以转而成为新的水电从业人员。矿井周围因矿业生产而形成的集镇可能因矿井废弃而衰落，但如果建设抽水蓄能电站对即将废弃的矿井加以利用,就可能让这些集镇得到保留获得新的发展,既维护了社会稳定又促进了地方经济的持续繁荣。

(3)促进矿区自然生态环境恢复。

从生态环境方面来看,利用废弃矿井可促进矿区自然生态环境的恢复,带动周边相关产业发展,实现变废为宝和资源、环境、经济综合效益最大化的目标,是构建资源节约型社会和环境友好型社会的一种新探索。

(4)变废为宝促进矿区绿色发展。

采矿开发过程给人类生存的环境带来了或多或少的污染与破坏;采矿结束后,矿坑的再利用就更应以环保为前提,这是不可动摇的。"资源的再利用"和"环保型经济"已是当前经济发展的必须选择。利用废弃矿井建设抽水蓄能电站将矿井的"黑"变为水电的"绿",是一种新型的废弃矿井资源利用途径,也真正符合"绿色"发展的观念。

因此,利用废弃矿井改建抽水蓄能电站对于废弃矿井的再利用具有很大的生态和经济意义,既可以作为一种恢复矿区生态的有效方法,也是一种绿色的废弃矿井再利用方式、经济的抽水蓄能电站建设方案。

(五)我国废弃矿井抽水蓄能电站建设的发展前景

1. 废弃矿井抽水蓄能电站运营模式探讨

探讨废弃矿井抽水蓄能电站的发展前景,要实现可持续发展,关键是要有科学、合理的经营模式。目前已投产的抽水蓄能电站由于投资主体和地域特点的不同,采取的经营模式不尽相同,相应的效益和运行方式也存在较大差异。但无论何种方式运营,电站效益基本都是从蓄能机组调峰填谷等常规效益等方面考虑。抽水蓄能电站的辅助服务包括调峰填谷、调频、调相、事故备用和黑启动等已经被广泛接受和使用,但辅助服务的收费标准难以确定,目前各抽水蓄能电站的辅助服务都是免费的,导致抽水蓄能电站的上网电价大幅上升,竞争力降低。

按照2014年国家发改委发布的《关于完善抽水蓄能电站价格形成机制有关问题的通知》,在形成竞争性电力市场以前,对抽水蓄能电站实行两部制电价。其中,容量电价弥补固定成本及准许收益,并按无风险收益率(长期国债利率)加1～3个百分点的风险收益率确定收益,电量电价弥补抽发电损耗等变动成本;逐步对新投产抽水蓄能,电站实行标杆容量电价;电站容量电价和损耗纳入当地省级电网运行费用统一核算，并作为销售电价调整因素统筹考虑。当前在现有电价机制下，抽蓄电站的建设成本只能全部进入输配电成本并通过调整销售电价进行疏导，由电网和用户承担，受益电源并未补偿抽水蓄能电站。

如何体现受益电源的效益补偿，究竟何种经营模式有利于废弃矿井抽水蓄能电站的建设与发展，这是在现有电力体制环境下急需解决的问题。合理的经营模式能使电站的作用及效益发挥充分，能增强电力系统用电安全性，对电网、电站投资者及电力用户也有着极大的贡献。在电网统一经营、租赁经营和独立经营三种经营模式之外，对联合租赁经营模式、以静态效益收益和价格优惠为基础的经营模式和捆绑经营模式等有可能实施的经营方式进行研究，旨在探讨废弃矿井抽水蓄能电站合理的经营模式，提高抽水蓄能电站在电网中的作用。

根据电量效益和容量效益的划分，本着互利合理的市场原则，采用电网公司和若干大机组发电企业联合租赁的经营模式。具体做法是租赁过程由电网、发电企业和抽水蓄能电站共同协调进行，抽水蓄能电站把其容量集中分配给若干大机组电站，具体的实现由电网对上网电量进行调配，使发电企业大机组负荷率有相应的提高，而发电企业则根据分配到的电量效益向抽水蓄能电站提供一部分租赁费，电网负责抽水蓄能电站的调配使用，电网根据动态效益的测算结果向抽水蓄能电站提供容量租赁费。

抽水蓄能电站的受益者是电网公司、电网内的火力发电企业和广大电力用户。电网统一经营模式中发电企业无须为抽水蓄能电站增加的收益付费，在联合租赁模式下，发电企业、电网公司在都受益的情况下支付相应的租赁费，避免了发电企业无偿受益的现象，这样对消费者来说，支付的用电费用将减少，有利于电力市场的良性发展。

就目前现状来看，各发电企业不愿为租赁抽水蓄能电站付费，因为装机容量有限的抽水蓄能电站无法给每个发电企业带来明显的和可以度量的效益，而联合租赁经营模式中将抽水蓄能电站装机容量集中分配给几家大机组发电企业，使其负荷率有明显的提高，这就很好地解决了这个矛盾，并且在直观利益的驱使下可以有效地提高发电企业联合租赁的积极性。

在"厂网分开、竞价上网"市场体制逐步建立过程中，各大型发电企业采用联合租赁抽水蓄能电站的经营模式，利用抽水蓄能电站将大大改善发电机组的运行特性,降低发电成本,从而增强在电力市场中的竞争能力,这也可从另一方面提高发电企业联合租赁的积极性。

以静态效益收益和价格优惠为基础的经营模式,这一经营模式是随着国家峰谷差电价的逐步实施和进一步拉大,为保证抽水蓄能电站还本付息、正常运营和投资方合理回报而提出的。其收入主要有以下几个方面:抽水蓄能电站参与调峰所得的调峰发电收入、由抽水蓄能电站负荷低谷时段抽水使火电厂增发电量所带来的收入、使火电机组出力平稳而减少煤耗费用所得的收入、适当调高抽水蓄能电站上网电价额度的收益。在该模式下,抽水蓄能电站的运营可以给电网、电网内的发电企业和整个社会带来效益,具有显著的外部经济性。目前,抽水蓄能电站运行后的动态效益的测算有很大的不确定性,因此只能立足于静态效益,在静态效益的基础上,适当增加部分动态效益的利润,这对抽水蓄能电站及其他发电企业也是合理的。

捆绑经营模式是对所有的发电厂按照其上网容量或发电量收取调峰、调频、事故备用等辅助服务费用,用于补偿抽水蓄能电站。考虑我国经济发展水平及社会及用户对电力供应质量和可靠性要求,导致发电场愿意为电网中抽水蓄能电站运行等辅助服务付出的代价不多。抽水蓄能电站与大型电站通过协议的捆绑运营使其产生的效益更加集中明显,有利于将"看得见,拿不着"的效益得以部分回收,提高抽水蓄能电站的经济效益。若抽水电量由汛期的水电站提供可减少水电站的弃水,提高水电站的利用率和利用小时数,若抽水电量由火电机组或核电机组提供,可使这部分机组较平稳地出力运行,缓解这些机组低谷时段深度压负荷、频繁调整负荷、启停调峰的困难,降低调峰运行对机组设备的不利影响,由此增加这部分机组的负荷率、年利用小时数、发电量,延长机组的寿命,降低相应电厂的燃料运行费用、检修维护费用及厂用电率等,给这部分电厂带来经济效益。在捆绑经营模式下,抽水蓄能电站的正常运行得以保证,发电企业在支付一定辅助服务费用后,与抽水蓄能电站配合运行,也提高了其竞价上网的能力,在"厂网分开"的电力体制下,能得到更多的利益,从而可以提高发电企业与抽水蓄能电站捆绑经营的积极性。

总之,在建废弃矿井抽水蓄能电站及规划抽水蓄能电站可以根据该地区电网容量、结构等因素的不同,对照上述几种运营模式,因地制宜地确定各电站的最佳运营模式。此外废弃矿井抽水蓄能电站的属性导致其不追求直接的经济效益，而其间接经济和社会效益难以计算，需要借助电改将其间接效益量化出来。应实行"优质优价"，鼓励电力系统优化电源结构，将煤电、核电等受益电源的增量效益部分用于对抽水蓄能电站的补偿，体现"谁受益、谁分担"的原则。通过电源侧峰谷电价、辅助服务补偿等方式，合理反映抽水蓄能电站的效益。同时，完善和落实两部制电价政策，扩大峰谷电价差。

2. 我国废弃矿井抽水蓄能电站建设的综合评估

在弃风弃光较为严重，同时地势平坦、水源缺乏、不适合传统抽水蓄能电站建设的地区，废弃矿井抽水蓄能电站为促进大规模新能源消纳、保证电力系统的稳定经济运行提供了一种解决方案。通过对废弃矿井抽水蓄能电站的技术可行性进行分析，我们可以得出结论，建造废弃矿井抽水蓄能电站，原则上是技术可行的，虽然地下工程建设投资较大，但同时巷道空间的有效利用及水源问题的解决也具有较好的经济性。抽水蓄能机组可通过拆卸组装来完成井下的布置，上、下水库及输水管道通过现有巷道的合理利用与开挖也可实现，通过对电站连续满发小时数及地下工程的合理设计，在经济上也具有降低投资的空间。但不同的废弃矿井其工程投资也具有较大的不确定性，需要进行具体案例具体分析。本书的初步研究可作为废弃矿井抽水蓄能电站建设粗略的指导方针。

此外利用废弃矿井建设抽水蓄能不只是取得了抽水蓄能电站的效益，其在废弃矿井资源化利用、改善生态环境、发展循环经济方面均有着不可忽视的巨大效益。

从利用大安山废弃矿井建设抽水蓄能电站的初步工程布置及投资匡算成果来看，其建设投资确实高于常规抽水蓄能电站。不过常规抽水蓄能电站要新增占用较多土地，而且往往受到自然地形条件、水源条件的制约，面临的环境保护问题也越来越突出。利用废弃矿井建设抽水蓄能电站则会丰富抽水蓄能选址范围，使电站更靠近负荷中心、新能源基地。除此之外，利用废弃矿井建设抽水蓄能电站还会带来多方面的综合社会经济效益。

伴随着采矿活动的结束，原来采矿形成的大量矿井(洞)被封闭或遗弃，很多采矿设备设施也被遗弃，造成了土地闲置及各种资源的浪费，不但得不到回收利用，甚至还会带来环境污染等新生问题。大量的原有矿业工人也面临失业。实际上废弃矿井可以有许多不同的用途,面对这一课题,国内外开展过大量有益探索,如利用废弃矿井储存液体燃料、农副产品、武器,堆存有毒的或放射性废料,改造成博物馆、研究中心、档案馆,进行旅游开发、坑塘养殖、矿坑(场)土地复垦再利用等。这样因"资源再利用"创造了新的经济效益,而使矿坑(场)这一原本废弃的资源地重获价值。随着社会经济的发展,废弃矿井的再利用,无论从环境保护的角度,还是资源综合利用角度都是十分有益和必要的。当前我国电网具有巨大的抽水蓄能电站建设空间,利用废弃矿井建设抽水蓄能电站拓展了抽水蓄能站点资源的选择范围,也增加了废弃矿井资源再生利用的形式,两者具有很高的契合度。

利用废弃矿井建设抽水蓄能电站避免了像常规抽水蓄能电站那样征用大量土地,而且还可利用矿井涌水作为水源,因水库建在地下还能减少水源的蒸发损失,节约了水资源。电站建设期和运行期能提供数量可观的工作岗位,部分原来因矿井退出生产而失业的工人经过培训可以转而成为新的水电从业人员。矿井周围因采矿活动而形成的集镇可能因矿井废弃而衰落,但如果建设抽水蓄能电站对即将废弃的矿井加以利用,就可能让这些集镇得到保留获得新的发展,既维护了社会稳定又促进了地方经济的持续繁荣。

从生态环境方面来看,利用废弃矿井可促进矿区自然生态环境的恢复,带动周边相关产业发展,实现变废为宝和资源、环境、经济综合效益最大化的目标,是构建资源节约型社会和环境友好型社会的一种新探索。

第三节 我国废弃矿井抽水蓄能电站建设政策建议

(一)我国废弃矿井抽水蓄能电站建设的政策

"十三五"的电力规划加速了抽水蓄能电站的建设。规划要求"十三五"新开工的抽水蓄能要达到 6000 万 kW。

《国家能源局关于加强抽水蓄能电站运行管理工作的通知》,要求完善抽水蓄能运行管理机制和措施,积极探索电力系统辅助服务政策,推动发电侧分时电价机制建立,充分调动蓄能电站低谷抽水蓄能和高峰发电顶峰的积极性,促进抽水蓄能电站作用的有效发挥。

目前,多能互补发电技术已成为应对风电、光伏的大规模接入对电网产生不利影响的重要手段,我国《电力发展"十三五"规划》中明确提出推动多能互补、协同优化的新能源电力综合开发。

随着我国能源产业的发展和能源结构的调整,电力系统需要更加安全可靠和绿色环保的电源结构,抽水蓄能电站的功能已经被赋予了新的内涵。由于电源结构、负荷特性、电力供需状况和电力保障需求的实际情况存在差异,不同电网抽水蓄能电站实际发挥的作用应该有所侧重,抽水蓄能电站的作用不能一概而论。

华北电网火电占比大,风电发展快,缺少可快速启动的常规水电,是抽水蓄能电站发展最早的地区。华东电网规模大,电网峰谷差、核电装机容量和调峰压力都比较大,是典型受端电网,尤其需要帮助电网消纳风电、太阳能等新能源对电网的扰动,也亟须增加抽水蓄能电站参与调峰和整体平衡,以提高全网运行的安全性与经济性。因此,抽水蓄能电站功能以调峰填谷为主,辅以调频调相和备用;湖南、湖北电力系统内小水电比重大,且远离负荷中心,负荷中心缺乏快速反应电源,因此抽水蓄能电站以承担调频调相、事故备用功能为主,辅以调峰填谷功能;东北、西北电网新能源发展迅速,电网规模小,消纳能力有限,要保证远距离外送,配置抽水蓄能电站更多发挥储能作用,辅以调峰调频、事故备用等功能。

我国现行抽水蓄能电站管理模式存在诸多弊端,如难以体现"谁受益,谁分担"的市场经济原则,电站的效益难以得到合理补偿等,管理体制和运行机制均制约了抽水蓄能电站的发展。2014 年,国务院、国家发改委分别发文,明确在电力市场形成前的抽水蓄能电站电价核定原则,抽水蓄能电站由省级政府核准,并逐步建立引入社会资本的多元市场化投资体制机制,逐步健全管理体制机制等。

根据《政府核准的投资项目目录(2014 年本)》,抽水蓄能电站项目核准权限下放到省级政府,省级政府应按照国家依据总量控制制定的建设规划内核准,相对简化了抽水蓄能电站项目的审批流程。

也就是说,拟开发的抽水蓄能电站项目,须首先列入省级的抽水蓄能发展规划,上报国家能源局批准。省级抽水蓄能发展规划获得批复后,省级发改委再根据当地调峰、备用的需要,对拟选项目进行核准。

抽水蓄能电站项目的核准需要完成可行性研究报告、各专题报告、技术支撑报告及行政申请文件的审批。

(二)我国废弃矿井抽水蓄能电站建设的建议

国外较早对废弃矿井抽水蓄能电站设计建设开展技术经济研究,我国目前还未开展,需要借鉴技术经验,并结合我国实际情况,制定适合我国国情的海水抽水蓄能电站发展路线。

1. 统筹规划抽水蓄能电站选址建设

我国抽水蓄能电站建设需统一规划、合理布局、有序建设,同样废弃矿井抽水蓄能电站建设需要统筹考虑区域电力系统调峰填谷需要、安全稳定运行要求和站址建设条件,坚持"统筹规划、合理布局"的原则,在符合要求的地点开展站址选择,以保障我国电力系统安全稳定经济运行、缓解电网调峰矛盾、增加新能源电力消纳、促进清洁能源开发利用和能源结构调整。

2. 开展典型电站示范建设和运行

通过国家级项目申报,深入开展选址布局、共性关键技术研究、核心设备研制,突破传统抽水蓄能电站发展思路,通过典型站址示范建设和运行,产出一系列具有自主知识产权的国际领先/先进水平的重大成果,填补我国在废弃矿井抽水蓄能电站规划、设计、运行、材料、装备制造等技术研究方面的空白,实现自主知识产权、设计技术、关键设备制造等全方位提升,为我国智能电网建设提供基础技术支撑。

3. 完善抽水蓄能投资收益模式

废弃矿井抽水蓄能电站的属性导致其不追求直接的经济效益,而其间接经济和社会效益难以计算,需要借助电改将其间接效益量化出来。应实行"优质优价",鼓励电力系统优化电源结构,将煤电、核电等受益电源的增量效益部分用于对抽水蓄能电站的补偿,体现"谁受益、谁分担"的原则。通过电源侧峰谷电价、辅助服务补偿等方式,合理反映抽水蓄能电站的效益。同时,完善和落实两部制电价政策,扩大峰谷电价差,吸引更多社会资本投入到废弃矿井抽水蓄能电站建设运营中,为废弃矿井抽水蓄能电站的发展提供活力并起到积极促进作用。

4. 优化煤矿内部开发设计布局

考虑我国抽水蓄能电站建设的需求,对满足地理位置要求的矿井,在矿井开采前就对矿井设计进行优化,为未来改建抽水蓄能电站做准备。在满足开采的基础上从巷道开拓、稳定岩层、开拓水平等方面进行优化设计,以满足矿井关停后抽水蓄能电站建设的要求,同时在矿井封闭之前,基于抽水蓄能电站密闭要求,提前谋划,完善空间开拓。

第五章

废弃矿井绿色智能开发
与高效利用建议

本章充分调研了废弃矿井资源开发利用现状及煤矿精准智能安全开采战略发展现状，总结了废弃矿井资源开发利用技术方法及煤矿精准智能安全开采战略方向，梳理我国废弃矿井资源开发利用存在问题，以淮南市为研究对象，总结了废弃矿井资源产业转型发展影响因素指标体系，探讨了资源型城市转型升级路径，结合国家可持续发展战略布局，提出我国废弃矿井资源开发利用及资源型城市转型政策建议。

第一节　废弃矿井绿色智能开发与高效利用现状

一、废弃矿井资源开发利用与相关政策环境现状

调研国内五大区典型省份近十年关闭矿井数量，其中晋、陕、蒙、宁、甘的山西省在册关闭矿井 3810 座，华东区的河北省近十年关闭矿井 764 座，东北区的黑龙江省关闭矿井 1116 座，华南区的云贵川关闭矿井 4642 座，新青区的新疆关闭矿井 1400 余座。具体来讲，废弃矿井中剩余煤炭资源量高达 420 亿 t，非常规天然气近 5000 亿 m³。采煤沉陷区面积累计约 200 万 ha，土地及可再生能源开发利用价值大，另外还有丰富的矿井水（约 1/3 矿井为水资源丰富矿井）及地热资源可利用。

废弃矿井仍赋存大量可利用资源，如不开展二次开发，将造成巨大的能源资源浪费，同时也会带来严重的环境和社会问题。尽管利用潜力巨大，但我国目前却较少对废弃矿井资源加以利用。

目前我国废弃矿井利用意识淡薄，多数直接关闭或废弃；废弃矿井利用起步较晚，基础理论薄弱，关键技术不成熟；开发利用重视程度不足，多为观光旅游方面的尝试性探索；体制机制不完善，缺乏相关政策法规。

因此，在该背景下开展的我国废弃矿井资源开发利用研究意义重大。该研究既能够减少资源浪费，变废为宝，又可提高废弃煤矿资源开发利用效率，还可为关闭废弃矿井企业提供转型和可持续发展的战略路径，对资源枯竭型城市转型发展具有重要意义。

经过近百年的工业开发，我国矿区大规模步入废弃期。为满足我国快速增长的经济需求及人们生活水平的日益提高，我国矿产资源开采及建设速度不断提升。根据《全国资源型城市可持续发展规划（2013～2020 年）》，我

国共有 248 座矿产资源型城市。但由于我国矿产资源高强度、大规模的开采,我国矿产资源枯竭形势严峻,矿区进入大规模废弃时期,越来越多资源型城市进入矿产资源开发后期、晚期或末期阶段,资源枯竭问题日益严重。国家于 2008 年、2009 年及 2011 年先后确定了三批矿产资源枯竭型城市。东北三省是资源枯竭型城市最多的区域,共有 24 个,占比 29%,此外,内蒙古有 8 座资源枯竭型城市。随着我国供给侧结构性改革,退出产能政策加快了煤炭退出速度,将进一步提高资源枯竭型城市的数量(图 5-1)。

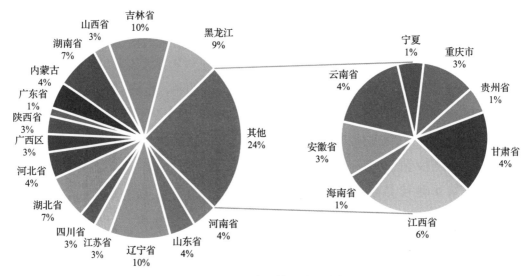

图 5-1   我国资源枯竭地区分布
因四舍五入,计算存在误差

矿产资源枯竭形势严峻及我国淘汰落后和过剩产能政策的实施,加快了我国矿井关闭速度,使我国出现大量废弃矿井。以煤炭资源为例,"十一五"到"十三五"期间,我国共计关闭煤矿数量约 2.3 万处,具体情况见图 5-2。其中 2009 年退出关闭 3100 多处(整顿关闭小煤矿 1088 处),2015 年全国淘汰煤矿 1340 处,淘汰落后产能约 9000 万 t。

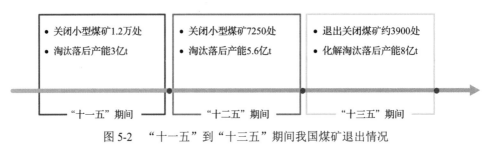

图 5-2   "十一五"到"十三五"期间我国煤矿退出情况

我国"十三五"期间的煤炭去产能主要任务基本完成,截至 2016 年底,2016 年全年全国共有 25 个省份公布了关闭退出煤矿名单,共涉及煤矿 1688 处,退出产能约 25114 万 t,见图 5-3(a)。图 5-3(b)为 2016 年部分省份煤矿退出产能占比情况,其中山西、河南、四川、贵州四个省区煤矿退出产能占比均超过 9%,而宁夏、北京、广西、新疆等煤矿退出产能占比均不超过 1%。退出的煤炭产能主要分布于我国煤炭产能较小、地质条件复杂、安全生产条件落后、开采年限较长、煤质较差、人口相对稀少和分散的地区。截至 2017 年底,全国煤矿数量大幅减少到 7000 处以下,年产 120 万 t 及以上的大型现代煤矿达到 1200 多处,占全国产量的 75% 以上,30 万 t 以下小型煤矿

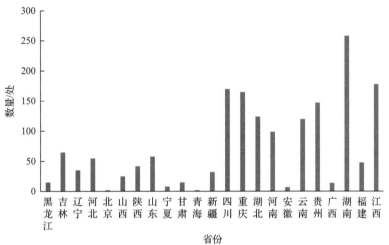

(a) 2016年各省份关闭煤矿数量

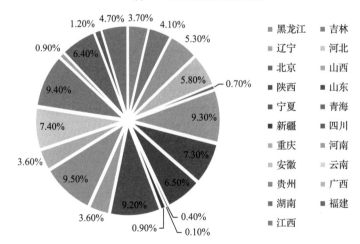

(b) 2016年各省份煤矿退出产能占比

图 5-3 2016 年各省份煤矿退出关闭情况

减少到 3200 处，产能约 3.2 亿 t/a。2018 年完成退出煤炭产能 1.5 亿 t 以上的目标，实现年产 30 万 t 以下煤矿产能减少到 2.2 亿 t/a 以内，截至 2018 年底，全国煤矿数量减少到 5800 处左右，平均产能提高到 92 万 t/a 年左右。

图 5-4 给出了 2016 年关闭退出煤矿分类情况，关闭退出煤矿中国有煤矿产能占 81%，其余为民营或集体煤矿。国有煤矿中，中型及中型规模以上煤矿产能占比为 36%，30 万 t 以下小型规模煤矿产能占比为 45%。

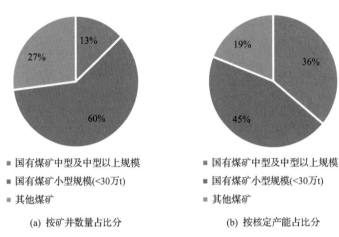

(a) 按矿井数量占比分   (b) 按核定产能占比分

图 5-4 2016 年关闭退出煤矿分类情况

我国矿井退出关闭后，可被开发利用的资源丰富，如土地、矿井水、煤矸石、非常规油气、剩余矿产资源等。据 2016 年数据估算，我国废弃矿井中存有非常规油气约 5000 亿 m³，废弃矿井地下空间资源约 112320 万 m³，废弃矿井土地面积约 56160km²，煤矸石产生量 1.2 亿 t，矿井水产生量 16.61 亿 m³。按照 2016 年我国废弃矿井关闭数量和煤炭产能进行计算，可得到我国废弃矿井主要资源量单位矿井强度和万吨产能强度，其中非常规天然气单位矿井强度 2670.94 万 m³/矿，万吨产能强度 161.57 万 m³/万 t；废弃矿井地下空间单位矿井强度可达 60 万 m³/矿，万吨产能强度 3.63 万 m³/万 t；废弃土地面积单位矿井强度可达 30km²/矿，万吨产能强度 1.81km²/万 t；煤矸石产量单位矿井强度可达 6.66 万 t/矿，万吨产能强度 0.4 万 t/万 t；矿井水产量单位矿井强度 88.75 万 m³/矿，万吨产能强度 5.37 万 m³/万 t；塌陷地面积单位矿井强度可达 0.37km²/矿，万吨产能强度 0.02km²/万 t，具体情况见表 5-1。退出关闭的矿井中存在大量的可利用资源，且资源体量巨大，具有极高的开发潜力，直接废弃不加以利用不仅造成资源浪费，而且可能诱发后续的安全环境及社会经济问题。

表 5-1　2016 年我国废弃矿井主要资源总量及资源量强度

资源类型	资源量	资源量强度	
		单位矿井强度	万吨产能强度
非常规天然气	5000 亿 m³	2670.94 万 m³/矿	161.57 万 m³/万 t
废弃矿井地下空间	112320 万 m³	60 万 m³/矿	3.63 万 m³/万 t
废弃矿区土地面积	56160km²	30km²/矿	1.81km²/万 t
煤矸石产生量	1.2 亿 t	6.66 万 t/矿	0.4 万 t/万 t
矿井水产生量	16.61 亿 m³	88.75 万 m³/矿	5.37 万 m³/万 t
塌陷地面积	700km²/a	0.37km²/矿	0.02km²/万 t

矿区土地复垦可以使开采矿产资源造成的占用和损毁土地得以重新利用，同时加快矿山生态环境的恢复。矿产资源生态环境治理工作需要环境保护与生态修复的意识，需要将生态文明理念融入矿产全生命周期建设中，化被动治理为污染防治与生态恢复并重，不断切实加大矿区生态环境保护与治理的力度。由于长期野蛮的矿产建设和开采活动，形成了大量的历史遗留环境治理问题，尽管国家近年来大力开展治理工作，但总体上我国矿区生态环境治理存在严重的滞后性，生态治理与恢复仍将是突出的重点任务。根据我国煤炭工业发展规划，环境重点治理内容包括：我国内蒙古、宁夏、新疆煤田存在自燃问题；晋陕蒙宁、新甘青规划区井下火区、水土保持等问题；内蒙古东部矿区的草原生态保护问题；京津冀、东北、华东、中南规划区煤矸石综合利用和采煤沉陷区治理问题；西南规划区水污染防治、高硫煤问题；晋城、平朔、神东、准格尔、伊敏河、南桐等备选矿区的生态保护问题；阜新、铜川、徐州、萍乡、淄博、邯郸等衰老矿区的工业污染欠账问题。总体上，面临大量的退出资源问题与生态治理需求。

二、煤矿重大灾害防治战略研究现状

（一）生产员工安全意识有待提升

我国煤量储备比较丰富，煤矿行业占据国家经济建设重要比重。就煤矿企业来讲，对劳动力有着较高要求，产业密集型特点明显，但是生产人员在文化水平上参差不齐，部分生产人员缺乏安全意识，对煤矿资源的了解也比较少。同时部分专业人员可能在多种因素影响下，对安全问题不够重视。由于煤矿企业自身生产环境具有特殊性，要想获得长远发展需具备较强的安全意识和责任意识，并且使生产人员充分认识到安全的重要性，这样才能避免企业在发展中受到经济损害，促进煤矿行业的健康发展。

(二)安全监管有待加强

安全监管属于煤矿生产中的重要环节，但是一些煤矿企业在安全管理上存在一定问题，如职责划分不够明确、部门之间的职能有所重叠、监管效率比较低、执行力度不够、员工的建议难以落到实处、一线员工缺乏话语权等，这些问题的产生主要是由于管理人员在实际工作中态度不够积极，没有认识到员工的实际诉求，引发了生产中安全问题的出现。

(三)安全生产投入成本较少

煤矿在生产过程中，需进行安全生产成本投入，使工作人员的安全得到充分保证，并且加大煤矿在安全生产方面的工作力度，促进煤矿生产整体工作效率的提高。但是在市场经济条件下，煤矿行业比较重视生产效益，对安全生产有所忽视，在一定程度上影响了安全生产的有效开展。

由于煤矿生产中缺少安全成本的投入，生产人员在工作中就需面对较多不稳定因素，这是煤矿出现安全事故的重要诱因。煤矿行业在发展中减少安全生产成本、降低整体成本获取高额利润的做法，会使其安全生产存在较大问题，生产人员的安全也会因此受到影响，在一定程度上使煤矿行业发展受到阻碍。

(四)社会环境的影响

社会环境属于影响煤矿生产中安全性的重要因素。煤矿行业自身的特殊性决定了生产工作具有一定高危性。生产人员在工作中会有畏惧心理，畏惧心理的存在亦会使其在工作中出现安全问题。同时在社会环境影响下，大众对煤矿在安全生产方面的态度始终处于波动状态。

在煤矿发生安全事故时，大众会增加对安全生产的关注程度，而企业也会更重视对煤炭生产中安全问题的解决。当煤炭生产比较稳定时，企业常常会忽视相关信息。针对这一现状，工作人员需在实际工作中加强对安全隐患的排查力度，减少社会因素产生的影响，尽可能避免煤矿在生产过程中出现安全问题。

（五）自然因素和技术装备的限制

我国当前煤炭资源在分布上呈现出不均衡状态，北富南贫、西多东少表现明显。由于煤层一般埋藏比较深，所以我国煤炭行业多数属于井工矿。而多数发达国家是露天矿，这也是发达国家煤炭行业中人员死亡率比较低的重要原因。

煤层在开采时条件比较差，容易产生自然灾害，矿井一半以上具有爆炸性，在地质条件和水文条件比较复杂的情况下，矿井会受到水淹的威胁。截至 2019 年，我国机械采煤率已经达到 96% 左右，其中国有煤矿机械化程度较高。

三、我国及世界各国废弃矿井瓦斯抽采与地下核能技术现状

（一）国内外废弃矿井瓦斯开发现状

随着煤矿生产的不断进行，越来越多的矿井由于储量枯竭等原因而废弃。据中国煤炭工业协会 2020 年 5 月 14 日发布的报告显示，截至 2019 年末，全国煤矿数量减少至 5300 处左右，建成了千万吨级煤矿 44 处、智能化采煤工作面 200 多个。预计到 2030 年，我国废弃矿井将达到 1.5 万处。当煤矿废弃后，约有 50%～70% 的煤炭残留于井下（包括可采煤层和不可采煤层），其中残留、聚集着大量煤层气。在一定条件下，它们从煤中解吸出来而进入采空区，并通过各种裂隙和井筒向地面散发，将造成巨大的资源浪费和国有资产流失，并可能诱发安全、环境及社会问题。煤层气主要成分为甲烷，这种十分强烈的温室气体（是 CO_2 的 21 倍）将不断从这些矿井逸散到大气中，不仅浪费了资源，还污染区域和全球大气环境，造成严重的环境污染。对废弃矿井的煤层气资源进行开发利用将大大缓解我国目前存在的能源短缺问题，并可以最大限度地减少废弃矿井煤层气自然逸散造成的大气污染，国外对于废弃矿井利用较早，但国内最近两年由于袁亮院士提出煤炭精准开发-科学闭坑与灾害治理-关闭/废弃资源综合利用-生态环境恢复美化的全生命周期可持续发展理念，人们才对废弃矿井提高利用意识。

废弃矿井瓦斯开发是于20世纪90年代后期才发展起来的一种新的开发方式,是从已废弃(停采)的煤矿井中将残留、聚集在地下巷道、岩层和煤层中的瓦斯抽取出来并加以利用。

废弃矿井瓦斯开发技术首先在英国取得商业性成功,采出的甲烷用来发电以供地方工业或国家电网使用,或用作工业燃气。目前英国已有几家公司开发出从废弃矿井抽放和利用瓦斯技术,这些公司包括 Akane 能源公司、Octagon 能源公司、Edibnurhg 石油与天然气公司、Evergreen 资源公司、StataGas 煤层气公司等。这些公司已在 Marhkam、Steetly、Shirebook、Silverdale、HemHealth、Bersham 等 6 个废弃矿井建立了商业化地面瓦斯开发基地,Alerton Bywater 和其他公司的新项目即将上马。

英国从20世纪50年代开始在北威尔士郡进行大规模的瓦斯抽放与利用。据估计,英国废弃矿井瓦斯储量约为 2130 亿 m³,其中 1070 亿 m³ 为可开采瓦斯储量。英国废弃矿井瓦斯抽放方式大体有两种:没有充填的废弃矿井或平硐抽放瓦斯;向废弃矿井采空区或井下卸压地区打大直径地面钻孔抽放瓦斯。

2015 年英国所有的井工煤矿已全部关闭,废弃煤矿数量超过 900 个,这些矿井每年涌出的瓦斯量超 9000 万 m³,其中约 7000 万 m³ 的瓦斯被回收并以发电或向工厂、居民供气的形式加以利用,超过 15 个废弃矿井瓦斯发电项目正在运行,装机总量达到 52MW。具有代表性的井西弗达尔煤矿每小时抽气量可达 7315m³,浓度达到 80%以上,抽取的瓦斯供约翰索瓷砖厂用作燃料,设计浓度 50%,实际利用浓度 80%,瓦斯消耗为 1980m³/t。英国 Micromine PLD、Wardell Armstrong 和 Alkane Energy 等公司开发了一套煤炭资源枯竭矿井煤层气可采资源量估算模型。根据所采用抽放设备的性能和规格,该模型也可以模拟可回收气体量及其浓度变化。该模型可用于评估煤炭资源枯竭矿井瓦斯抽采过程中不同吸入压力的抽采效果,如果施加的吸入压力较小就不能获得关闭矿井内全部的可采资源量。

美国是世界上废弃煤矿瓦斯抽采利用商业化最成功的国家之一,美国斯特劳德石油财产公司自 1996 年以来于煤炭资源枯竭矿井 Golden Eagle Mines 利用原有的采动区瓦斯抽放孔进行瓦斯抽采试验,曾利用 6 个抽放孔每天得到约 5 万 m³ 的高浓度瓦斯。根据《2013 美国温室气体排放清单》数据,2011 年美国共建设 38 个废弃煤矿开展瓦斯抽采利用项目,利用的煤矿瓦斯总量约 1.6 亿 m³，其中近 60%的项目分布在伊利诺伊州。美国乌鸦岭资源公司研究发现，废弃矿井瓦斯自然涌出符合双曲线衰减模型。采煤活动停止后，不再有新的煤层暴露面积增加，涌出量逐渐随气体能量的衰减而降低，初期降低速度很快，随后降低速度逐渐变慢。

德国利用废弃矿井抽放的瓦斯在 Ruhr 地区建立了两个示范电站，发电量分别为 5000kWh 和 3700kWh。德国矿业技术公司的昂文·孔茨和拉尔夫·舒伯特对煤炭资源枯竭矿井瓦斯资源量的估算方法进行了研究，并提出了估算煤炭资源枯竭矿井瓦斯资源量的步骤。德国在鲁尔区和萨尔州等矿区开展了废弃矿井瓦斯开发，其中规模最大的斯蒂亚格新能源公司年开发利用废弃矿井约 3 亿 m³，年发电量约 10 亿 kWh，同时供热 4.4 亿 kWh，截至 2010 年底，德国废弃矿井瓦斯综合利用项目总装机容量达到了 175MW。

我国瓦斯开发利用技术主要以从生产矿井未采煤层或卸压煤层中开采瓦斯资源为主，真正意义上的废弃矿井瓦斯开发技术尚处于探索阶段。在国内，铁法矿区 1994 年首次进行了伴随采煤影响的采空区地面垂直钻井开发瓦斯技术试验；中煤科工集团西安研究院（集团）有限公司在 2000 年进行中英政府间合作项目——"中英煤层气技术交流项目"期间开始进行废弃煤矿甲烷资源量评价和抽放技术研究工作，通过对英国、德国的现场考察和技术交流，清楚了废弃矿井瓦斯抽放原理。2001 年公司承担了中英技术合作二期项目——"废弃矿井煤层气抽放与利用"，通过对铜力矿务局王家河废弃矿进行资源评价和现场监测，为进一步的抽放和利用提供必要的技术准备，但未形成成熟的理论及方法。

山西省煤炭地质水文勘查研究院有限公司实施的"山西省煤炭采空区煤层气资源调查评价"项目是国内首次在省级范围内就采空区瓦斯资源情况进行摸底调查，于 2018 年通过验收。依据该项目的主要成果，截至 2017 年底，山西省生产及在建矿井数为 1026 座，关闭煤矿 52 座，共化解产能 4590 万 t/a。估计山西省有开发利用价值的煤炭采空区面积约 2052km²，预测残余采空区煤层气资源量约 726 亿 m³，其中 7 个瓦斯含量较高的矿区（西山、阳泉、武夏、潞安、晋城、霍东、离柳），采空区面积达 870km²，预测煤层气资源量约 303 亿 m³，部分地区资源相对富集，值得开发利用。

晋煤集团沁水蓝焰煤层气有限公司在废弃矿井采空区瓦斯地面开采领域不断探索，自"十一五"开始就已开展了采空区地面井瓦斯相关研究，进行了覆岩移动规律、采空区地面开采的初步研究。截至 2018 年底,在晋城矿区晋圣永安宏泰、岳城、侯村等煤矿和西山矿区屯兰、马兰、东曲等煤矿以及阳泉矿区乐平、红土沟等煤矿共钻井 110 余口,运行 60 余口,单井平均日产气量约 1300m³,年产气量约 0.28 亿 m³,累计利用量 0.82 亿 m³,累计创造产值达 1.56 亿元。

(二)国内外矿井瓦斯抽采技术现状

目前瓦斯抽采技术没有统一的分类标准,主要有按照瓦斯来源分类、按与煤层开采的时间关系分类、按抽采瓦斯的原理分类和按抽采瓦斯工艺方式分类等四种分类原则。

在 18 世纪 30 年代,英国的某个煤矿就率先利用瓦斯抽采技术对煤矿瓦斯进行回收利用,随后英国、日本、苏联和德国都不断尝试抽采煤矿瓦斯。早期美国有十几个生产矿井从治理煤矿瓦斯和经济效益出发,采用采空区钻孔和水平钻孔等技术抽采采空区及工作面瓦斯,抽采煤层气达到 35 亿 m³,并于 1969 年建成第一个采空区瓦斯抽放井。澳大利亚、日本、俄罗斯、德国、波兰、英国和乌克兰等先后采用地面垂直采空区钻孔和井下斜交、水平钻孔等多种抽采方式治理煤矿瓦斯,取得了较好的经济和安全成效。

我国煤炭工业发展已有百余年的历史,在百余年的历史发展进程中煤炭工业取得了极大的进步,尤其是 1949 年后煤炭工业迎来了前所未有的发展。随着我国煤炭工业技术的进步,我国的煤层瓦斯抽放技术也得到了长足的发展,我国煤层瓦斯抽放技术大致经历了五个阶段。

1. 高透气性煤层瓦斯抽放阶段

20 世纪 50 年代初期,抚顺煤田高透气性特厚煤层首次采用井下钻孔瓦斯抽放技术,瓦斯抽放获得成功,解决了抚顺煤田高瓦斯特厚煤层瓦斯抽放的关键性问题。在该煤矿的煤层透气性系数远远小于抚顺矿区其他煤田的情况下,采用类似抚顺煤田的井下钻孔瓦斯抽放技术,没有取得与抚顺煤田相同的抽放效果。

2. 邻近煤层瓦斯抽放阶段

20 世纪 50 年代末,阳泉煤田采用井下穿层钻孔抽放上邻近煤层瓦斯获得成功,解决了阳泉煤田煤层群开采首采煤层工作面瓦斯涌出量大的问题,并且认识到采动卸压可以有效地抽放瓦斯、减少邻近煤层瓦斯向开采煤层工作面涌出的问题。井下穿层钻孔抽放上邻近煤层瓦斯技术在具备抽放条件的矿区得到了广泛应用，取得了较好的抽放效果。

3. 低透气性煤层瓦斯抽放阶段

20 世纪 70 年代，国内科学研究者试验研究了煤层高压注水、水力压裂、水力割缝、松动爆破、大直径钻孔多种强化煤层瓦斯抽放技术；20 世纪 90 年代国内科学研究者试验研究了网格式密集布孔、预裂控制爆破和交叉布孔等瓦斯抽放新技术。

4. 综合瓦斯抽放阶段

20 世纪 80 年代，随着机采、综采，特别是放顶煤采煤技术的应用及采掘强度和开采强度的增大，采煤工作面瓦斯涌出量增加，瓦斯治理难度增大，为了解决采煤工作面瓦斯涌出量大的问题，开始试验实施综合瓦斯抽放技术，即在时间上，将预抽、边抽边采和采空区抽放瓦斯相结合；在空间上，将开采煤层、邻近层和围岩瓦斯抽放相结合；在抽放工艺上，将钻孔抽放瓦斯与巷道抽放瓦斯相结合、井下抽放瓦斯与地面抽放瓦斯相结合、常规抽放瓦斯与强化抽放瓦斯相结合。通过实施综合瓦斯抽放技术，极大地提高了煤矿瓦斯抽放效果。

5. 立体瓦斯抽放阶段

"十五"期间袁亮院士等科学家开展了保护层作用机理的研究，试验研究了被保护层底板巷道上向穿层钻孔瓦斯抽放技术、煤层群多重开采下卸压瓦斯抽放技术、首采层(保护层)顶板巷道瓦斯抽放技术、保护层顶板走向钻孔瓦斯抽放技术、保护层工作面采空区埋管瓦斯抽放技术、保护层掘进工作面边掘边抽技术、地面钻井瓦斯抽采采动区及采空区卸压技术。通过保护层卸压，煤层渗透率增大数十倍至数百倍，为煤层中瓦斯的运移和抽放创造了条件。通过立体瓦斯抽放，矿井瓦斯抽放效果显著提高。

(三)国内外矿井煤炭气化技术现状

1. 国外煤炭地下气化发展现状

苏联是世界上进行地下气化现场试验最早的国家，也是地下气化工业应用成功的国家之一。从 1932 年在顿巴斯建立了世界上第一座有井式气化站开始，到 20 世纪 60 年代末已建 27 座气化站。截至 1994 年，共气化 1600 万 t 煤，生产了 500 亿 m^3 低热值煤气。图 5-5 为苏联煤炭地下气化取得的成果。其中规模较大的是库兹巴斯南阿宾斯克气化站和乌兹别克斯坦的安格连斯克气化站，这两个气化站都采用无井(筒)"通道鼓风式"气化工艺，但生产的煤气热值低、产量不稳定、成本高，煤气主要用于发电或工业锅炉燃烧。在科研力量方面，苏联从事地下气化的研究单位有全苏地下气化研究所和地下气化设计院等 18 个单位，从事开发和生产的工程技术人员达 3000 余人。

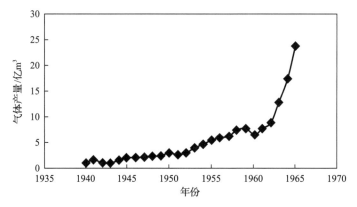

图 5-5　苏联煤炭地下气化取得的成果

20 世纪 50 年代，美欧等开始进行煤炭地下气化试验，但成效不大。20 世纪 70～80 年代，有苏联、美国、欧洲及日本等进行煤炭地下气化试验。美国地下气化试验始于 1946 年，首先在亚拉马州的浅部煤层进行试验，采用有井式方式，利用空气、水蒸气、富氧空气等不同气化剂进行试验，煤气热值为 0.9～5.4MJ/m^3，后因煤气漏失严重而告终。20 世纪 70 年代能源危机，美国组织 29 所大学和研究机构在怀俄明州进行大规模有计划的现场试验。到 20 世纪 80 年代中期，共进行 29 次现场试验，累计气化煤炭近 4 万 t，煤气最高热值达 14MJ/m^3。美国政府资助的项目集中于两种工艺类型，受控注入点后退法(controlled retractable injection point，CRIP)和急倾斜煤层法。其中，劳伦斯利弗莫尔国家实验室开发成功的 CRIP 气化新工艺，是煤炭地下气化技术的一项重大突破，使美国地下煤气化技术居世界领先地位。

西欧国家(英国、德国、法国、比利时、荷兰、西班牙)试图采用煤炭地下气化技术开采深度 1000m 以下和北海海底煤炭。1976 年，比利时和西德签署了共同进行深部煤层地下气化试验的协议，1979 年在比利时成立了地下气化研究所，进行 UCG 实验室研究和现场试验。1978～1987 年，在比利时的图林进行现场试验，气化煤层厚 2m、倾角 15°、深 860m。第一阶段采用反向燃烧法，但试验失败。后来采用小半径定向钻孔和 CRIP 工艺，试验基本成功。1988 年，6 个欧盟成员国组成欧洲煤炭地下气化工作组，进行验证深部煤层地下气化可行性的商业规模示范。1991 年 10 月到 1998 年 12 月，在西班牙 Terul 地区的 Ohiete Arino 煤矿进行现场试验，耗资 1200 万英镑，气化煤层厚 2m、埋深 500～700m、采用石油天然气工业的定向钻孔技术和 CRIP 工艺，气化总时间达 301h。该试验解决了许多技术问题，同时证实了欧洲中等深度（500～700m）煤层实施地下气化技术的可行性。

澳大利亚具有丰富的煤炭资源，在澳大利亚石油资源自给程度逐渐下降的情况下，UCG 商业化前景广阔。澳大利亚主要的 UCG 活动地点在昆士兰、南澳大利亚等地，从事的公司有 Linc Energy、Carbon Energy、Cougar Energy、Clean Global Energy 和 Metro Coal 等。1999～2003 年，Linc Energy 公司在昆士兰琴奇拉的第一个 UCG 半商业化项目取得成功。2006 年后，相继有 Carbon Energy 公司和 Cougar Energy 公司分别在 Wooldwood Creek 和 Kingaroy 开展煤炭地下气化试验。

亚洲国家如印度、巴基斯坦、印度尼西亚、越南和孟加拉国等都积极地进行了 UCG 项目，巴基斯坦在信德省开展 UCG 项目，所生产煤气用来发电，以解决当地的电力短缺问题。越南在红河盆地有 2 个 UCG 项目。

南美洲国家如巴西、智利和哥伦比亚等也在进行 UCG 项目的研究工作。

非洲国家如南非 Eskom 能源公司运行的地下气化站 2007 年 1 月 20 日点火，并于 5 月 31 日进行了煤气燃气发电，煤气流量为 3000～5000Nm³/h；公司气化电站运行目标是装机 2100MW。从 2007 年 1 月 20 日到 2008 年 1 月 20 日气化站共气化煤炭约 3400t，共产煤气 1314×104Nm³，能源回收率达到 80%。

2. 国内煤炭地下气化发展现状

我国在五六十年代参照苏联的"通道鼓风式"地下气化工艺进行了小规模试验，至"文革"终止。1958～1962 年，我国先后在大同、皖南、沈北等多个矿区建立了 16 个实验点，进行自然条件下的煤炭地下气化试验，取得了一定的成果。自 1984 年以来,中国矿业大学继承和发展了苏联的"通道鼓风式"地下气化,形成了"长通道、大断面、两阶段"的地下气化工艺。并且在徐州新河二号井、唐山刘庄矿、新汶孙村矿、鄂庄矿、山东肥城曹庄矿、山西昔阳矿等进行了多次现场试验,获得多项国家专利。1985 年,中国矿业大学在徐州马庄矿遗弃煤柱中进行了现场试验,由此提出了适用于我国矿井煤炭地下气化的"长通道、大断面、两阶段"地下气化新工艺,之后先后用于徐州新河二号井、唐山刘庄煤矿煤炭地下气化工业性试验。2000年以后"长通道、大断面"煤炭地下气化新工艺又先后在山东新汶孙村、协庄、张庄、鄂庄和肥城曹庄,山西昔阳,辽宁铁法和阜新,四川、江苏、河北等多地得到了验证,技术日趋成熟。

自 1999 年以来,中国矿业大学王作棠教授在总结国内外地下气化研究实践的基础上,探索和发展了欧美的"受控注气法"地下气化工艺,并结合我国煤层地质条件和开采工艺特点,提出并实践了"煤炭地下导控气化开采"新技术。该技术能达到产气热值高、稳定性强并可规模化生产的效果。2005 年在重庆中梁山北矿和 2009~2010 年在甘肃华亭安口煤矿成功进行了工业性试验,达到了国际领先水平。其中,中国矿业大学与甘肃华亭煤业集团合作进行的"难采煤有井式综合导控法地下气化及低碳发电工业性试验研究"项目于 2009 年 4 月可行性研究通过专家会议评审,2009 年 5 月~2010 年 5 月完成项目设计、施工建设,2010 年 5 月 4 日正式点火运行和发电机组调试运转,该项目年气化难采煤量 1.8 万 t/a,项目总投资 3000 余万元,日产低富氧蒸汽连续法煤气 20.4 万 m^3/d,煤气热值 1350kcal/Nm^3,煤气可装机 4000kW,工业性试验实际装机 1000kW。2010 年 11 月 22 日由甘肃省科技厅组织专家鉴定,鉴定委员会一致认为:在国内首次采用深冷空分制氧设备制备地下气化剂,生产中低热值水煤气,能作为发电及煤化工的原料气。经专家鉴定认为,在煤炭地下气化领域,达到了国际领先水平,在提高资源回收率、节能减排、降低投资和生产成本方面效益显著。可在全省乃至全国各大矿区的衰老或关闭矿井类似条件下的滞留煤柱、边角块段、"三下"压煤等难采煤层资源开发利用中推广应用,前景广阔。

通过两次工业性试验,探索了复杂条件下,如高硫煤、高瓦斯、严重突出矿井及"三下"压覆滞留煤进行煤炭地下气化的可能性,其自主创新的工作面高效强化导引燃控技术居世界领先水平。该技术能够生产热值从 $4.1\sim$ $10.8MJ/Nm^3$ 的空气煤气、富氧蒸汽煤气、纯氧蒸汽法煤气及两阶段煤气，所产煤气连续稳定，可用于民用、锅炉、燃气发电。

中国矿业大学在重庆中梁山煤电气有限公司和甘肃华亭煤业集团进行的两次工业性试验，是对在复杂条件(如高硫煤、高瓦斯、严重突出矿井)和"三下"压覆滞留煤地下气化开采技术以及煤气发电利用方面的成功尝试，说明利用地下煤炭气化发电技术在产业化中具有可靠前景，也为以后煤炭地下气化的发展提供了依据。

(四)国内外地下核电厂发展现状

1. 地下核电厂发展概述

核电作为一种绿色、安全、高效的战略能源，是清洁低碳能源体系的重要组成部分，在应对气候变化、改善能源结构等方面发挥着不可替代的重要作用。核安全是核电发展的生命线。我国坚持发展与安全并重，实行安全有序发展核电的方针，要求"十三五"及以后新建核电机组实现从设计上实际消除大量放射性物质释放的可能性。全球现有在运核电站中，位于内陆地区的占 50%以上，其中，法国内陆核电占比高达 69%。全球内陆核电运行经验表明，内陆核电对外部环境和公众健康的影响是友好和可控的，内陆核电厂与沿海核电厂具有一致的安全标准，内陆核电厂具有更加严格的放射性液态流出物排放标准。我国目前尚未启动内陆核电建设，所有在运和在建核电厂均位于沿海地区，随着沿海核电厂址资源逐渐减少，我国已有多个省份开展了内陆核电布局及可行性论证。

地下核电厂是一种适于在内陆地区建设的核电厂。地下核电厂(UNP)将反应堆、燃料厂房等核设施置于地下岩体或稳定的山体内，利用洞室围岩的屏蔽作用增加了一道实体屏障，有利于防止严重事故下放射性物质的大规模释放，在核安全及核安保方面具有显著优势。从 20 世纪 50 年代至今，我国及俄罗斯、挪威、瑞典、法国、瑞士、加拿大、美国、日本等均开展了地下核电工程建设和概念方案设计工作(图 5-6)。

进一步地，可将国际地下核电发展划分为如下三个阶段：

(1)早期建设阶段。

从核电发展早期开始，人类即探索将核反应堆置于地下的可行性，苏联、

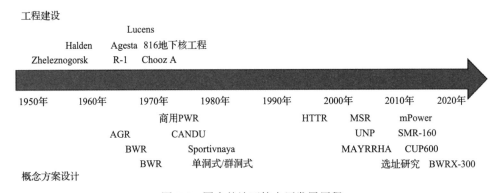

图 5-6　国内外地下核电厂发展历程

挪威、瑞典、法国等于 20 世纪 50～70 年代设计建造了多座小型地下核电厂，验证了地下核电厂的技术可行性，积累了一定的工程经验。

(2) 概念方案研究阶段。

20 世纪 70 年代后，受三英里岛、切尔诺贝利核事故的影响，核能的公众接受度下降，地下核电由工程建设转向方案研究，美国、加拿大等开始探索建造大型商业地下核电站及地下核能联合体的可行性和工程实施方案，开展了选址技术、施工方案和布置方式等研究。

(3) 先进堆型设计阶段。

福岛核事故后，核安全进一步引起世界各国的高度重视，地下核电厂以其良好的安全性再次引起关注。美国提出采用半地下布置的模块式小型堆方案，具有良好的安全性和可扩展性。国内单位完成了大型商用压水堆地下核电厂 CUP600 概念方案设计，深入论证了建设地下核电厂的技术可行性、经济性和安全性，为核电安全发展开辟了新途径。

20 世纪 70 年代后，地下核电研究主要集中在概念方案设计方面。美国、加拿大等开展了大型商用地下核电厂的可行性论证，内容涉及厂址选择、总体布置、事故缓解措施、经济性评估等，形成了单洞式和群洞式两种布置方案，深入论证了地下核电厂的安全性和可行性。福岛核事故后，地下核电相关研究日益增多。美国的小型模块式反应堆方案中，将反应堆置于地下，并通过一体化自然循环设计，进一步增强其安全性。国内相关单位论证了在地下洞室建造大型商用核电厂的可行性，并提出了 CUP600 概念方案，为我国地下核电发展奠定了基础。已有的地下核电概念方案以压水堆为主，大多采用全埋方式，反应堆输出电功率从几兆瓦电力到上千兆瓦电力不等，可满足不同规模的电力需求。

2. 地下核电厂历史状况

(1)苏联。

① Zheleznogorsk 地下核电厂。

1958～1964 年，苏联在西伯利亚建造了 Zheleznogorsk 地下核电厂(原名 Krasnoyarsk-26)，用于钚燃料生产并为该市采矿、化工及城镇居民生活提供电力和热力供应。该地下核电厂由 3 座反应堆(AD、ADE-1 和 ADE-2)组成，采用全埋方式，将反应堆及汽轮发电机等整体布置于花岗岩层中(约 200m 处)。其中，AD 和 ADE-1 的冷却水源为 Yenisey(叶尼塞)河水，ADE-2 采用闭式循环冷却，冷却水未向 Yenisey 河直排。Zheleznogorsk 地下电厂在整个寿期内运行状况良好。

② Sportivnaya 地下核电厂方案。

切尔诺贝利核事故后，苏联将地下核电厂作为进一步提升核电安全的重要举措之一。20 世纪 80 年代初，圣彼得堡海事机械制造局(Malakhit)提出利用 Sportivnaya 地铁站的地下空间(长 250m、宽 22m、高 24m)建造一座核电厂。该地下核电厂采用全埋方式，上方岩层厚度达 100m，通过一条直径约 10m 的倾斜隧道通往地面。整个地下空间包括反应堆洞室(SGS)和汽轮发电机洞室(TGS)两部分。该电厂采用双堆布置，每台机组包括 1 台铅铋冷却快中子反应堆和 1 台汽轮发电机，电厂总功率 440MWe，单台汽轮发电机的输出功率为 220MWe。该电厂的乏燃料厂房位于反应堆洞室旁，同时设置了事故应急冷却系统。

(2)挪威。

① Halden 地下核电厂。

1960 年，挪威建成了 Halden 地下核电厂。该核电厂最初用于发电，挪威放弃核能后，主要用于实验研究，并作为欧洲核能研究项目的组成部分，现隶属于挪威能源技术研究所(IFE)，目前仍在运行。Halden 地下核电厂采用半埋方式，将反应堆埋于地下、汽轮发电机组置于地面。该电厂是最早建于岩石洞室中的地下核电厂。反应堆采用沸水重水堆(BHWR)，热功率为 25MWt。反应堆大厅通过入口隧道与外界相连，入口隧道一侧是人员辅助洞室，反应堆旁建有放射性废物贮存设施。

② 地下气冷堆核电厂方案。

1966～1969 年，挪威完成了两种堆型的 500MWe 商用地下核电厂概念方案设计，反应堆堆型分别为沸水反应堆(BWR)和先进气冷堆(AGR)。该电厂采用全埋方式，将反应堆和汽轮发电机置于山体洞室中。反应堆洞室和汽轮机洞室尺寸分别为 148m×30m×83m 和 106m×16m×23m，该地下核电厂的土方开挖量高达 27.5 万 m^3，对工程施工提出了较高的要求。

(3)瑞典。

① R-1 和 Agesta 地下核电厂。

1964 年，瑞典建成了 R-1 地下核电厂，该核电厂采用半埋方式，主要用于实验研究。核反应堆为天然铀重水反应堆，目前该核电厂已完成退役。同年，瑞典建成了 Agesta 商用地下核电厂。该电厂采用沸水重水反应堆、半埋方式布置，反应堆位于地下，汽轮机等位于地面，主要用于发电和供热。

② 概念方案设计。

20 世纪 70 年代，瑞典先后开展了多个地下核电厂的概念方案设计工作。其中的一个方案是将带有标准安全壳的沸水反应堆修建在带有紧固混凝土衬套的大型地下洞室内。过滤排放系统位于周围岩层中，用以捕集从混凝土衬套泄漏进入岩层中的气体和液体。为了容纳现有的地面核电厂反应堆系统及设备，需建造跨度约 45m 的大型岩洞，为洞室施工技术提出了较高的要求。瑞典提出采用"岩石肋骨"(Rib-in-Rock)技术进行大型洞室挖掘，即在洞室周围的垂直平面上钻设多个肋形结构(小横截面的廊道和填满混凝土的竖井)，可为洞室挖掘提供更加稳固的支撑。采用该技术，即使在岩石质量相当差的情况下，仍能安全开挖大型洞穴。

(4)法国。

Chooz A 地下核电厂由法国和比利时在法国合建。该地下核电厂于1961 年开工建设，1967 年发电，1991 年停闭，目前已启动退役工作。该电厂采用压水型反应堆(PWR)，是首座大功率的地下核电厂，输出电功率305MWe（热功率 905MWt）。Chooz A 地下核电厂采用半埋方式布置，反应堆和核辅助设施位于 2 个独立的地下洞室内，上方岩石覆盖层厚度约

70m，两个洞室之间通过地下廊道连接；汽轮机和发电机位于山谷中。核蒸汽供应系统(NSSS)由西屋公司设计，山顶建筑包括应急堆芯冷却系统和喷淋系统。

(5)瑞士。

1965 年，瑞士在洛桑东北约 30km 处建成了 Lucens 实验用小型地下核电厂，并于 1968 年达到首次临界，该核电厂已于 1988 年退役。该核电厂采用全埋方式，反应堆和汽轮发电机组分别位于两个地下洞室内，之间通过地下廊道连接。反应堆采用重水慢化气冷堆(GHWR)，重水作慢化剂、CO_2作冷却剂，热功率 $30MW_t$，输出电功率 8.5MWe。1969 年 1 月 21 日，Lucens 反应堆压力管发生过热破裂导致 CO_2 泄漏，由于无法有效载出堆芯热量，最终造成堆芯部分熔毁，引起反应堆洞室内放射性水平迅速升高。事故发生后，立即将地下洞室密闭，有效阻止了放射性物质向外释放。事故发生 4 天后，短寿命放射性核素的衰变使洞室内放射性水平降低，专设过滤排放系统启动，过滤排放地下洞室内带放射性的空气。这次事故是全球核电史上首次报道的严重事故。尽管反应堆所在的地下洞室放射性污染严重，但由于地下岩体的包容和保护使本次严重事故向外界释放的放射性核素量微乎其微，没有对公众和外界环境造成危害。

(6)加拿大。

1979 年，加拿大安大略电力公司(Ontario Hydro)提出在安大略湖北岸建造 4 台功率为 850MWe 的 CANDU 堆地下核电厂，并开展了选址、方案设计和施工技术研究工作。该地下核电厂采用全埋方式，4 台反应堆分别位于 4 个直列的大型反应堆洞室内，乏燃料池及辅助设施位于其他小型洞室内。拟定厂址洞室群埋深约 450m，这一深度为堆芯应急冷却系统提供了足够的自然循环压头。反应堆洞室尺寸约 100m×35m×60m，通过岩层、气闸和密封装置与外界隔离。该地下核电厂带有一套安全壳系统，并允许来自受失水事故影响的反应堆洞室的热蒸汽经泄压隧洞膨胀后排放进入反应堆洞室，进而扩大安全壳容积。该地区的岩体为花岗片麻岩，强度较高，为地下洞室施工提供了有力保障。此外，出于景观布置方面的考虑，将汽轮发电机及常规厂房布置于露天开挖的洞室内，屋顶与地面齐平。

(7)美国。

① 商用压水堆地下核电厂概念方案设计。

20世纪70年代,美国开展了大型商用压水堆(PWR)地下核电厂概念方案设计工作,并提出了两种详细的概念设计方案,即单洞式(berm-contained)地下核电厂和群洞(mined-cavern)式地下核电厂。单洞式方案将整个地下核电厂布置在一个穹顶结构内,群洞式方案则将反应堆洞室、汽轮机洞室和辅助洞室平行布置(其中,反应堆洞室尺寸最大,为58m×31m×65m)。该商用地下核电厂带有巨大的地垫结构,可降低地震载荷,进而可适当减小安全壳厚度。辅助洞室布置放射性废物处置装置、新燃料及乏燃料贮存设施以及冷却剂水化学控制装置等。辅助洞室位置低于反应堆洞室,以确保专设安全设施循环泵具有与地面核电厂相同的水头高度。地下核电厂的大型外部设施被半埋在浅基坑中,凸出的部分利用挖掘出来的土壤覆盖,即所谓的挖掘和覆盖(cut-and-cover)建造方式,该方式可降低基坑挖掘和土壤回填的成本。事故缓解系统的设计充分利用地下洞室及岩层的天然特性,在岩床中设置热阱或膨胀区,在事故工况下发挥压力释放、放射性包容和过滤排放作用。该研究指出:即使发生严重的堆芯熔化事故,假设能够维持所有穿透地面的密封,那么任意一个选址方案都能显著减少放射性核素向大气的排放量。

② 地下核能联合体。

2004年,美国洛斯阿拉莫斯国家实验室(LANL)率先提出了地下核能联合体(underground nuclear park, UNP)的概念方案。地下核能联合体是由地下洞室、隧道和洞口构成的一个综合体,可布置多台核电机组,将乏燃料贮存设施与放射性废物处置库一同布置于地下,同时实现发电、乏燃料贮存与处置、产氢等多项功能,可提高燃料利用率、降低放射性废物管理和处置成本,实现更好的规模经济效益。地下核能联合体适合在盐岩或花岗岩中建造,采用隧道掘进机和常规钻爆技术挖掘。地下核能联合体可容纳约18座轻水堆,它们彼此相互隔离,总输出功率达10~20GWe。从地面入口通过几个通道进入地下洞室,洞室最大直径约15m。如果采用高温气冷堆等非水冷却的反应堆方案,可避免向地下洞室引入大量冷却水,从而降低设备在富盐环境发生腐蚀以及事故工况下放射性水排放的潜在风险,可用于发电、制氢或氢电联产。

(8)日本。

棱柱式高温气冷实验堆 HTTR 隶属于日本原子能研究所(JAERI),该堆始建于 1991 年,1998 年达到首次临界,并于 2001 年实现满功率(30MW$_t$)运行,冷却剂出口温度达到 850℃,该堆主要用于实验研究。为了获得更好的安全性,HTTR 采用半埋布置方式,将反应堆、乏燃料池设施埋于地下,辅助厂房、空冷塔等位于地面。HTTR 采用钢制安全壳、棱柱形燃料元件,氦气向下流动通过堆芯,最终通过中间热交换器(IHX)和加压冷却器(PWC)带走热量。

(9)中国。

位于重庆涪陵的 816 地下核工程是迄今为止已知的我国规模最大的地下核工程。816 地下核工程的建造目的是进行民用级核燃料生产及高放废物处置。该工程于 1966 年开始选址、立项,1967 年开工建设,1984 年停工,总工期历时约 17 年。停工时,已完成大部分洞体建设和安装工程。816 地下核工程厂房洞室群水平埋深约 400m,顶部覆盖物厚度约 200m,采用全埋方式,地下洞室群高于乌江河床数十米。整个工程共包括大小洞室 18 个,其中反应堆洞室体积最大。对外设有人员通道、运输通道、通风和排水通道等 19 个洞口。反应堆采用 200MW$_t$ 石墨水冷反应堆,并设有放射性废物处理厂房,可处理放射性废水、乏燃料等。

3. 福岛核事故后地下核电厂发展现状

福岛核事故引发全球对核电安全的担忧,促使世界拥有核电的国家纷纷采取应对策略,重新评估、审视各自的核电厂安全和核能规划。德国、瑞士等计划逐步退出核能发电;印度、意大利、韩国等对核电发展持谨慎态度;美国、法国、俄罗斯等基本延续原有的核电发展战略;我国决定暂停内陆新核电项目审批,在确保安全的前提下,对核电发展节奏进行适当调整。在此背景下,地下核电以其良好的安全性再次引起各国的关注。

(1)先进压水堆核电厂。

① CUP600。

2011 年,陆佑楣院士提出,借鉴水电站大型地下厂房建设经验,将傍水而建的核电站移至山中。2013~2014 年,中国工程院开展了"核电站反应堆及带放射性的辅助厂房置于地下的可行性研究"重点咨询项目。依托该项目,长江勘测规划设计研究院和中国核动力研究设计院进行了大量的现场勘查和模拟分析工作,充分借鉴水电地下工程经验,论证了将大型商用核电厂布置于地下洞室的可行性,并提出了具有完全自主知识产权的 600MW 级大型商用地下核电厂(CUP600)概念方案。项目研究认为:地下核电厂在技术和经济上是可行的,对严重事故工况下防止核泄漏和放射性物质扩散具有更高的可控性。

CUP600 采用第三代先进核电技术,在安全性设计方面进行了变更和改进。包括:提高反应堆的固有安全性;加强应对设计基准事故以及预防和缓解严重事故的措施;满足更高的安全要求,采取在极端工况下缓解严重事故的对策与措施;将核反应堆及带放射性的辅助厂房置于地下,严重事故下将放射性物质包容在地下洞室,大幅度减小对环境的影响。

将大型先进压水堆核电厂建于地下技术可行、经济合理,安全性更高,为我国安全发展核电开辟了新途径,具体体现在如下方面:

a)在技术上是可行的。从核技术方面来说,将核岛置于地下是完全可行的。同时,现有地下工程设计及施工技术完全可满足地下核电站百万千瓦级核电机组的需要。

b)安全性更高。地下核电站增加一道围岩作为实体屏障,可有效抵御恐怖袭击等极端外部人为事件,提高抵御极端自然灾害的能力,抗震性能显著提高,核安保措施简单有效;利用地下洞室的包容性,更容易从设计上实现实际消除大量放射性物质释放的可能性,更利于严重事故工况下对放射性物质扩散的防控,其安全性大大高于第三代核电技术要求,是保障核能安全的重要途径。

c)在经济上是合理的。仅考虑内部成本,地下核电站工程造价的增加少于 12%,是可接受的;可进一步研究将地下核电站地下洞室作为中低水平放射性废物处置场的方案;具备简化或取消场外应急计划的技术基础,可显著降低事故后处置和环境修复的成本;地下核电站可有效利用国土山地资源。

② 华龙一号。

华龙一号是三代压水堆核电厂的典型代表。2020 年 11 月 27 日,我国研发的具有完全自主知识产权的三代压水堆核电华龙一号全球首堆福清核电厂 5 号机组成功并网发电。华龙一号充分借鉴了福岛核事故的经验反馈,基于成熟技术集成了众多先进技术特征,独创性地采用了"能动+非能动"

相结合的安全设计理念及双层安全壳技术,在安全性上满足国际最高安全标准要求,能够实现堆芯应急冷却、二次侧余热排出、堆内熔融物滞留和安全壳热量导出等安全功能,在保证可靠性的基础上显著提升了电厂的安全性,平衡了经济性。

华龙一号设计寿命 60 年,采用单堆结构,服务厂房以核岛为中心紧密布置,可实现灵活布置、节省用地成本。反应堆堆芯布置 177 组我国自主研发的 CF3 燃料组件,相对之前采用的 157 盒组件构成的堆芯,将核电厂停堆换料时间间隔延长为 18 个月,并提高了堆芯输出功率,降低了堆芯线功率密度。华龙一号核岛设计地面最大加速度为 0.3g,机组厂房设计尽量采用刚度、质量较为均匀的布置,使结构尽量匀称,全面提升了抗震能力。华龙一号的全部设备均已实现国产,所有设备国产化率达 88%,完全具备批量化建设能力。

以非能动安全系统作为高效、成熟、可靠的能动安全系统的补充,华龙一号采取多种手段确保核电厂安全。其中,能动系统在核电厂偏离正常时,能高效可靠地纠正偏离。非能动系统则利用自然循环、重力、化学反应、热膨胀、气体膨胀等自然现象,在无须电源支持的情况下保证反应堆的安全,使设计更加简化。能动技术和非能动技术相结合,能够充分发挥能动安全技术成熟、可靠、高效的优势,和非能动安全技术不依赖外力的自有安全特性,符合目前核电技术发展的潮流。

华龙一号采用双层安全壳设计。在正常运行和事故工况下,对内部事件而言,可保护反应堆冷却系统免受外部灾害影响;对台风、大飞机撞击等外部威胁而言,可以保护反应堆冷却剂系统免受外部灾害的影响。在正常运营和紧急情况下,双层安全壳都为人员提供辐射防护。在经济性方面,华龙一号也具有一定的优势。美国 AP1000 和法国 EPR 的单位造价为 6000～7000 美元/kW,俄罗斯 VVER 单位造价约为 4000 美元/kW,华龙一号预算造价不超过 2500 美元/kW。

(2)模块式反应堆地下核电厂。

① 小型模块式反应堆(SMR)。

近年来,小型模块式核反应堆(SMR)成为美国核能领域重点发展的堆型之一。2013 年,Babcock&Wilcox 公司提出了一个小型模块式反应堆概念方案,以解决偏远地区的能源供应问题。该堆采用低富集度核燃料(5%,质量分数)、一体化轻水堆和蒸汽发生器设计,反应堆功率在 135～750MWe,反应堆安全壳完全置于地下,核辅助厂房位于地面,设置有非能动安全系统,具有良好的固有安全性、较好的灵活性和可扩展性。预计一座模块化 mPower反应堆在其整个运行寿命期内预计可减少 CO_2 排放达 5700 万 t,具有良好的环境效益。该地下核电厂采用半埋方式,将 4 台模块化 mPower 反应堆放置于地下,汽轮发电机及辅助厂房位于地上。单个模块化单元的高度约为22.86m,直径约为 4.57m。

② 模块式高温气冷堆。

模块式高温气冷堆和在此基础上发展起来的超高温气冷堆(VHTR)是第四代先进核能系统重点研发的堆型之一,是现有各类反应堆中工作温度最高的堆型,具有优异的固有安全性,可实现热电联产、核能制氢等高温工艺热利用,是核能多用途发展和综合利用的重要途径之一。模块式高温气冷堆采用包覆颗粒燃料元件,具有优异的耐高温性能,在无须任何堆芯应急冷却的条件下,反应堆能够实现自然散热,可实际消除堆芯熔化和大量放射性物质释放的可能性。模块式高温气冷堆的重要用途是高效率发电和热电联产。在反应堆出口温度达到 700～750℃ 的条件下,可结合在反应堆二回路的蒸汽循环,实现亚临界、超临界和超超临界发电,效率高达 40%～48%。可通过汽轮机抽气,实现热电联产,用于 100～400℃不同参数的工业和民用供热市场。超高温气冷堆的出口温度高达 800～1000℃,可用于更高温度的核能热利用。其中,最具吸引力的是热分解水制氢,从而大幅拓宽核能的应用范围。氢是一种重要的工业原料,在合成氨、合成甲醇、石油精炼、氢冶金、煤液化以及气化等领域得到了大规模应用。氢还是未来理想的二次能源或能源载体,可通过燃料电池技术的使用推动交通能源的升级。

HTR-PM 的球形燃料元件直径 60mm,由约 12000 个包覆燃料颗粒弥散在石墨基体中制成。包覆燃料颗粒采用 UO2 核芯,从内向外依次包覆了疏松热解碳层、内致密热解碳层、碳化硅层和外致密热解碳层。

HTR-PM 的核蒸汽供应系统堆芯直径 3m,高 11m,其中约有 420000 个燃料球。反射层采用耐高温石墨,冷却剂氦气从反应堆顶部流过堆芯,然后通过一个内衬保温材料的同轴双层连接结构,流入和反应堆肩并肩布置的蒸汽发生器。冷却后的氦气由布置在蒸汽发生器壳顶部的氦气循环风机加压后通过同轴连接结构的外层流回反应堆，形成一个封闭的反应堆-回路循环。新燃料元件由顶部装入堆芯，从底部卸料管卸出。卸出的燃料元件如果未达到预定的燃耗深度，则再送回堆内使用。

我国高温气冷堆技术历经跟踪、跨越和自主创新的发展历程，目前在商业规模模块式高温气冷堆核电站技术领域处于国际领先地位，已掌握高温气冷堆的全套关键技术。建成并运行了 10MW 高温气冷实验堆 HTR-10，球床模块式高温气冷堆 HTR-PM 即将建成投产。在示范工程建设过程中，攻克了主要技术及设备制造难关，相关关键技术实现了国产化。HTR-PM 年发电 14 亿 kWh，可为 200 万居民提供生活用电，减少 CO_2 排放 90 万 t，具有显著的经济和环保效益。

4. 地下核电厂的技术优势和发展趋势

国内外地下核电工程和研究充分表明：将核电厂建设于地下是安全的、可行的，在阻挡放射性物质释放和缓解严重事故后果方面具有独特的优势，可进一步提高核电厂的安全性，是核电安全发展的有效形式，对碳中和、碳减排战略的实施具有重要推动作用。福岛核事故后，以模块式反应堆和先进压水堆为代表的先进核能技术的发展，进一步提高了核电的安全性。将大型先进压水堆核电厂建于地下在技术上是可行的，安全性更高，可获得较好的综合经济效益，为我国安全发展核电开辟了新途径。

地下核电厂的技术优势主要体现在以下几方面：

(1)有助于进一步提高核电的安全性。

与地面核电厂相比，将核电厂部分或全部建造于地下矿井或非采空区基坑，可充分发挥地下矿井洞室围岩对放射性物质的包容特性，为核反应堆增加一道天然的安全屏障，从而更利于放射性物质扩散的防控。事故工况下，专设安全设施可有效缓解和控制事故后果，进而从设计上实现实际消除大量放射性物质释放的可能性，提高核电厂的安全性和防核扩散能力。地下矿井核电厂对商用大飞机撞击等极端外部事件和冰冻、地震、台风等极端自然灾害具有更强的抵御能力，同时可减小对环境的辐射影响，排除场外应急，使核安保措施得以简化。如果将地下矿井核电厂与放射性废物处置和贮存设施同址建设，建造地下核能联合体，可进一步改善核废物的存储和管理条件，提高反应堆运行安全裕度和放射性废物处置安全。

（2）有助于增强公众对核电的接受度。

地下矿井核电厂的核岛厂房建造于地下矿井或基坑内，可显著降低放射性物质释放风险，减小对人员健康的潜在威胁，同时远离公众视野，能够在一定程度上消除公众对核事故的担忧，提高公众对核电安全的信心。即使发生严重事故，也能有效阻挡放射性物质向外界环境扩散，具备取消场外应急响应区的条件，避免严重事故中采取针对公众的大范围场外应急措施。如果采取将乏燃料贮存装置和处置库与地下矿井核电厂同址建设的方案，可取消乏燃料运输，减少公众对乏燃料运输安全的担忧。地下矿井核电厂在施工建造阶段对厂址周围环境影响较小，对厂址周围环境和景观具有一定的提升作用。地下矿井核电厂扩大了内陆核电厂址的选址资源，有利于解决我国核电厂址紧缺的问题，是内陆核电发展的可取方案。

（3）有利于实现核能综合利用、获得规模经济效益。

我国废弃矿井资源丰富，开发利用潜力巨大。预计截至 2030 年，我国废弃矿井数量将达到 15000 处。废弃矿井仍赋存大量的可利用资源。将地下核电厂建设在废弃矿井中，能大幅降低土地征用成本和地下洞室的施工挖掘成本，降低初始建设成本。作为内陆核电厂址的可选方案，地下矿井核电厂同时可降低输电线成本，减少电力输送损耗。可适当降低地下矿井洞室结构和设备相关的抗震设计标准，从而降低抗震设计成本。充分利用地下矿井的通风、排水等工程设施，以节约建设成本。将地下矿井核电厂与煤化工产业园相结合，既可作为工业园区的自备电厂，又可提供高品质蒸汽，实现热电联产、热气联产及核能制氢等高温工艺热利用，提高工业园区的经济效益。未来如能依托地下矿井建造地下核能联合体，可节省放射性废物的运输、管理和处置成本，并可大幅减少巨额的退役费用。

通过对国内外地下核电发展状况的调研分析，可知地下核电呈现出如下发展趋势：以进一步增强核电安全性为牵引，采取多种堆型并行发展的策略，以大型商用压水堆地下核电技术、小型模块式反应堆地下核电技术为突破口，开展选址技术论证和可行性分析，进一步推进地下核电方案设计和工程建设。在反应堆方面，国内外拥有成熟的压水堆设计、建造和运营经验；模块式小型反应堆具有良好的固有安全性和经济性，可解决内陆偏远地区的电力供应、满足分布式电网需求。将地下核电厂建设与废弃矿井资源综合利用、煤化工产业相结合,可进一步提高经济效益。与此同时,将核反应堆与乏燃料后处理设施、废物贮存库等协同布置于地下,建设地下核能联合体,依靠科学合理的循环系统,实现发电、产氢及乏燃料最终处置等多种功能,较好地平衡经济与环境利益。

第二节　废弃矿井瓦斯抽采与地下气化关键技术

一、国内外废弃矿井资源开发利用

(一)废弃矿井资源开发利用概况

废弃矿井分类利用可以分为以下几个方面:废弃矿井生态文明开发、废弃矿井地下空间开发利用、废弃矿井遗留煤体资源开发利用、废弃矿井地下水资源开发利用、废弃矿井气油水光互补能源开发利用六大方面。

1. 废弃矿井生态文明开发

废弃矿井生态文明开发主要可归纳为景观型开发模式、功能型开发模式和区域转型开发模式三大类。英国1998年开建的伊甸园项目,罗马尼亚1992年的图尔达盐矿改建项目以及德国著名的鲁尔工业区转型等分别证明了废弃矿井生态文明开发的可行性,并为国内的废弃矿井生态文明相关设计开发提供思路和经验。

2. 废弃矿井地下空间开发利用

废弃矿井地下空间开发利用包括以下几个方面。

地下储气库型开发:将天然气重新注入地下,可以为应急供应、调峰供气服务,也可以作为能源战略储备。主要有枯竭油气田和岩穴储气等方式,根据国际燃气联盟(IGU)数据,目前全球地下储气库达672处,其中废弃油气田储气库达498处,盐穴地下储气库90多座,2019年我国地下储气库达27座,调峰供气能力超过102亿 m^3,大幅增长44%,创历史新高,可见地下储气库是地下空间开发的一种重要模式;地下原油存储是近年来兴起的一种新兴石油储备方式,相比地面金属罐储存,地下储库具有安全性高、运行成本低、火灾风险低、气温恒定等诸多优势。

核废料处置场地型开发:核废料处置的核心是阻止放射性同位素逃逸到

空气或者水中，确保环境安全及人类健康。利用废弃矿井储存核废料模式主要是将废弃物处置与采矿充填开采工艺相结合，利用开采后的工作面空间充填核废料，可以满足长期稳定封存的需要。

地下实验室型开发模式：废弃矿井地下实验室主要集中在废弃金矿和铀矿，主要以开展深地科学实验为主，比如寻找暗物质、研究中微子和宇宙射线实验等。

另外，储存普通物资、开发大型办公地点和储存重要物资、封存二氧化碳、井下培训、开发地下竞技场也都是废弃矿井地下空间的有效利用方式。

3. 废弃矿井遗留煤体资源开发利用

遗煤煤炭资源开采目前主要集中于遗留煤柱和遗留边角煤的开采，目前主要可行方式是充填置换开采和地下气化，需要解决好废弃矿井遗煤充填开采"遗留煤柱-充填体-顶板岩层"的耦合承载机理以及多场耦合条件下地下煤炭气化对煤柱、围岩、覆岩及地表沉降特征的影响等多项关键技术问题。

4. 废弃矿井地下水资源开发利用

矿井关闭后，随着矿井排水系统停止，矿井采空区水位上升，矿井水将被井巷中的污染物污染，特别是金属矿山矿井水残留的重金属如铁、铜以及煤矿关闭后矿井富含的有机物质和酸性物质，被污染的矿井水通过采动裂隙、断层、封闭不良钻孔污染上部各含水层，且溢出地表造成大面积地表水的严重污染，并引起区域地下及地表水化学场的变化，废弃矿井水如何利用主要取决于其化学和物理性质是否达到饮用水或灌溉水标准，此外从高浓度酸性水中置换回收金属和有机物也是废弃矿井地下水利用途径之一。

5. 废弃矿井气油水光互补能源开发利用

废弃矿井气油水光互补能源开发是利用废弃矿井内的瓦斯、油、压缩空气、地下水、地热能和太阳能等资源进行发电，根据各自的运行特点，研究在气油水光协调互补运行模式下，满足电网发电要求，以最大限度利用废弃矿井的气油水光资源等。

我国废弃矿井资源开发利用潜力巨大，战略目标、路径已出炉，但仍需相关政策的大力支持。需要对废弃矿井地下空间资源分布、数量等基本信息进行系统调研，构建我国废弃矿井资源库；综合考虑地质、管道、安全、经济、环境等因素下建立废弃矿井改建油气储库、放射性废物处置库选址原则；同步开展废弃矿井改建油气储库、放射性废物处置库的改造技术研究；适时启动废弃矿井建设油气储库、放射性废物处置库选址评价；优选有利目标，前期开展先导性试验，并建立国家工程示范基地，推动废弃矿井规模化应用。

6. 废弃矿井地下核电站开发利用

地下核电厂将反应堆、燃料厂房等核设施置于地下岩体或稳定的山体内，利用洞室或围岩的屏蔽作用增加了一道实体屏障，有利于防止严重事故下放射性物质的大规模释放，在核安全及核安保方面具有显著优势。从 20 世纪 50 年代开始，我国及苏联、挪威、瑞典、法国、瑞士、加拿大、美国、日本等，均开展了地下核电工程建设和概念方案设计工作。国内相关单位论证了在地下洞室建造大型商用核电厂的可行性，并提出了 CUP600 概念方案。罗琦院士、钮新强院士出版了专著《地下核电厂概论》，为我国地下核电发展奠定了研究基础。已有的地下核电概念方案以压水堆为主，大多采用全埋方式，反应堆输出电功率从几兆瓦电到上千兆瓦电不等，可满足不同规模的电力需求。

国内外地下核电工程和研究表明，将核电厂建设于地下是安全的、可行的，在阻挡放射性物质释放和缓解严重事故后果方面具有独特的优势，可进一步提高现有核电厂的安全性，是核电安全发展的有效形式，对碳中和、碳减排战略的实施具有重要推动作用。福岛核事故后，以先进压水堆、模块式高温气冷堆为代表的先进核能技术的发展，进一步提高了核电的安全性，将先进核电技术与地下核电建设相结合，进一步凸显了地下核电在安全性方面的优势。

(二)废弃矿井资源主要开发利用模式

1. 直接能源开发模式

废弃矿井遗煤资源充填开采关键技术，揭示结构充填的耦合承载机理，提出结构充填体承载能力的调控方法，为结构充填技术参数与指标的合理设计提供依据，开展结构充填体在压缩、拉伸、剪切和弯曲等条件下的加载试验，构建结构充填体的基础力学参数库，探究结构充填体失稳破坏的响应特征，分析结构充填体形态、强度、高度、宽度和高宽比等因素对失稳破坏的影响规律，对比分析结构充填体-煤柱群、结构充填体-顶板、结构充填体-煤柱群-顶板的承载性能与变形特征，探究结构充填承载体系的稳定特性，揭示结构充填耦合承载的本质机理，研究内置钢筋、掺和纤维、对拉锚索和外置锚网等手段对结构充填体系承载能力的调控效果。运用三维地形可视化方法实时分析结构充填区域内地表沉陷的监测数据，综合评价结构充填沉陷防控的效果，反演分析结构充填的合理宽度、高度、位置、强度和形态等技术指标，科学设计结构充填的工艺参数，为结构充填沉陷防控提供技术支持。

2. 剩余煤炭气化开发技术

我国矿井开采历史悠久，由于开采方法及开采装备等的历史性限制，去产能矿井内存在大量的遗弃煤炭资源。研究地下煤炭气化高效转化的耦合机制，分析地下气化的影响因素及适用条件的评价方法，构建成熟的地下气化开发利用技术体系，并从资源利用效率、经济、环保等方面探讨去产能矿井煤炭地下气化开发利用的潜力、价值、综合利用途径和商业模式。

自从煤炭气化的设想提出以后，英国、美国、苏联等先后进行了煤炭地下气化试验研究及开发工作。我国也于 20 世纪 50 年代开始进行地下煤炭气化研究与试验，并取得了一定成就。如今，依托于去产能矿井的巨大空间资源进行煤炭地下气化的研究工作，变产煤为产气，必将给我国煤炭资源开发战略增添新的活力。

(1)对我国去产能矿井适用于煤炭地下气化的资源进行全面评估，从国家层面对资源进行整合，建设煤炭地下气化产业示范区。

(2)成立国家级煤炭地下气化实验中心和工程研究中心，产、学、研相结合，进行产业化关键技术的研发与攻关，形成具有我国自主知识产权的去产能矿井地下气化技术体系。

(3)成立国家级去产能矿井地下煤气化行动小组，统筹国内地下煤气化技术的实施，制定发展策略和发展规划，制定中长期去产能矿井煤炭地下气化关键技术开发及产业化计划。

(4)去产能矿井非常规天然气(AMM)开发利用。去产能矿井煤层气抽采包括地面钻井、井下密闭及预留专门管道抽采。我国在煤矿关闭时，基本未采取任何措施预留抽采管道。克服当前难题，基于多场耦合理论实现非常规能源的智能精准开发，变产煤为产气。

(5)中国 AMM 赋存特征复杂，研究筛选煤炭开发五大区(晋陕蒙宁甘区、华东区、东北区、华南区、新青区)内的去产能矿井，分析评价不同区域 AMM 资源二次成藏机理与分布特点，科学评估我国 AMM 资源量。

(6)系统调研煤炭采掘与瓦斯抽采历史、煤层特征、资源条件等，建立 AMM 资源量评价模型。结合 AMM 赋存参数特征，构建 AMM 产气量预测模型及其经济性评价指标体系，定量评估 AMM 的极限开采量和经济价值。

(7)重点发展 AMM 开发利用的基础理论与关键技术，探索适合国内 AMM 开发利用可行性技术方案，建立国内 AMM 开发利用示范基地，形成 AMM 开发利用顶层设计与战略规划指导体系，建立健全 AMM 开发利用政策支撑体系。

(8)去产能矿井水资源智能精准开发。以五大区为研究对象，分析去产能煤矿区域地下水系统和地下水环境特征，基于多场耦合智能精准开发去产能矿井水，变产煤为产水。

(9)构建去产能矿井含水层污染缓解体系。在五大区还有一定抽水条件的去产能矿井，仍然坚持抽水与封堵较大导水通道相结合，使含水层水位保持较低水平，减少矿井水的形成。

(10)建立无抽水能力矿井群污水处理中心。矿井水水位上升会造成地下水系统污染，为此根据五大区地下水和煤系地层特点，将矿井水导入标高较低的采空区(可以是去产能矿井群的最低且比较大的采空区)，实现污水处理后分质利用。

(11)深化采空区地下水库开发。在"导-储-用"为核心的煤矿地下水保护利用理念上，未来需按照不同的地质条件，进一步研究采空区空间规模储水，在采空区水库设计思路方面取得新突破。

常规煤炭地下气化(UCG)的方式，是指通过化学的方法，将处于地下的残煤采用煤炭地下气化方式进行有控制地燃烧，通过对煤的热作用和化学作用产生主要成分为 H_2、CO、CH_4 的可燃煤气。1888 年，苏联化学家门捷列夫在世界上首次提出煤炭地下气化的设想，并指出了实现工业化的基本途径。苏联多年的实践表明，UCG 技术可以实现工业生产，位于乌兹别克斯坦的安格连斯克气化站自 1961 年以来一直运行至今，产生的合成气供安格连电厂使用，无论在经济成本、环境改善方面都具有良好的效果，是当今世界煤炭地下气化技术的成功范例。英国、美国、德国、法国等世界许多国家都开展过煤炭地下气化技术的研究和工业性试验，进入 21 世纪，在 UCG 领域有明显进展的是澳大利亚、英国以及南非。

近年来，国外又发展了生物法开采煤炭的方法，开发的目标产物主要为甲烷。这种方法本质上也是一种煤炭地下气化技术，可以实现残煤或不可采煤层煤炭资源的回收利用，但是其过程是在接近于周围环境的条件下发生的，与常规的煤炭地下气化相比，反应条件更加温和，降低了气化炉等装置和设备的材质要求，减少了高温合成气的净化过程等，受到各国广泛重视。此类技术的开发源于国外近年来的研究发现，许多煤矿中都含有大量的甲烷，而这些甲烷中的很大一部分是由食煤细菌制造的。近几年，研究者们对不同细菌协同消化煤炭、生产甲烷的机理进行了探索，并研究了这些细菌需要生长在何种煤层环境、依靠何种营养物质、如何抑制其他种类细菌生长等问题。美国未来能源公司则已利用相似的技术，在美国怀俄明州一座原本不含甲烷的煤矿中，生产出了甲烷。最近也有关于无须借助其他微生物，即能够在较短时间内将煤炭中的甲氧基芳香族化合物直接转换成甲烷的产甲烷菌新发现，这种产甲烷菌是从深层地下环境中发现的。

3. 储能模式

当前，我国油气储库规模和能力严重不足，地下储库作为能源系统重要的基础设施，具备现实需求。同时，随着核电机组的大规模建设，未来数十年运行将产生近百万立方米放射性固体废物。目前我国还没有专门处置核电厂放射性固体废物的处置库，很多核电厂的暂存库只能超期暂存废物。根据我国关于放射性废物处置的法律法规、标准规范，去产能矿井可以用于处置放射性固体废物。未来，可围绕核电厂所在区域，就近选择去产能矿井进行评估，建设放射性废物处置库。

(1) 从国家层面统一规划油气存储、放射性废物处置设施布局，出台去产能矿井地下空间利用政策和指导意见，形成去产能矿井改建油气储库、放射性废物处置库国家战略与利用规划方案。

(2) 根据去产能矿井的不同类型及特点，在综合考虑地质、管道、安全、经济、环境等因素下建立去产能矿井改建油气储库、放射性废物处置库选址原则与评价优选方法。

(3)同步开展去产能矿井改建油气储库、放射性废物处置库的建设条件、改造技术研究,针对不同类型去产能矿井进行油气地下储库、放射性固体废物库的工程改造技术、密封技术、经济性和安全性评价方面开展专门的技术攻关。

4. 多能互补+储能模式

在"双碳"目标驱动下,储能作为支撑新型电力系统的重要技术和基础装备,其规模化发展已成为必然趋势。2021年4月21日,国家发改委、国家能源局发布了《关于加快推动新型储能发展的指导意见(征求意见稿)》,在"十四五"开局之年,从国家层面发布这样一部针对储能产业的综合性指导意见,毫无疑问将对未来储能产业规模化发展产生深远影响,政策一经发布便引发储能乃至能源行业各方关注。

与新型储能存在职能交叉的供应能力中,抽水蓄能几乎可以等同视之,而火电在调峰等方面也具有强替代性。抽水蓄能经历较长沉寂之后,在电价机制的向好刺激下,进入了崭新的发展阶段。常规水电对新能源的调节能力,虽已有水光互补的成功实践,但尚未得到应有重视和充分认知。火电特别是煤电存量巨大,且仍处于增量发展阶段,其灵活性改造空间依然可观,风火打包也为现实所证明有效可行。在发展新型储能之时,替代供应能力以其技术成熟性、经济适用性、安全可靠性应作为优先开发利用的资源,避免顾此失彼。同时,技术攻关需要发力,加速提升新型储能成熟度。因此废弃矿井基于抽水蓄能与多种能源互补的课题将得到进一步发展。

5. 多能互补+供暖/制冷模式

国外利用废弃矿井水回收地热能资源的项目也有较多报道。其中最早开发的是加拿大的Springhill项目,该项目曾经获得过1990年加拿大的能效奖。但是该项目进展较慢,到目前一直没有扩大规模。目前商业化开发最为成功的是荷兰的海尔伦煤矿,已经从1.0进入3.0时代,也受到了广泛的关注。该项目一期工程在2008年开发,二期项目于2013~2014年开发,三期项目已经由单纯利用矿井水中的地热转化成在矿区周围的一个内循环系统,并且从单一的利用地热逐渐扩展到地热能利用、光伏发电、生物质发电、余热利用等多种能源互补开发利用的模式。支持资金也由荷兰政府扩大到欧盟。这种综合开发利用运营模式值得借鉴。

在许多成功案例中,从矿井水抽取的地热能资源是为利用废弃矿井地上或地下空间建立的采矿展览馆(加拿大新斯科舍省乐佩克坎艾姆煤矿)、地下宴会和音乐厅(挪威康斯博格银矿)等建筑物来供暖的,这就实现了废弃矿井地下空间及矿井水、地热能等多种资源的协调开发利用。

国外废弃矿井水地热能开发利用影响较大的项目主要包括荷兰海尔伦市(Heerlen)废弃煤矿矿井水地热能利用项目和加拿大温泉坡镇废弃煤矿地热能开发利用项目。

(1)荷兰海尔伦市废弃煤矿矿井水地热能利用项目。

荷兰海尔伦废弃煤矿矿井水地热能利用项目位于荷兰的海尔伦市,利用Oranje Nassau煤矿井下矿井水作为主要能量介质,为周边现有和新建建筑物供冷(夏季)和集中供暖(冬季),即实现区域供热供冷。

项目发展背景与目标:海尔伦市位于荷兰东南部的林堡省,历史上曾主要是农业城市。19世纪后期以来,海尔伦一度成为荷兰的矿业中心,煤矿产业逐渐在当地兴起,解决了数千人的就业问题,更为城市发展带来了勃勃生机。在全盛时期,海尔伦市曾有Oranje NassauⅠ、Oranje NassauⅢ和Oranje NassauⅣ三座大型生产煤矿。但自20世纪70年代以来,受北部格罗宁根省天然气产业的影响,再加上本身设备成本较高,在竞争中不敌外国煤矿,这几处大型煤矿不得不关闭,最后一座煤矿大约于1975年关闭。煤矿关闭使得就业机会大幅减少,造成人口外流,加剧城市经济的衰落。煤矿关闭后,井口被封闭,煤炭开采留下的坑道和大量巷道被水淹没,成为当地一块块难看的伤疤。但同时,地下巷道中的矿井水也是一种很好的天然地热源,矿井越深,水温越高。正是在矿业城市转型发展需求的推动下,催生了这一有助于推动本地社会、经济、环境和能源等方面协调和可持续发展的项目构思。项目得到海尔伦市政府的大力支持,拟实现的目标包括:

①长期最大化利用地热能,实现建筑物的可持续性供暖和供冷;

②将废弃矿井热能资源利用纳入到《海尔伦市可持续能源发展规划(2024年)》(碳中和城市)中;

③依托公司运营,建设成功的商业化案例,实现长期(±25年)的投资回报;

④促进本地就业;

⑤依托本地教育和研究机构,不断提高社会参与度与居民的可持续发展意识。

项目发展历程:1999 年,海尔伦市提出了把废弃矿井水作为能源资源开发的初步构思。在 2000~2003 年,对这一构思进行了立项论证,并通过欧盟 Interreg IIIB 计划和荷兰国家能源研究补贴计划(EOS)为项目的开展筹措到部分资金。2004 年,海尔伦市政府决定启动 Minewater 项目。2004~2008 年,开展了矿井水系统的研究和设计以及钻井试验和主干管网建设等工作。2008~2009 年,海尔伦市政府同意成立一家公司以及筹备项目的未来商业化运作等相关事宜。2008 年,Heerlerheide 综合中心(HHC)接入矿井水系统;2009 年,中央统计局办公室办公楼接入。2009~2011 年,市政府围绕矿井水商业化开发开展了经济可行性研究以及风险评估分析工作。2011 年,市政府最终决定全额出资成立一家独立的矿井水公司。2012~2013 年,“矿井水 2.0”复合可持续能源基础设施项目开展了概念设计与工程施工工作,并新接入了 APG(养老基金数据中心)和 Arcus(阿卡斯)学院两处建筑。2013 年 12 月,矿井水公司(Mijnwater B.V.)成立。2014 年之后,项目进入“矿井水 3.0”时代。

“矿井水 1.0”阶段,综合各方信息来看,2013 年 5 月以前该项目均处于“矿井水 1.0”阶段,主要是开展矿井水区域供热供冷的初步调查与试验探索。这一时期,在岩巷中钻了 5 口井,其中,2 口(HH1 和 HH2)位于海尔伦市的北部,深度在地表以下 700m,用来抽出地下 28℃的热水,于 2006 年 2 月开始施工,6 月完毕,随后在 7 月进行了成功测试;2 口(HLN1 和 HLN2)位于海尔伦市的南部,深度为 250m,用来抽放温度约为 16℃的冷水;第五口井(HLN3)位于海尔伦市的中部,深度 350m,用来回注温度 18~22℃的冷却后的热水以及升温后的冷水。同一时期,还建成了总长度约为 8km 的矿井水系统主干网,通过这一主干网将矿井水中的能量输送至与之连接的建筑物能量站。该主干网由三套配水管网构成,其中一套为隔热水管,用于输送从热水井 HH1 和 HH2 抽出的热水;第二套为非隔热水管,用于输送从冷水井 HLN1 和 HLN2 抽出的冷水;第三套为非隔热式回水管,用于将用过的冷/热矿井水回送到回注井 HLN3。能量站位于终端用户侧,通过热交换器实现能量交换。热水被冷却 10℃,冷水升温 6℃。

2012 年以前，仅有热水井 HH1、冷水井 HLN1 以及回水井 HLN3 投入使用，为中央统计局办公室以及 Heerlerheide 综合中心(住宅、超市、办公室、公共设施，餐饮)两个终端用户供能。

这一阶段，项目存在很多的局限性，例如储能介质只有矿井水，可能存在能量和压力不足等问题；功能较为单一，不能充分地按需供能，只在夏天制冷、冬天供热，能量在不断被消耗衰减；不同建筑物之间不能进行热交换等。

"矿井水 2.0"阶段是对"矿井水 1.0"的升级，初步实现了智能化集中控制，并自 2013 年 6 月开始投入运行。升级的内容包括：

能量交换：在建筑集群内部建设局域管网，局域网内不同建筑物间可进行即时能量交换；已有的主干管网与各分布在各处的局域管网进行能量交换；通过这种方式，每一栋建筑由原来的单一耗能者变为身兼耗能者和供能者两种身份。建筑物在从局域网接收热量的同时向局域网供冷，供局域网中其他需要制冷的建筑使用。局域网的另一个重要优势在于，它是一个闭环系统，可以使用清水，无须使用诸如不锈钢(AISI 316)或塑料(PE 或 PP)等能防止矿井水腐蚀的特殊材料，使用铸铁水管以及对矿井水进行简单处理即可，可以极大地节省局域管网的成本。

能量储存和再生：将热水井 HH1 和冷水井 HLN1 作为抽水井来向主干管网供热及供冷。剩余的热能和冷能分别通过原来的热水井 HH2 和冷水井 HLN2 回注到矿井水库中进行储存。原来的回注井 HLN3 仅在个别情况下启用。

多联产：矿井水系统的能量容量有限。为了实现海尔伦市可持续能源发展规划目标，在该矿井水区域供热供冷系统中，将会增加使用其他可再生能源资源例如生物质能/太阳能(光伏和热)以及余热等。换句话说，"矿井水 2.0"阶段把该单纯的矿井水区域供热供冷系统发展成复合多联产区域供热供冷系统。目前已经提出了多种方案，有些已经取得一定进展，例如增加生物质热电联产以及新增数据中心的余热闭环回收利用设施。所有这些附近的能量源将会就近与对应的局域管网连接，为所在局域网提供冷热能，还可通过主干管网为其他区域供冷和供热。

增加压力和热容量：已经采取的措施包括更换冷热水井水泵；使用加压系统；利用现有的回水管来补加和处置热矿井水；把新接入的建筑 Arcus 和

APG 建成闭环局域管网集群，并在每一栋建筑内加装循环泵，用来实现局域管网内不同建筑间以及与主干管网的能量交换；在部分集群安装增压泵；在冷热水注入井采用了先进的注入阀。

基于需求的全自动控制：根据能量需求，实现温度、流量和压力三个水平上的全自动控制，并通过中央监控系统以及互联网实现可视化操作及相关监测。

"矿井水 3.0"阶段主要是落实"矿井水 2.0"阶段的一些未完成的升级措施，并通过对供需双侧的智能化控制，实现各建筑物集群间以及与主干管网间的实时能量交换和储存，最终实现各集群的能量自给自足。

项目中的关键技术：项目中的区域制冷供热系统自 2008 年初步建成投入运行至今，经历了近十年的发展，正在朝着智能化供能管网的方向发展，其中的关键技术为智能区域制冷供热控制器。该控制器被设计为具备自学 (self-learning) 能力，可以分析历史数据，预测未来行为并发出相关指令且进行操作。例如，如果系统中心接入了太阳能集热器，控制器就会进行评估并将收集到的能量送到适当的缓存区或建筑。通过智能控制器的操作，提升区域能源效率。

项目获得的外部支持资金情况：在"矿井水 1.0"阶段，项目建设、试验运行共计耗资约 1960 万欧元，其中，欧盟提供的相关资金中，Interreg IIIB 计划资金 640 万欧元，欧盟第六框架计划下 EC REMINING-lowex 项目资金 350 万欧元；荷兰国家相关资金中，能源研究补贴计划资金 30 万欧元，UKR Unique Opportunity Regulation 资金 60 万元，城市整修投资预算资金 (ISV Investment budget City Renovation) 130 万欧元，林堡省资金 40 万元；其他来源资金还包括海尔伦市投资资金 200 万欧元，海尔伦市股份资金 510 万欧元。

项目的管理和运营：在概念提出、论证、试验项目建设阶段，主要是受海尔伦市政府推动，并与海尔伦市能源发展规划、废弃煤矿区的修复及二次开发利用等综合考虑，试验项目的资金来源主要包括欧盟、荷兰经济事务部、林堡省以及海尔伦市政府。项目试验运行阶段，海尔伦市政府筹划并全额出资成立矿井水公司以公用事业单位的身份来运营管理该项目；海尔伦市政府计划在条件成熟时退出，该项目将由公用事业性质转变为完全基于市场供需的商业化运作。

项目中向建筑供暖和制冷有两种可能的收费方式，一种是建筑业主 (能源消费方)支付一定的固定费用，便可以接入矿井水系统，在日常生活中自行操作热泵装置采暖，类似于购买热泵等装置，再分摊一部分设备的运营费用；而另一种则是各项相关供能设备(例如热泵和调节锅炉房)归矿井水公司所有，由其进行运行管理，通过项目中采用矿井水供能替代燃气锅炉、电冷装置所节省的费用以及满足海尔伦市严格的城市能源要求的条件下所节省的相关改造费用归矿井水公司所有。

项目效益：该项目的开发有着长远的社会效益，为欧洲乃至全球废弃矿井地热能的开发利用发挥了重大示范作用。该项目对海尔伦市社会和经济复苏有着重大战略意义，有利于带动本地的经济恢复，促进本地就业。同时，该项目也因在地热能开发领域的创新之举而于 2015 年 3 月获得欧洲地热能利用协会(EGEC)颁发的"2015 欧洲地热能创新奖"。该项目的实施，还有着良好的环境效益。通过矿井水地热能的开发利用，可以减少区域内建筑物群体对传统化石能源的需求和使用。项目中，仅矿井水抽放和冷热水循环过程中需要用电，而这些电力可以通过太阳能光伏发电来满足，这一过程的温室气体排放量也基本可忽略。

(2)加拿大温泉坡地区废弃煤矿地热利用项目。

项目概况：该项目位于加拿大新斯科舍省东北部的坎伯兰县温泉坡地区，主要是探索利用废弃煤矿矿井水中的地热为本地供热和制冷。项目于20 世纪 80 年代提出，经历了 30 余年的发展，由最初的局部小规模开发逐步向跨区域规模化开发利用方向发展。根据对已公开资料的不完全统计，至今已有十来个不同小工厂和社区单位使用地热，包括罗帕克塑料厂(Ropak Can Am Ltd.)、苏勒特蓄电池公司(Surette Battery)、社区中心(Community Centre)、GOVRC Workshop 协会(GOVRC Workshop Association)、新斯科舍社区学院(NSCC)和 Delight 比萨店(Pizza Delight)等。

项目发展历程：温泉坡镇位于加拿大新斯科舍省的东北部，有着悠久的煤炭开采历史，到 1849 年煤炭开采业已成为当地的主要工业，并一直持续到后来煤矿关闭。温泉坡镇因煤矿工人聚居而建。该地区曾因拥有北美地区最深煤矿(1323m)而著称。1958 年的一次浅部地震损毁了地下的大片煤矿坑道，并使近 200 名矿工被困井下。救援工作持续了十几天，最终 100 名被困矿工获救，74 名矿工遇难。这一事故最终导致该地区的煤矿被关闭。煤矿关闭后，原先的井下巷道逐步充水并被淹没，煤矿开采旧址的主体部分被规划用于工业园区开发建设。该地区共开采过五个煤层，对 2 号煤层的开采尤为集中。到 1958 年煤矿关闭后，2 号煤层累计开采长度达到 4400m，垂直深度达 1320m。2006 年基于 GIS 信息的评估显示，2 号煤层的采空区矿井水容量约为 5582588m³。

由于拥有大量的废弃煤矿，在 20 世纪 80 年代废弃煤矿地热能的开发一度成为该地区的一个热点话题。1984 年，该地居民拉尔夫.罗斯向温泉坡镇政府提议，对当地废弃煤矿井下的热水进行开发利用，一方面可以为室内供暖，另一方面可以促进本地的就业。镇政府对此较为认可，并基于这一提议向原加拿大联邦能源和矿产资源部地球物理分部（现已划入加拿大地质调查局）申请到一笔资金，用于废弃煤矿矿井水热泵系统的开发，这笔资金随后被用于相关可行性研究。1986 年，布斯工程公司完成了相关可行性研究。1987 年，向 1 号和 2 号煤层工作面中钻了 5 口试验井，其中 2 口投入使用并为原 NSP 大楼即现在的健体中心供暖。1988 年，罗帕克塑料厂向 2 号和 3 号煤层坑道中共钻了 2 口井进行地热利用。1989 年，苏勒特蓄电池公司向 1 号和 2 号煤层所在工作面分别钻了 2 口井。到 1989 年后，该地区曾一度成为废弃煤矿矿井水地热能开发利用方面的全球领军者。1990 年，Delight 向 6 号和 7 号煤层所在工作面钻了 2 口井。1992 年，该镇街道钻了 3 口井。1993 年，钻了 2 口井。2004 年，钻了 4 口井为社区中心供暖。随后还有多家企业和机构表达了参与项目开发的兴趣和意愿。2006 年，新斯科舍省能源部和自然资源部以及温泉波镇政府联合组织了对该地区废弃煤矿中地热资源的系统评估。2012 年，坎伯兰能源局（CEA）成立，统筹推进该地区可再生能源的开发，包括温泉坡地区废弃煤矿矿井水地热的开发利用。2015 年 11 月，坎伯兰能源局发布了一份针对该地区地热绿色产业园的报告，旨在为该地区废弃煤矿矿井水地热能系统开发利用招商引资。

该项目的开发得到政府部门的大力支持。虽然项目的进度与规划相比滞后较多，特别是自 20 世纪 90 年代后期之后，但是进入新世纪后，地方的可再生能源政策成为了项目发展的重大推动因素。2006 年 9 月，新斯科舍省能源部长 Bill Dooks 在绿色能源大会上公开承诺将提高该省可再生能源的供应比例，即到 2013 年该省至少 20% 的电力来自风能、潮汐、太阳能、水电和生物质能等。2010 年，新斯科舍省政府发布了新的"可再生电力计划"，提出进一步减少化石能源电力，到 2040 年把可再生能源电力比例提升至 40%。新斯科舍省政府致力于推动偏远地区经济以及绿色技术行业发展，并推出可再生能源发展的政策，为温泉坡地区废弃煤矿矿井水地热的开发利用注入了新动力。

项目的管理与运营：1985 年，温泉坡镇政府成立了一个地热委员会，由 1 名政府财务人员、1 名企业代表和 1 名工程技术人员组成，负责温泉坡镇废弃煤矿矿井水地热开发项目的推进和实施。该地热委员会一直运行到 1991 年，见证了矿井水地热开发利用项目从概念走向建成实际工程并投入运行的全过程。1992 年，成立了一个专职的地热委员会来开展相关工作，推进整个加拿大以及欧洲和日本等地区和国家地热资源的开发利用。随着项目的推进，范围不断扩大，最终涉及跨区域（镇）相关项目，同时，综合考虑其他能源资源的开发利用，地方政府不断加大协调力度，成立更高规格的机构来开展工作。2012 年，坎伯兰县帕斯伯勒镇和原温泉坡镇达成协议，联合成立了坎伯兰能源局，来统筹推进该地区可再生能源的开发，包括温泉坡地区废弃煤矿矿井水地热的开发利用。

开发利用相关技术：项目中主要采用了地源热泵技术，建成了区域供热制冷系统。

项目效益：罗帕克塑料厂是温泉坡地区废弃煤矿矿井水地热开发利用的第一个受益者。本书以该公司为目标对象，结合公开材料，分析项目的经济性。

罗帕克塑料厂是一个小型地方企业，有员工 130 多人，专门为农业和渔业生产塑料包装箱具。当时，该公司拟扩建厂房，在原有的 6039m² 基础上再扩大 7432m²。新老厂房的取暖设施成为该厂扩建和生产成本的一个重点环节，而廉价的地热是一个很不错的选择。温泉坡镇地热委员会于 1986 年开始了工程研究工作，随后在 1987～1988 年打了试验井，并建成了首套矿井水地热供热制冷系统。

这套系统主要由两口竖井、管路以及井下联通巷道组成的闭合回路（图 5-7）。从地面往原来开采 2 号煤层和 3 号煤层的矿井中心打了两口竖井，其中：原来开采 2 号煤层的为一个斜井，以 30°的坡度向下伸延了约 4000m；两个老矿井在地下通过几条坑道相通，形成一个天然的封闭循环系统。新打的取水井建在老 2 号井 140m 深处，以 4L/s 的流速把地下热矿井水抽上来，送往厂房。在冬季，矿井水温度约为 18℃，经给厂房供热后冷却到 13℃，随后被回注到 3 号煤层老矿井里重新加热;在夏季,地面温度高于地下水温,矿井水又可以为厂房空调制冷。共安装了 11 台 Delta 水-空气式热泵,用于冬季供热和夏季制冷,其中:10 台安装于新建的厂房内,1 台用于办公区供暖以及为生产过程供应清洁用水。

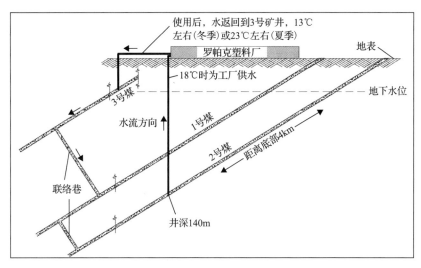

图 5-7　罗帕克塑料厂矿井水地热系统图

打井费用约 15000 加元,由温泉坡镇政府出资。罗帕克塑料厂新厂房的矿井水地热供暖制冷系统造价 110000 加元,而采用传统化石燃料(如燃煤和燃油)时此类系统造价为 70000 加元。

采用了新系统后,罗帕克塑料厂每年节省能源费用约为 65000 加元(相比常规系统),扣除运行维护费用(包括热泵用电)后年总计节约费用超过 45000 加元,相当于节约了 600000kWh 电力,其早期投资很快就得到了回报。除了节省了大量用能花费外,地热是一种清洁能源,替代了燃煤和燃油,还能减少大量的二氧化碳排放以及其他污染物排放,环境效益较为可观。

此外,这套系统的安装及投入使用还带来其他附加效益。新的空调系统提供了更为舒适健康的工作环境,工人缺勤率大幅下降。同时,系统维护期间的停机时间也大大减少,提高了生产效率(1989 年提高 9%)。工人对新系统的青睐反过来又促使工厂后来对旧厂房进行了地热系统改造。

1990 年,罗帕克塑料厂的这一创新性地热开发利用项目获得加拿大电气协会颁发的能效工业奖。

这套系统在技术和经济性方面均较为成功。罗帕克塑料厂随后对旧厂房也进行了矿井水地热系统改造。罗帕克塑料厂使用地热能源的成功经验使温泉坡镇政府和当地的其他企业受到了鼓舞。温泉坡镇在废弃老煤矿的旧址上建立了温泉坡地热开发区。

6. 地下核电站开发方案

(1)概述。

高温气冷堆核电厂单机组由核岛、常规岛和电厂辅助设施(BOP)等组成。核岛主要由反应堆厂房、乏燃料厂房、核辅助厂房、电气厂房、柴油发电机房、氢气储罐厂房等组成;常规岛主要由汽轮机厂房及其辅助厂房、冷却塔等组成;此外还有若干电厂辅助设施支持整个机组的生产运行。

从核电工程安全及经济合理性的角度分析,地下核电厂应尽量减小地下部分的规模。因此,从厂房功能和系统安全级别方面分析,将地下核电厂建筑物划分为地下和地上两部分。核电厂中涉核建筑物与核安全直接相关,安全级别高,应尽可能布置在地下或者半地下。常规岛及其他辅助厂房为非涉核建筑物,不直接影响核安全,安全级别相对较低,且汽轮机发电机组、冷却塔等建筑物的尺寸较大,宜布置在地上。

充分利用我国自主研发的高温气冷堆核电技术,利用现有 20 万 kW 高温气冷堆示范工程及 60 万 kW 高温气冷堆在设计、设备制造、工程建设中的经验反馈,对核岛进行优化和适应性修改,研发提出高温气冷堆地下核电厂,使其适用于国内现有废旧矿坑厂址,实现土地空间的再利用,为社会提供更大的经济价值。

(2)布置原则。

在高温气冷堆核电厂成熟技术的基础上,根据地下核电厂需要与运行环境的变化,对地上核电厂的布置及工艺流程进行适应性调整后,综合厂址地形、地质条件等确定高温气冷堆地下核电厂总体布置原则:

① 采用模块化单机组布置,有利于设计的标准化以及采用更先进的三废处理工艺,减少机组间的相互影响,便于核电厂的运行和维护。

② 建筑物的布置要满足核电厂各系统功能的要求,实现实体隔离,防范假设性起始事件的发生,确保尽量减少外部极端事故对安全相关物项的影响,确保能承受设计基准事故的影响,满足可建造性、可运行性和可维护性要求。

③ 各个工艺系统和设备按照不同的安全功能分区，确保安全功能的实现；厂房合理划分放射性区域和非放射性区域，保证辐射防护功能的实现。

④ 核岛中涉核建筑物及设备应尽可能布置在地下，且尽可能紧凑布置，非涉核建筑物可布置在地上，以减少地下建筑物的规模。

⑤ 宜将压力容器及蒸汽发生器舱室整体布置于地平线以下，可避免商用大飞机恶意撞击。

⑥ 反应堆厂房与汽轮机厂房间距宜尽可能短。

高温气冷堆地下核电厂核岛厂房布置还应遵循下述基本准则：

① 强防护区的建造应尽可能紧凑，并且出入口的设置应尽可能少。

② 应尽可能将反应堆厂房布置在核电机组的中心位置，方便与其他厂房的接口设置。

③ 反应堆厂房的设备舱口位于合理的位置。

④ 反应堆厂房与电气厂房之间的连接区应足以布置电气密封件（贯穿件）。

⑤ 核辅助厂房与反应堆厂房的连接区需尽可能宽，满足密封件（贯穿件）等的布置需求。

⑥ 乏燃料厂房及燃料输送通道应与其他区域隔离，并设置独立的出入口。

⑦ 放射性污染区与非放射性清洁区应尽可能实体隔离。

⑧ 电气厂房 A、B 列应分区域布置，采用水平隔离措施或竖向隔离措施。

⑨ 每个厂房设置至少两个应急出入口用于各种事故情况下的人员疏散。

(3)总体布置方案。

① 主要厂房。

根据布置位置不同，地下核电厂分为地上建筑物和地下建筑物两类，地下与地上建筑物划分见表 5-2。

表 5-2　高温气冷堆地下核电厂地下与地上建筑物划分

项目	类型	建筑物名称
核岛	地下厂房	反应堆厂房、乏燃料厂房、核辅助厂房
	地上厂房	柴油机厂房、电气厂房、附属厂房
常规岛	地上厂房	汽轮机厂房、辅助厂房、冷却塔
BOP 系统	地上厂房	三修综合厂房、化工品库、应急指挥中心等核电厂配套设施

a) 20万 kW 高温气冷堆地下核电厂主要厂房。

反应堆厂房、乏燃料厂房及核辅助厂房按功能分为一回路堆舱、核辅助系统、乏燃料储存系统三大功能区,整个厂房结构为一整体结构,三大功能区之间不设缝,结构体系是抗震墙结构,整个厂房平面呈倒 L 型。

常规岛、BOP 系统等仍采用地上核电厂的布置方案,均参照总体布置原则和相关规程规范要求,将汽轮机厂房就近布置在反应堆厂房北侧靠近主蒸汽管道出口,并与反应堆厂房之间留有一定的安全距离。

根据 20 万 kW 高温气冷堆地下核电厂现有堆型,结合工程实际,建筑物各主要厂房尺寸见表 5-3。

表 5-3　20 万 kW 高温气冷堆地下核电厂建筑物主要尺寸

建筑物	尺寸(长×宽)/(m×m)	总高度/m	地上/m	地下/m
反应堆厂房	44.3×34.5	69.50	22.6	46.9
乏燃料厂房	34.5×24.5	61	14.1	46.9
核辅助厂房	44.8×28.0	46.9	—	46.9
电气厂房(地上)	42.6×49.0	15.90	15.90	—

b) 60万 kW 高温气冷堆地下核电厂主要厂房。

60 万 kW 反应堆厂房为圆形厂房,乏燃料厂房布置于反应堆厂房西北侧,核辅助厂房与电气厂房围绕反应堆厂房布置。附属厂房为独立的地上建筑物,服务于核岛厂房。

常规岛、BOP 系统等仍采用地上核电厂的布置方案,均参照总体布置原则和相关规程规范要求,将汽轮机厂房就近布置在反应堆厂房东侧靠近主蒸汽管道出口,并与反应堆厂房之间留有一定的安全距离。

根据现有 60 万 kW 高温气冷堆核电站现有堆型,结合工程实际,建筑物各主要厂房尺寸见表 5-4。

表 5-4　60 万 kW 高温气冷堆地下核电厂建筑物主要尺寸

建筑物	尺寸(长×宽)/(m×m)	总高度/m	地上/m	地下/m
反应堆厂房	53(直径)	80.4	33	47.40
乏燃料厂房	29.95×27.7	62.5	14.7	47.80
核辅助厂房及电气厂房	97.8×50.8	38.55	—	38.55
附属厂房	97.8×21.65	27.95	19.25	8.70

② 总体布置的基本形式。

厂区内涉核建筑均为地下建筑物，其他建筑均为地上建筑。总体布置以核岛厂房为中心展开，汽轮机厂房就近布置在主蒸汽管道出口外侧，与核岛厂房呈 90°布置。电气厂房、附属厂房、柴油发电机房等贴临反应堆厂房布置，方便电缆进出走线及人员进出。其他厂房、常规岛、BOP 厂房均参照总体布置原则和相关规程要求，按功能分区布置在地面。

综合高温气冷堆工艺系统布置特点，同时考虑抗商用大飞机撞击、设备运输、防飞射物等外部因素提出将原厂房 28.100m 层反应堆检修大厅设置为地坪层的高温气冷堆地下核电厂半埋式方案。

a）20 万 kW 高温气冷堆地下核电厂布置方案。

总体布置时，尽量保证原有 20 万 kW 高温气冷堆核岛厂房工艺系统及厂房布置大体不变的情况下将反应堆厂房、乏燃料厂房、核辅助厂房采用半埋式方案，将反应堆厂房下移 28.1m，28.100m 标高调整为地坪层现标高±0.000m，与其相连的核辅助厂房、乏燃料厂房相应下移 28.1m，地下室埋深由 18.6m 调整为 46.7m。电气厂房、常规岛、BOP 系统等仍采用地上核电厂的布置方案（图 5-8）。

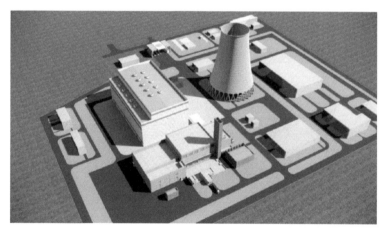

图 5-8　20 万 kW 高温气冷堆地下核电厂效果图

b）60 万 kW 高温气冷堆地下核电厂布置方案。

总体布置时，尽量保证原有 60 万 kW 高温气冷堆核岛厂房工艺系统及厂房布置大体不变的情况下将反应堆厂房、乏燃料厂房、核辅助厂房、电气厂房、附属厂房采用半埋式方案，将反应堆厂房下移 28.1m，28.100m 标高调整为地坪层现标高±0.000m,与其相连的乏燃料厂房、核辅助厂房、电气厂房、附属厂房相应下移28.1m,地下室埋深由19.3m调整为47.4m。在地坪层整个核岛厂房群场地四周设置实体挡水堰,水堰上设置金字塔形金属桁架。柴油发电机房、常规岛、BOP系统等仍采用地上核电厂的布置方案(图5-9)。

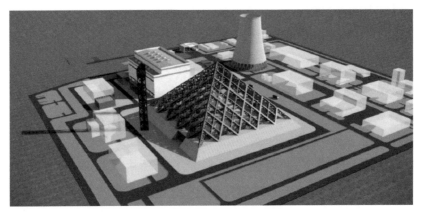

图5-9　60万kW高温气冷堆地下核电厂效果图

(4)核岛地下厂房布置。

① 布置形式。

a)20万kW高温气冷堆核岛地下厂房布置形式。

反应堆厂房为地下建筑群中心,核辅助厂房、乏燃料厂房均环绕其布置,反应堆厂房原标高28.100m,反应堆检修大厅下移28.1m,28.100m标高调整为地坪层现标高±0.000m。与其相连的核辅助厂房、乏燃料厂房相应下移28.1m,地下室埋深由18.6m调整为46.7m,形成地下核电厂布置方案(图5-10)。

反应堆厂房布置一回路舱室、燃料装卸系统、一回路压力泄放系统、新燃料系统、主蒸汽、主给水系统等。

乏燃料厂房用于燃料中间贮存,内设乏燃料储存井、乏燃料操作间、乏燃料通风设备间、乏燃料配套电气设备间及乏燃料检修间等。

核辅助厂房位于反应堆厂房南侧,为两个反应堆共用的厂房,主要布置了氦净化与氦辅助系统、厂用水系统和设备冷却水系统、放射性废物处理系统、新燃料贮存库、反应堆厂房和核辅助厂房的进排风系统、卫生出入口等。

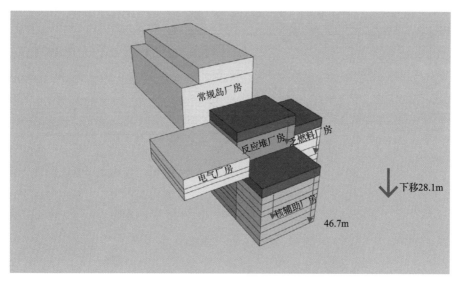

图 5-10　20 万 kW 高温气冷堆地下核电厂概念方案

(a)抵御大飞机撞击、防水淹等抗外部事件方案研究。

反应堆厂房两座反应堆舱室和蒸汽发生器舱室组成的一回路舱室、燃料装卸系统、一回路压力泄放系统、吸收球系统、新燃料装料间等全部位于地坪以下，可避免商用大飞机恶意撞击。

下沉后的核辅助厂房原屋面降至地坪以下，考虑到雨水的排放以及场地洪水倒灌至核辅助厂房屋面，从而进入核岛厂房，造成水淹灾害。在原核辅助厂房屋面新增一层工艺房间，使其屋面高于地坪层，以解决水淹问题。但由于反应堆厂房空冷塔正处在新增层的标高范围内，所以将空冷塔以及反应堆厂房整体适当抬高。

(b)人员疏散方案研究。

由于核岛厂房将 28.100m 层检修大厅下沉至地坪层，对厂房的整体疏散做了调整，调整后正常运行状况下人员可通过电气厂房电梯及楼梯下到核辅助厂房–20.600m 层，通过卫生卡进入核岛厂房，通过各厂房内楼梯或电梯到达不同标高层进行检修。应急状况下反应堆厂房内的各层人员均可通过疏散楼梯疏散至检修大厅至地表安全出口；乏燃料厂房人员可通过附设于厂房外侧的楼梯直接从各层到达地坪层，疏散至厂房外部安全区域或通过乏燃料厂房与反应堆厂房之间的门疏散至反应堆厂房进而疏散至室外；核辅助厂房内各层的人员可通过疏散楼梯直接到达地坪层，疏散至厂房外部安全区域；电气厂房人员可通过疏散楼梯疏散至地表安全出口(图 5-11)。

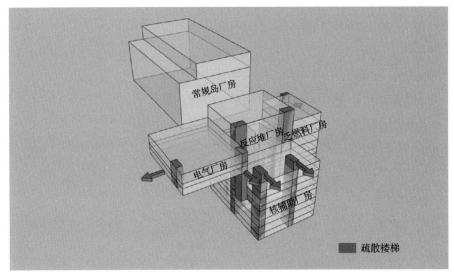

图 5-11　20 万 kW 高温气冷堆地下核电厂竖向交通分析

(c) 设备运输及吊装方案研究。

由于核岛厂房将 28.100m 层检修大厅下沉至地坪层,对厂房设备运输及吊装方案做了调整,调整后反应堆厂房地坪层外墙处设置设备运输门,可直接连通室外,既可作为安装期间设备运输门,又可作为大修期间主氦风机及其他设备运输门使用。设备在进入厂房内以后的垂直运输问题可通过设在厂房内的吊装孔解决。

乏燃料厂房与反应堆厂房之间设运输门,与反应堆厂房连通作为乏燃料厂房疏散及相关设备的运输通道。同时厂房内还设置了供乏燃料转运的专用运输通道,使燃料可直接从乏燃料操作间运至地坪层。

核辅助厂房原有吊装间抬升至屋顶作为设备垂直运输通道,设备进入厂房后经由吊装间吊至不同标高层。

电气厂房为地上建筑,设备进入厂房后,通过电气厂房内吊装孔转运至不同层。

(d) 管廊、管井设置方案研究。

核岛厂房整体下沉后,厂房与外部连接的管道等需要总体考虑调整方案。在 20 万 kW 地下高温堆总体布置时,便着重考虑了主蒸汽主给水管廊、氦气管廊、送风机房通风竖井等部位的总体设计。

原 20 万 kW 高温气冷堆设计中,主蒸汽、主给水管道从 5.000m 层出核岛厂房,厂房整体下沉后,为使工艺系统管线布置更加合理,需在主蒸汽、主给水管穿出反应堆厂房进入汽轮机厂房之间的路径上设置管廊及管井。管廊现标高−28.100m，全部埋于地下，与反应堆厂房、汽轮机厂房紧密连接。

核辅助厂房原标高 14.500m 层为送风机房，通风口由原标高 14.500m 层外墙设通风百叶，调整为现标高−13.600m 层，取消百叶，改为通风竖井直通至核辅助厂房屋顶层以上。

核电站运行期间，需要氦气供给，原 20 万 kW 高温堆核电站中氦气储罐位于乏燃料厂房与核辅助厂房夹角处，氦气管线直接进入核辅助厂房内。在 20 万 kW 高温堆地下核电厂总体布置中，氦气储罐为地上建筑，而核岛厂房下沉后氦气管道进厂房的高度变为−28.100m，需要在氦气储罐区下设氦气垂直输送管井，连通至−28.100m 层。

b) 60 万 kW 高温气冷堆核岛地下厂房布置形式。

反应堆厂房为地下建筑群中心，乏燃料厂房、核辅助及电气厂房、附属厂房均环绕其布置，厂房采用半埋式方案，反应堆厂房下移 28.1m，28.100m 标高调整为地坪层现标高±0.000m，与其相连的乏燃料厂房、核辅助及电气厂房、附属厂房相应下移 28.1m，地下室埋深由 19.3m 调整为 47.4m。

圆形反应堆厂房布置总体保持不变，包括反应堆压力容器、蒸汽发生器、热气导管、主氦风机、堆内构件、控制棒系统、一回路仪表、一回路压力泄放系统、吸收球系统、舱室冷却系统、反应堆压力容器支承冷却系统、屏蔽冷却水系统、蒸汽发生器事故排放系统、燃料装卸系统、燃耗测量系统等。

主蒸汽管道通过在地下深度为−19.850m 层次的管道与汽轮机厂房相连通。主给水管道在−22.600m 层直接通过管廊进入汽轮机厂房。

乏燃料厂房用于燃料中间贮存，乏燃料厂房−13.600m 以下主要为乏燃料储存井，−13.600m 为乏燃料操作间，±0.000m 层为乏燃料通风设备间、乏燃料配套电气设备间及乏燃料检修间。

核辅助及电气厂房围绕反应堆厂房设置，主要包括新燃料供应系统、氦净化与氦辅助系统、燃料装卸系统(气路部分)、一回路活性测量系统、气体采样分析系统、放射性液体废物处理系统、负压排风系统设备间、屏蔽冷却水系统设备间、放射性流出物检测间等。

(a)抵御大飞机撞击、防水淹等抗外部事件方案研究。

在核岛厂房群四周设置长宽各 160m、高 10m 挡水围堰，可有效抵御洪水对核岛厂房的影响，围堰缺口处设置水密门，平时满足设备运输及人员通行的需要。在围堰上设金字塔型钢桁架,可有效抵御大飞机撞击,同时提升建筑的整体造型,通透的金字塔与核岛混凝土材质的虚实对比,使建筑在阳光下具有丰富的阴影变化,给人以极强的视觉冲击。

下沉后的核辅助及电气厂房、附属厂房原屋面降至地坪以下,考虑到雨水的排放以及场地洪水倒灌至核辅助及电气厂房、附属厂房屋面,从而进入核岛厂房,造成水淹灾害。在原核辅助及电气厂房、附属厂房屋面新增一层工艺房间,使其屋面高于地坪层,以解决水淹问题。另外,在核岛厂房外低于基础筏板标高设置事故蓄水池,洪水一旦进入反应堆厂房和乏燃料厂房,可通过排放管廊将洪水导入蓄水池。

地下厂房周边设三层排水洞,底板下岩体内设一层排水洞,排水洞与厂房间距50m,排水洞间采用排水孔相互搭接,形成环形兜底式排水幕防护地下厂房。此外,在距离反应堆厂房外25m处设置排水舱室,以对核岛形成加强防护。

(b)人员疏散方案研究。

由于核岛厂房将28.100m层检修大厅下沉至地坪层,对厂房的整体疏散做了调整,调整后正常运行状况下人员可通过核辅助及电气厂房电梯和楼梯下到电气厂房–28.100m层通过卫生卡进入核岛厂房,通过各厂房内楼梯或电梯到达不同标高层进行检修。应急状况下反应堆厂房内的各层人员均可通过疏散楼梯疏散至检修大厅至地表安全出口;乏燃料厂房人员可通过附设于厂房外侧的楼梯直接从各层到达地坪层,核辅助及电气厂房内各层的人员可通过疏散楼梯直接到达地坪层,疏散至厂房外部安全区域;附属厂房人员可通过疏散楼梯疏散至地表安全出口。

(c)设备运输及吊装方案研究。

在厂房外挡水围堰开设两处运输通道,设置水密闸门,满足设备运输通道的要求。由于核岛厂房将28.100m层检修大厅下沉至地坪层,对厂房设备运输及吊装方案做了调整,调整后反应堆厂房地坪层外墙处设置设备运输门,可直接连通室外,既可作为安装期间设备运输门,又可作为大修期间主氦风机及其他设备运输门使用。设备在进入厂房内后的垂直运输可通过设在厂房内的吊装孔解决。

乏燃料厂房在地坪层设置了供乏燃料转运的专用运输通道,使燃料可直接从乏燃料操作间运至地坪层。

附属厂房运输通道直接改为地坪层,进入运输通道后设备通过核辅助及电气厂房原有吊装间转运至不同标高层。

(d)管廊、管井设置方案研究。

核岛厂房整体下沉后,厂房的通风、与外部连接的管道等需要总体考虑调整方案。在60万kW高温堆地下核电厂总体布置时,便着重考虑了主蒸汽主给水管廊、氦气管廊、空冷塔排风口、乏燃料厂房进风口等部位的总体设计。

原60万kW高温气冷堆设计中,主蒸汽、主给水管道从5.500m层出核岛厂房,厂房整体下沉后,为使工艺系统管线布置更加合理,需在主蒸汽、主给水管出反应堆厂房进入汽轮机厂房的路径上设置管廊及管井。管廊现标高-22.600m,全部埋于地下,与反应堆厂房、汽轮机厂房紧密连接。

燃料厂房进风井百叶原标高23.600m,现标高10.300m,由于核辅助厂房局部升高后屋顶标高±0.000m,遮挡该乏燃料厂房进风井百叶,取消原百叶,新增进风竖井通至乏燃料厂房屋顶以上。

空冷塔原排风口标高28.100m,现标高±0.000m,由于核辅助厂房局部升高后遮挡空冷塔排风口,调整空冷塔排风口位置,在反应堆厂房空冷塔外墙增加新百叶,现标高为1.500m。

核电站运行期间,需要氦气供给,原60万kW高温堆核电站中氦气储罐位于核辅助厂房外侧,氦气管线直接进入核辅助厂房内。在60万kW高温堆地下核电厂总体布置中,氦气储罐为地面建筑,而核岛厂房下沉后氦气管道进厂房需要在氦气储罐区下设氦气输送管廊及管井。

② 布置形式特点分析。

施工期间,反应堆厂房的设备吊装是一项关键技术,设计方案由高温气冷堆改为地下核电厂后,设备起吊高度将大幅下降。检修期间,反应堆厂房的设备直接通过检修大厅运出厂房,方便了设备的运输。核辅助厂房上方可直接布置设备运输出入口,在吊装、检修方面有较大的优势。压力容器舱室及蒸发器舱室等核安全级设备均坐落于地平线下,利用大地作为屏障,对于抗大飞机撞击有较大的优势。

(5)地上厂房布置。

20万kW高温气冷堆地下核电厂中地上厂房主要布置电气厂房、汽轮机厂房、冷却塔及其他辅助BOP。电气厂房及其进排风机房为地上建筑,贴建于反应堆厂房西侧，电气厂房共 3 层，高度约为 13.00m，厂房内部主要包括安全配电和蓄电池室，顶层是电厂的主控制室。

60 万 kW 高温气冷堆地下核电厂中地上厂房主要布置核辅助厂房(部分)、电气厂房(部分)、附属厂房(部分)、汽轮机厂房、冷却塔及其他辅助 BOP。

其他核岛厂房、汽轮机厂房、BOP 厂房仍采用地上核电厂的布置方案，均可参照总体布置原则和相关规程规范要求，并与反应堆厂房之间留有一定的安全距离。

(三)废弃矿井资源产业转型发展研究

资源型城市对资源性产业的过度依赖和资源开采的有限性、不可持续这对矛盾，决定了资源型城市在经历了"初创—成长—成熟"的发展阶段后，一般会进入一个转型的十字路口，转型成功，就进入新阶段创新发展，转型失败通常会伴随着资源性产业的衰退而陷入"矿竭城衰"的困局。

专家们形象地将资源型城市的结果比喻为"春蚕型"和"蝌蚪型"两种："春蚕型"城市就像春蚕作茧、丝尽而亡；"蝌蚪型"城市仿佛蝌蚪上岸，摆脱对资源的依赖，成长为"青蛙"，得到可持续发展。实现资源型城市转型和可持续发展，已经成为当前我国经济社会发展的一个理论和现实问题。国外研究者一般将资源型城市转型归结为衰退地区的经济振兴问题，提出了资源型城市生命周期理论，并以此为核心，演绎了一整套转型理论体系。当前中国的"产业升级、转型发展"与供给侧结构性改革、高质量发展相互交织、互为表里，资源型城市的转型是一个综合工程，具体内容包括产业结构转型、资源型企业转型以及政府管理模式转型等，需要对产业、城市、生态和民生进行系统考量、综合施策。其中，产业结构升级是最核心的内容，转型的效果往往可以通过各产业的产值、就业人数及收入结构的变动反映出来。资源型城市转型的实质是发展模式的转变，即不再单纯依靠自然资源发展经济。

一是外部环境的推动。进入新世纪，低碳经济理念越来越深入人心，各国争相朝着低碳经济转型。"绿水青山就是金山银山"的绿色发展理念，成为我国经济社会发展的基本方略。国务院明确提出到 2020 年中国非化石能源占能源消费的比重要达到 15%左右，2030 年应大于 20%，2050 年进一步达到 40%～50%。当前，在供给侧结构性改革的大背景下，粗放、高耗能、高物质消耗的生产方式被抑制，增长动力由要素驱动、投资驱动为主，转向以创新驱动为主。这些形势变化既是资源型城市转型发展的外部压力，也是难得的机遇。

二是自身避免资源诅咒。建国初期，资源型城市的发展处于上升阶段，资源储量大，城市的资金、人力都向资源性产业靠拢，城市发展具有很大的张力，如"煤都"大同、"钢都"鞍山、"油城"大庆等。当时，这些城市靠山吃山、靠水吃水，风光无限，很难预见到资源枯竭或转型发展的需要。随着能源、原材料等行业产能过剩，大宗资源性产品价格低位震荡，资源型城市长期积累的产业结构单一、发展活力不足等问题日益凸显。今天许多资源型城市资源储量逐年下降，开采条件越来越差，产业规模不断萎缩，并且留下了裸露的河山，满地的疮痍，如果再不谋求转型，发展将难以为继，为此，他们都在积极转型。

经济发展有它自身的规律。具体到资源型城市，在其产业发展初期，先天具备的资源条件对其经济增长起到决定性作用。但在发展后期，科学技术推动的生产力进步、技术革新、管理创新、产业组织变革等，就会在经济增长中产生更为重要的影响。

"前事不忘，后事之师"，资源型城市资源枯竭是或早或晚的事。因此，资源型城市不能只抱着自然资源这一个"饭碗"吃饭，必须转变发展方式和思路。要想避免先开发、后治理，缺乏接续替代产业，封闭保守的宿命，就必须未雨绸缪，摆脱"资源诅咒"。

为了促进资源型城市转型，帮助资源型城市从"春蚕"变为"蝌蚪"继而再变为"青蛙"或"青蛙王子"，国家陆续推出了一系列政策举措。

2001 年，国务院进行资源枯竭型城市转型试点。

2007 年，国务院印发了《关于促进资源型城市可持续发展的若干意见》，对资源型城市如何实现可持续发展作出制度性安排。

2008 年，国家公布了首批资源枯竭城市名单。

2013 年，国务院又发布了《全国资源型城市可持续发展规划（2013～2020 年）》（以下简称《规划》）。作为首部关于资源型城市可持续发展的国家级专项规划，它为资源型城市转型发展指明了方向，明确了不同类型城市的发展方向和重点任务，引导各类城市结合城市实际情况，探索具有自身特色的发展模式。

《规划》提出以加快转变经济发展方式为主线，有序开发综合利用资源、构建多元化产业体系、切实保障和改善民生、加强环境治理和生态保护、加强支撑保障能力建设的任务，并明确了时间表和总目标。

2016 年，国家发改委、科技部、工信部、国土资源部（现自然资源部）、国家开发银行五部门联合印发了《关于支持老工业城市和资源型城市产业转型升级的实施意见》（发改振兴规〔2016〕1966 号）和《老工业城市和资源型城市产业转型升级示范区管理办法》（发改办振兴〔2016〕2372 号），明确提出，用 10 年左右时间，在建立健全内生动力机制、平台支撑体系、构建现代产业集群上出成绩，见效果。

2017 年，国家发改委等五部门联合发文明确，辽宁中部（沈阳—鞍山—抚顺）、吉林中部（长春—吉林—松原）、内蒙古西部（包头—鄂尔多斯）、河北唐山、山西长治、山东淄博、安徽铜陵、湖北黄石、湖南中部（株洲—湘潭—娄底）、重庆环都市区、四川自贡、宁夏东北部（石嘴山—宁东）等 12 个城市（经济区）为首批产业转型升级示范区，支持首批老工业城市和资源型城市产业转型升级示范区建设，要求示范区所在城市人民政府要将示范区建设作为促进城市转型发展的重大工作来抓，加快建立创新驱动的产业转型升级内生动力机制，形成以园区为核心载体的平台支撑体系，构建特色鲜明、竞争力强的现代产业集群。积极探索符合本地实际、各具特色的产业转型升级路径和模式。文件中还附录了各产业转型升级示范区已初步取得的经验和下一步建议重点探索的示范领域。

近年来，国家又对资源型城市发展进一步提出了分类引导思想，不再一刀切，借以培育城市转型发展新动能。2017 年国家发改委印发了《关于加强分类引导 培育资源型城市转型发展新动能的指导意见》（发改振兴〔2017〕52 号），对比 2016 年制定的目标，这份文件的目标设定更为清晰，措施也更具体、更有针对性。

作为地区经济发展的主战场和创新研发的前沿阵地，铜陵经济技术开发区已经初步建成了铜板带、铜基电子材料、电线电缆、铜及铜合金棒线型粉、铜文化产品、铜再生资源循环利用等铜基新材料产业链，产品覆盖管、棒、线、型、板、带、条、箔及粉体等全部产品形态，被世界铜加工协会专家誉为"我国铜材加工领域品种最全、产业链最完整、配套体系完善、最具竞争力、独一无二的铜材精深加工产业基地"。

淮北市将绿色发展理念贯穿到经济社会等各个领域,做活"山、水、绿"的文章,加快生态建设,塑造清雅城市,宜居、宜业、宜游环境得到不断提升,从煤炭乌金城市向生态绿金美城转变。明确市域城镇发展布局,将城市规划区域内东湖、南湖等采煤塌陷区综合治理,辅以对龙脊山、相山景区的综合开发,初步形成了"两山环绕、六湖珠连、城在山中、水在城中"的山水生态城市格局。

安庆市遵循"产业聚集、协调发展"的原则,结合企业现状与需求以及不同承接地的产业布局、环保要求、资源条件等因素,分年度、分区域、分类别完成城区老工业区内企业搬迁改造。

淮南煤炭、电力、铁路工业历史全国闻名,遗留较多,如大通区(九龙岗)、田家庵区、谢家集区遗留诸多百年内各时期历史建筑群,以及采煤、铁路、电力诸多工业遗迹。这些工业历史遗留,文化内涵丰富,区域影响力大,我们应当及时保护并开发利用好这些珍贵的工业文化历史烙印,规划建设成淮南煤矿、铁路、电力博物馆、展览馆,也可以开发利用为艺术创作、工业创新基地,教学中心、旅游景点、养老产业等,坚持精耕细作,一张蓝图绘到底。特别是矿业集团谢一矿,2016年为响应国家供给侧结构性改革,化解过剩产能,退出了历史舞台。该矿建于1949年,至今已有70多年的历史,李鹏、万里等党和国家领导人先后来矿视察,法国、美国、英国、波兰、苏联、德国、日本、朝鲜等也相继派人来矿进行经济技术交流和参观考察。该矿退出后,井架、煤仓、办公楼、工业广场及地下大巷、保护煤柱等保留较为完整,这些设备、设施废弃拆除十分可惜、浪费,完全可以借鉴阜新海州露天矿国家矿山公园经验,变废为宝,设计利用为煤矿地质公园,不仅可以用于休闲、参观、教育教学基地,还能把当代采煤工业历史传承给后人。

结合淮南市近年产生大量废弃矿山的发展实际,提出相应的转型升级路径和建议,在参考已有研究成果的基础上,采用7分度量方法构建资源型城市转型影响因素指标体系,包括经济因素、政策因素、社会因素、创新因素、环境因素和转型效果6大变量、24个度量项。

对淮南市政府机构、大中型煤矿企业、有关煤炭高校进行调研,发出问卷420份,回收问卷403份。其中,有效问卷共388份,有效回收问卷率

92.38%，有效问卷中男性占 47.68%、女性占 52.32%。年龄结构上，25 岁以下占 33.76%，26 岁至 35 岁占 20.36%，36 岁至 45 岁占 18.04%，46 岁以上占 27.84%。文化程度上，大专本科学历占 65.98%，研究生学历占 25.77%。

对度量项进行可靠性分析和聚合效度检验，进一步验证其假设的科学性及合理性，KMO 值为 0.967，Bartlett 球形检验的近似卡方值为 619.632（df=241，p=0.000＜0.005），达到要求，说明问卷的信度效度较好。如表 5-5 所示，为验证样本数据的一致性、有效性，本书采用验证性因子分析检测各个测试项的聚合效度和区别效度。因子分析结果表明 CR 值依次为 0.851、0.893、0.888、0.917、0.888、0.840，均超过 0.8，并且克朗巴哈系数最低为 0.819，

表 5-5　可靠性及聚合效度分析

变量	度量项	可靠性		聚合效度		
		克朗巴哈系数	项目总相关性	因子载荷	CR 值	AVE 值
经济因素(EF)	FF1	0.819	0.822	0.732	0.851	0.588
	FF2		0.858	0.804		
	FF3		0.830	0.761		
	FF4		0.814	0.768		
政策因素(PF)	PF1	0.841	0.852	0.821	0.893	0.676
	PF2		0.869	0.800		
	PF3		0.892	0.839		
	PF4		0.866	0.827		
社会因素(SF)	SF1	0.849	0.820	0.738	0.888	0.666
	SF2		0.880	0.832		
	SF3		0.884	0.847		
	SF4		0.874	0.842		
创新因素(IF)	IF1	0.854	0.889	0.851	0.917	0.735
	IF2		0.914	0.884		
	IF3		0.855	0.805		
	IF4		0.914	0.886		
环境因素(EF)	EF1	0.837	0.804	0.739	0.888	0.665
	EF2		0.876	0.829		
	EF3		0.894	0.860		
	EF4		0.874	0.829		
转型效果(TE)	TE1	0.893	0.894	0.571	0.840	0.572
	TE2		0.850	0.813		
	TE3		0.875	0.833		
	TE4		0.857	0.780		

因子载荷也大于 0.5，表明潜变量所有度量项具有一致性。由于书中的潜变量度量项主要采用以往文献已使用或适当修订的量表，从而保证了其内容的有效性。聚合效度主要通过平均变异抽取量(average variance extracted，AVE)值进行度量，其最低值为 0.572，证明了量表具有较好的聚合效度。

利用 AMOS23.0 对模型各关系进行检验，从模型中相关变量的显著性检验结果可以看出拟合度良好，显示出模型整体得到实证检验的支持，如表 5-6 所示。

表 5-6 结构方程数据指标分析

指标	CMIN/DF	RMSEA	GFI	AGFI	IFI	NFI	CFI
标准值	<3	<0.08	>0.85	>0.85	>0.85	>0.85	>0.85
指标值	2.571	0.064	0.884	0.856	0.951	0.923	0.884

注：CMIN/DF-卡方值除以自由度的比值，用于衡量观测数据与模型预测值之间的差异；RMSEA-均方根误差逼近度量指标，用于衡量模型拟合数据的好坏，RMSEA 值在 0.05 以下表示模型拟合效果很好，0.05-0.08 之间表示拟合效果一般，大于 0.10 表示拟合效果不好；GFI-拟合优度指数，用于衡量模型拟合效果的好坏，GFI 值越接近 1，说明模型拟合效果越好；AGFI-调整后的拟合优度指数，AGFI 值越接近 1，说明模型拟合效果越好；IFI-增量拟合指数，用于衡量新模型与基准模型之间的拟合效果差异；NFI-规范拟合指数，用于衡量新模型与基准模型之间的拟合效果差异，NFI 值越大，说明新模型的拟合效果越好；CFI-比较拟合指数，用于衡量新模型与基准模型之间的拟合效果差异。

从以上分析得出产业转型各影响因素的系数关系以及影响因素自身之间的关系，如图 5-12 所示。

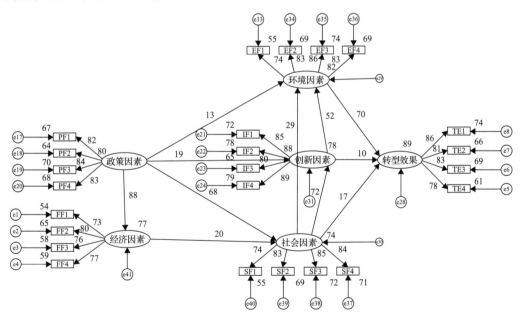

图 5-12 标准化后的转型效果影响因素模型

卡方值=619.632，自由度=241，卡方值/自由度=2.571，p=0.000，GFI=0.884，AGFI=0.856，
RMSEA=0.064，CFI=0.951，IFI=0.951，NFI=0.923

利用 AMOS23.0 得到资源型城市转型效果影响因素结构方程模型的相关路径系数,包括测量模型中观测变量对潜变量路径系数以及结构模型中外因变量对内因变量路径系数,本书提出的 H1~H11 假设均成立,如表 5-7 所示。

表 5-7　模型路径系数估计与检验

假设	路径	标准化路径系数 β	显著性 p	结果
H1	经济因素←政策因素	0.879	***	通过
H2	社会因素←政策因素	0.678	***	通过
H3	创新因素←政策因素	0.188	**	通过
H4	环境因素←政策因素	0.135	**	通过
H5	社会因素←经济因素	0.202	**	通过
H6	创新因素←社会因素	0.718	***	通过
H7	环境因素←社会因素	0.288	**	通过
H8	转型效果←社会因素	0.165	**	通过
H9	环境因素←创新因素	0.524	***	通过
H10	转型效果←创新因素	0.102	*	通过
H11	转型效果←环境因素	0.701	***	通过

注: *, **, ***表示显著性水平分别小于 0.1, 0.05 和 0.001。

通过以上研究,可以看出各因素之间的关系以及对转型效果的影响。

1. 政策因素与其他因素的关系

政策因素正向影响经济因素。$\beta=0.879$,$p<0.001$,假设 H1 得到验证。资源型城市发展政策涉及城区建设、产业发展、财税扶持、资源配置、人才保障以及管理体制等多方面,完整、科学的政策支持为转型发展创造宽松、有序的社会环境。

政策因素正向影响社会因素。$\beta=0.678$,$p<0.001$,假设 H2 得到验证。随着政策的不断完善,居民收入提高,政府对公共服务投资增加,城镇化不断加快,各项治理能力显著提升,使得整个社会运作系统将持续稳定繁荣发展。

政策因素正向影响创新因素。$\beta=0.188$,$p<0.05$,假设 H3 得到验证。政府采用各种政策手段对企业技术创新、企业研发行为给予鼓励和支持,可有效推动企业和社会技术进步和经济发展。

政策因素正向影响环境因素。$\beta=0.135$,$p<0.05$,假设 H4 得到验证。

政府加大对资源型城市的政策规制力度，出台各类转型支持政策，将有效促进资源型城市矿区生态修复、水质提高、环境改善，进而有利于低碳经济、绿色发展目标的实现。

通过比较标准化路径系数 β，得出政策因素对经济因素的影响最为显著，达到 0.879。说明政府建立相关政策对资源型城市转型经济发展作用最为明显。

2. 经济因素与社会因素的关系

经济因素正向影响社会因素。$\beta=0.202$，$p<0.05$，假设 H5 得到验证。作为制约社会发展的关键因素，经济环境建设的好坏直接关系社会运作系统的良性发展，好的经济环境是一个社会发展走势较好的必要条件，是资源型城市顺利转型的基础。

3. 社会因素与其他因素的关系

社会因素正向影响创新因素。$\beta=0.718$，$p<0.001$，假设 H6 得到验证。社会教育事业培养出大量的创新型人才和创新科技成果，为创新水平的提高积累资源，为实现创新驱动发展奠定基础。

社会因素正向影响环境因素。$\beta=0.288$，$p<0.05$，假设 H7 得到验证。随着社会运行良好，政府投入更多的资金用于改善环境，居民对于环境建设的积极性与日俱增，参与度不断增强，自然环境与可持续发展必将受益。在资源型城市转型的过程中，社会运作系统是转型效果好坏的保障，促进资源型城市的转型与可持续发展。

社会因素正向影响转型效果。$\beta=0.165$，$p<0.05$，假设 H8 得到验证。社会就业及收入水平，基础设施投资比重，工业化、城镇化协同进程，市民认同度等社会因素提高，有助于推动资源型城市转型，实现城市的可持续发展。

4. 创新因素与其他因素的关系

创新因素正向影响环境因素。$\beta=0.524$，$p<0.001$，假设 H9 得到验证。创新型产业，创新型人才越多，对于资源的依赖程度就会降低。一方面，自然资源会得到保护，对环境的破坏程度也会降低，另一方面，资源型城市依托创新型企业，大力发展新兴产业，进而逐步走向转型发展。

创新因素正向影响转型效果。$\beta=0.102$，$p<0.1$，假设 H10 得到验证。拥有较强的创新能力，资源型城市在进行转型以后、依托旅游业、新能源、互联网等新兴产业实现产业过渡，为资源型城市可持续发展提供要素保障。

5. 环境因素与转型效果的关系

环境因素正向影响转型效果。$\beta=0.701$，$p<0.001$，假设 H11 得到验证。环境因素直接影响资源型城市的转型效果。在资源型城市转型发展中，国家和城市生态环境保护外部压力持续增大，迫使企业改进生产技术降低污染。同时，城市居民对环境保护的意识增强，绿色行为、绿色理念深入人心，可有效提高环境治理成效、推动城市转型。

6. 各因素对转型效果的作用

通过结构方程模型，分析资源型城市转型发展影响因素之间的关系，研究得出：

一是创新因素、环境因素以及社会因素直接影响资源型城市的转型效果。其中，环境因素相对于创新因素和社会因素，对转型效果会造成更大的影响，标准化路径系数 β 达到 0.701。不可否认的是，创新因素与社会因素在资源型城市产业转型的过程中也发挥着不容忽视的作用，当三种因素协调发展、相互作用、共同促进时，资源型城市转型才能顺利实现。

二是政策因素、经济因素通过创新因素、环境因素以及社会因素间接作用于资源型城市的转型效果，说明这两类因素在起直接影响作用的同时还起到间接影响作用。因此，在资源型城市转型发展过程中，要高度重视政策因素、经济因素，充分发挥二者的正向影响作用。

(四)我国矿区生态环境保护和产业转型的相关政策特征研究

我国政府制定了一系列法律法规来保障矿业废弃地产业转型工作的开展。1989 年实施的《土地复垦规定》使我国矿业废弃地生态修复工作开始走上法治化道路，明确了"谁破坏、谁复垦"的原则。1998 年国土资源部成立，使我国矿业废弃地生态修复工作更加规范化。长期的矿产资源开采，导致我国出现数量众多的废弃矿井，存在严重的安全和环境隐患。党中央、国务院高度重视废弃矿井监督工作，2008 年 1 月，中央机构编制委员会办公室专门下发了《关于进一步明确矿井关闭监管职责分工的通知》，明确了矿山企业、各级政府及有关部门关于废弃矿井监管方面的责任。2011 年 2月，国务院常务会议通过《土地复垦条例》，2013 年 3 月国土资源部颁布《土地复垦条例实施办法》，我国土地复垦迎来快速、有序发展的新机遇。但与欧美发达国家 50%～70%的矿区土地复垦率相比，我国土地复垦率仅 15%～25%，还具有较大的复垦利用潜力。2013 年国务院发布《全国资源型城市可持续发展规划(2013～2020 年)》，作为指导全国各类资源型城市可持续发展与产业转型工作开展的依据。表 5-8 梳理了自 1986 年至今，我国关于矿业废弃地产业转型的相关法规和标准，在这些政策的指导下，我国矿业废弃地的生态环境修复与产业转型取得了显著成效。

表 5-8　我国矿业废弃地产业转型相关法律法规及实施时间

类型	政策文件
法律	《中华人民共和国矿产资源法》(1986 年，2009 年最新修订)
	《中华人民共和国土地管理法》(1986 年，2019 年最新修订)
	《中华人民共和国环境保护法》(1989 年，2014 年最新修订)
	《中华人民共和国水土保持法》(1991 年，2010 年最新修订)
	《中华人民共和国固体废物污染环境防治法》(1995 年，2020 年最新修订)
	《中华人民共和国清洁生产促进法》(2002 年)
	《中华人民共和国煤炭法》(1996 年，2016 年最新修订)
	《中华人民共和国水法》(1988 年，2016 年最新修订)
	《中华人民共和国水污染防治法》(1984 年，2017 年最新修订)
	《中华人民共和国环境保护税法》(2016 年)
	《中华人民共和国环境影响评价法》(2002 年，2018 年最新修订)
	《中华人民共和国大气污染防治法》(1987 年，2018 年最新修订)
	《中华人民共和国土壤污染防治法》(2018 年)
行政法规	《中华人民共和国土地复垦规定》(1988 年，2011 年废止)
	《国务院关于全面整顿和规范矿产资源开发秩序的通知》(2005 年)
	《国务院关于促进资源型城市可持续发展的若干意见》(2007 年)
	《国务院关于印发全国主体功能区规划的通知》(2010 年)
	《土地复垦条例》(2011 年)
	《湿地保护管理规定》(2013 年)
	《关于矿山地质环境保护与治理恢复方案审查有关事项的公告》(2014 年)
	《关于国家地质公园和国家矿山公园有关事项的公告》(2014 年)

类型		政策文件
行政法规		《中共中央 国务院关于全面振兴东北地区等老工业基地的若干意见》(2016年)
		《关于推进工业文化发展的指导意见》(2016年)
		《国家工业遗产管理暂行办法》(2018年)
		《中共中央 国务院关于全面加强生态环境保护 坚决打好污染防治攻坚战的意见》(2018年)
		《关于统筹推进自然资源资产产权制度改革的指导意见》(2019年)
部门规章	财政部	《财政部 国土资源部 环保总局关于逐步建立矿山环境治理和生态恢复责任机制的指导意见》(2006年)
		《矿山地质环境恢复治理专项资金管理办法》(2013年)
		《财政部 国家税务总局关于对废矿物油再生油品免征消费税的通知》(2013年)
		《财政部、国家税务总局关于全面推进资源税改革的通知》(2016年)
		《中央对地方资源枯竭城市转移支付办法》(2022年)
		《关于取消矿山地质环境治理恢复保证金 建立矿山地质环境治理恢复基金的指导意见》(2017年)
		《财政部 税务总局 生态环境部关于环境保护税有关问题的通知》(2018年)
		《大气污染防治资金管理办法》(2018年)
		《关于延长对废矿物油再生油品免征消费税政策实施期限的通知》(2018年)
		《财政部关于下达2018年中央对地方资源枯竭城市转移支付的通知》(2018年)
		《财政部关于提前下达2019年中央对地方资源枯竭城市转移支付的通知》(2018年)
		《工业企业结构调整专项奖补资金管理办法》(2016年)
		《关于从事污染防治的第三方企业所得税政策问题的公告》(2019年)
	自然资源部	《矿产资源规划管理暂行办法》(1999年)
		《农业部综合开发土地复垦项目管理暂行办法》(2000年)
		《关于加强生产建设项目土地复垦管理工作的通知》(2006年)
		《关于加强国家矿山公园建设的通知》(2006年)
		《关于组织土地复垦方案编报和审查有关问题的通知》(2007年)
		《矿山地质环境保护规定》(2009年,2015年修正)
		《国土资源部关于贯彻落实全国矿产资源规划发展绿色矿业建设绿色矿山工作的指导意见》(2010年)
		《土地复垦方案编制规程》(2011年)
		《矿业权交易规则(试行)》(2011年)
		《土地复垦条例实施办法》(2012年)
		《国土资源部关于开展工矿废弃地复垦利用试点工作的通知》(2012年)
		《节约集约利用土地规定》(2014年)
		《历史遗留工矿废弃地复垦利用试点管理办法》(2015年)
		《关于加强矿山地质环境恢复和综合治理的指导意见》(2016年)
		《国土资源部办公厅关于做好矿山地质环境保护与土地复垦方案编报有关工作的通知》(2016年)

续表

类型		政策文件
部门规章	自然资源部	《关于加强矿山地质环境恢复和综合治理的指导意见》(2016 年)
		《国土资源部："十三五"再制定 25 个矿种"三率"指标》(2016 年)
		《国土资源部办公厅关于做好矿山地质环境保护与土地复垦方案编报有关工作的通知》(2016 年)
		《国土资源部关于加强城市地质工作的指导意见》(2017 年)
		《自然资源部关于调整〈关于支持钢铁煤炭行业化解过剩产能实现脱困发展的意见〉有关规定的通知》(2018 年)
	生态环境部	《矿山生态环境保护与污染防治技术政策》(2005 年)
		《国家环境保护总局关于开展生态补偿试点工作的指导意见》(2007 年)
		《矿山生态环境保护与恢复治理方案编制导则》(2012 年)
		《关于废止有关排污收费规章和规范性文件的决定》(2018 年)
	国家发展改革委	《国务院关于印发全国资源型城市可持续发展规划(2013～2020 年)的通知》(2013 年)
		《关于支持老工业城市和资源型城市产业转型升级的实施意见》(2016 年)
		《老工业城市和资源型城市产业转型升级示范区管理办法》(2016 年)
		《采煤沉陷区综合治理专项管理办法(试行)》(2016 年)
		《国家发展改革委关于加强分类引导培育资源型城市转型发展新动能的指导意见》(2017 年)
		《关于做好 2018 年重点领域化解过剩产能工作的通知》(2018 年)
		《煤矿安全改造专项管理办法》(2018 年)
规划		《全国危机矿山接替资源找矿规划纲要(2004～2010 年)》(2000 年)
		《全国土地利用总体规划纲要(2006～2020 年)》(2008 年)
		《全国矿产资源规划(2008～2015 年)》(2009 年)
		《全国土地整治规划(2011～2015 年)》(2012 年)
		《全国资源型城市可持续发展规划(2013～2020 年)》(2013 年)
		《能源发展"十三五"规划》(2016 年)
		《"十三五"生态环境保护规划》(2016 年)
		《地热能开发利用"十三五"规划》(2017 年)
		《煤炭工业发展"十三五"规划》(2017 年)
		《全国矿产资源规划(2016～2020 年)》(2018 年)
标准		《土地复垦技术标准(试行)》(1995 年，2013 年废止)
		《土地复垦质量控制标准》(2013 年)
		《煤炭行业绿色矿山建设规范》(DZ/T 0315-2018)
		《环境空气质量标准》(GB3095-2012)
		《地表水环境质量标准》(GB 3838-2002)
		《废弃矿井地下水污染监测布网技术规范》(MTT 1022-2006)
		《污水综合排放标准》(GB 8978-1996)

续表

类型	政策文件
标准	《工业炉窑大气污染物排放标准》(GB 9078-1996) 《地下水质量标准》(GB/T 14848-2017) 《放射性废物管理规定》(GB14500-2002) 《大气污染物综合排放标准》(GB 16297-1996) 《矿山生态环境保护与恢复治理技术规范(试行)》(HJ 651-2013) 《一般工业固体废物贮存、处置场污染控制标准》(GB 18599-2001 XG-2013) 《开发建设项目水土保持技术规范》(GB50433-2008) 《废矿物油回收利用污染控制技术规范》(HJ 607-2011) 《矿山生态环境保护与恢复治理方案(规划)编制规范(试行)》(HJ 652-2013) 《尾矿库安全技术规程》(AQ 2006-2005) 《土壤环境质量 建设用地土壤污染风险管控标准(试行)》(GB36600-2018) 《土壤质量 城市及工业场地土壤污染调查方法指南》(GB/T36200-2018)

　　随着我国法律体系的不断完善，有关矿区生态环境影响和产业转型的相关法律法规逐渐完备。2003年9月1日正式实施的《中华人民共和国环境影响评价法》，成为矿区环境影响评价的基础，它对建设项目的环境影响评价文件的编制审批等工作做出了详细的规定，也标志着我国矿产资源开采项目审批进入了科学决策管理时期。为进一步加强我国矿产资源的开发利用和保护，在《中华人民共和国矿产资源法》中明确规定了矿山企业应当因地制宜地采取复垦利用、植树种草或者其他利用措施，防止环境污染。目前，我国的矿山生态环境保护的相关法律规定分散在各个层次的法律文件中，如《中华人民共和国水污染防治法》《中华人民共和国大气污染防治法》《中华人民共和国土壤污染防治法》《中华人民共和国固体废物污染环境防治法》等，这些专项法规具有更强的针对性和可操作性，为我国矿山建设及开采活动所造成的环境影响评价提供了测定方法及评价标准，并且在矿区环境的污染、风险管控和恢复治理等方面明确了责任，建立了强有力的监管制度。

　　在生态文明建设和生态治理思路不断转变的时代背景下，为适应新时代下国家生态的发展战略和与国际发展接轨的需要，国家出台了一系列更具有规范性和可操行的行政法规，如《土地复垦规定》，将矿山环境保护纳入了法治轨道，改变了我国矿山环境保护零星、分散、小规模、低水平的状态。随后出台《矿山地质环境保护规定》确立了矿产资源有偿使用、矿山环境影响评价、矿山企业排污收费等制度保障，同时形成了预防为主、防治结合，"谁开发谁保护、谁破坏谁治理、谁投资谁收益"为指导思想的矿山地质环境保护与治理体系。此外还有《关于国家地质公园和国家矿山公园有关事项的公告》《中共中央　国务院关于全面振兴东北地区等老工业基地的若干意见》等。

受到技术、政策和自然条件等因素影响，我国废弃矿井和矿产资源枯竭型城市的数量越来越多，现阶段我国各部门针对废弃矿井/矿区生态开发的一系列政策文件不断出台，如财政部印发《矿山地质环境恢复治理专项资金管理办法》《关于取消矿山地质环境治理恢复保证金　建立矿山地质环境治理恢复基金的指导意见》等政策，使矿区环境恢复专项资金的预算、使用，管理和监督制度更加规范、权责统一、使用更加便利；自然资源部自 2012 年至 2018 年陆续发布《国土资源部关于开展工矿废弃地复垦利用试点工作的通知》《历史遗留工矿废弃地复垦利用试点管理办法》《关于加强矿山地质环境恢复和综合治理的指导意见》《关于加强矿山地质环境恢复和综合治理的指导意见》《关于调整＜关于支持钢铁煤炭行业化解过剩产能实现脱困发展的意见＞有关规定的通知》等为废弃矿井的生态治理和产业转型提供参考和指导；生态环境部发布的《矿山生态环境保护与污染防治技术政策》《矿山生态环境保护与恢复治理方案编制导则》为建立企业矿山环境治理和生态恢复责任机制、规范矿产资源开发过程中的生态环境保护与恢复治理工作提供要求和依据；国家发改委印发的《关于印发全国资源型城市可持续发展规划(2013～2020 年)的通知》《关于支持老工业城市和资源型城市产业转型升级的实施意见》《老工业城市和资源型城市产业转型升级示范区管理办法》《关于做好 2018 年重点领域化解过剩产能工作的通知》为加快矿业产业转型升级和城市转型发展、探索各具特色的产业转型升级路径提供可复制、可推广的经验成果。

为重点解决矿山资源枯竭危机，我国发布了一系列的矿产资源发展规划，如《全国危机矿山接替资源找矿规划纲要(2004～2010 年)》《全国矿产资源规划(2008～2015 年)》《全国资源型城市可持续发展规划(2013～2020 年)》《全国矿产资源规划(2016～2020 年)》等，此外，我国在各矿产行业领域也发布了废弃矿井/矿区的生态治理和经济开发的规划，如《能源发展"十三五"规划》《煤炭工业发展"十三五"规划》《地热能开发利用

"十三五"规划》等，为废弃矿井/矿区的生态开发提供了可参考的指导思想和行动纲领。

为实现矿业产业绿色、清洁生产，我国针对具体行业制定了各行业清洁生产标准，如《清洁生产标准　铁矿采选业》（HJ/T 294-2006）、《清洁生产标准　镍选矿行业》（HJ/T 358-2007）、《清洁生产标准　煤炭采选业》（HJ 446-2008）等，特别是《煤炭行业绿色矿山建设规范》规定了煤炭行业绿色矿山矿区环境、资源开发方式、资源综合利用、节能减排、科技创新与数字化矿山、企业管理与企业形象方面的基本要求，为推动我国绿色矿山建设提供了指导和规范。《矿山生态环境保护与恢复治理技术规范(试行)》《矿山生态环境保护与恢复治理方案(规划)编制规范(试行)》则为矿产资源开发过程中的生态环境保护与恢复治理工作和恢复治理方案的编制提出了指导性技术要求。另外，结合各行业污染物排放实际情况，国家环境保护总局(现生态环境部)制定了各行业污染物排放标准，如《煤炭工业污染物排放标准》（GB 20426-2006）、《铝工业污染物排放标准》（GB 25465-2010）、《铅、锌工业污染物排放标准》（GB 25466-2010）、《铜、镍、钴工业污染物排放标准》（GB 25467-2010）、《镁、钛工业污染物排放标准》（GB 25468-2010）、《稀土工业污染物排放标准》（GB 26451-2011）、《铁矿采选工业污染物排放标准》（GB 28661-2012）等。

二、我国及世界各国废弃矿井瓦斯抽采与气化技术研究

(一)瓦斯抽采地面技术发展研究

受地质条件影响，我国煤矿区瓦斯地面开发主要面临着瓦斯富集区探测难、碎软低渗煤层成孔难、多煤层排采效率低、破碎煤岩层钻井难、采动区地面井防护难等困境。总体上，煤矿区瓦斯地面开发技术主要可以划分为地质物探类技术、地面排采类技术、地面抽采类技术、地面钻井类技术等 4 类。2006～2007 年我国瓦斯抽采利用情况如图 5-13 所示。

1. 瓦斯富集地质理论方法

瓦斯地质学是研究煤层瓦斯的形成、赋存和运移以及瓦斯地质灾害防治理论的交叉学科。河南理工大学在区域分级瓦斯地质基础上创新性地提出了全国瓦斯赋存分布受 10 种区域地质构造类型控制的新认识，划分出 30 个瓦斯赋存分区，圈定出 47 个瓦斯富集区；进而，运用瓦斯地质图法，估算了

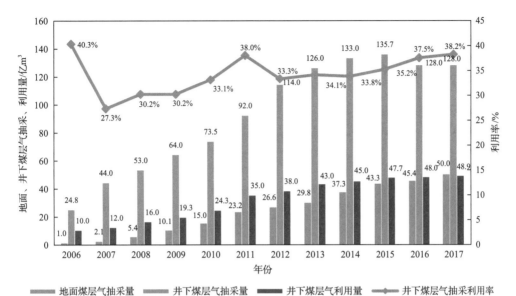

图 5-13 2006～2017 年地面、井下煤层气抽采、利用量和井下煤层气抽采利用率变化

全国 22 省份煤层气资源量为 29.16 万亿 m^3。近年来，为了解决"区域瓦斯地质赋存基础上的矿井采掘面瓦斯防治尺度差异"难题，在既有区域瓦斯地质划分的基础上，"区域-矿井-采掘工作面"的三级瓦斯地质分析技术逐渐发展，为瓦斯地质图的分类实施和应用奠定了基础。

2. 碎软煤层高效抽采技术

碎软低渗煤层瓦斯开发中的"煤层水力压裂稳定造缝"多年来一直是亟待解决的关键技术难题。近年来，沿煤层顶板岩层施工水平井进行分段压裂的技术思路避免了常规顺煤层钻水平井时出现的垮塌埋钻、下套管困难、固井质量不好、煤储层污染等问题，形成了碎软煤层瓦斯高效抽采技术。该技术关键问题是套管水平井在分段压裂过程中压裂缝能否向下延伸到煤层中（图 5-14）。

3. 分层控压联合排采技术

多煤层地区是我国瓦斯资源集中赋存区。对于多煤层，特别是大间距、碎软低渗煤层，排采中如果动液面保持在上煤层以上的位置，下煤层将不能充分解吸，甚至不产气；而如果将动液面继续下降，则上部煤层就会暴露，导致排采半径缩短、产生速敏效应吐粉吐砂、支撑剂颗粒镶嵌煤层、裂缝闭合速率加快等问题，严重影响产气效果。近年来，多煤层分层控压合层排采技术获得成功应用，该技术以双泵三通道双煤层分层控压排采技术，如图 5-15 所示。以双套管多煤层分层控压排采技术为核心通过专用分隔装置实现了煤层排采过程中的液面压力分层控制和共井联合排采。目前技术及配套装备已在贵州大方、黔西等地成功应用。

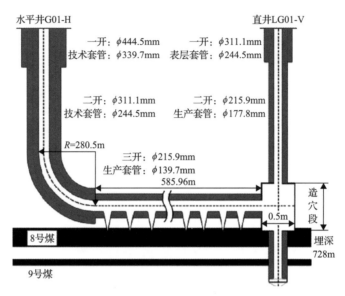

图 5-14   碎软煤层顶板水平井分段压裂

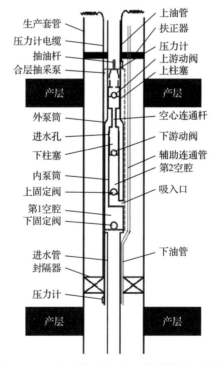

图 5-15   双泵双煤层分层控压排采装备示意图

4. 采动区地面 L 型顶板水平井抽采技术

安全高效矿井受快速采掘推进影响巨大，回采空间涌出瓦斯量大，仅靠通风及常规抽采措施无法解决超限难题。在攻克区域优选布井、局部重点防护、局部固井和悬挂完井等技术后采动区地面直井抽采孔的防断问题基本解决，但仍然面临着单井抽采范围小、地面复杂地形布井难等问题。近年来，在攻克大孔径地面井破碎岩层护壁钻进、小角度穿层钻进(避免孔内积水堵塞抽采通道)等钻完井难题基础上，能使用地面大能力钻机、适应大起伏地形的 311mm 特大孔径地面 L 型顶板水平井抽采技术成功应用，实现了单一煤层单井抽采覆盖范围超 1000m 和 3.3 万 m^3/d 的抽采效果，如图 5-16 所示。

图 5-16　采动区地面 L 型顶板水平抽采井

(二)瓦斯抽采井下技术发展研究

受地质条件影响，我国煤矿区瓦斯井下开发面临着井下长钻孔定向难、软硬复合煤层钻孔难、低渗煤层增透难、钻机装备操作复杂等困境。总体上，煤矿区瓦斯井下开发技术主要可以划分为钻孔技术、增渗技术、钻孔装备等 3 类。经过"十一五"阶段及前期的连续攻关，我国在中硬以上煤岩层钻孔技术、松软煤层螺旋钻孔技术、穿层钻孔水力压裂增渗技术、CO_2 相变致裂增渗技术等方面取得了长足的进步，为井下瓦斯产量的稳步增长奠定了基础，但依然面临着软硬复合煤层钻孔成孔、顺煤层钻孔压裂控制、钻机智能控制等困难，近年的典型创新性成果主要围绕以下几个方面进行。

1. 井下定向长钻孔技术

井下抽采是瓦斯抽采的主要途径之一，"瓦斯长抽采钻孔高精度定向施工技术和装备"是制约煤矿区瓦斯井下抽采效果的重要因素。近年来，煤矿井下大直径超长定向孔钻进成套装备获得了快速发展，该装备由可满足多种钻进工艺的大功率高可靠性定向钻机、满足长距离循环供液的高压大流量泥浆泵车、高韧性高强度随钻测量钻杆和无磁钻具等组成，克服了受限巷道空间内钻进装备小体积、大能力、高可靠输出难题，钻进能力提升 1 倍以上；煤矿井下防爆型无线随钻测量系统攻克了小排量(1.5L/s)、宽范围(1.5～10L/s)、低压差(0.2MPa)条件下泥浆脉冲信号近水平长距离稳定传输、可靠解调的难题，传输距离超过 2500m，填补了国内外煤矿井下无线随钻测量技术空白；创建的 3300m 近水平孔复合定向钻进技术体系攻克了超长延伸、大直径成孔、精准定向、快速钻进难题，综合钻进效率提高 40%以上，创造了 3353m 的煤矿井下长钻孔深度的世界纪录。

2. 松软煤层全孔段护孔钻进技术

我国煤层地质条件复杂，软煤层分布广泛，"松软煤层钻孔成孔率低"一直以来是行业难题。近年来，套管钻进工艺技术和全孔段下放筛管护孔工艺获得了快速发展。套管钻进工艺技术是采用底扩式可打捞套管钻进至安全扭矩设定孔深后，将套管留在孔内护孔，再用二级钻具钻进至设计孔深，降低了深孔一次钻进的施工难度，提高了松软煤层的钻孔深度和成孔率。全孔段下放筛管护孔工艺技术是钻进到设计孔深后，退钻前将筛管通过钻杆和钻头内孔将其下入到孔底，退钻后筛管留在孔内，实现全孔段筛管下放，该技术极大地提高了钻孔成孔率(图 5-17)。

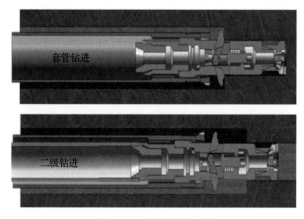

图 5-17　套管钻进工艺

3. 碎软煤层中深孔气动马达定向钻进技术

碎软煤层孔壁稳定性差，成孔率和钻孔精度差，气动马达定向钻进技术主要是针对碎软煤层精准抽采对瓦斯抽采钻孔轨迹精确测控的需求。该技术利用矿用空压机输出的中压气体作为钻孔循环排渣介质，并驱动孔底空气螺杆马达进行复合定向钻进及钻孔轨迹调控，确保钻孔沿设计轨迹延伸；钻进过程中，采用随钻测量系统实时监测钻孔轨迹参数，为钻孔轨迹调控提供依据。

4. 地面遥控智能钻机

煤矿井下钻孔作业空间狭窄、环境恶劣，防突钻孔往往更是临危作业，给钻机操作人员的生命安全造成了较大的威胁。"井下钻机的智能化控制"是钻机自动作业的瓶颈，近年来地面遥控智能钻机取得了较大进步，该装备通过自动上下钻杆技术、无线遥控操作技术、一键全自动钻孔技术、数据自动记录技术、智能防卡钻技术等突破了井下钻机无人化钻孔操作的技术瓶颈，为井下无人化钻孔作业奠定了基础。

5. 井下顺层钻孔水力压裂增透技术

井下掘进工作面的增渗一直以来是提高掘进速度的一个关键节点，"顺层钻孔水力压裂封孔的安全保障技术"是影响顺层压裂技术推进的关键。近年逐渐发展的顺层钻孔水力压裂技术为解决该难题提供了有效手段，顺层钻孔水力压裂适用于工作面压裂及定向长钻孔压裂，特别是分段压裂工艺的实现；其相对穿层压裂而言，起裂压裂小、压裂安全系数高，压裂液可全部进入煤层、压裂效率高，压裂范围更广更均匀、压裂效果好。该技术应用的基于跨式双封结构的拖动分段压裂工艺及投球分段压裂工艺，可实现定向长钻孔、梳状钻孔等工艺下的分段压裂。与传统封隔器主要依靠封隔器与钻孔壁的摩擦力封孔不同，跨式双封结构封隔器主要依靠双封结构间的拉力及封隔器径向压力实现坐封，解决了封隔器在坐封过程中轴向滑动难题，封孔可靠、封隔层位精准。

6. 井下超高压水力割缝增渗技术

中硬及以上煤层的局部高效增渗是提高煤矿井下条带、区段抽采效率的有效措施。近年来，超高压水力割缝增渗技术发展迅速，该技术以高压水为动力，对煤体进行切割、剥离，增大煤体的暴露面积，改善煤层中的煤层气流动状态，改变煤体的原始应力，使煤体得到充分卸压，从而提高煤层的透气性和煤层气释放能力。超高压水力割缝装置主要由金刚石复合片钻头、水力割缝浅螺旋整体钻杆、超高压旋转水尾、超高压清水泵、高低压转换割缝器、超高压软管等组成。适用于高地应力、高瓦斯、低透气性煤层(煤层硬度 $f>0.4$)工作面顺层钻孔、穿层钻孔及石门揭煤卸压增渗等，顺层钻孔割缝深度 80～120m。

7. 井下高压空气爆破致裂增透技术

爆破增透是井下煤层卸压增渗的主要措施之一，但传统的控制爆破、深孔爆破等往往面临着爆孔火花诱发爆炸的风险。近年来，井下高压空气爆破技术迅速发展，该技术以高压空气为媒介，通过控制高压空气的释放产生爆轰作用，进而通过连续高压空气爆破产生叠加卸压效应，可以大幅提高中硬及以上煤层的透气性。

(三)煤炭气化技术发展及分类研究

1868 年，德国化学家威廉·西蒙首先提出了"煤炭地下气化技术"的设想。1888 年俄国著名化学家门捷列夫提出煤炭地下气化的基本工艺设想，他认为，采煤的目的应当说是提取煤中含能的成分，而不是采煤本身，并指出了实现煤炭气化工业化的基本途径。1912 年，英国化学家威廉·拉赛姆在拉姆煤田主持进行了现场试验，获得成功，1932 年在顿巴斯矿建立了世界上第 1 座矿井式气化站，为探讨气化方法，1932～1961 年又相继建设 5 座地下气化站，到 20 世纪 60 年代末已建站 12 座，所生产的煤气用于发电或作为工业燃料气。二十世纪七八十年代因能源危机美国组织了 29 所大学和研究机构，在怀俄明州进行大规模有计划的试验，1981 年投资 2 亿余美元，进行了以富氧水蒸气为气化剂的试验，获得了管道煤气和天然气的代用品，并用于发电和制氨。英国于 1949 年恢复煤炭地下气化试验，1949 年 Derbyshire (德比郡)的 Newman Spinney(纽曼斯宾尼)，1950 年建立了地下气化试验站。截至 1956 年，先后共进行过 6 次试验，气化了 5000 万 t 煤，进行了 U 形炉火力、电力和定向钻进等贯通试验及单炉、盲孔炉等试验，积累了丰富的资料。1988 年 6 个欧洲共同体成员国组成了一个欧洲 UCG 工作小组，从 1991

年 10 月至 1998 年 12 月，在西班牙的 Alcorisa(阿尔科里萨)进行了现场联合试验，试验结果证明，在中等深度(500~700m)煤层进行地下气化是可行的。并逐渐形成了以苏联为代表的"通道鼓风式"地下气化工艺和以美国为代表的"受控注气式"地下气化工艺等两条工艺路线。

煤炭地下气化是将煤炭在原位进行有控制地燃烧，通过煤的热解以及煤与氧气、水蒸气发生的一系列化学反应，产生 H_2、CO 和 CH_4 等可燃气体的过程，UCG 也被称作"气化采煤"或"化学采煤"，主要气化生产场所是气化炉内的气化通道，根据煤层气化通道中主要化学反应和煤气成分的不同，可将气化通道大致分为三个带(区)，即氧化带(区)、还原带(区)、干馏干燥带(区)。也有学者依据随煤层燃烧和气化中气流加压流动过程，按次序分为四个区域，即：预热区、氧化区、还原区和干馏干燥区。

UCG 技术主要流程如下：

先从地表沿煤层开掘两条垂直巷道，分别为进气化剂孔和出煤气孔，再打两条倾斜气流通道，然后在煤层中靠下部用一条水平巷道将两条倾斜巷道连接起来，被巷道所包围的整个煤体，就是将要气化的区域，称为气化盘区，亦称地下发生炉。

最初，在水平巷道中用可燃物将煤引燃，并在该巷形成燃烧工作面。这时从进气巷道吹入气化剂，在燃烧工作面与煤产生一系列的化学反应后，生成的煤气从另一条倾斜的巷道即排气巷道输出地面。这种有气流通过的气化工作面被称为气化通道，整个气化通道因反应温度不同，一般分为氧化带、还原带和干馏干燥带三个带。具体气化流程如图 5-18 所示。

从析气过程来讲，煤炭地下气化煤气的析出与产生可以分解为 4 个过程：沿气化通道径向煤壁内的煤气析出过程、沿气化通道轴向的煤气化过程、通道有氧区可燃组分的二次燃烧以及气流通道中的水煤气变换反应。地下气化反应通道无论是通过定向钻井构建还是高压压裂形成，其中始终存在自由通道。当通道较小时，注入的氧有一小部分会在自由通道内分布，这时径向析出的气化煤气及热解煤气在通道氧化区内会优先与氧反应，发生气相均相燃烧反应，离开氧化区时气相中的可燃组分含量取决于自由通道内的氧量分布。

按照气流方向和工作面燃烧移动推进方向的关系，气化过程分为顺流推进式(前进式)和逆流推进式(后退式)两种，气流方向与工作面燃烧移动方向相同为顺流推进式,反之为逆流推进式。根据气化炉构筑方式的不同,煤炭地下气化分为 3 种生产方式:有井式、无井式和综合式。

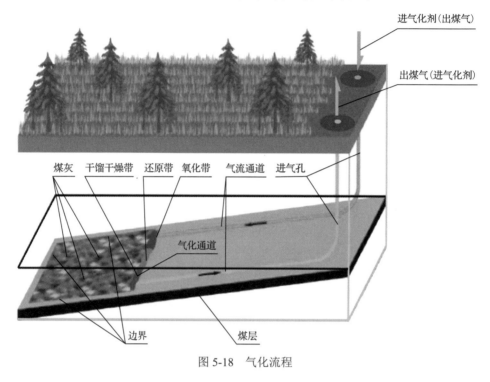

图 5-18　气化流程

1. 传统有井式煤炭地下气化工艺

用空压机压入高压空气或者富氧的方法进行煤炭地下气化。苏联是煤炭地下气化技术的先行者。20 世纪 50 年代苏联科学工作者分别在莫斯科近郊煤田和顿涅茨克里希查煤田进行了一系列现场试验。我国也在头山矿、马庄矿以及刘庄矿进行了一系列现场试验。试验结果表明煤气生产过程不稳定、煤气质量较差、可燃气体(氢气、甲烷和一氧化碳)组分小、成气热值小,且由于传统方法炉型小、燃烧时间较短、被松动的煤层很不均匀,导致难以连续获得可燃气体,难以满足民用及商业用途,这也是传统煤炭地下气化工艺的局限性所在。

2. 两阶段煤炭地下气化工艺

两阶段煤炭地下气化工艺是中国矿业大学提出的一种分阶段供给空气和水蒸气的地下气化方法,以钻孔或原有井作为气化炉的进、排气孔,以矿井已有的井巷条件为施工气化通道。由于气化通道是人工掘进的煤巷,因此通道可根据煤层条件而延长,断面相对于定向钻进等方法形成的气化通道断面要大得多。两阶段工艺则是向气化炉循环供给空气(或富氧空气)和水蒸气,每个循环由 2 个阶段组成,第 1 阶段鼓空气燃烧蓄热,并产生鼓风煤气;第 2 阶段鼓水蒸气发生还原反应产生干馏煤气和水煤气。在第 2 阶段,原第 1 阶段的高温氧化区成为水蒸气分解的还原区,水蒸气分解率提高,生产煤气中氢组分含量明显提高,煤气热值也相应提高,同时该工艺为煤在地下直接制氢开辟了一条新的技术途径。

3. 管注气后退式气化工艺

为改进气流控制方法,出现了管注气后退式气化工艺。在矿井中,通过开拓布置井下操作巷、上下钻孔、气化巷、煤气巷等井巷工程构成气化工作面,在气化工作面的气化巷中,每隔 20m 布置 1 根注气管,形成单一气化反应器(气化工作面有效尺寸为 20m×20m)。气化反应器的数量可以根据气化工作面气化巷的长度进行灵活布置,在同一气化巷中的多个单一气化反应器构成一个气化炉。

4. 密闭气化区煤炭地下气化工艺

这种方法是在开采或废弃的煤矿井中以人工掘进的方式在煤层中建立气化巷道,并在进气孔底部巷道筑一道墙,使坑道与墙之间形成一个密闭气化区,然后便可将密闭墙前面的煤炭点燃气化,粗合成气由巷道的另一侧输送至地面。但该方法的气化效率严重依赖煤层的通风性,同时粗合成气的成分随操作条件的变化而变。

5. 无井式气化法

无井式气化法是用钻孔代替坑道,以构成气流通道,避免了井下作业。无井式气化法的准备工作包括两部分:从地面向煤层打钻孔和在煤层中沟通出气化通道。进、排气孔的贯通(即气化炉的建炉)是无井式气化工艺的关键技术。

目前根据各工艺试验,形成煤炭地下气化技术体系,煤炭地下气化过程的特点是,气化反应区在煤层中随时间和空间移动,温度场、压力场等特征场在煤层中扩展;当反应区扩展到煤层顶、底板后,气化区产生缺损,且顶板冒落,影响气化区的化学反应;煤层在氧化、还原和干馏过程中,要产生无机及有机污染物，并有可能向周围地质体中迁移。因此，要在资源评价和基础研究的基础上，开发工程技术，形成煤炭地下气化工艺包。基于上述特点，地下气化技术体系分 4 个层次，如图 5-19 所示。

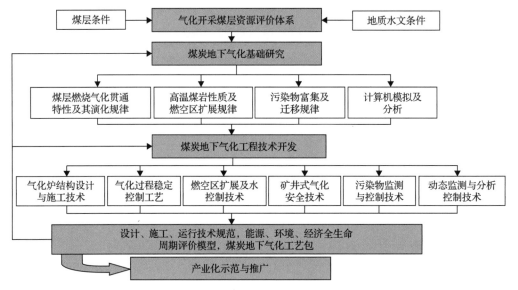

图 5-19　煤炭地下气化技术体系

根据气化剂种类和注气操作方式的不同，所产煤气组分、热值和流量也不同。常用作煤炭地下气化的气化剂种类有：空气、空气+蒸汽、富氧、富氧+蒸汽、纯氧、纯氧+蒸汽。除了常用的气化剂，还可在气化剂中添加某种添加剂，比如添加碳捕集工艺获得的 CO_2，回炉参与碳还原反应，来达到 CO_2 减排和提高 CO 产率的目的；根据催化气化反应原理，利用碱金属的催化作用，提出地下气化催化气化的设想，比如将富含碱金属的生物质焦粉添加到气化剂中通入到气化工作面，用来催化气化反应过程。地下气化注气操作方式分为连续式、间歇脉动式、正反向交替式，可达到生产不同组分煤气和控制气化反应过程的目的。

(四)废弃矿井瓦斯资源开发利用支撑条件

1. 瓦斯资源开发利用面临的瓶颈问题

面对废弃矿井瓦斯资源规模性开发利用这一新领域，仍存在三方面瓶颈问题亟待解决：

第一，废弃矿井遗留资源开发利用权益保障政策和技术预案要求缺位。

山西省与国内其他省份一样,严格执行国家和地方关于环境保护的法律法规,对废弃矿井的大气环境、土壤环境和水环境进行监控。同时,政府对遗留资源后续开发利用工程预设没有强制性要求,在完成闭坑措施后才进一步考虑遗留资源开发利用问题,遗留资源矿业权属也尚不明确。这一"被动"局面,导致出现两方面瓶颈问题:其一,风险投资合法性及权益保障不明,可能致使一些有战略眼光的投资者裹足不前;其二,遗留资源开发利用难以利用原有基础工程,过多新上马工程势必拉高开发利用成本。

第二,废弃矿井遗留资源开发利用全方位保障条件需要进一步完善。如上所述,全方位保障的首要措施是明确规定遗留资源矿业权属及其合法获取途径,也包括遗留的土地以及煤炭、瓦斯、地下水乃至煤矸石资源的延续、转让或招投标政策。同时,科技攻关专项计划、财税优惠及补贴、市场准入、投资融资等政策性导向对促进废弃矿井遗留资源开发利用也十分重要。然而,面对废弃矿井遗留资源这一新领域,目前缺乏系统的政策保障措施,可能难以激发市场投资主体的风险投资积极性,成为快速推进废弃矿井遗留资源开发利用的又一大瓶颈问题。

第三,废弃矿井遗留资源高效、低成本、低污染开发利用尚存某些关键技术瓶颈。相关技术瓶颈存在于全产业链,包括三个产业环节:一是遗留资源开发规划与评价环节,核心是煤炭开采扰动后遗留资源探测与可开发性预测评价技术以及开发工程环境评价技术,对于将来废弃矿井,也包括遗留资源开发工程预设或预留技术;二是遗留资源开发生产环节,核心在于以低污染低成本开发为目标的关键技术,对于瓦斯资源还需发展选井、选层、井孔稳定性和高效可持续抽采管控技术;三是遗留资源利用环节,核心为集中式或分布式高效利用技术,具体到瓦斯资源则为基于甲烷浓度高低的分质高效利用技术。通过先导示范工程集成攻关,有望形成集探测评价、分类开发、分质利用"三位一体"的瓦斯资源开发利用技术体系。

2. 瓦斯资源开发利用技术需求

(1)瓦斯资源评价指标需要完善。

废弃矿井瓦斯由采空区内残煤、上覆煤岩层和下伏煤岩层的吸附气以及自由空间的游离气和溶解气组成,如何准确确定上覆煤岩层和下伏煤岩层的扰动影响范围是一项极为困难的工作,不同地质条件的矿井可能有不同的扰动影响范围,而且采煤过程中部分瓦斯有可能通过地表裂隙逸散至大气中,少量溶解气也会随着井下排水至地面后逸散,这部分逸散量比较难估计;采空区形成后往往会有大量地层水通过裂隙带涌入采空区内,这部分积水减少了采空区内的自由空间,导致游离气含量的计算变得更为困难,如何科学、合理地完善废弃矿井瓦斯资源计算模型成为极为棘手的现实问题。

(2)地面抽采瓦斯钻井的井位层位确定困难。

很多废弃矿井由于历史原因存在基础地质资料缺失、井下资源不清等问题。且地质类型及采煤工艺等不同条件下的废弃矿井采空区,其瓦斯分布特征及富集规律差异性明显。相关废弃煤矿瓦斯抽采工程实践显示,初期采空区试验井钻井过程中经常钻遇煤柱、积水区、压实区、煤岩巷甚至原位煤,实际钻井成功率仅 50%左右。由于采空区顶板覆岩"三带"高度、发育特征和不同采煤方式下采空区内部空间展布不尽相同,顶板覆岩的裂隙网络连通特性对采空区井层位的确定至关重要。当前废弃煤矿地面抽采钻井施工成本高、投资回收期过长也制约了废弃矿井采空区瓦斯资源开发技术的推广。

(3)地面钻完井工艺还需完善。

目前废弃矿井瓦斯钻进过程中分别采用泥浆钻井工艺和氮气欠平衡钻井工艺,经常面临井漏严重、掉块卡钻、下套管遇阻、固井质量差等一系列问题。泥浆钻井工艺对设备要求不高,施工成本也低,在钻进不漏失及漏失不太严重地层时,可以作为钻进的首选工艺。当钻进至采空区地层时,因采空区裂隙带和冒落带地层普遍漏失严重,而基于常规堵漏方式的泥浆钻井工艺将面临采空区井底部不返浆或堵不住的难题,废弃矿井瓦斯地面定向井(水平井、"L"型井)钻井过程中循环介质漏失现象更为明显,再加上常规堵漏材料容易污染产气层,所以泥浆钻井工艺无法满足采空区裂隙发育地层的钻井施工技术要求。另外空气可以通过井筒与采空区内瓦斯混合,导致钻井过程中存在极大的安全隐患。基于泥浆钻井工艺无法解决采空区地层漏失、污染储层及安全钻进等问题,在施工采空段地层时更换为氮气欠平衡钻井工艺,一方面因空气密度小,循环过程中将大大降低井筒压力与地层压力的压差作用,减少循环介质向裂缝地层的漏失量,对储层污染的影响极小;另一方面氮气为惰性气体,可以安全揭露采空区。但是氮气钻井工艺在冲击碎岩时会产生大量的粉状岩屑,在高压空气的作用下集聚于采空区裂隙带及垮落带孔隙内,阻碍采空区瓦斯运移通道,降低单井产能。另外氮气钻井工艺由于高压气体排屑影响，井场附近存在大量扬尘，污染周边环境。

(4)地面抽采工艺需要完善。

废弃矿井采空区地面井作为一种瓦斯开采新井型，即在废弃后的小中型煤矿通过地面垂直钻井至采空区垮落带内，使井口与采空区有效沟通，地面使用负压抽采设备产生压力降直至采空区内部裂隙空间，达到抽采瓦斯的目的。采空区瓦斯安全抽采必须避免在煤层自然发火倾向严重或曾经发生过采空区自燃着火的采空区开展。此外，还需要从抽采工艺流程、抽采制度、抽采设备、安全监测监控、安全保障措施、安全操作规程等方面采取完善措施。对采气管线内涉及防火防爆的指标气体浓度和主要抽采参数开展实时监测，包括 CH_4 浓度、O_2 浓度、CO 浓度、抽采压力、气体温度、采出气混合流量及 CH_4 纯流量等。

3. 瓦斯资源开发利用资金需求

对于关闭煤矿瓦斯抽采，尽管符合国家优惠及补贴的条件，但与常规井下瓦斯抽放及原位瓦斯开发相比，其投入产出比仍偏高，因此需要国家政策进一步加大关闭矿井瓦斯开发利用补贴力度，出台相应的优惠价格、税收、财政补贴等相关政策，并在进行关闭矿井瓦斯抽放时，鼓励寻求多方合作，争取更多的投资公司、煤矿企业、环保企业用多种专业模式投入到关闭矿井瓦斯开发中来。从而，通过相关产业政策支持与鼓励，促进关闭矿井瓦斯资源化规模开发进程。

国内废弃煤矿瓦斯开发利用项目的资金来源除政策性补贴外，还需要拓宽多种渠道，例如废弃煤矿瓦斯资源开发利用的资金可由中央政府、省政府、煤矿企业等共同承担。此外，市场化的运营模式也是国内废弃煤矿瓦斯资源成功开发利用可以考虑的模式，可以以"公益基金+社会捐赠+市场收益"为主要模式。

4. 瓦斯资源开发利用政策需求

由于废弃矿井瓦斯资源的技术成本和生产成本都较高，各类技术及项目开发都离不开政府在政策和资金上的大力支持。建议国家加大财政支持力度，设立矿井关闭退出专项基金，用于资产处置、废弃煤矿瓦斯产业引导等；出台支持废弃矿井地上、地下资源协同开发利用的产业政策，并优先支持废弃矿井企业进行开发；出台废弃矿井瓦斯开发项目专项税收减免或者优惠政策,以鼓励更多企业和社会参与投资建设;建设废弃矿井瓦斯开发项目的投资金融体系,明确产权与利益分配机制。地方政府则应解决好瓦斯矿权的各类问题,并在土地利用、电网接入、示范项目申报许可、建设规模指标等方面给予相应支持,营造利于废弃矿井瓦斯开发项目落地的营商环境,促进废弃矿井瓦斯开发项目落地。矿业企业也应转换思维方式,重视挖掘废弃矿井资源潜力,把地面抽采瓦斯与地上资源整合起来,进行全产业链协同开发,积极探索废弃矿井瓦斯开发项目建设、运行等新型投资机制及商业模式。

第三节 我国废弃矿井资源开发利用政策建议

一、废弃矿井资源开发利用政策建议

废弃矿井资源开发利用是一项庞大的系统工程,其有效推进与实施离不开政府以及社会各方的通力合作,在一定的法规、政策和制度框架下开展,依托具体技术作为支撑。

中国工程院院士、安徽理工大学校长袁亮以安徽两淮煤炭基地为例,指出由于资源枯竭以及政策性关闭等原因,一些矿井退出生产后未能得到有效治理和利用,形成多个采煤沉陷区,给当地经济社会发展和生态保护工作带来很大难题。作为煤矿开采专家,在十三届全国人大一次、二次、三次会议上,袁亮院士连续三次向大会提交"加快推进废弃矿井能源资源开发利用"的议案,并成为优秀建议,希望推动相关问题尽快解决。

袁亮院士关于实现废弃矿井资源再利用的建议受到媒体广泛关注,中国能源网、中安在线、中安新闻网及凤凰网等媒体纷纷进行全文转载,基于大量的研究分析,本书中提出如下建议,以期能为推动我国的废弃矿井资源开发利用提供一定的参考借鉴。

(1)加强机制建设。将废弃矿井资源开发利用纳入区域经济和社会发展中,实现资源和资产二次回报,对推动资源枯竭型城市转型发展有重要意义。因此,建议我国加强机制建设,通过部际联席会议或部际协调小组机制等来统筹推进废弃矿山资源开发利用相关工作。

(2)对废弃矿山分类与分级管理。以理顺我国的矿山关闭机制为契机,加强废弃矿山的管理,推进废弃矿山的分类与分级管理,为废弃矿井资源的

二次开发利用夯实基础。

(3)设立废弃矿井资源开发利用国家重点专项。针对废弃矿井用于核废料储存、战略油气资源储备、蓄能发电、地热能开发利用等分别开展相关研究，推进示范工程建设。

(4)加强各类平台建设。建立国家级废弃矿山信息大数据平台，以便为未来推进全面开发利用提供全面而翔实的数据信息支撑；建立国家重点实验室、国家协同创新中心、产学研联盟等各类平台，促进废弃矿井资源开发利用领域产、学、研、用合作及科技成果的产业化应用。

(5)将废弃矿井资源开发利用与其他能源战略结合。废弃矿井开发利用可与战略石油储备、能源发展特别是新能源发展战略结合，例如发展废弃煤矿抽水或压缩空气发电来储存本地不能消纳的风电、太阳能光伏发电等。

同时，十九届五中全会提出，"全面提高资源利用效率""推动绿色发展，促进人与自然和谐共生"，为"十四五"时期我国废弃矿井能源资源开发利用指明了方向。目前，我国废弃矿井中赋存煤炭资源量高达 420 亿 t，非常规天然气近 5000 亿 m^3，地下空间资源约为 72 亿 m^3，并且还有丰富矿井水资源、地热资源等，蕴藏着大量可供开发的可再生能源以及生态、旅游资源。到 2030 年，我国废弃矿井预计将达 1.5 万处。从国家能源资源开发利用角度看，直接关闭退役矿井，不仅造成资源的极大浪费和国有资产的巨大损失，还有可能诱发后续的安全、环境等问题。

近年来，徐州、抚顺等资源型城市以废弃矿井资源开发利用为抓手，提升潘安湖采煤塌陷区、抚顺矿业集团西露天矿等资源经济功能和生态功能，形成了美丽中国建设的生动实践，打造了废弃矿井资源开发利用的样板。但是，当前我国废弃矿井能源资源开发利用基础研究仍然薄弱，国家层面缺少整体战略，开发利用总体规模、整体技术水平、现实效果等不能满足高质量发展要求。因此，加快推进废弃矿井能源资源开发利用，强化源头创新与科技支撑，发挥废弃矿井二氧化碳地质封存宿体作用，提升资源利用效率，对于贯彻"四个革命、一个合作"能源安全新战略，助力碳达峰碳中和目标的实现，具有重要意义。结合初步研究成果，提出以下建议：

(1)加快废弃矿井普查进度，启动示范矿井建设。制定废弃矿井普查政策，推进废弃矿井勘探，获取详细的地质条件、生态环境、可利用资源储量等大数据，聚焦潜力示范矿井调研，启动示范工程建设，为市场配置废弃矿井能源资源提供翔实资料，为资源型地区经济转型战略决策提供支撑。

(2)编制废弃矿井能源资源开发利用"十四五"规划，加强顶层设计和政策引导。由国家有关部门牵头，统筹做好废弃矿井能源资源开发利用顶层设计和政策引导，编制"十四五"规划，建立综合协调管理机制，加大资金项目和财税支持力度，开展示范工程建设，健全和完善治理体系，为废弃矿井能源资源开发利用营造良好政策环境。

(3)加强废弃矿井资源安全低碳开发利用科技创新，提升科技支撑能力。注重废弃矿井资源安全低碳开发利用基础研究和应用基础研究，将关键性技术攻关列入国家重点研发计划、能源重点创新领域和重点创新方向，推进学科交叉融合和"政产学研用金"协同创新，完善共性基础技术供给体系。瞄准深地等前沿领域，深化军民融合，布局重大科技创新平台，探索废弃矿井千米深地资源国防科工研究和"引力波"大科学装置研发。

(4)推动废弃矿井多能互补开发利用，鼓励支持二氧化碳地质封存。加强不同领域废弃矿井资源开发利用分类指导，推进抽水蓄能、空气压缩储能、遗留煤层气地面抽采、遗留煤炭地下气化等，加强废弃矿井储能及多能互补开发利用。鼓励支持二氧化碳地质封存，服务碳达峰碳中和，提升废弃矿井生态价值。

(5)聚焦废弃矿井能源资源开发利用，尽快出台激励政策。由国家有关部门牵头，统筹做好废弃矿井能源资源开发利用顶层设计，出台相关产业政策，加强"抽水蓄能""工业旅游""煤及可再生能源""地下空间""地下水及非常规天然气""生态环境"等不同领域废弃矿井能源资源开发利用的分类指导，创新科技研发和产业化应用机制，加大资金项目和财税支持力度，协调解决发展中的重大问题，为废弃矿井能源资源开发利用营造良好发展生态。

(6)加强废弃矿井能源资源开发利用平台建设和人才队伍培养。围绕废弃矿井能源资源开发利用，促进国家级科研平台建立，培养高素质人才队伍，突破关键核心技术，竞争尖端技术智能装备，提升废弃矿井能源资源开发利用科技支撑能力，助力蓝天、碧水、净土保卫战。

二、煤炭精准智能安全开采战略发展建议

加强产学研协同创新。目前，煤炭精准开采发展还面临诸多挑战，主要

表现为多种煤岩动力耦合灾害治理研究尚不成熟、隐蔽致灾因素动态智能综合探测技术缺乏、基于大数据的煤矿重大灾害预警平台及新技术研究尚未开展等几个方面。为此，煤炭安全智能精准开采模式需要尽快研究并突破以下几项关键技术：

(1) 要精准掌握煤层赋存条件，实现地质构造、陷落柱、瓦斯等致灾因素高清透视，打造具有透视功能的地球物理科学支撑下的"互联网+矿山"；

(2) 要研发新型安全、灵敏、可靠的采场、采动区及灾害前兆等信息采集传感技术装备，形成人机环参数全面采集、共网传输新方法；

(3) 要突破多源异构数据融合与知识挖掘难题，创建面向煤炭精准开采及灾害预警监测数据的共用快速分析模型与算法；

(4) 采用"三位一体"科学研究手段，研究煤矿灾害致灾机理及灾变理论模型，实现对煤矿灾害的自适应及超前、准确预警；

(5) 要探索多场耦合复合灾害知识库构建方法，建立适用于区域性煤矿开采条件下灾害预警特征云平台；

(6) 以采煤机记忆切割、液压支架自动跟机及可视化远程监控等为基础，以生产系统智能化控制软件为核心，研发远程可控的无人精准开采技术与装备；

(7) 要融合计算机网络技术、现代控制技术、云计算技术于一体，将互联网技术应用于云矿山建设，把煤炭资源开发变成智能工程或车间，建设基于云技术的智能矿山。

煤炭科技创新，不搞产、学、研协同合作就是死路一条。因为各方优势可以互补：高等院校主要从事基础研究，科研机构主要从事技术装备研发，大型煤炭企业主要从事成果应用推广及示范工程建设，形成产、学、研协同创新体制。只有各展所长、协同创新、联合攻关，才能破解难题、引领行业，如果各干各的，一个教授一个团队，一个单位一个团队，难以实现创新。

三、煤矿重大灾害防治战略政策建议

(一) 优化产能，提升煤炭供给质量

自 2016 年启动煤炭化解过剩产能工作以来，全国扎实推进各项工作，已淘汰落后煤矿 5500 处左右，退出落后产能 10 亿 t/a 以上，远超此前退出产能 8 亿 t/a 的规划目标。

2020 年 6 月，国家发改委、国家能源局发布《关于做好 2020 年能源安全保障工作的指导意见》，提出大力提高能源生产供应能力，再退出一批煤炭落后产能，煤矿数量控制在 5000 处以内，大型煤炭基地产量占全国煤炭产量的 96%以上。同月，国家发改委等六部门印发《2020 年煤炭化解过剩产能工作要点》，要求在巩固现有成果的基础上，持续推动结构性去产能，系统性优产能，确保各地区在"十三五"收官之年全面完成目标任务。《2020 年煤炭化解过剩产能工作要点》提出，以煤电、煤化一体化及资源接续发展为重点，在山西、内蒙古、陕西、新疆等大型煤炭基地，谋划布局一批资源条件好、竞争能力强、安全保障程度高的大型露天煤矿和现代化井工煤矿。深入推进煤炭行业"放管服"改革，加快推动在建煤矿投产达产，合理有序释放先进产能，实现煤炭新旧产能有序接替。统筹推进煤电联营、兼并重组、转型升级等工作，促进煤炭及下游产业健康和谐发展。着力加强煤炭产供储销体系建设，持续提升供给体系质量，增强能源保障和应急调控能力。根据《工作要点》，内蒙古、新疆、黑龙江等十余地区陆续公布地方版实施方案。在巩固现有成果的基础上，我国结构性优化产能持续推进，优质增量供给不断扩大。

(二)新一轮煤企整合开启煤炭战略重组新局面

2020 年 6 月，国家发改委等六部门发布的《关于做好 2020 年重点领域化解过剩产能工作的通知》提出，推动钢铁、煤炭、电力企业兼并重组和上下游融合发展，提升产业基础能力和产业链现代化水平，打造一批具有较强国际竞争力的企业集团。

我国煤炭企业整合速度明显加快，2020 年多个地方煤企开展了实质性的合并重组工作：山东能源集团与兖矿集团重组，重组后的山东能源集团是我国第三个煤炭年产量超 2 亿 t 的煤企；山西同煤集团、晋煤集团和晋能集团联合重组，新成立的晋能控股集团成为巨型现代化能源企业；山西潞安集团、阳煤集团、晋煤集团的煤化工业务宣布整合为潞安化工集团。

(三)绿色开采与生态矿区建设进一步加强

煤炭工业生态建设是煤炭绿色开采、清洁利用的主要内容。国家发改委等八部门于 2020 年 2 月联合印发《关于加快煤矿智能化发展的指导意见》，提出新建煤矿要按照绿色矿山建设标准进行规划、设计、建设和运营管理，生产煤矿要逐步升级改造，达到绿色矿山建设标准，努力构建清洁低碳、安全高效的煤炭工业体系，形成人与自然和谐共生的煤矿发展格局。10月30日，生态环境部等部门印发《关于进一步加强煤炭资源开发环境影响评价管理的通知》，进一步明确煤炭资源开发项目在生态、水环境、大气环境、固体废物等方面影响评价和保护措施的要求；10月，黄河流域煤炭产业生态治理技术研究院揭牌成立，围绕黄河流域煤矿生态治理发挥智库优势，打造黄河流域生态保护和高质量发展的煤炭方案。

(四)煤矿智能化建设全面提速

煤矿智能化是煤炭工业高质量发展的核心技术支撑，代表着煤炭先进生产力的发展方向。国家层面，2020年2月，国家发改委等八部门联合印发《关于加快煤矿智能化发展的指导意见》，明确提出煤矿智能化发展原则、目标、任务和保障措施。根据指导意见，到2035年，各类煤矿基本实现智能化，构建多产业链、多系统集成的煤矿智能化系统，建成智能感知、智能决策、自动执行的煤矿智能化体系。为实现该目标，指导意见同时提出两个分阶段目标。7月，国家能源局、国家煤矿安全监察局印发《关于开展首批智能化示范煤矿建设推荐工作有关事项的通知》，正式从国家层面组织相关单位开展首批智能化示范煤矿建设工作。11月，国家能源局、国家煤矿安全监察局印发《关于开展首批智能化示范煤矿建设的通知》，确定我国首批71处智能化示范建设煤矿。

地方和企业层面，山东、河南、山西、安徽、贵州、河北、内蒙古等省份已出台政策措施和标准规范，国家能源集团、中煤集团、山东能源集团、陕煤化集团、山西焦煤集团、阳煤集团等大型骨干企业，或独立，或结合安全生产专项整治三年行动，拟定了实施方案，大力推动智能化建设和机器人研发应用。

据统计，截至2020年底，全国建成400多个智能化采掘工作面，采煤、钻锚、巡检等19种煤矿机器人在井下实施应用。

(五)煤炭法修订草案公开征求意见

2020年7月，国家发改委发布《中华人民共和国煤炭法(修订草案)》(征求意见稿)，并就修订内容进行说明。征求意见稿中，新增煤炭市场建设、价格机制等条款，同时新增统筹煤炭产供储销体系建设，保障煤炭安全稳定供应。在新增煤炭市场建设、价格机制等条款中，征求意见稿提出建立和完善统一开放、层次分明、功能齐全、竞争有序的煤炭市场体系和多层次煤炭市场交易体系，以及由市场决定煤炭价格的机制；市场主体应该依法经营、公平竞争；优化煤炭进出口贸易等内容，以推动现代煤炭市场体系的建立，优化和提升资源配置效率。

四、资源型城市转型政策建议

(一)经济层面，提升产业转型和系统升级能力

淮南具有显著的区位、交通、煤电、水利、产业、人才、文化等城市优势，通过抓住皖江城市带、长三角经济带等建设契机，大力推动产业结构优化升级，大力发展非煤产业，有选择地培植和引进新能源汽车、煤机装备制造、材料表面处理等产业，重点发展井下机器人、矿用监控系统、煤矿瓦斯智能抽采系统等产品，为淮南的产业转型、优化升级提供强力支撑。积极引进现代服务业，促进二、三产业协同发展。深入挖掘楚汉文化、淮南子文化、豆腐文化、淮河文化等淮南文化旅游资源的丰富内涵，加强项目带动和品牌带动，积极承接文化旅游业产业转移；以淮南的医药资源、文化资源、山水旅游资源为依托，引进优质健康服务资源，形成特色鲜明的健康服务业。

(二)政策层面，深化废弃矿山相关政策改革

通过减少行政审批事项，清理和规范涉企行政事业性收费，减轻企业负担，建立效能问责机制和项目跟踪服务机制，全面优化提升投资环境。基于淮南大量矿山废弃和修复的发展实际，完善废弃矿山可再生能源利用财税优惠政策，促进国家相关职能部门采用多种政策支持和财政资金保障相结合的方式，完善废弃矿山可再生能源利用的相关财政补贴、税收减免政策及投资环境，鼓励引导私人资本参与，建立市场化运营等新型的投资机制和商业模式。

(三)社会层面，创建废弃煤矿开发多元化投资及合作开发模式

淮南作为典型的煤炭资源型城市，在转型发展过程中，急需重视社会协

作系统的建设。一方面加强城市合作，融入区域发展。利用与发达地区的合作机会，积极建立战略合作关系和利益机制，助推区域产业合作和转型发展；另一方面，加大废弃矿山资源开发投入，充分吸收社会资本的加入，分散项目投资风险，建立多元化废弃矿山开发合作模式，引导社会资本进入废弃矿山资源开发市场，保证废弃矿山资源产业资金投入，积极营造有竞争、有活力、有秩序的废弃矿山资源开发环境。

(四)创新层面，加快废弃矿山地下空间利用创新步伐

加大新技术创新，促进淮南经济向高质量发展。加快对废弃矿山地下空间开发利用关键技术的研发，如建设地下油气储存库、分布式抽水蓄能电站、开发可再生能源，将废弃矿井能源资源开发利用创新发展列为高科技的新产业；建立废弃矿山可再生能源利用规划标准，开展废弃矿山残煤及可再生能源利用示范项目试点研究，加大自主技术研发，加强国际合作，制定专业人才培养机制，加大科技攻关投入，加强废弃矿山遗留煤炭资源、煤层气资源和地下空间资源利用基础研究及开采利用关键技术研究。

(五)环境层面，注重废弃矿区生态修复与接续产业培育

目前对于废弃矿山各类资源(包括残煤及可再生能源)等的利用缺乏提前规范、系统管理的意识，而国外对于废弃矿山的管理侧重矿山全生命周期的系统管理，更加注重矿山关闭程序、矿山开发过程中占有的土地复垦和环境修复过程，认为将废弃矿山的地形、地貌、生态环境通过治理恢复到采矿前的水平是废弃矿山资源再利用的前提条件。因此，建议组建专门的废弃矿山利用协调机构，牵头矿山关闭各项工作，各利益相关方共同参与，促进各方逐步建立废弃矿山全生命周期的系统管理利用理念，进行生态修复与接续产业培育，以推动淮南地区废弃矿山的管理及资源利用乃至矿区的可持续发展。

主要参考文献

澳大利亚地球科学委员会. 2019. 澳大利亚探明矿物资源(2019). 堪培拉.

澳大利亚工业科学能源和资源部. 2020. 资源和能源季度报告. 堪培拉.

曹飞, 王婷婷, 唐修波. 2020. 利用废弃矿井建设抽水蓄能电站的效益探讨//抽水蓄能电站工程建设文集 (2020). 北京: 中国水利水电出版社.

常春勤, 邹友峰. 2014. 国内外废弃矿井资源化开发模式述评. 资源开发与市场, 30(4): 425-429.

陈劲松, 曹健志, 韩洪宝, 等. 2019. 页岩油气井常用产量预测模型适应性分析. 非常规油气, 6(3): 48-57.

陈文轩, 康宝伟, 王旭宏, 等. 2018. 国外利用废弃矿井对放射性废弃物的处置. 工业建筑, 48(4): 9-12.

程建远, 朱梦博, 王云宏, 等. 2019. 煤炭智能精准开采工作面地质模型梯级构建及其关键技术. 煤炭学报, 44(8): 2285-2295.

崔瀛潇. 2014. 基于 Unity3D 引擎的三维可视化技术在煤炭地震勘探中的应用. 中国煤炭地质, 26(4): 62-67.

戴家生. 2020. 浙江废弃矿井现状调查及影响分析. 现代矿业, 36(6): 216-219.

丁恩杰, 赵志凯. 2015. 煤矿物联网研究现状及发展趋势. 工矿自动化, 41(4): 1-5.

丁万贵, 朱森, 林亮. 2019. 基于气举的煤层气/致密砂岩气同井合采可行性研究. 煤炭科学技术, 47(9): 138-143.

窦林名, 陆菜平, 牟宗龙, 等. 2005. 冲击矿压的强度弱化减冲理论及其应用. 煤炭学报, 30(6): 1-6.

鄂海红, 张文静, 肖思琪, 等. 2019. 深度学习实体关系抽取研究综述. 软件学报, 30(6): 1793-1818.

范京道. 2017. 煤矿智能化开采技术创新与发展. 煤炭科学技术, 45(9): 65-71.

傅雪海, 葛燕燕, 梁文庆, 等. 2013. 多层叠置含煤层气系统递进排采的压力控制及流体效应. 天然气工业, 33(11): 35-39.

傅雪海, 德勒恰提, 朱炎铭, 等. 2016. 非常规天然气资源特征及分隔合采技术. 地学前缘, 23(3): 36-40.

高级, 崔若飞, 刘伍. 2008. 煤矿地震数据三维可视化研究. 煤田地质与勘探, 36(4): 62-66.

葛世荣, 王忠宾, 王世博. 2016. 互联网+采煤机智能化关键技术研究. 煤炭科学技术, 44(7): 1-9.

葛世荣, 胡而已, 裴文良. 2020. 煤矿机器人体系及关键技术. 煤炭学报, 45(1): 455-463.

顾岱鸿, 崔国峰, 刘广峰, 等. 2016. 多层合采气井产量劈分新方法. 天然气地球科学, 27(7): 1346-1351.

韩保山, 张新民, 张群. 2004. 废弃矿井煤层气资源量计算范围研究. 煤田地质与勘探, (1): 29-31.

贺天才, 秦勇. 2007. 煤层气勘探与开发利用技术. 徐州: 中国矿业大学出版社.

胡凌风. 2016. 煤炭企业信息化标准体系构建研究. 北京: 中国矿业大学(北京).

黄炳香, 刘江伟, 李楠, 等. 2017. 矿井闭坑的理论与技术框架. 中国矿业大学学报, 46(4): 715-729, 747.

黄洪钟. 1999. 模糊设计. 北京: 机械工业出版社.

黄籍中, 宋家荣, 刘国瑜, 等. 1991. 一种不具煤系气标志的煤系气——四川盆地南部上二叠统天然气成生分析. 新疆石油地质, 12(2): 107-117.

霍冉, 徐向阳, 姜耀东. 2019. 国外废弃矿井可再生能源开发利用现状及展望. 煤炭科学技术, 47(10): 267-273.

姜德义, 魏立科, 王翀, 等. 2020. 智慧矿山边缘云协同计算技术架构与基础保障关键技术探讨. 煤炭学报, 45(1): 484-492.

姜福兴, 王平, 冯增强, 等. 2009. 复合型厚煤层 "震-冲" 型动力灾害机理、预测与控制. 煤炭学报, 34(12): 1605-1609.

姜杉钰, 王峰. 2020. 中国煤系天然气共探合采的战略选择与发展对策. 天然气工业, 40(1): 152-159.

姜耀东. 2018. 关闭煤矿不能简单一封了之. [2020-08-20]. http://www.ccoalnews.com/special/201803/05/c63-676.html.

姜耀东, 潘一山, 姜福兴, 等. 2014. 我国煤矿开采中冲击地压机理和防治. 煤炭学报, 39(2): 205-213.

昆士兰州自然资源和矿山部. 2012. 昆士兰煤矿安全(1882~2012). 布里斯班.

昆士兰州自然资源和矿山部. 2019. 昆士兰矿山安全与健康报告(2018 / 2019). 布里斯班.

李国璋. 2020. 煤系气合采产层贡献及其预测模型——以鄂尔多斯盆地临兴-神府地区为例. 徐州: 中国矿业大学.

李梅, 杨帅伟, 孙振明, 等. 2017. 智慧矿山框架与发展前景研究. 煤炭科学技术, 45(1): 121-128.

李楠, 王恩元, GE Maochen. 2017. 微震监测技术及其在煤矿的应用现状与展望. 煤炭学报, 42(S1): 83-96.

李平. 2020. 三番建言, 袁亮院士为废弃矿井操 "废" 心. [2020-12-20]. http://www.zgkyb.com/yw/20200526_62597.htm.

李青元, 张丽云, 魏占营, 等. 2013. 三维地质建模软件发展现状及问题探讨. 地质学刊, 37(4): 50-57.

李森. 2019. 基于惯性导航的工作面直线度测控与定位技术. 煤炭科学技术, 47(8): 169-174.

李世东. 2018. 智慧林业标准规范. 北京: 中国林业出版社.

李首滨. 2019. 智能化开采研究进展与发展趋势. 煤炭科学技术, 47(10): 102-110.

李庭, 顾大钊, 李井峰, 等. 2018. 基于废弃煤矿采空区的矿井水抽水蓄能调峰系统构建. 煤炭科学技术, 46(9): 93-98.

李勇, 黄明勇, 宋继伟, 等. 2017. 贵州织金煤层气非储层水平井开发技术研究. 探矿工程, 44(10): 31-36.

李玉生, 张万斌, 王淑坤. 1984. 冲击地压机理探讨. 煤炭学报, 9(4): 81-83.

梁杰. 2002. 煤炭地下气化过程稳定性及控制技术. 徐州: 中国矿业大学出版社.

梁杰, 王喆, 梁鲲, 等. 2020. 煤炭地下气化技术进展与工程科技. 煤炭学报, 45(1): 393-402.

刘峰, 李树志. 2017. 我国转型煤矿井下空间资源开发利用新方向探讨. 煤炭学报, 42(9): 2205-2213.

刘峰, 曹文君, 张建明. 2019. 持续推进煤矿智能化促进我国煤炭工业高质量发展. 中国煤炭, 45(12): 32-37.

刘汉斌, 张亚宁, 程芳琴. 2019. 山西关闭煤矿资源利用现状及开发利用建议. 煤炭经济研究, 39(10): 78-82.

刘峤, 李杨, 段宏, 等. 2016. 知识图谱构建技术综述. 计算机研究与发展, 53(3): 582-600.

刘静, 刘盛东, 曹煜, 等. 2013. 地下水渗流与地电场参数响应的定量研究. 岩石力学与工程学报, 32(5): 986-993.

刘盛东, 刘静, 岳建华. 2014. 中国矿井物探技术发展现状和关键问题. 煤炭学报, 39(1): 19-25.

刘淑琴, 梅霞, 郭巍, 等. 2020. 煤炭地下气化理论与技术研究进展. 煤炭科学技术, 48(1): 90-99.

卢新明, 尹红. 2010. 数字矿山的定义、内涵与进展. 煤炭科学技术, 38(1): 48-52.

卢新明, 阚淑婷. 2019. 煤炭精准开采地质保障与透明地质云计算技术. 煤炭学报, 44(8): 2296-2305.

吕鹏飞, 何敏, 陈晓晶, 等. 2018. 智慧矿山发展与展望. 工矿自动化, 44(9): 84-88.

毛善君. 2002. 灰色地理信息系统-动态修正地质空间数据的理论和技术. 北京大学学报(自然科学版), 38(4): 556-562.

毛善君. 2014. "高科技煤矿"信息化建设的战略思考及关键技术. 煤炭学报, 39(8): 1572-1583.

毛善君, 崔建军, 令狐建设, 等. 2018. 透明化矿山管控平台的设计与关键技术. 煤炭学报, 43(12): 287-296.

毛善君, 杨乃时, 高彦清, 等. 2018. 煤矿分布式协同"一张图"系统的设计和关键技术. 煤炭学报, 43(1): 280-286.

孟尚志. 郭本广, 赵军. 等. 2014. 柳林地区多煤层多分支水平井斜井连通工艺. 石油钻采工艺, 36(6): 28-31.

孟召平, 师修昌, 刘珊珊, 等. 2016. 废弃煤矿采空区煤层气资源评价模型及应用. 煤炭学报, 41(3): 537-544.

牛剑峰. 2015. 综采工作面直线度控制系统研究. 工况自动化, 41(5): 5-8.

潘俊锋, 宁宇, 毛德兵, 等. 2012. 煤矿开采冲击地压启动理论. 岩石力学与工程学报, 31(3): 586-596.

潘一山, 章梦涛. 1996. 冲击地压失稳理论的解析分析. 岩石力学与工程学报, 15(S1): 504-510.

潘一山, 徐曾和, 章梦涛. 1990. 地下洞室岩爆发生的失稳模式及判别准则. 第二届全国岩石动力学学术会议. 宜昌.

潘一山, 章梦涛, 王来贵, 等. 1997. 地下硐室岩爆的相似材料模拟试验研究. 岩土工程学报, 19(4): 49-56.

潘一山, 王来贵, 章梦涛, 等. 1998. 断层冲击地压发生的理论与试验研究. 岩石力学与工程学报, 17(6): 642-649.

彭苏萍. 2016. 中国煤炭领域创新型工程科技人才培养模式研究. 高等工程教育研究, (5): 64-65.

彭苏萍. 2018. 煤炭资源强国战略研究. 北京: 科学出版社.

齐庆新, 刘天泉. 1994. 冲击地压的煤岩层结构破坏与摩擦滑动机理初探. 第四届全国岩石动力学学术会议. 成都.

钱学森. 2011. 一个科学新领域——开放的复杂巨系统及其方法论. 上海理工大学学报, 33(6): 526-532.

秦勇. 2018. 中国煤系气共生成藏作用研究进展. 天然气工业, 38(4): 25-36.

秦勇, 熊孟辉, 易同生, 等. 2008. 论多层叠置独立含煤层气系统——以贵州织金——纳雍煤田水公河向斜为例. 地质论评, 54(1): 65-70.

秦勇, 申建, 沈玉林. 2016. 叠置含气系统共采兼容性——煤系"三气"及深部煤层气开采中的共性地质问题. 煤炭学报, 41(1): 14-23.

秦勇, 吴建光, 申建, 等. 2018. 煤系气合采地质技术前缘性探索. 煤炭学报, 43(6): 1504-1516.

秦勇, 申建, 沈玉林, 等. 2020. 含煤岩系多种气体资源综合开发模式. 国家科技重大专项项目(2016ZX05066)年度进展研讨会.

秦勇, 吴建光, 张争光, 等. 2020. 基于排采初期生产特征的煤层气合采地质条件分析. 煤炭学报, 45(1): 241-257.

任怀伟, 王国法, 赵国瑞, 等. 2019. 智慧煤矿信息逻辑模型及开采系统决策控制方法. 煤炭学报, 44(9): 2923-2935.

芮小平, 余志伟, 许友志. 2001. 关于构建矿山三维GIS的思考. 地质与勘探, 37(4): 63-67.

山西省国土资源厅. 2017. 山西省煤炭采空区煤层气资源调查评价报告. 山西: 山西省国土资源厅.

山西省煤炭工业协会. 2019. 山西煤炭工业70年巨变. 太原: 山西人民出版社.

石智军, 姚克, 姚宁平, 等. 2020. 我国煤矿井下坑道钻探技术装备40年发展与展望. 煤炭科学技术, 48(4): 1-34.

隋心, 杨广松, 郝雨时, 等. 2016. 基于UWB TDOA测距的井下动态定位方法. 导航定位学报, 4(3): 10-14, 34.

孙继平. 2013. 矿井宽带无线传输技术研究. 工矿自动化, 39(2): 1-5.

孙继平. 2015. 煤矿监控新技术与新装备. 工矿自动化, 41(1): 1-5.

谭章禄, 马营营, 郝旭光, 等. 2019. 智慧矿山标准发展现状及路径分析. 煤炭科学技术, 47(3): 27-34.

唐恩贤, 张玉良, 马骋. 2019. 煤矿智能化开采技术研究现状与展望. 煤炭科学技术, 47(10): 111-115.

田成金. 2016. 煤炭智能化开采模式和关键技术研究. 工矿自动化, 42(11): 28-32.

王国法. 2014. 综采自动化智能化无人化成套技术与装备发展方向. 煤炭科学技术, 42(9): 30-34, 39.

王国法. 2014. 工作面支护与液压支架技术理论体系. 煤炭学报, 39(8): 1593-1601.

王国法, 庞义辉. 2016. 基于支架与围岩耦合关系的支架适应性评价方法. 煤炭学报, 41(6): 1348-1353.

王国法, 庞义辉. 2018. 特厚煤层大采高综采综放适应性评价和技术原理. 煤炭学报, 43(1): 33-42.

王国法, 张德生. 2018. 煤炭智能化综采技术创新实践与发展展望. 中国矿业大学学报, 47(3): 459-467.

王国法, 杜毅博. 2019. 智慧煤矿与智能化开采技术的发展方向. 煤炭科学技术, 17(1): 1-10.

王国法, 杜毅博. 2020. 煤矿智能化标准体系框架与建设思路. 煤炭科学技术, 48(1): 1-9.

王国法, 庞义辉, 李明忠, 等. 2017. 超大采高工作面液压支架与围岩耦合作用关系. 煤炭学报, 42(2): 518-526.

王国法, 范京道, 徐亚军, 等. 2018. 煤炭智能化开采关键技术创新进展与展望. 工矿自动化, 44(2): 5-12.

王国法, 刘峰, 孟祥军, 等. 2019. 煤矿智能化(初级阶段)研究与实践. 煤炭科学技术, 47(8): 1-34.

王国法, 刘峰, 庞义辉, 等. 2019. 煤矿智能化: 煤炭工业高质量发展的核心技术支撑. 煤炭学报, 44(2): 349-357.

王国法, 庞义辉, 刘峰, 等. 2020. 智能化煤矿分类、分级评价指标体系. 煤炭科学技术, 48(3): 1-13.

王国法, 庞义辉, 任怀伟. 2020. 煤矿智能化开采模式与技术路径. 采矿与岩层控制工程学报, 2(1): 013501.

王家臣, 王兆会, 孔德中. 2015. 硬煤工作面煤壁破坏与防治机理. 煤炭学报, 40(10): 2243-2250.

王丽, 李宗泽, 陈结, 等. 2020. 废弃煤矿采空区抽水蓄能水库初步可行性研究. 重庆大学学报, 43(4): 47-54.

王鹏. 2014. 基于MATLAB的煤矿TEM数据体三维可视化技术. 地球物理学进展, 29(3): 1277-1283.

王强, 武亚峰, 杨晓威. 2010. 利用钻孔数据建立煤矿三维地质模型的理论与实践. 煤炭工程, 42(2): 107-109.

王双明, 孙强, 乔军伟, 等. 2020. 论煤炭绿色开采的地质保障. 煤炭学报, 45(1): 8-15.

王婷婷, 曹飞, 唐修波, 等. 2019. 利用矿洞建设抽水蓄能电站的技术可行性分析. 储能科学与技术, 8(1): 195-200.

王中伟. 2018. 关闭煤矿的资源利用可系统开发六大资源——独家专访全国人大代表、中国工程院院士袁亮. 中国煤炭报, 2018-03-05(1).

温声明. 2019. 中石油煤层气勘探开发进展与技术需求. 淮南: 我国煤层气资源潜力及开发技术高端论坛.

沃强, 翟丽丽, 张树臣. 2018. 大数据联盟显性数据资源需求多层次匹配模型. 情报理论与实践, 41(3): 83-88.

吴建光. 2016. 中联公司煤层气勘探开发现状及技术进展. 北海: 2016 年全国煤层气学术研讨会.

吴建光. 2019. 我国煤层气领域"卡脖子"技术攻关研究. 淮南: 我国煤层气资源潜力极开发技术高端论坛.

吴建光, 孙茂远, 冯三利, 等. 2011. 国家级煤层气示范工程建设的启示——沁水盆地南部煤层气开发利用高技术产业化示范工程综述. 天然气工业, 31(5): 9-15, 112-113.

吴淼, 贾文浩, 华伟, 等. 2015. 基于空间交汇测量技术的悬臂式掘进机位姿自主测量方法. 煤炭学报, 40(11): 2596-2602.

武强, 徐华, 赵颖旺, 等. 2016. 基于"三图法"煤层顶板突水动态可视化预测. 煤炭学报, 41(12): 2968-2974.

谢和平, 侯正猛, 高峰, 等. 2015. 煤矿井下抽水蓄能发电新技术: 原理、现状及展望. 煤炭学报, 40(5): 965-972.

谢和平, 高明忠, 高峰, 等. 2017. 关停矿井转型升级战略构想与关键技术. 煤炭学报, 42(6): 1355-1365.

谢和平, 高明忠, 刘见中, 等. 2018. 煤矿地下空间容量估算及开发利用研究. 煤炭学报, 043(6): 1487-1503.

谢和平, 王金华, 王国法, 等. 2018. 煤炭革命新理念与煤炭科技发展构想. 煤炭学报, 43(5): 1187-1197.

谢威, 蒋新生, 徐建楠, 等. 2018. 基于高斯多峰法的密闭空间爆炸特性曲线拟合. 振动与冲击, 37(24): 201-207.

新南威尔士州规划、工业和环境部. 2010. 新南威尔士州矿山安全报告(2009 / 2010). 帕拉马塔.

新南威尔士州规划、工业和环境部. 2016. 新南威尔士州矿山安全报告(2015 / 2016). 帕拉马塔.

新南威尔士州规划、工业和环境部. 2017. 新南威尔士州矿山安全报告(2016 / 2017). 帕拉马塔.

新南威尔士州规划、工业和环境部. 2018. 新南威尔士州矿山安全报告(2017 / 2018). 帕拉马塔.

新南威尔士州规划、工业和环境部. 2019. 新南威尔士州矿山安全报告(2018 / 2019). 帕拉马塔.

徐潇, 周来, 冯启言, 等. 2016. 废弃煤矿瓦斯赋存与运移气-水-岩相互作用研究进展. 煤矿安全, 47(6): 1-4, 8.

徐杨, 王晓峰, 何清漪. 2014. 物联网环境下多智能体决策信息支持技术. 软件学报, 25(10): 2325-2345.

许雨喆. 2019. 基于废弃矿井的抽水蓄能电站设计. 淮南: 安徽理工大学.

杨永杰, 王德超, 陈绍杰, 等. 2010. 基于离散小波分析的灰岩压缩破坏声发射预测研究. 煤炭学报, 35(2): 213-217.

俞启泰, 陈素珍, 李文兴. 1998. 水驱油田的 Arps 递减规律. 新疆石油地质, 19(2): 58-61.

袁亮. 2017. 开展基于人工智能的煤炭精准开采研究, 为深地开发提供科技支撑. 科技导报, 35(14): 3.

袁亮. 2017. 煤炭精准开采科学构想. 煤炭学报, 42(1): 1-7.

袁亮. 2017. 我国煤炭资源高效回收及节能战略研究. 北京: 科学出版社.

袁亮. 2019. 煤及共伴生资源精准开采科学问题与对策. 煤炭学报, 44(1): 1-9.

袁亮. 2020. 煤矿粉尘防控与职业安全健康科学构想. 煤炭学报, 45(1): 1-7.

袁亮. 2020. 我国煤炭工业高质量发展面临的挑战与对策. 中国煤炭, 46(1): 6-12.

袁亮, 张平松. 2019. 煤炭精准开采地质保障技术的发展现状及展望. 煤炭学报, 44(8): 2277-2284.

袁亮, 杨科. 2021. 再论废弃矿井利用面临的科学问题与对策. 煤炭学报, 46(1): 16-24.

袁亮, 姜耀东, 王凯, 等. 2018. 我国关闭/废弃矿井资源精准开发利用的科学思考. 煤炭学报, 43(1): 14-20.

张博, 彭苏萍, 王佟, 等. 2019. 构建煤炭资源强国的战略路径与对策研究. 中国工程科学, 21(1): 88-96.

张超, 孔嫒政, 袁国霞, 等. 2019. Voxler平台在煤矿富水性勘查中的三维可视化应用. 地质学报, 93(S1): 310-313.

张芬娜, 张晗, 綦耀光, 等. 2017. 共采技术现状与在煤系气共采中的适应性分析. 煤炭学报, 42(S1): 203-208.

张芬娜, 张晗, 綦耀光, 等. 2017. 煤系气双管柱分压合采技术的适用性分析. 煤炭学报, 42(10): 2657-2661.

张福兴, 桂勇华, 张涛, 等. 2019. 基于分层递阶的能源互联网系统能量管理架构研究. 电网技术, 43(9): 3161-3174.

张晗, 綦耀光, 张芬娜, 等. 2017. 不同压力体系下煤系气合采工艺的适用性研究. 煤炭科学技术, 45(12): 194-200.

张建明, 郑厚发, 石晓红. 2017. 中国煤矿技术标准体系构建与应用. 中国煤炭, 43(5): 5-9.

张农, 阚甲广, 王朋. 2019. 我国废弃煤矿资源现状与分布特征. 煤炭经济研究, 39(5): 4-8.

张良, 李首滨, 黄曾华, 等. 2014. 煤矿综采工作面无人化开采的内涵与实现. 煤炭科学技术, 42(9): 26-29.

张平松, 胡雄武. 2015. 矿井巷道掘进电磁法超前探测技术研究现状. 煤炭科学技术, 43(1): 112-115, 119.

张平松, 孙斌杨. 2017. 煤层回采工作面底板破坏探查技术的发展现状. 地球科学进展, 32(6): 577-588.

张平松, 鲁海峰, 韩必武, 等. 2019. 采动条件下断层构造的变形特征实测与分析. 采矿与安全工程学报, 36(2): 352-356.

张平松, 许时昂, 郭立全, 等. 2020. 采场围岩变形与破坏监测技术研究进展及展望. 煤炭科学技术, 48(3): 14-35.

张琪. 2000. 采油工程原理与设计. 北京: 中国石油大学出版社.

章冲, 吴观茂, 黄明. 2010. 煤矿三维地质建模及应用研究. 采矿与安全工程学报, 27(2): 121-125.

章梦涛. 1985. 冲击地压机理的探讨. 阜新矿业学院学报, (S1): 65-72.

章梦涛, 徐曾和, 潘一山, 等. 1991. 冲击地压和突出的统一失稳理论. 煤炭学报, 16(4): 48-53.

郑贵洲, 申永利. 2004. 地质特征三维分析及三维地质模拟现状研究. 地球科学进展, 19(2): 53-58.

朱良峰, 潘信, 吴信才. 2006. 三维地质建模及可视化系统的设计与开发. 岩土力学, 27(5): 147-151.

邹才能, 杨智, 黄士鹏, 等. 2019. 煤系天然气的资源类型、形成分布与发展前景. 石油勘探与开发, 46(3): 433-442.

Bieniawski Z T, Denkhaus H G, Vogler U W. 1969. Failure of fractured rock. International Journal of Rock Mechanics & Mining Science & Geomechanics Abstracts, 6(3): 323-330.

Cook N G W, Hoek E, Pretorius J P G, et al. 1965. Rock mechanics applied to the study of rockbursts. Journal-South African Institute of Mining and Metallurgy, 66(10): 435-528.

Lafferty J D, Mccallum A, Pereira F C N. 2001. Conditional random fields: Probabilistic models for segmenting and labeling sequence data. Proceedings of the Eighteenth International Conference on Machine Learning. San Francisco: Morgan Kaufmann Publishers.

Lample G, Ballesteros M, Subramanian S, et al. 2016. Neural architectures for named entity recognition. Proceedings of the 15th Annual Conference of the North American Chapter of the Association for Computational Linguistics: Human Language Technologies. Stroudsburg: Association for Computational Linguistics.

Petukhov I M, Linkov A M. 1979. The theory of post-failure deformations and the problem of stability in rock mechanics. International Journal of Rock Mechanics & Mining Science & Geomechanics Abstracts, (16): 57-76.